www.kuhminsa.com

한발 앞서는 출판사 구민사

KUH MIN SA

#604, Mullaebuk-ro 116, Yeongdeungpo-gu
Seoul, Republic of Korea

T. 02 701 7421
F. 02 3273 9642

Email kuhminsa@kuhminsa.co.kr

자격증 시험
접수부터
자격증
수령까지

필기 원서 접수

큐넷 회원 가입 후
(www.q-net.or.kr)
인터넷 접수만 가능
사진 파일, 접수비
(인터넷 결제) 필요
응시자격 요건
반드시 확인할것

필기시험

입실 시간 미준수 시
시험 응시 불가
준비물 : 수험표,
신분증, 필기구 지참

필기 합격 확인

큐넷 사이트에서 확인
(www.q-net.or.kr)

실기 원서 접수

큐넷 회원 가입 후
(www.q-net.or.kr)
응시 자격 서류는
실기시험 접수기간
(4일 내)에 제출
해야만 접수 가능

합격

한 발 앞서나가는 출판사
구민사에서 시작하세요!

실기시험

필답형과 작업형으로 분류. 원서 접수 시 선택한 장소와 시간에 맞게 시험을 봅니다.
준비물 : 수험표, 신분증, 필기구 지참

최종합격 확인

큐넷 사이트에서 확인
(www.q-net.or.kr)

자격증 신청

인터넷으로 신청
(수첩형 자격증의 경우 내방신청 폐지 예정)

자격증 수령

상장형 자격증은 인터넷으로 합격자 발표 당일부터 발급 가능
수첩형 자격증은 인터넷 신청 후 우편 수령만 가능(등기비용 발생)

CONTENTS

제1편 자동제어

제1장 PLC 제어 특수모듈 프로그램 개발　2
- 01. 제어의 기초이론　2
- 02. PLC 특수 프로그래밍 준비　21
- 03. PLC 특수 프로그래밍　23
- 04. 시뮬레이션 및 수정 보완　45
- ◆ 실전연습문제　50

제2장 HMI 프로그램 개발　88
- 01. HMI　88
- 02. SCADA　90
- ◆ 실전연습문제　94

제3장 전기전자장치 조립　103
- 01. 전기전자 조립 공구와 장비　103
- 02. 전기전자 부품　106
- 03. 전기전자장치 기능 검사　107
- 04. 전기전자장치 안전성 검사　108
- 05. 계측기기 유지보수　109
- ◆ 실전연습문제　111

제4장 센서활용기술　115
- 01. 센서의 개요　115
- 02. 센서의 종류와 특성　116
- 03. 센서 회로의 신호 변환, 전송, 처리, 출력　120
- 04. 센서 신호 측정 방법　122
- 05. 센서 관리　125
- ◆ 실전연습문제　128

제5장 모터제어　137
- 01. 모터의 구조와 특성　137
- 02. 모터의 특징　146
- 03. 제어회로 구성　149
- 04. 시험운전　152
- 05. 유지보수　154
- ◆ 실전연습문제　156

제2편 기계요소설계

제1장 체결요소설계 — 162
01. 체결요소의 기계적 특성 — 162
02. 체결요소 선정 및 설계 — 165
◆ 실전연습문제 — 182

제2장 조립도면작성 — 194
01. 부품규격 확인 — 194
02. 도면작성 — 205
◆ 실전연습문제 — 223

제3장 조립도면해독 — 246
01. 치수공차 — 246
02. 표면거칠기·열처리기호 및 가공기호 — 249
03. 기하공차 종류 및 해석 — 254
◆ 실전연습문제 — 260

제3편 공유압

제1장 공·유압 기초이론 — 270
01. 유압기기 — 270
02. 공압기기의 구성 — 272
◆ 실전연습문제 — 275

제2장 공·유압 회로 기호 — 279
01. 관로 및 접속 — 279
02. 펌프 및 모터 — 280
03. 실린더 — 281
04. 제어방식 — 281
05. 압력제어 밸브 — 282
06. 유량제어 밸브 — 283
07. 방향제어 밸브 — 284
08. 체크 밸브 — 284
09. 부속기기 — 285
10. 기타 공·유압기호 — 286
◆ 실전연습문제 — 288

제3장 유압 작동유 — 293

- 01. 유압유 — 293
- 02. 유압유와 공기의 비교 — 293
- 03. 작동유에 공기가 혼입된 경우 — 294
- 04. 유압유의 종류 — 296
- 05. 작동유 첨가제 — 296
- 06. 작동유의 물리적 성질 — 297
- 07. 점도지수(VI) — 298
- 08. 플래싱 — 298
- ◆ 실전연습문제 — 299

제4장 유압 펌프 — 307

- 01. 펌프 동력과 제효율 — 307
- 02. 펌프의 종류 — 308
- 03. 기어 펌프 — 309
- 04. 베인 펌프 — 310
- 05. 피스톤 펌프 — 311
- ◆ 실전연습문제 — 313

제5장 공압 발생 장치 — 319

- 01. 공기 압축기 — 319
- 02. 공기탱크 — 321
- 03. 에프터 쿨러(냉각기) — 322
- 04. 에어 드라이어(건조기) — 322
- ◆ 실전연습문제 — 323

제6장 공·유압 제어 밸브 — 326

- 01. 공·유압 제어 밸브의 종류 — 326
- 02. 압력제어 밸브 — 327
- 03. 유량제어 밸브 — 328
- 04. 방향제어 밸브 — 329
- 05. 기타 제어 밸브 — 329
- 06. 밸브의 연결구 표시 방법 — 331
- ◆ 실전연습문제 — 332

제7장 공·유압 작동기 — 340

01. 작동기(액추에이터) — 340
02. 플런저 모터 — 340
03. 유압 실린더 — 341
04. 유압 모터의 이론 — 342
05. 공압 액추에이터 — 343
◆ 실전연습문제 — 345

제8장 공·유압장치의 구성과 부속기기 — 349

01. 유압장치의 구성 — 349
02. 배관 — 350
03. 실 — 351
04. 오일 탱크 및 여과기 — 353
05. 축압기 — 354
06. 공압장치의 부속기기 — 356
◆ 실전연습문제 — 358

제9장 공·유압 제어회로 및 응용 — 363

01. 조합회로(최대압력 제한회로) — 363
02. 미터 인 회로 — 363
03. 미터 아웃 회로 — 363
04. 카운터 밸런스회로 — 364
05. 감압회로 — 364
06. 증압회로 — 365
07. 블리드 오프 회로 — 365
08. 차동회로 — 365
09. 로킹회로 — 366
10. 공압 제어회로 — 366
◆ 실전연습문제 — 368

제4편 CBT 실전 모의고사

제1회	CBT 실전모의고사	376
제2회	CBT 실전모의고사	396
제3회	CBT 실전모의고사	415
제4회	CBT 실전모의고사	435
제5회	CBT 실전모의고사	457
제6회	CBT 실전모의고사	477

PREFACE

자동화설비산업기사는 설비 자동화에 필요한 기계, 전기, 제어, 공압·유압 기술을 종합적으로 이해하고 다룰 수 있는 인력을 양성하기 위한 국가기술자격입니다.

본 교재는 이 시험의 필기 과목인 자동제어, PLC, 기계요소설계, 기계제도, 공압·유압의 기본 개념과 출제 경향을 중심으로 정리하였습니다.
최근 시험은 단순 암기보다 원리를 이해하고 문제를 응용할 수 있는 능력을 요구하는 방향으로 변화하고 있습니다. 따라서 이 교재에서는 각 과목별 핵심 이론을 정리하고, 그 내용을 기출문제 및 예상문제와 함께 학습할 수 있도록 구성하였습니다.

특히 자동제어와 PLC는 실제 산업현장과의 연계가 중요하지만, 필기 수준에서는 개념 이해와 신호 흐름, 제어 논리 파악이 중심이 됩니다. 이에 맞춰 이론을 너무 깊게 들어가기보다는, 시험에 필요한 수준에서 원리를 이해하고 문제를 풀어볼 수 있도록 하는 데에 초점을 두었습니다.

이 교재가 완벽한 실무 교재는 아닐지라도, 자동화설비산업기사 자격시험을 준비하는 학습자들에게 시험 범위를 체계적으로 정리하고 학습 방향을 잡는 데 도움이 되는 자료가 되기를 바랍니다. 또한 본 교재를 통해 자동화설비의 기본 구조와 제어 개념을 이해하고, 향후 실무 교육이나 현장 경험으로 확장할 수 있는 기초를 다질 수 있기를 바랍니다.

끝으로, 교재 집필 과정에서 부족한 부분은 향후 개정판을 통해 보완해 나가겠습니다. 이 책이 수험생 여러분의 합격과 실무 이해에 작은 도움이 되길 바랍니다.

Ⅰ. 자동화설비 내용의 핵심을 정리하여 중요공식과 실전연습문제를 수록하였다.
Ⅱ. CBT 모의고사와 해설을 실어 혼자서도 공부하기에 충분하도록 하였다.

01 핵심 요약 및 실전연습문제 수록

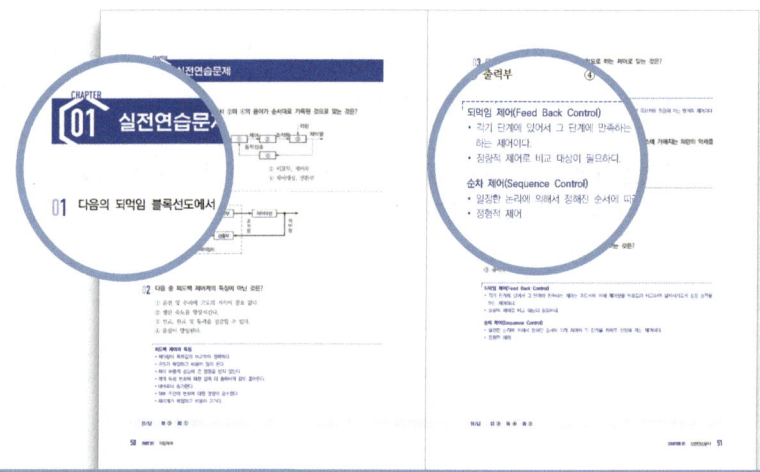

자동화설비의 핵심내용만을 정리하였습니다.
중요공식과 함께 이론 중간 중간 예제 문제와 해설을 수록하여 개념을 다질 수 있습니다.
또한 단원마다 실전연습문제를 수록하여 앞서 배운 이론을 한 번 더 짚고 넘어갈 수 있게 하였습니다.

02 최신 CBT 모의고사

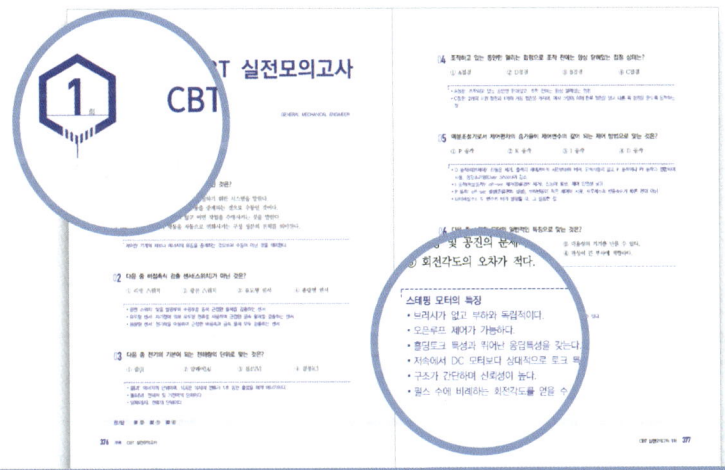

최근 CBT 모의고사와 해설을 실어 혼자서도 충분히 공부할 수 있도록 하였습니다.

자동화설비 산업기사 필기 출제기준

| 직무분야 | 기계 | 중직무분야 | 기계장비설비·설치 | 자격종목 | 자동화설비 산업기사 | 적용기간 | 2024.01.01 ~2026.12.31 |

직무내용: 설비의 공정 자동화를 위해 기계·기구 메커니즘에 전기·전자 제어기술을 활용하여 효율적인 기계장치를 설치, 운용, 개선, 유지보수, 제어기 설계 등을 수행하는 직무이다.

| 검정방법 | 객관식 | 문제수 | 60 | 시험시간 | 1시간 30분 |

필기과목명	문제수	주요항목	세부항목	세세항목
자동제어	20	1. PLC제어특수모듈 프로그램 개발	1. 제어의 기초이론	1. 자동제어의 기본개념
				2. 제어계의 전달함수
				3. 주파수 응답
			2. PLC 특수 프로그래밍 준비	1. PLC 구성과 특성
			3. PLC 특수 프로그래밍	1. 모듈 간 인터페이스
				2. 아날로그 프로그램 작성
				3. PLC 프로그램 작성
				4. 논리회로
			4. 시뮬레이션 및 수정보완	1. PLC 프로그램 디버깅
				2. 데이터 통신
				3. 통신 프로토콜

필기과목명	문제수	주요항목	세부항목	세세항목
자동제어	20	2. HMI프로그램개발	1. HMI장치통합운용	1. HMI
				2. SCADA
		3. 전기전자장치조립	1. 전기전자장치 조립	1. 전기전자 조립 공구와 장비
		3. 전기전자장치조립	1. 전기전자장치 조립	2. 전기전자 부품
			2. 전기전자장치 기능검사	1. 전류전압저항 측정
			3. 전기전자장치 안전성 검사	1. 전기전자장치 검사방법
				2. 계측기기 유지보수
		4. 센서활용기술	1. 센서 선정	1. 센서의 종류와 특성
			2. 센서 회로 구성	1. 신호 변환, 전송, 처리, 출력
			3. 센서 신호	1. 센서 신호 측정방법
			4. 센서 관리	1. 센서 관리
		5. 모터 제어	1. 제어방식 설계	1. 모터 구조와 특성
			2. 제어회로 구성	1. 모터 제어기
			3. 시험 운전	1. 제어기 간 상호 인터페이스
			4. 유지 보수	1. 모터 관리

필기과목명	문제수	주요항목	세부항목	세세항목
기계요소 설계	20	1. 체결요소설계	1. 요구기능 파악	1. 체결요소 기계적 특성
			2. 체결요소 선정	1. 체결요소
			3. 체결요소 설계	1. 체결요소 풀림방지
				2. 체결요소 강도
		2. 조립도면작성	1. 부품규격 확인	1. 운동용 기계요소
				2. 체결용 기계요소
				3. 제어용 기계요소
			2. 도면 작성	1. 도면 양식
				2. 투상법과 도형의 표시방법
		3. 조립도면해독	1. 부품도와 조립도 파악	1. 치수공차 및 기하공차
				2. 표면 거칠기 및 열처리 기호
				3. 가공기호

필기과목명	문제수	주요항목	세부항목	세세항목
공유압	20	1. 공기압제어	1. 공기압제어 방식설계	1. 공기압 기초
				2. 공기압 제어
				3. 공기압축기
				4. 공기압 밸브
				5. 공기압 액추에이터
				6. 공기압 기타 기기
			2. 공기압제어 회로구성	1. 공기압제어 회로기호
				2. 공기압제어 회로
			3. 시험 운전	1. 공기압기기 관리
		2. 유압제어(공기압제어와 같이)	1. 유압제어 방식 설계	1. 유압 기초
				2. 유압 제어
				3. 유압 펌프
				4. 유압 밸브
				5. 유압 액추에이터
				6. 유압 기타 기기

필기과목명	문제수	주요항목	세부항목	세세항목
공유압	20	2. 유압제어(공기압제어와 같이)	2. 유압제어 회로 구성	1. 유압제어 회로기호
				2. 유압제어 회로
			3. 시험 운전	1. 유압기기 관리

PART

01

자동제어

Industrial Engineer
Automatic Equipment

- 01. PLC 제어 특수모듈 프로그램 개발
- 02. HMI 프로그램 개발
- 03. 전기전자장치 조립
- 04. 센서활용기술
- 05. 모터제어

PLC 제어 특수모듈 프로그램 개발

Industrial Engineer Automatic Equipment

 제어의 기초이론

1 자동제어의 기본개념

(1) 자동제어(Automatic control)란?

어떤 물체의 현 상태를 사람이 원하는 상태로 조절하는 것으로, 주어진 목적에 맞도록 행해지는 모든 일련의 과정을 제어라 할 수 있으며 제어대상, 센서, 액추에이터, 제어기, 목표치(기준입력), 출력 등으로 구성되어 이루어지는 제어를 자동제어라 할 수 있다.

제어시스템의 기본 구성과 용어를 그림과 같은 블록선도를 이용하여 정리한다.

그림 1-1 제어계의 블록

① 작업 명령 : 외부에서 주어지는 명령신호(입력)
② 명령 처리부 : 작업명령, 검출부 제어명령을 발생
③ 제어 명령 : 제어대상을 제어하기 위한 신호
④ 조작부 : 제어명령을 제어대상 신호체계에 맞게 조정
⑤ 조작 신호 : 제어대상을 조작하는 신호
⑥ 제어 대상 : 제어시키고자 하는 기기
⑦ 표시 경보부 : 제어대상의 현재 상태를 나타내는 신호 발생
⑧ 제어량 : 제어대상이 발생하는 신호(출력)
⑨ 기준량 : 제어계를 동작시키는 목표값

⑩ 검출부 : 제어량을 검출하여 기준량과 비교
⑪ 검출 신호 : 검출부에서 명령처리부로 보내는 신호

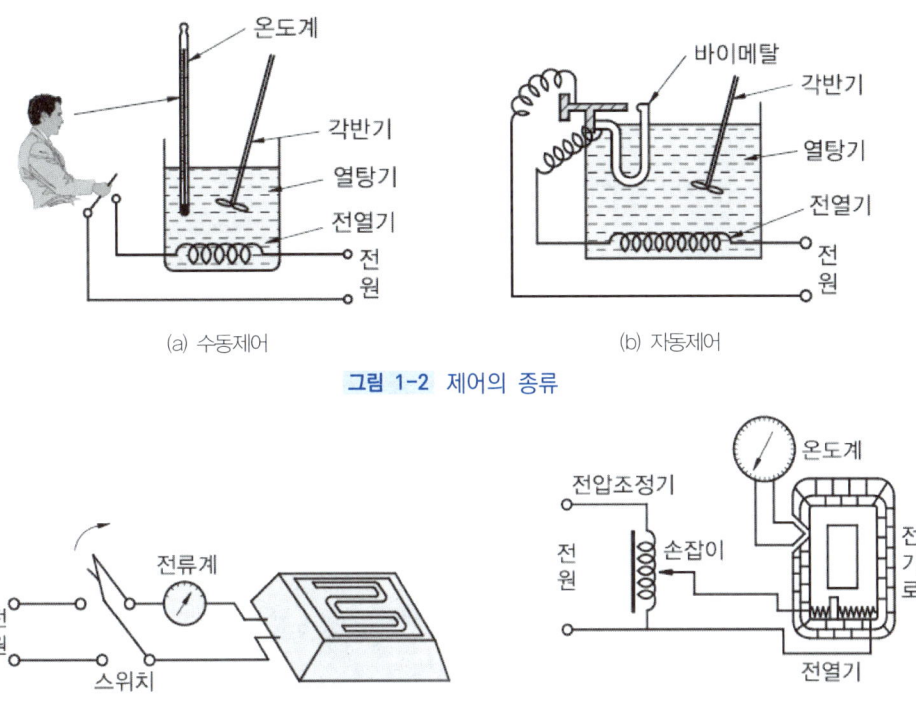

(a) 수동제어   (b) 자동제어

그림 1-2 제어의 종류

(a) 정성적 제어   (b) 정량적 제어

그림 1-3 제어의 명령-정성적 제어와 정량적 제어

(2) 제어시스템의 구성방식

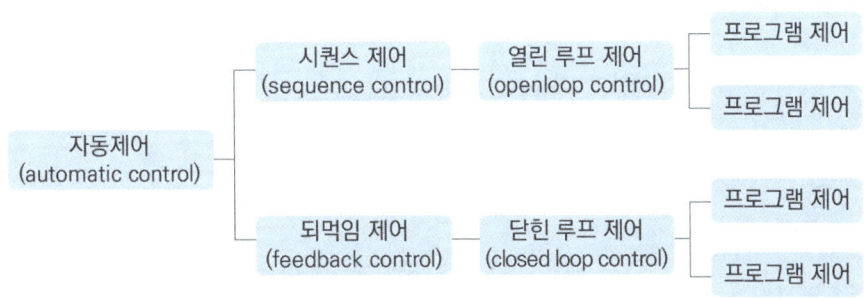

그림 1-4 자동제어의 분류

① 개루프(Open-loop) 시스템 : 순차제어(Sequence control)

출력이 제어입력에 영향을 미치지 못하고, 단지 기준입력에 의해 초기에 설정한 제어입력으로 구동기를 작동하는 시스템이다.

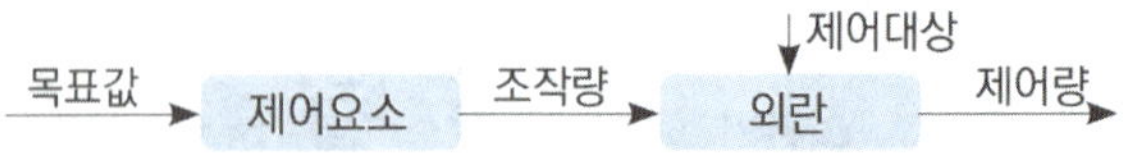

제어대상
목표값
제어요소
조작량
외란
제어량

그림 1-5 개루프 시스템의 블록선도

개루프 시스템의 장점은 구성이 간단하여 비용이 저렴하다는데 있고 단점은 외란에 대해 정확한 제어가 힘들고 정확성이 떨어지는데 있다.

② 폐루프(Closed-loop) 시스템 : 피드백제어(Feedback control)

출력을 검출하여 검출된 신호를 피드백시켜 목표치와 비교하여 그 차이가 영에 접근할 때까지 계속 제어할 수 있는 시스템이다.

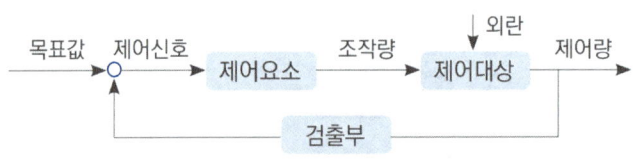

외란
목표값
제어신호
조작량
제어량
제어요소
제어대상
검출부

그림 1-6 폐루프 시스탬의 블록선도

③ 폐루프 시스템의 장점

㉠ 목표값과 출력값 사이의 오차를 줄여 정확한 제어가 가능하다.

㉡ 균일한 제품 생산으로 생산품질을 향상시킬 수 있다.

㉢ 생산속도 증대로 생산량을 증가시킬 수 있다.

㉣ 에너지 절약과 인건비 절감이 가능하다.

④ 폐루프 시스템의 단점

㉠ 제어조작이 복잡하다.

㉡ 고가의 비용으로 비경제적이다.

㉢ 고도의 기술이 필요하고 안정성 문제를 고려해야 한다.

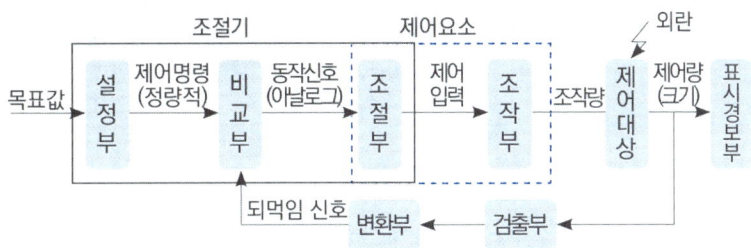

그림 1-7 피드백제어계의 기본 구성

(3) 제어장치의 분류

① 신호에 따른 분류

　㉠ 아날로그 제어계 : 연속적인 물리량으로 표시되는 아날로그 신호로 처리되는 제어 시스템

　㉡ 디지털 제어계 : 각각의 단계에 하나의 값을 부여한 디지털 신호로 처리되는 제어 시스템

　㉢ 2진 제어계 : ON-OFF 형태 제어로 하나의 제어변수에 2가지의 가능한 값을 이용한 제어 시스템. 신호의 유무, 1/0 등과 같은 2진 신호를 이용한 제어 시스템이다.

② 작동 시퀀스에 따른 분류

　㉠ 파일럿 제어(Pilot control) : 요구되는 입력 조건이 만족되면 그에 상응하는 출력신호가 발생되는 제어법

　㉡ 메모리 제어(Memory control) : 어떤 신호가 입력되어 출력신호가 발생한 후, 입력신호가 없어져도 그때의 출력 상태를 유지하는 제어법

　㉢ 시간에 따른 제어(Time scheduled control) : 시간의 변화에 따라서 이루어지는 제어법

　㉣ 조합 제어(Coordinated motion control) : 목표치가 캠축이나 프로그램 벨트 또는 프로그래머에 의하여 주어지나 그에 상응하는 출력변수는 제어계의 작동요소에 의하여 영향을 받는 제어법

　㉤ 시퀀스 제어(Sequence control) : 전 단계의 작업완료 여부를 리밋 스위치나 센서를 이용하여 확인한 후 다음 단계의 작업을 수행하는 제어법

③ 제어량의 성질에 따른 분류로는 프로세스 제어, 서보기구, 자동조정 제어법 등이 있다.

④ 목표량의 시간적 변화에 따른 분류로는 정치 제어, 추치 제어, 프로그램 제어 등이 있다.

| 표 1-1 | 정치 제어, 추치 제어, 프로그램 제어의 비교

구분	정치 제어	추치 제어	프로그램 제어
정의	입력값에 따라 제어량이 직접 결정되는 방식	외란이나 변동이 발생하면 자동으로 보정하여 일정한 값으로 유지하는 방식	미리 설정된 프로그램(순서)에 따라 자동으로 제어하는 방식
제어 방식	개루프(Open-loop) 제어	폐루프(Closed-loop) 제어	순차 제어
특징	- 피드백 없이 설정된 값에 따라 제어 - 정확성이 낮고 외란에 민감	- 센서를 이용한 피드백 제어 - 목표 값에 따라 자동 조정	- 사전 정의된 명령 순서대로 동작 - 시간 또는 조건에 따라 제어 진행
예	- 타이머 기반 제어 - 단순한 릴레이 회로	- 온도 조절기(서모스탯) - PID 제어(공장 자동화)	- CNC 머신 - 자동화된 생산 라인
장점	- 구조가 간단하고 유지보수가 용이 - 비용이 저렴	- 외란에 대응 가능하여 안정적인 제어 가능 - 자동 보정 기능 포함	- 복잡한 동작을 자동으로 수행 가능 - 프로그래밍을 통해 유연하게 변경 가능
단점	- 외란 발생 시 오차가 커질 가능성이 높음 - 정밀 제어가 어려움	- 설계가 복잡하고 비용이 증가할 수 있음	- 프로그래밍이 필요하며 설계가 복잡할 수 있음

(4) 라플라스 변환(Laplace transform)

제어에 있어서 시간의 함수 $f(t)$에 e^{-st}를 곱한 후 $t=0$에서부터 $t=\infty$까지 적분하여 적분 값이 존재할 경우에는 변수 s에 대하여 새로운 함수를 얻게 되는데, 이러한 연산을 라플라스 변환이라 한다.

$$\int_0^\infty f(t)e^{-st}dt = \mathcal{L}[f(t)] = F(s)$$

여기서, L은 Laplace 연산자이며 복소수이다. 구해진 $F(s)$를 역라플라스 변환하면 다시 시간에 대한 함수로 구해진다.

$$\mathcal{L}^{-1}[F(s)] = f(t) = \frac{1}{2\pi j}\int_{r-j\infty}^{r+j\infty} F(s)e^{st}ds \, (t>0)$$

여기서, r은 $F(s)$의 모든 특이점들의 실수부보다 큰 실수의 상수이다.

① 라플라스 변환함수

	함 수 명	$f(t)$	$F(s)$
1	단위 임펄스 함수	$\delta(t)$	1
2	단위 계단 함수	$u(t)$	$\dfrac{1}{s}$
3	단위 램프 함수	t	$\dfrac{1}{s^2}$
4	포물선 함수	t^2	$\dfrac{2}{s^3}$
5	n차 램프 함수	t^n	$\dfrac{n!}{s^{n+1}}$
6	지수 감쇠 함수	e^{-at}	$\dfrac{1}{s+a}$
7	지수 감쇠 포물선 함수	$t^2 e^{-at}$	$\dfrac{2}{(s+a)^3}$
8	지수 감쇠 n차 램프 함수	$t^n e^{-at}$	$\dfrac{n!}{(s+a)^{n+1}}$
9	정현파 함수	$\sin\omega t \quad \dfrac{e^{j\omega t}-e^{-j\omega t}}{2j}$	$\dfrac{\omega}{s^2+\omega^2}$
10	여현파 함수	$\cos\omega t \quad \dfrac{e^{j\omega t}+e^{-j\omega t}}{2}$	$\dfrac{s}{s^2+\omega^2}$
11	지수 감쇠 정현파 함수	$e^{-at}\sin\omega t$	$\dfrac{\omega}{(s+a)^2+\omega^2}$
12	지수 감쇠 여현파 함수	$e^{-at}\cos\omega t$	$\dfrac{s+a}{(s+a)^2+\omega^2}$

| Question 1 | 아래의 정의된 함수 $f(t)$를 라플라스 변환하라. (단, 함수 $f(t)$는 다음과 같다.)

$$f(t) = \begin{cases} 0, & t<0 \\ a, & t>0 \end{cases}$$

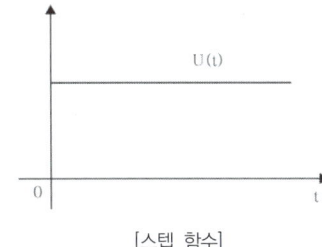

[스텝 함수]

| Solution | 단위 계단함수(스텝함수)

$$\mathcal{L}[a] = \int_0^\infty a e^{-st} dt = -a\left[\dfrac{e^{-st}}{s}\right]_0^\infty = -\dfrac{a}{s}(0-1) = \dfrac{a}{s}$$

| Question 2 | 단위 임펄스함수 $\delta(t)$를 라플라스 변환하라.

$$f(t) = \begin{cases} \dfrac{1}{T}, & T > t > 0 \\ 0, & t > T, \quad t < 0 \end{cases}$$

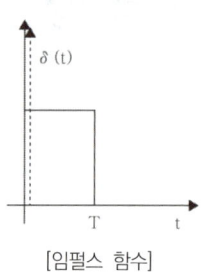

[임펄스 함수]

| Solution | 단위 임펄스함수는 그림에서 T가 영에 접근하는 극한을 생각할 때 폭이 극히 좁고 면적이 1인 함수이다.

$$\mathcal{L}[f(t)] = \int_0^T \frac{1}{T} e^{-st} dt = \frac{1}{T}\left(-\frac{1}{s}\right)e^{-st}\Big|_0^T = -\frac{1}{sT}(e^{-sT} - 1) = \frac{1 - e^{-sT}}{sT}$$

| Question 3 | $f(t) = at$인 함수를 라플라스 변환하라. (단, $f(t) = 0$, $t < 0$이다.)

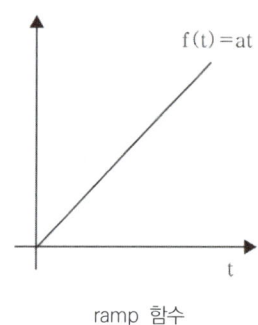

ramp 함수

| Solution |

$$\mathcal{L}[f(t)] = \int_0^\infty at e^{-st} dt = \left[-\frac{at e^{-st}}{s}\right]_0^\infty + \int_0^\infty \frac{a e^{-st}}{s} dt = \frac{a}{s^2}$$

| Question 4 | 다음의 라플라스 변환은? (단, $f(t) = e^{-at}$, $t > 0$이다.)

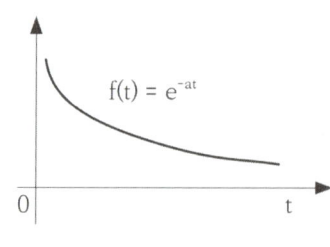

지수함수

| Solution |

$$\mathcal{L}[f(t)] = \int_0^\infty e^{-at}e^{-st}dt = \int_0^\infty e^{-(a+s)t}dt = \frac{1}{a+s}$$

② 라플라스 변환의 성질

㉠ 선형정리(Linearity theorem) : $\mathcal{L}[af_1(t) + bf_2(t)] = aF_1(s) + bF_2(s)$

㉡ 주파수 추이 정리(Frequency shift theorem) : $\mathcal{L}[e^{-at}f(t)] = F(s+a)$

㉢ 시간 추이 정리(Time shift theorem) : $\mathcal{L}[f(t-a)] = e^{-as}F(s)$

[미·적분 및 전이 정리 공식]

$f(t)$	$F(s)$
$f(t-t_0)u(t-t_0)$	$e^{-t_0 s}F(s)$
$\frac{d}{dt}f(t)$	$sF(s) - f(0^+)$
$\int_0^t f(t)dt$	$\frac{F(s)}{s}$
$\int f(t)dt$	$\frac{F(s)}{s} - \frac{f^{-1}(0)}{s}$
$tf(t)$	$-\frac{d}{ds}F(s)$
$\frac{1}{t}f(t)$	$\int_0^\infty F(s)ds$

| Question 5 | $f(t) = 5$를 라플라스 변환하라.

| Solution |

$$F(s) = \mathcal{L}[f(t)] = \int_0^\infty 5e^{-st}dt = -\frac{5}{s}e^{-st}\big|_0^\infty = -\frac{5}{s}(0-1) = \frac{5}{s}$$

| Question 6 | $f(t) = e^{-5t}$를 라플라스 변환하라.

| Solution |

$$F(s) = \mathcal{L}[f(t)] = \int_0^\infty e^{-5t}e^{-st}dt = \int_0^\infty e^{-(5+s)t}dt$$

$$= -\frac{1}{5+s}e^{-(5+s)t}\big|_0^\infty = -\frac{1}{5+s}(0-1) = \frac{1}{5+s}$$

| Question 7 | $f(t) = t^3$를 라플라스 변환하라.

| Solution |

$$F(s) = \mathcal{L}[f(t)] = \int_0^\infty t^3 e^{-st} dt = \frac{3 \times 2 \times 1}{s^{(3+1)}} = \frac{6}{s^4}$$

[공식 적용]

n차 램프 함수	t^n	$\frac{n!}{s^{n+1}}$

| Question 8 | $f(t) = 10t^3$를 라플라스 변환하라.

| Solution |

$$F(s) = \mathcal{L}[f(t)] = \int_0^\infty 10t^3 e^{-st} dt = 10 \times \frac{3 \times 2 \times 1}{s^{(3+1)}} = \frac{60}{s^4}$$

| Question 9 | $f(t) = \sin t + 3\cos t$를 라플라스 변환하라.

| Solution |

$$F(s) = \mathcal{L}[f(t)] = \int_0^\infty (\sin t + 3\cos t) e^{-st} dt$$

$$= \int_0^\infty (3\cos t) e^{-st} dt + \int_0^\infty (\sin t) e^{-st} dt$$

$$= \frac{3s}{s^2+1} + \frac{1}{s^2+1} = \frac{3s+1}{s^2+1}$$

[공식 적용]

정현파 함수	$\sin\omega t = \frac{e^{j\omega t} - e^{-j\omega t}}{2j}$	$\frac{\omega}{s^2+\omega^2}$
여현파 함수	$\cos\omega t = \frac{e^{j\omega t} + e^{-j\omega t}}{2}$	$\frac{s}{s^2+\omega^2}$

| Question 10 | $f(t) = \sin(\omega t + \theta)$를 라플라스 변환하라.

| Solution | $\sin(\omega t + \theta) = \sin\omega t \cdot \cos\theta + \cos\omega t \cdot \sin\theta$

$$F(s) = \mathcal{L}[f(t)] = \int_0^\infty (\sin\omega t \cdot \cos\theta + \cos\omega t \cdot \sin\theta)e^{-st}dt$$

$$= \int_0^\infty (\sin\omega t \cdot \cos\theta)e^{-st}dt + \int_0^\infty (\cos\omega t \cdot \sin\theta)e^{-st}dt$$

$$= \frac{\omega\cos\theta}{s^2+\omega^2} + \frac{s\sin\theta}{s^2+\omega^2}$$

| Question 11 | $f(t) = e^{-3t}\cos 5t$를 라플라스 변환하라.

| Solution |

$$F(s) = \mathcal{L}[f(t)] = \int_0^\infty (e^{-3t}\cos 5t)e^{-st}dt = \frac{s+3}{(s+3)^2+25}$$

[공식 적용]

지수 감쇠 여현파 함수	$e^{-at}\cos\omega t$	$\dfrac{s+a}{(s+a)^2+\omega^2}$

| Question 12 | $f(t) = 2 - e^{-at}$를 라플라스 변환하라.

| Solution |

$$F(s) = \mathcal{L}[f(t)] = \int_0^\infty (2 - e^{-at})e^{-st}dt = \int_0^\infty 2e^{-st}dt - \int_0^\infty e^{-at}e^{-st}dt$$

$$= -\frac{2}{s}(0-1) - \frac{-1}{s+a}(0-1) = \frac{2}{s} - \frac{1}{s+a} = \frac{s+2a}{s(s+a)}$$

| Question 13 | $f(t) = e^{-5t}\cos(9t - 60°)$를 라플라스 변환하라.

| Solution | $e^{-5t}\cos(9t - 60°) = e^{-5t}(\cos 9t \cdot \cos 60° + \sin 9t \cdot \sin 60°)$

$$F(s) = \mathcal{L}[f(t)] = \int_0^\infty e^{-5t}(\cos 9t \cdot \cos 60°)e^{-st}dt + \int_0^\infty e^{-5t}(\sin 9t \cdot \sin 60°)e^{-st}dt$$

$$= \frac{\cos 60°(s+5)}{(s+5)^2+9^2} + \frac{\sin 60° \times 9}{(s+5)^2+9^2} = \frac{0.5s + 10.294}{(s+5)^2+81}$$

[공식 적용]

| 지수 감쇠 정현파 함수 | $e^{-at}\sin\omega t$ | $\dfrac{\omega}{(s+a)^2+\omega^2}$ |

| Question 14 | $f(t) = e^{j\omega t}$를 라플라스 변환하라.

| Solution |

$$F(s) = \mathcal{L}[f(t)] = \int_0^\infty e^{j\omega t} e^{-st} dt = \int_0^\infty e^{-(-j\omega+s)t} dt$$

$$= -\frac{1}{s-j\omega} e^{-(-j\omega+s)t}\Big|_0^\infty = -\frac{1}{-j\omega+s}(0-1) = \frac{1}{s-j\omega}$$

| Question 15 | $F(s) = \dfrac{4}{S^3+3S^2+2S}$를 라플라스 역변환하라.

| Solution |

$$S^3 + 3S^2 + 2S = S(S+2)(S+1)$$

$$F(s) = \frac{4}{S^3+3S^2+2S} = \frac{4}{S(S+2)(S+1)} = \frac{A}{S} + \frac{B}{S+2} + \frac{C}{S+1}$$

$$(A+B+C)S^2 + (3A+B+2C)S + 2A = 4$$

$$A+B+C=0, \ 3A+B+2C=0, \ 2A=4$$

$$A=2, \ B=2, \ C=-4$$

$$F(s) = \frac{2}{S} + \frac{2}{S+2} - \frac{4}{S+1}, \ \mathcal{L}^{-1}[F(s)] = f(t) = 2 + 2e^{-2t} - 4e^{-t}$$

2 제어계의 전달함수

(1) 전달함수(Transfer function)

제어대상을 선형화된 미분방정식 형태로 표현한 식을 수학적 모델식이라 하고, 이 식을 라플라스 변환을 통해 입력과 출력 사이의 관계를 나타낸 식을 전달함수라 한다. 시스템 전달함수는 입력과 출력 신호 사이의 동특성을 나타내는 식이다.

그림 1-8 수학적 모델식과 전달함수

여기서, 모든 초기조건을 0으로 하여 입력과 출력 신호를 각각 라플라스 변환 후 함수로 나타낸 것이 전달함수이고 다음과 같다.

$$G(s) = \frac{Y(s)}{X(s)} = \frac{\mathcal{L}[y(t)]}{\mathcal{L}[x(t)]}$$

$X(s)$: 입력
$Y(s)$: 출력
$x(t)$: 입력신호
$y(t)$: 출력신호

(2) 전달함수의 기본요소

동적 시스템의 전달함수는 비례요소, 적분요소, 미분요소, 1차 지연요소, 2차 지연요소, 전달지연요소 등의 조합으로 이루어진다.

① 비례요소

입력신호 $x(t)$에 비례하여 출력신호 $y(t)$가 나오는 시스템의 전달함수이다.

$$y(t) = Kx(t)$$

여기서, K는 상수(비례감도, 이득정수)이고 라플라스 변환하여 전달함수를 구하면 다음과 같다.

$$G(s) = \frac{Y(s)}{X(s)} = K$$

② 적분요소

출력신호 $y(t)$가 입력신호 $x(t)$의 적분값에 비례한다. 즉, 출력신호의 변화속도가 입력신호에 비례하는 요소이다.

$$y(t) = K_I \int x(t)dt$$

라플라스 변환하여 전달함수를 구하면 다음과 같다.

$$\mathcal{L}\left[\int x(t)dt\right] = \frac{1}{s}X(s), \quad Y(s) = K_I \cdot \frac{1}{s}X(s)$$

$$G(s) = \frac{Y(s)}{X(s)} = \frac{K_I}{s}$$

위의 식에서 $\frac{1}{s}$은 적분요소이다.

미분방정식 형태로 정리하면 다음과 같다.

$$\frac{1}{K_I}\frac{dy(t)}{dt} = x(t)$$

$$\frac{s}{K_I}Y(s) = X(s), \quad G(s) = \frac{Y(s)}{X(s)} = \frac{K_I}{s}$$

③ 미분요소

출력신호 $y(t)$가 입력신호 $x(t)$의 미분값에 비례한다.

$$y(t) = K_p \frac{dx(t)}{dt}$$

라플라스 변환하여 전달함수를 구하면 다음과 같고, 적분요소에 역수로 표현된다.

$$\mathcal{L}\left[\frac{d}{dt}x(t)\right] = sX(s), \quad Y(s) = K_p \cdot sX(s)$$

$$G(s) = \frac{Y(s)}{X(s)} = K_p \cdot s$$

미분요소의 예로는 레이드 자이로스코프, 미분회로 등이 있다.

④ 1차 지연요소

전달함수 특성방정식의 최고 차수가 1인 시스템의 경우를 1차 지연요소라 한다.
1차 미분방정식은 다음과 같다.

$$b_1\frac{dy(t)}{dt} + b_0 y(t) = a_0 x(t), \quad (b_1 > 0, \ b_0 > 0)$$

라플라스 변환을 하여 전달함수를 구하면 다음과 같다.

$$b_1 s Y(s) + b_0 Y(s) = a_0 X(s)$$

$$G(s) = \frac{Y(s)}{X(s)} = \frac{a_0}{b_1 s + b_0} = \frac{a_0/b_0}{(b_1/b_0)s + 1} = \frac{K}{Ts+1}, \quad a_0/b_0 = K, \ b_1/b_0 = T$$

$$b_1\frac{dy(t)}{dt} + b_0 y(t) = a_0 x(t) \ \Rightarrow \ T\frac{dy(t)}{dt} + y(t) = Kx(t)$$

⑤ 2차 지연요소

전달함수 특성방정식의 최고 차수가 2인 시스템의 경우를 2차 지연요소라 한다.
2차 미분방정식이 다음과 같다.

$$b_2\frac{d^2y(t)}{dt^2}+b_1\frac{dy(t)}{dt}+b_0y(t)=a_0x(t),\ (b_2>0.\ b_1>0,\ b_0>0)$$

라플라스 변환을 하여 전달함수를 구하면 다음과 같다.

$$b_2s^2Y(s)+b_1sY(s)+b_0Y(s)=a_0X(s)$$

$$G(s)=\frac{Y(s)}{X(s)}=\frac{a_0}{b_2s^2+b_1s+b_0},\ \frac{a_0}{b_0}=K,\ \frac{b_2}{b_0}=T^2,\ \frac{b_1}{b_0}=2\delta T,\ \frac{1}{T}=\omega_n$$

$$G(s)=\frac{K}{1+2\delta Ts+T^2s^2}=\frac{K\omega_n^2}{s^2+2\delta\omega_n s+\omega_n^2}$$

⑥ 지연요소(부동작 시간 요소)

입력신호 $x(t)$에 대하여 출력신호가 L만큼 지연시 생기는 경우

$$y(t)=Kx(t-L)$$

이다. L은 전달지연(부동작 시간)이라 한다. 라플라스 변환 후 전달함수를 구하면 다음과 같다.

$$G(s)=\frac{Y(s)}{X(s)}=Ke^{-sL}$$

e^{-sL}은 지연요소라 하며 시간의 지연요소가 크게 되면 피드백 제어시스템의 안정도에 불안정한 영향을 미칠 가능성이 높다.

| 표 1-2 | 제어요소의 전달함수

요소의 종류	입력과 출력의 관계	전달함수	비 고
비례요소	$y(t)=Kx(t)$	$G(s)=\frac{Y(s)}{X(s)}=K$	K : 이득정수
적분요소	$y(t)=K\int x(t)dt$	$G(s)=\frac{Y(s)}{X(s)}=\frac{K}{s}$	
미분요소	$y(t)=K\frac{d}{dt}x(t)$	$G(s)=\frac{Y(s)}{X(s)}=Ks$	
1차 지연요소	$b_1\frac{d}{dt}y(t)+b_0y(t)=a_0x(t)$	$G(s)=\frac{Y(s)}{X(s)}=\frac{a_0}{b_1s+b_0}$ $=\frac{\frac{a_0}{b_0}}{\frac{b_1}{b_0}s+1}=\frac{K}{Ts+1}$	$K=\frac{a_o}{b_o}$ $T=\frac{b_1}{b_0}$ (T : 시정수)
부동작 요소	$y(t)=Kx(t-L)$	$G(s)=\frac{Y(s)}{X(s)}=Ke^{-LS}$	L : 부동작 시간

(3) 블록선도

블록선도는 동적 시스템 모델링의 한 방법으로 블록선도의 기본단위는 시스템 특성(전달함수)을 나타내는 사각형의 블록, 신호의 흐름을 나타내는 화살표, 두 신호의 ±합산을 나타내는 합산기호 및 신호를 인출하는 인출점 등으로 구성된다.

| 표 1-3 | 블록선도의 기본단위

순번	구분		표현방법
1	전달요소(블록)	$G(s)$	$G(s)$
2	신호의 전달	$B(s) = G(s)A(s)$	$A(s) \rightarrow G(s) \rightarrow B(s)$
3	가합점	합 : $A(s) + B(s) = c(s)$ 차 : $A(s) - B(s) = c(s)$	(a) 합 (b) 차
4	인출점	$A(s) = B(s) = C(s)$	

① 직렬결합 및 등가변환

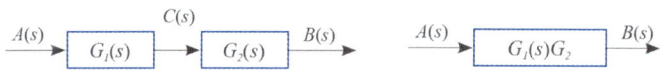

그림 1-9 직렬결합 및 등가변환

$$C(s) = G_1(s) \cdot A(s), \ B(s) = G_2(s) \cdot C(s)$$
$$B(s) = [G_1(s) \cdot G_2(s)] A(s)$$

② 병렬결합 및 등가변환

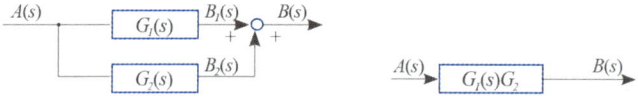

그림 1-10 병렬결합 및 등가변환

$$B_1(s) = G_1(s)A(s), \ B_2(s) = G_2(s)A(s), \ B(s) = B_1(s) + B_2(s)$$
$$B(s) = [G_1(s) \cdot G_2(s)]A(s)$$

③ 피드백 결합 및 등가식

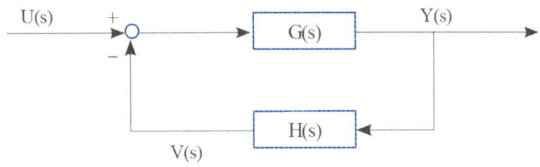

그림 1-11 피드백 결합

$$Y(s) = G(s)[U(s) - V(s)]$$
$$V(s) = H(s)Y(s)$$
$$[1 + G(s)H(s)]Y(s) = G(s)U(s)$$

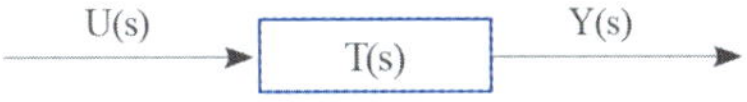

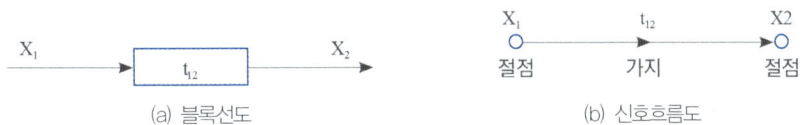

그림 1-12 피드백 등가변환

$$T(s) = \frac{G(s)}{1 + G(s)H(s)}$$

출력신호 $Y(s)$가 전달함수 $H(s)$를 걸치지 않고 그대로 입력 쪽에 귀환될 때 전달함수 $H(s) = 1$인 경우다. 이때 전달함수 $T(s)$는 아래와 같다.

$$T(s) = \frac{G(s)}{1 + G(s)}$$

(4) 신호흐름도

① 블록선도와 신호흐름도의 비교

신호흐름도는 절점(node)과 가지(branch)로 구성되고 절점은 신호의 흐름을 가지는 전달 특성을 나타낸다. 블록선도와 마찬가지로 동적 시스템 모델링의 한 방법이다.

(a) 블록선도   (b) 신호흐름도

그림 1-13 블록선도와 신호흐름도 비교

| 표 1-4 | 블록선도와 신호흐름 선도의 대응관계

	블록선도	신호흐름선도
신호	$a \longrightarrow$	$\circ$
전달요소 앞에 이동	$a \xrightarrow{G} b$	$a \xrightarrow{G} b$
가합점 $b = G \cdot a$	$a \longrightarrow \otimes \longrightarrow c=a\pm b$ $\pm b \uparrow$	$a \longrightarrow c$ $b \nearrow \pm 1$
인출점 $c = a \pm b$	$a \longrightarrow \bullet \longrightarrow b$ $ \longrightarrow c$	$a \xrightarrow{1} c$ $ \searrow_{1} c$
종속 접속 $c = G_1 G_2 a$	$a \longrightarrow \boxed{G_1} \xrightarrow{b} \boxed{G_2} \xrightarrow{c}$	$a \xrightarrow{G_1} b \xrightarrow{G_2} c$
병렬 접속 $d = (G_1 \pm G_2)a$	$a \longrightarrow \boxed{G_1} \longrightarrow \otimes \xrightarrow{d}$ $ \longrightarrow \boxed{G_1} \longrightarrow \pm$	$a \xrightarrow{1} b \xrightarrow{G_1} c \xrightarrow{1} d$ $ \pm G_2$
피드백 $d = \dfrac{G}{1+GH}a$	$a \longrightarrow \otimes \longrightarrow \boxed{G} \longrightarrow d$ $\pm \boxed{H} \longleftarrow$	$a \xrightarrow{1} b \xrightarrow{G} c \xrightarrow{1} d$ $ \pm H$

② 신호흐름도의 대수적 계산

- 가산법

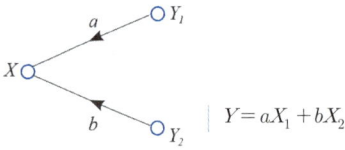

$Y = aX_1 + bX_2$

- 전송법

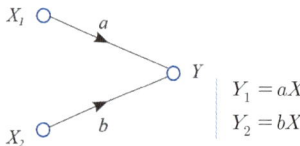

$Y_1 = aX$
$Y_2 = bX$

• 승산법

$X_1 \xrightarrow{a} X_2 \xrightarrow{b} X_3 \quad | \quad X_3 = aX_1 + bX_2$

■ Mason의 게인(전달함수) 공식

$$G = \frac{1}{\Delta} \sum_i P_i \Delta_i$$

여기서, G : 전달함수
P_i : i번째 피드포워드 방향의 경로에 대한 게인(Gain)
Δ_i : P_i와 교차하는 경로를 제외한 Δ값
Δ : 신호흐름선도의 행렬식

$$\Delta = 1 - \sum_a L_a + \sum_{b,c} L_b L_c - \sum_{d,e,f} L_d L_e L_f + \ldots$$

여기서, $\sum_a L_a$: 중복되지 않는 모든 루프(Loop) 게인(Gain)의 합

[피드백이 되는 노드와 노드 사이에 게인 1개]

$\sum_{b,c} L_b L_c$: 서로 교차되지 않는 2개의 루프 게인 곱의 합

[피드백이 되는 노드와 노드 사이에 게인 2개]

$\sum_{d,e,f} L_d L_e L_f$: 서로 교차되지 않는 3개의 루프 게인 곱의 합

[피드백이 되는 노드와 노드 사이에 게인 3개]

- 피드백 접속 1

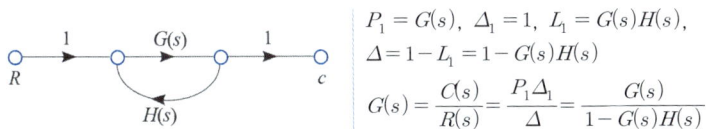

$P_1 = abc, \ \Delta_1 = 1, \ L_1 = bd, \ \Delta = 1 - L_1 = 1 - bd$

$G = \dfrac{X_2}{X_1} = \dfrac{P_1 \Delta_1}{\Delta} = \dfrac{abc}{1 - bd}$

- 피드백 접속 2

$P_1 = G(s), \ \Delta_1 = 1, \ L_1 = G(s)H(s),$
$\Delta = 1 - L_1 = 1 - G(s)H(s)$

$G(s) = \dfrac{C(s)}{R(s)} = \dfrac{P_1 \Delta_1}{\Delta} = \dfrac{G(s)}{1 - G(s)H(s)}$

— 피드백 접속 3

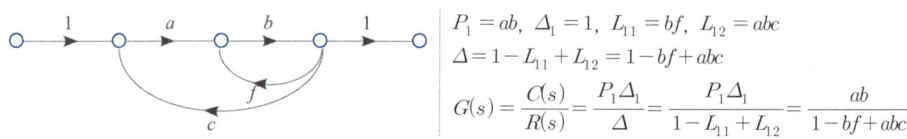

$P_1 = ab,\ \Delta_1 = 1,\ L_{11} = bf,\ L_{12} = abc$
$\Delta = 1 - L_{11} + L_{12} = 1 - bf + abc$
$G(s) = \dfrac{C(s)}{R(s)} = \dfrac{P_1 \Delta_1}{\Delta} = \dfrac{P_1 \Delta_1}{1 - L_{11} + L_{12}} = \dfrac{ab}{1 - bf + abc}$

3 주파수 응답

주파수 응답은 신호발생기와 측정 장비를 사용하여 필요한 신호를 발생시키거나 측정하는 것을 의미한다. 즉, 주파수를 가진 입력신호에 대한 시스템의 정상상태 반응을 주파수 응답이라 한다. 주파수 영역에서 제어시스템은 설계변수에 오차가 있더라도 제어시스템의 성능이 웬만큼 보장된다. 대표적인 시스템 주파수응답에는 Nyquist 선도, 보드선도, Nichols 선도 등이 있다.

(1) 주파수 전달함수

주파수 전달함수는 전달함수 $G(s)$에서 복소수 s값 대신 $j\omega$를 대입한 $G(j\omega)$이다.

$$G(j\omega) = X + jY = Me^{j\phi(\omega)} = M\angle \phi(\omega)$$

$$M(\omega) = |G(j\omega)| = \sqrt{X^2 + Y^2},\ \phi = \angle G(j\omega) = \tan^{-1}\dfrac{Y}{X}$$

(2) Nyquist 선도

주파수가 0에서 ∞까지 변할 때 전달함수 $G(j\omega)$의 궤적을 그린 것

(3) 보드(Bode) 선도

주파수 전달함수 $G(j\omega)$의 절대값 $|G(j\omega)|$과 위상 $\angle G(j\omega)$을 각각 직각 좌표계에 주파수에 따라 시각적으로 알 수 있도록 나타낸 선도

(4) Nichols 선도

세로축을 주파수 전달함수의 크기 $20\log|G(j\omega)|$, 가로축을 위상 $\angle G(j\omega)$로 하여 주파수 전달함수 $G(j\omega)$를 나타낸 것

| 표 1-5 | 비교표

선도 종류	특성	주요 사용 목적
보드 선도	이득과 위상을 분리된 그래프로 표시	주파수 응답 해석
니퀴스트 선도	복소평면에 궤적으로 표현	안정성 분석
니콜스 선도	이득-위상 관계를 하나의 선도로 표현	설계 및 안정성 분석

이와 같은 선도들은 주파수 응답 분석에서 매우 중요한 도구로, 각기 다른 관점에서 시스템의 성능과 안정성을 시각화한다.

02 PLC 특수 프로그래밍 준비

1 PLC 구성과 특성

(1) PLC의 구성

① PLC란?
　　㉠ Programmable Logic Controller의 약자이다.
　　㉡ 공장 자동화 설비 및 장비 제어를 위한 산업용 컴퓨터라 할 수 있다.
　　㉢ 릴레이, 타이머, 카운터 등의 기능을 프로그램으로 구성하여 자동제어 수행이 목적이다.

② PLC의 기본 구성 요소

구성요소	역할 및 설명
CPU 모듈	프로그램 실행 및 데이터 연산, 입출력 제어
전원 공급 장치	PLC 및 각 모듈에 안정적인 전원 공급
입·출력 모듈	외부 기기(센서, 스위치, 모터 등)와 신호 송수신
메모리(RAM/ROM)	사용자 프로그램 저장 및 데이터 처리
통신 모듈	상위 PC, HMI, 다른 PLC 등과 데이터 교환
확장 모듈	추가 I/O나 특수 기능(아날로그, 온도제어 등) 제공

③ 입·출력 구성(I/O 구성)
　　㉠ 디지털 입력(DI) : ON/OFF 신호 입력(예 비상 스위치, 근접센서)
　　㉡ 디지털 출력(DO) : ON/OFF 신호 출력(예 램프, 솔레노이드 밸브)

ⓒ 아날로그 입력(AI) : 연속적인 값 입력(📘 온도, 압력 센서)
ⓔ 아날로그 출력(AO) : 연속적인 값 출력(📘 인버터 속도 명령)

(2) PLC 특성

① 산업 환경에 적합한 내구성
   ㉠ 온도, 진동, 전자파 등의 다양한 환경에서도 안정적으로 동작할 수 있도록 설계되어 있다.
   ㉡ 24시간 동안 지속적으로 안정적인 운전이 가능하도록 설계되어 있다.

② 프로그램 변경 및 유지보수 용이
   ㉠ 프로그램 변경이 쉬워 공정 변경이나 생산 제품 변경에 유리하다.
   ㉡ 에러 발생 시 프로그램 확인으로 빠르게 원인 파악이 가능하다.

③ 확장성 및 유연성
   ㉠ 필요시 입출력 모듈 및 특수 모듈을 추가해 쉽게 기능 확장이 가능하다.
   ㉡ 다양한 네트워크 연동이 가능하다. (📘 Ethernet, RS485, CC-Link 등)

④ 표준화된 프로그래밍 언어 지원
   ㉠ 국제 표준 언어(IEC 61131-3)를 기반으로 한다.
   ㉡ 래더 다이어그램(LD), 함수 블록(FBD), 순서도(SFC) 등으로 지원된다.

⑤ 빠른 응답 속도
   ㉠ 밀리초(ms) 단위의 빠른 연산 및 제어로 고속 공정에도 적용 가능하다.

⑥ 다양한 외부 기기 연동
   ㉠ 센서, 모터, 인버터, HMI, 로봇 등과 손쉽게 연동이 된다.
   ㉡ 상위 시스템(MES, ERP)과 데이터 공유가 가능하다.

03 PLC 특수 프로그래밍

1 모듈 간 인터페이스

(1) 물리적 연결 방식

① 백플레인 버스(Backplane Bus)

ㄱ 개요
- 백플레인 버스는 PLC의 각 모듈이 서로 데이터를 주고받는 물리적 통로이다.
- 모듈들은 모두 랙(Rack)에 장착되며, 이 랙에 부착된 공통 회로 기판(백플레인 보드)을 통해 모듈 간 통신과 전원 공급이 이루어진다.
- 각 모듈은 슬롯 번호를 부여받아 CPU는 이 슬롯 번호로 각 모듈을 식별하고 데이터 교환을 수행한다.

ㄴ 역할
- 모듈 간 데이터 전송 경로를 제공(입출력 데이터, 진단 데이터 등)한다.
- 전원 공급 경로를 제공한다.
- 제어 신호 및 동기 신호를 제공(스캔 주기 동기화 등)한다.

ㄷ 특징
- **통신 방식** : 병렬 버스 또는 직렬 버스
- **전원 공급** : 백플레인을 통해 각 모듈에 DC 전원 공급
- **신호 종류** : 데이터 신호, 제어 신호, 클럭 신호
- **구성 방식** : 중앙집중형(Centralized), 분산형(Distributed)

② 커넥터 핀 배열 및 배선 규격

ㄱ 개요
- 각 모듈은 백플레인과 커넥터를 통해 연결되며, 핀 배열과 배선 규격은 모듈 간 정확한 데이터 전송과 신호 호환성을 보장한다.
- 외부 기기와 연결되는 입출력 모듈의 커넥터 핀 배열과 모듈과 백플레인 간의 내부 연결핀 배열이 모두 정의되어야 한다.

ㄴ 커넥터 핀 배열 종류
- **전원 핀** : DC 24V, DC 5V 공급 핀
- **신호 핀** : 데이터 송수신 핀(DI/DO, AI/AO 신호)
- **제어 핀** : 모듈 상태, 모듈 활성화 신호 핀

- 클럭 핀 : 동기화 클럭 제공 핀
- 접지 핀 : 신호 접지, 전원 접지 구분 가능

ⓒ 커넥터 종류
- DIN 41612 타입 : 랙 타입 PLC에서 주로 사용
- 터미널 블록 타입 : 입출력 모듈에 주로 사용
- D-Sub 타입 : 특정 특수 모듈에서 사용

ⓔ 배선 규격(외부 기기 연결 시)
- 전압 등급 : 24V DC(디지털 I/O), 4~20mA(아날로그 I/O)
- 케이블 규격 : 신호선 $0.75 \sim 1.5 mm^2$, 전원선 $1.5 \sim 2.5 mm^2$
- 노이즈 대책 : 실드선 사용, 접지 분리, 트위스트 페어 등

> **➡ 신호선과 전원선 규격이 다른 이유**
>
> 신호선은 PLC에서 디지털/아날로그 신호를 주고받는 데 사용되므로, 상대적으로 전류가 작다. 따라서 $0.75 \sim 1.5 mm^2$ 정도면 충분하다. 전원선은 전원 공급을 위한 선이므로, 더 많은 전류를 견딜 수 있도록 굵은 전선($1.5 \sim 2.5 mm^2$)을 사용해야 한다.

(2) 데이터 전송 방식

① 병렬 전송/직렬 전송

구분	병렬 전송	직렬 전송
데이터 전송 방식	여러 비트를 동시에 전송(8비트, 16비트 등)	데이터를 한 비트씩 순차적으로 전송
속도	상대적으로 빠름	상대적으로 느림
케이블 수	많은 신호선 필요(데이터 비트 수 만큼)	신호선 수 적음 (송신, 수신, 접지 등 최소 3선)
장거리 전송	부적합(노이즈 취약)	적합(노이즈에 강함)
주요 활용처	짧은 거리, 장비 내부 데이터 전송 (CPU와 메모리 간 등)	장거리 통신, 외부 장비와의 연결 (PLC 간 통신 등)
특징	동시성↑, 간섭↑	단순 구조, 안정성↑

② 동기/비동기 통신

구분	동기 통신	비동기 통신
전송 타이밍	송신기와 수신기가 동일한 클록(Clock)을 사용해 데이터 동기화	각 데이터 블록마다 시작 비트, 정지 비트로 구분하여 동기화
속도	빠름(클록 신호 기반 연속 데이터 전송)	상대적으로 느림(비트 단위 동기화 필요)
전송 효율	데이터 비율 높음(부가 정보 적음)	부가 정보(시작/정지 비트)로 인해 데이터 효율↓
장거리 통신	적합	적합
주요 활용처	고속 데이터 전송, 네트워크 장비 간 통신 (PLC-PLC 등)	저속 데이터 전송, 단순 장치 연결 (PLC-센서, PC-PLC 등)
특징	일정한 속도 유지 필요	속도 변동 허용, 유연성↑

(3) 주소 할당 및 메모리 맵

① 슬롯 주소
- ㉠ 정의 : PLC의 I/O 모듈이 설치된 위치(슬롯)에 할당된 주소
- ㉡ 구성 : 일반적으로 베이스 번호 + 슬롯 번호로 구성
- ㉢ 특징 : 각 슬롯마다 고유한 주소를 부여해 해당 슬롯에 장착된 모듈을 구분
  - 예) 0번 베이스의 1번 슬롯, 0번 베이스의 2번 슬롯 등
- ㉣ 용도 : 모듈별 데이터 구분 및 제어 시 사용(특히, 모듈 추가/교체 시 중요한 정보)
  - 베이스(Base) : PLC 본체에 모듈을 장착하는 프레임
  - 슬롯(Slot) : 베이스에 장착되는 개별 모듈의 자리

② 입·출력 포인트 주소
- ㉠ 정의 : PLC에 연결된 각 입출력 신호에 할당되는 개별 주소
- ㉡ 구성 : 보통 슬롯 주소 + 포인트 번호(채널 번호)로 구성
- ㉢ 특징 : 디지털 신호의 경우 1포인트=1비트, 아날로그 신호는 1포인트=1워드 등으로 할당
  - 예) X0, X1, Y0, Y1(디지털 입출력), D0, D1(데이터 영역)
- ㉣ 용도 : 센서, 스위치, 출력 장치(릴레이, 솔레노이드 등) 각각의 신호를 제어할 때 사용
  - X : 입력 포인트 주소(Input Point)
  - Y : 출력 포인트 주소(Output Point)
  - D : 데이터 레지스터(Data Register)

> ■ 정리

구분	슬롯 주소	입·출력 포인트 주소
주소 대상	모듈(슬롯) 전체	모듈 내 각 입출력 신호
주소 구성	베이스 + 슬롯 번호	슬롯 주소 + 포인트 번호
주요 용도	모듈 위치 파악	각 입출력 신호 제어
예	0-1(0번 베이스 1번 슬롯)	X0, X1, Y0, Y1 등

(4) 신호 흐름

① 입력 모듈 → CPU(입력 신호 처리 과정)
  ㉠ 신호 흐름 : 센서, 스위치 등에서 발생한 신호가 입력 모듈로 들어와 디지털 신호로 변환된 후 CPU로 전달한다.
  ㉡ 역할 : 외부의 입력 상태를 감지하고, 이를 CPU가 프로그램에서 활용할 수 있도록 전달한다.
  ㉢ 변환 과정 : 아날로그 신호인 경우 A/D 변환을 통해 디지털 데이터로 변환 후 CPU로 전달한다.
  ㉣ 입력 예 : 리미트 스위치 ON/OFF, 온도 센서값 등
  ㉤ 특징 : 입력 상태는 PLC의 입력 이미지 영역(메모리)에 저장된다.

② CPU → 출력 모듈(출력 신호 처리 과정)
  ㉠ 신호 흐름 : CPU가 프로그램에서 연산한 결과를 출력 이미지 영역에 저장하고, 해당 결과를 출력 모듈을 통해 외부 장치(릴레이, 솔레노이드 등)에 전달한다.
  ㉡ 역할 : 프로그램 로직에 따른 제어 명령을 실제 장치에 전달한다.
  ㉢ 변환 과정 : 출력 모듈에서 디지털 신호를 필요에 따라 전압·전류 신호로 변환해 외부 장치로 출력한다.
  ㉣ 출력 예 : 모터 ON, 램프 점등, 솔레노이드 밸브 동작 등
  ㉤ 특징 : 출력 상태는 PLC의 출력 이미지 영역(메모리)에 저장된다.

③ 데이터 갱신 주기(스캔 타임 내 처리)
  ㉠ 스캔 타임 정의 : PLC가 한 사이클 동안 실행하는 시간이다.
  (입력 읽기 → 프로그램 실행 → 출력 갱신)

ⓛ 처리 순서
- **첫 번째** : 입력 데이터 읽기(입력 모듈 → 입력 이미지 메모리)
- **두 번째** : 프로그램 실행(논리 연산 및 제어 명령 처리)
- **세 번째** : 출력 데이터 갱신(출력 이미지 메모리 → 출력 모듈)

ⓒ 특징 : 모든 신호 처리와 데이터 갱신이 스캔 타임 내 반복적으로 실행
- **중요성** : 스캔 타임이 길면 응답 속도 저하, 짧으면 빠른 제어 가능
  - 🔲 스캔 타임이 10ms라면, 1초에 약 100회 입력·연산·출력 갱신 반복

▶ 요약 흐름도

[입력 장치] → (입력 모듈) → [입력 이미지 메모리] → (CPU 프로그램 실행) → [출력 이미지 메모리] → (출력 모듈) → [출력 장치]

▶ 정리

PLC는 실시간으로 외부 장치의 상태(입력)를 읽고, 프로그램에 따라 판단하여, 외부 장치를 동작(출력)시키는 역할을 한다. 이 과정이 스캔 타임 내 반복적으로 실행되며, 초당 수십~수백 번 반복될 수 있고 핵심은 입력 이미지 메모리와 출력 이미지 메모리를 통해, 실제 입력과 출력이 프로그램과 연결되는 구조이다.

---

1. [입력 장치]
- 외부에서 신호를 보내는 장치들이다.
- 예 : 스위치, 센서(근접센서, 광센서, 온도센서 등), 푸시버튼, 리미트 스위치 등
- 실제 공정 현장에서 사람이 누르거나, 물건이 지나가면서 센서가 감지하는 것들이 입력 신호이다.

2. (입력 모듈)
- 입력 장치에서 들어온 신호를 PLC가 이해할 수 있는 디지털 신호로 변환하는 역할을 한다.
- 아날로그 신호일 경우, A/D(아날로그-디지털) 변환이 필요하다.
- 입력 모듈이 하는 일은 신호 수집과 변환, 그리고 CPU로 전달하는 역할이다.

3. [입력 이미지 메모리]
- PLC 내부 메모리 영역 중에서 입력 상태를 저장하는 공간이다.
- 입력 모듈에서 받은 신호가 이곳에 저장되며, CPU는 프로그램 실행 시 이 값을 참조한다.
- 실제 외부 신호를 바로 읽는 것이 아니라, 이 이미지 메모리에 저장된 값을 기반으로 프로그램을 실행하는 점이 중요하다.

4. (CPU 프로그램 실행)
- 사용자가 작성한 프로그램(시퀀스 로직, 래더 프로그램 등)을 실행하는 단계이다.
- 입력 이미지 메모리에 저장된 값(입력 상태)을 읽어서, 논리 연산을 수행하고, 그 결과로 어떤 출력이 나가야 할지를 결정한다.
- 이 과정이 PLC의 두뇌 역할이며, 가장 핵심적인 부분이다.

5. [출력 이미지 메모리]
   - CPU가 프로그램 실행 결과로 생성한 출력 명령이 저장되는 메모리 영역이다.
   - 실제 출력 모듈로 데이터를 보내기 전에 여기에 먼저 저장된다.
   - 실제 출력 장치의 상태는 이 출력 이미지 메모리의 값이 반영된 결과이다.

6. (출력 모듈)
   - 출력 이미지 메모리에 저장된 데이터를 읽어서, 실제 출력 장치에 전달하는 역할을 한다.
   - 디지털 신호는 단순 ON/OFF로 전달되지만, 필요에 따라 D/A(디지털-아날로그) 변환이 수행될 수도 있다.
   - 외부 장치가 동작할 수 있게 신호를 내보내는 역할을 한다.

7. [출력 장치]
   - 실제 동작하는 장치이다.
   - 예 : 모터, 램프, 솔레노이드 밸브, 경광등, 알람 부저 등
   - 프로그램 결과에 따라 ON/OFF되거나, 특정 값(전압, 전류 등)을 출력받아 동작한다.

(5) 프로토콜 및 통신 규약

① 내부 모듈 통신 프로토콜(제조사별 차이 있음)
   ㉠ 정의 : PLC 내부에서 CPU와 각 I/O 모듈, 특수 모듈 간 데이터 송수신 시 사용하는 통신 규약이다.
   ㉡ 특징 : 각 제조사별로 독자적인 프로토콜을 사용하는 경우가 많다.
      • 미쓰비시 : MELSEC 프로토콜
      • LS산전(LS ELECTRIC) : XGT 프로토콜

② 데이터 프레임 구조(헤더, 데이터, 체크섬 등)
   ㉠ 정의 : PLC가 다른 장치와 데이터 통신 시, 데이터를 일정한 형식(프레임)으로 구성하여 송수신하는 방식이다.
   ㉡ 구성요소
      • 헤더(Header) : 데이터의 시작을 알리고, 송수신 장치 주소, 명령 종류 등을 포함한다.
      • 데이터(Data) : 실제 전송되는 명령 내용이나 상태 정보(센서값, 출력 명령 등)이다.
      • 체크섬(Checksum) : 데이터 오류 검출을 위한 값(전송 중 데이터 변형 감지)이다.
      • 종료 코드 : 데이터 전송 완료를 알리는 코드(일부 프로토콜에서 사용)이다.
   ㉢ 프로토콜별 차이 : 각 제조사 및 프로토콜에 따라 프레임 구성, 데이터 길이, 체크 방식이 다르다.
   ㉣ 역할 : 신뢰성 있는 데이터 전송을 위해, 데이터 무결성 확보 및 장치 간 동기화를 유지한다.

(6) 상태 감시 및 오류 처리

① 모듈 상태 LED
  ㉠ 각 모듈에는 상태를 표시하는 LED가 장착되어 있다.
  ㉡ 전원 상태, 통신 상태, 모듈 이상 여부 등을 한눈에 확인이 가능하다.
  ㉢ LED 색상과 점등/점멸 패턴을 통해 정상 동작 여부 및 오류 원인을 파악한다.
  ㉣ 주요 표시 항목
   • 전원 공급 상태(POWER LED)
   • 통신 상태(COMM LED)
   • 모듈 이상 상태(ERR LED 등)

② 데이터 링크 오류 감지 및 복구
  ㉠ PLC 간 네트워크 또는 모듈 간 데이터 링크에서 발생하는 오류를 감지한다.
  ㉡ 오류 발생 시 자동으로 재전송하거나, 특정 시간 내 복구를 시도한다.
  ㉢ 오류 원인 및 발생 위치를 로그로 저장하여 진단에 활용된다.
  ㉣ 네트워크 상태 진단 기능을 통해 통신 품질 및 오류 발생 빈도 모니터링이 가능하다.
  ㉤ 심각한 오류 시에는 알람 발생 및 해당 네트워크 차단 등의 안전 조치를 수행한다.

(7) 모듈 간 전원 및 접지 공통 규칙

① 노이즈 대책
  ㉠ PLC 시스템은 다양한 전자기기 및 주변 설비에서 발생하는 노이즈(EMI) 영향을 받을 수 있다.
  ㉡ 주요 대책
   • 차폐 케이블 사용 : 통신선 및 신호선에 노이즈 차단을 위한 차폐 처리가 가능하다.
   • 접지 강화 : 신호선과 전원선의 적절한 접지로 외부 노이즈를 차단한다.
   • 노이즈 필터 설치 : 전원부에 필터를 추가하여 전원 노이즈를 제거한다.
   • 배선 분리 : 강전(전력선)과 약전(신호선)을 분리 배치해 상호 간섭을 방지한다.
   • 페라이트 코어 사용 : 케이블에 페라이트 코어를 부착해 고주파 노이즈를 억제한다.
  ㉢ 특히, 아날로그 신호 라인 및 고속 통신 라인에서 노이즈 대책이 중요하다.

② 접지 방식(공통접지, 절연접지 등)
  ㉠ PLC 및 주변 장치 간 신뢰성 있는 동작을 위해 적절한 접지 방식 선택이 중요하다.

접지 방식	설명 및 특징
공통접지	- 전원 접지와 신호 접지를 하나의 공통 접지점에 연결한다. - 노이즈 방지 및 접지 전위 차이를 최소화한다. - 주로 동일 계통 장비에 적용한다.
절연접지	- 전원 접지와 신호 접지를 분리하여 각각 독립된 접지로 구성한다. - 서로 다른 계통 장비 간 간섭을 차단한다. - 민감한 계측기기 및 센서 회로에 주로 적용한다.
다점접지 (멀티포인트 접지)	- 여러 지점에 분산 접지한다. - 광범위한 설비에서 사용 가능하나 접지 루프(노이즈 루프)는 주의가 필요하다.
단점접지 (싱글포인트 접지)	- 한 지점에서만 접지한다. - 노이즈 유입을 최소화에 유리하다. - PLC 및 제어반 내부에서 많이 사용한다.

ⓒ 접지 선택 기준
- 장비 간 전위 차이 방지
- 외부 노이즈 유입 방지
- 주변 환경(설비 구조, 케이블 길이 등) 고려
- 시스템 안정성 및 안전성 확보

(8) 호환성 및 확장성

① 동일 제조사/시리즈 모듈 간 호환성

㉠ 동일 제조사 및 동일 시리즈 내 모듈 간에는 높은 호환성을 보장한다.

㉡ 같은 시리즈 내에서는 CPU, 디지털 입출력 모듈, 아날로그 모듈, 특수 모듈 간 상호 호환이 가능하다.

㉢ 펌웨어 및 하드웨어 버전 차이가 있을 경우 일부 기능 차이가 발생할 수 있으므로 버전 관리가 필요하다.

㉣ 동일 시리즈라도 세대 변경 시(예 PLC S7-300 → S7-1200) 프로그램 및 하드웨어 호환성이 달라질 수 있다.

㉤ 제조사에서 제공하는 호환성 가이드 및 제품 매뉴얼을 통해 호환 여부 확인은 필수이다.

㉥ 주요 특징
- 프로그램 개발 시 기존 라이브러리 및 블록 재사용이 가능하다.
- 통신 규격, 전원 규격, 장착 규격 등이 동일해 유지보수가 용이하다.
- 타 제조사 모듈과의 직접 호환성은 낮고, 경우에 따라 게이트웨이나 변환 모듈이 필요하다.

② 확장 모듈 연결 방식(케이블, 확장랙 등)

㉠ PLC 시스템 확장 시 다양한 방식으로 확장 모듈을 연결할 수 있다.

연결 방식	설명 및 특징
확장랙(Expansion Rack)	- PLC 본체와 물리적으로 별도의 랙을 추가해 모듈 설치 - CPU와 확장랙은 전용 확장 케이블로 연결 - 주로 대규모 시스템에 적합
확장 케이블(Extension Cable)	- 본체와 확장 모듈을 전용 케이블로 직접 연결 - 모듈 간 거리 유연성 제공 - 주로 중소규모 시스템에 적합
버스 커넥터(Bus Connector)	- 모듈 간 직접 장착으로 연결하는 방식 - 모듈을 옆으로 바로 붙여서 연결 - 소규모 시스템에 적합, 설치 간편
원격 I/O(Remote I/O)	- 네트워크를 통해 원격 위치의 I/O 모듈과 연결 - 대규모 설비에서 배선 간소화 및 모니터링 편의성 제공 - Ethernet, Profibus 등 다양한 네트워크 활용

㉡ 선택 기준
- 시스템 크기에 따라 적합한 방식 선택
- 확장 거리에 따라 케이블/랙/버스 연결 선택
- 원격 설비의 경우 네트워크형 원격 I/O 활용

2 아날로그 프로그램 작성

(1) 아날로그 신호 및 스케일링 기초

① 아날로그 신호 개념(전압, 전류)

㉠ 아날로그 신호란?
- 시간에 따라 연속적으로 변하는 신호
- 물리량(온도, 압력, 유량 등)을 전압(Voltage)이나 전류(Current) 형태로 변환해 전송

㉡ 대표 신호 범위

구분	범위	특성
전류 신호	4~20mA	노이즈에 강하고, 장거리 전송에 유리
전압 신호	0~10V	근거리 전송에 주로 사용

ⓒ 장점 및 특징
- 아날로그 신호는 실시간 연속 변화 감지가 가능
- 전류 신호는 단선 감지 기능(4mA 미만 시 센서 이상 판단)이 가능

② 아날로그 모듈 구조와 역할(AI/AO 모듈 이해)
ⓐ 아날로그 입력 모듈(AI : Analog Input)
- 센서 신호(4-20mA, 0-10V 등)를 PLC에서 처리 가능한 디지털 값(Raw Data)으로 변환하는 역할
- 센서의 물리량을 PLC 프로그램에서 사용할 수 있도록 연결

ⓑ 아날로그 출력 모듈(AO : Analog Output)
- PLC에서 계산한 제어 신호를 아날로그 신호로 변환하여 장치로 출력하는 역할
- 예 밸브 개도율, 인버터 주파수 제어 등

ⓒ 아날로그 모듈 기본 구성

구분	기능
A/D 변환부	아날로그 신호를 디지털로 변환(AI 모듈)
D/A 변환부	디지털 값을 아날로그 신호로 변환(AO 모듈)
신호처리부	노이즈 제거, 필터링 기능 등

③ 아날로그 신호 → 디지털 데이터(Raw Data) 변환 과정
ⓐ 변환 흐름
- 센서 측정값 → 전류/전압 아날로그 신호 출력
- 아날로그 입력 모듈에서 전류/전압 신호를 디지털 데이터(Raw Data)로 변환
- 변환된 Raw Data는 PLC 내부 데이터 영역에 저장
- 프로그램에서는 Raw Data를 실제 물리량(℃, Bar, L/min 등)으로 변환해 사용

ⓑ 변환 예(16bit 분해능 기준)
- 입력 범위 : 4~20mA
- 디지털 범위 : 0~32767(16bit 데이터)

입력신호 (mA)	Raw Data 값
4mA	0
20mA	32767

- 실제 물리량과 Raw Data는 비례 관계로 매핑됨

④ 스케일링 원리 및 수식 작성법
  ㉠ 스케일링 개념
    • Raw Data(디지털 값)를 센서의 실제 측정값(온도, 압력 등)으로 변환하는 과정
  ㉡ 비례식 스케일링 공식(스케일링=실제값 변환)

  $$실제값 = \frac{(현재 Raw값 - 최소값 Raw값)}{(최대 Raw값 - 최소 Raw값)} \times (최대측정값 - 최소측정값) + 최소측정값$$

    • 4~20mA 온도 센서 예
      측정 범위 : 0℃ ~ 100℃
      Raw Data 범위 : 0 ~ 32767

      $$온도(℃) = \frac{현재 Raw - 0}{32767 - 0} \times (100 - 0) + 0$$

      $$온도(℃) = \frac{현재 Raw}{32767} \times 100$$

    • Raw Data가 16384일 때

      $$\frac{16384}{32767} \times 100 \approx 50℃$$

  ㉢ 스케일링 적용 위치
    • 아날로그 입력 데이터 처리 시
    • 아날로그 출력 데이터 생성 시(설정값을 출력 신호로 변환)

(2) 아날로그 입력 데이터 처리 및 경보 프로그램 작성

① 아날로그 입력 데이터 읽기 방법
  ㉠ 아날로그 입력 모듈의 역할
    • 센서에서 입력된 아날로그 신호(420mA, 010V 등)를 PLC에서 처리할 수 있는 디지털 값(Raw Data)으로 변환
    • PLC 프로그램에서는 해당 Raw Data를 읽어와 처리함
  ㉡ 주요 포인트
    • 아날로그 모듈이 설치된 슬롯 번호와 채널 번호 확인 필수
    • 모듈 데이터 주소(특수레지스터) 참조 방법 숙지
    • 주기적으로 데이터 읽기 → 스케일링 처리로 연결

② Raw Data → 실제값 변환 프로그램 작성
　㉠ 스케일링 필요성
　　• 아날로그 입력 모듈이 변환한 Raw Data는 센서의 실제 물리량(온도, 압력 등)과 직접적인 관계를 갖지만, 단순히 Raw Data만으로는 의미를 해석할 수 없음
　　• Raw Data를 실제 단위값으로 변환하는 작업이 필요
　㉡ 프로그램 작성 흐름
　　• 아날로그 입력 데이터 읽기
　　• Raw Data 범위 확인 및 스케일링 수식 적용
　　• 실제값 변수에 저장
　　• 화면 표시 또는 경보 판정에 활용

③ 아날로그 값 상한/하한 경보 설정 및 프로그램 작성
　㉠ 경보 설정 기준
　　• 센서에서 읽어온 실제값이 설정된 범위를 벗어날 때 경보 발생
　　• 예 온도 80℃ 초과 시 경보 출력, 10℃ 미만 시 저온 경보
　㉡ 경보 프로그램 흐름
　　• Raw Data 읽기
　　• 실제값 변환(스케일링)
　　• 실제값과 상한/하한 비교
　　• 조건 충족 시 경보 출력(경보 램프 ON, 비상벨 출력 등)

④ 센서 단선 감지 및 비정상 데이터 처리(Under/Over Range 대응)
　㉠ 단선 감지 원리(4~20mA 기준)
　　• 정상 센서 신호 범위 : 4~20mA
　　• 단선 또는 이상 시 : 4mA 미만
　　• 이를 통해 센서 단선 감지 가능
　㉡ 비정상 데이터 처리(Under/Over Range)

상태	신호 범위	대응
정상	4~20mA	정상 데이터 처리
Under Range	0~4mA	단선 경보 또는 센서 이상 경보 출력
Over Range	20mA 초과	센서 이상 또는 데이터 오류 경보 출력

⑤ 아날로그 데이터 필터링 및 평활처리 기법
  ㉠ 노이즈 및 데이터 변동 문제
    • 아날로그 신호는 노이즈 영향으로 데이터가 순간적으로 튀거나 흔들릴 수 있음
    • 이러한 노이즈 제거 및 데이터 안정화 처리가 필요
  ㉡ 필터링 및 평활처리 방법

기법	내용	특징
단순 평균	최근 N개 데이터 평균	프로그램 간단, 응답 느림
이동 평균	매 스캔마다 평균값 갱신	데이터 흐름 부드러움
저역 필터(LPF)	특정 주파수 이하 신호만 통과	노이즈 차단 효과 우수
히스테리시스	변화폭이 일정 기준 초과 시만 값 변경	작은 흔들림 무시 가능

  ㉢ 프로그램 적용 흐름
    • 아날로그 데이터 읽기
    • 스케일링 및 평균처리 적용
    • 필터링 결과값을 최종 제어 및 표시용 데이터로 활용

(3) 아날로그 출력 제어 프로그램 작성

① 아날로그 출력 명령어 이해 및 활용법
  ㉠ 아날로그 출력(AO) 개념
    • PLC가 계산한 제어값(설정값)을 아날로그 신호(4~20mA, 0~10V 등)로 변환하여 외부 장치로 출력하는 기능
    • 주로 인버터 주파수, 밸브 개도율 등 연속 제어에 사용
  ㉡ 아날로그 출력 모듈의 역할
    • 디지털 제어값을 D/A 변환을 통해 아날로그 신호로 변환
    • PLC의 프로그램 데이터가 현장의 실제 제어 신호로 출력됨

② 출력 스케일링 프로그램 작성(설정값 → 아날로그 출력값 변환)
  ㉠ 왜 스케일링이 필요한가?
    • 사용자 입력값(온도, 속도 등)은 실제 아날로그 출력 신호(4~20mA, 0~10V 등)와 1 : 1로 대응되지 않는다. 따라서, 설정값을 아날로그 출력값(Raw Data)으로 변환하는 과정이 필요하다.

③ 출력값 상한/하한 제한 처리
  ㉠ 왜 필요한가?
    • 제어 범위를 벗어나는 출력값 발생 방지
    • 안전장치 보호 및 시스템 신뢰성 확보
  ㉡ 상한/하한 설정 예시

항목	값
최소 출력값	4mA(Raw Data : 0)
최대 출력값	20mA(Raw Data : 4000)

④ 아날로그 출력과 연계한 실제 제어 프로그램 작성(밸브 개도율, 인버터 주파수 제어 등)
  ㉠ 아날로그 출력 활용 사례

대상	출력 내용	설명
인버터	주파수 설정	0~60Hz를 4~20mA로 출력
제어 밸브	개도율 제어	0~100%를 4~20mA로 출력
온도조절기	목표온도 설정	0~100℃를 0~10V로 출력

  ㉡ 제어 흐름 예(온도 제어)
    • 사용자가 목표온도 60℃ 입력
    • 입력값을 4~20mA에 맞게 스케일링
    • 스케일링 결과값을 아날로그 출력 모듈로 전송
    • 온도조절 장비가 60℃에 맞춰 작동

(4) PID 제어 프로그램 작성 및 적용

① PID 제어 원리(P-I-D의 역할 및 의미)

PID 제어는 비례(Proportional, P), 적분(Integral, I), 미분(Derivative, D) 제어 요소를 조합하여 정확하고 안정적인 자동 제어를 수행하는 방식이다. 온도, 압력, 유량, 속도 등의 연속적인 아날로그 신호를 정밀하게 조정하는 데 사용된다.

  ㉠ P(비례 제어) : 현재 오차를 기준으로 제어량을 조정하는 방식
    • 오차가 클수록 출력도 커진다.
  ㉡ I(적분 제어) : 과거의 오차를 누적하여 보정하는 방식
    • 잔류 오차 제거, 응답 속도 저하 가능

ⓒ D(미분 제어) : 오차 변화율을 감지하여 예측 보정하는 방식
- 빠른 응답 가능, 노이즈에 민감

② 아날로그 제어 대상에서 PID 제어 필요성
ⓐ 비선형적인 시스템에서 자동 보정 필요
ⓑ 정밀한 온도, 압력, 유량, 위치 제어 필요
ⓒ 단순한 ON/OFF 제어보다 부드럽고 안정적인 조절 가능
ⓓ 외부 환경 변화(부하 변화)에 따른 실시간 보정 가능
  예 공장 자동화에서 히터의 온도를 일정하게 유지하려면 PID 제어가 필수적이다.

③ 목표값(SV), 현재값(PV), 제어출력(MV) 관계 이해
ⓐ SV(Set Value, 목표값) : 사용자가 설정하는 목표값
ⓑ PV(Process Value, 현재값) : 센서로 측정된 실제값
ⓒ MV(Manipulated Value, 제어출력) : 제어 장치에 전달되는 출력값

3 PLC 프로그램 작성

PLC 프로그램은 단순한 기계 제어를 넘어 스마트 공정 운영, 데이터 기반 의사 결정, 그리고 산업 자동화의 핵심 요소로서 필수적인 역할을 수행하고 있다.

(1) PLC 프로그램 개요 및 설계 원칙

① PLC 프로그램의 역할과 중요성
ⓐ PLC 프로그램의 역할
- 자동화된 제어 수행 : PLC는 미리 작성된 프로그램에 따라 기계 및 장비를 자동으로 제어하여 반복적인 작업을 효율적으로 수행한다.
- 입출력 신호 처리 : 센서, 스위치, 버튼 등의 입력 신호를 감지하고, 이를 분석하여 모터, 밸브, 릴레이 등의 출력 장치를 제어한다.
- 논리 연산 및 의사 결정 : 입력 데이터를 기반으로 논리 연산을 수행하여 특정 조건을 만족하면 특정 동작을 실행하는 방식으로 동작한다.
- 시퀀스 및 타이밍 제어 : 생산 공정에서 특정 순서대로 작업이 이루어지도록 시퀀스 제어를 수행하고, 타이머 및 카운터를 활용하여 시간 기반 동작을 조정한다.
- 데이터 수집 및 모니터링 : 운영 데이터를 실시간으로 수집하고, 이를 상위 시스템(HMI, SCADA)과 연동하여 모니터링 및 분석이 가능하도록 한다.

- 네트워크 및 외부 장치 연동 : PLC는 산업용 네트워크(Modbus, Profibus, Ethernet 등)를 통해 다른 장비 및 시스템과 데이터를 주고받으며, 전체 자동화 시스템과 통합된다.

ⓒ PLC 프로그램의 중요성
- 생산성 향상 및 효율적인 공정 관리 : 사람이 직접 개입하지 않아도 일관된 품질과 높은 생산성을 유지할 수 있다. 가동 시간(Uptime)을 극대화하고, 공정 최적화를 통해 비용 절감이 가능하다.
- 운영 안정성과 신뢰성 확보 : 산업 현장에서 장비가 예상치 못한 오류 없이 안정적으로 동작하도록 보장하고, PLC는 견고한 하드웨어와 신뢰성 높은 소프트웨어를 기반으로 설계되어 있어, 극한의 환경에서도 안정적인 운용이 가능하다.
- 유지보수 용이 및 확장성 제공 : 프로그램 변경만으로 공정 개선이 가능하므로, 하드웨어를 교체하는 것보다 비용이 절감된다. 필요에 따라 기능을 확장하거나 업그레이드할 수 있어 유연한 시스템 운영이 가능하다.
- 산업 전반에서 필수적인 요소 : 제조업, 전력, 건설, 물류, 반도체, 식품 산업 등 다양한 분야에서 필수적으로 사용된다. 스마트 공장(Smart Factory), IIoT(Industrial IoT)와 같은 최신 기술과도 연계되어 미래형 자동화 시스템 구축에 핵심적인 역할을 한다.

② 효율적인 프로그램 설계 원칙
ⓐ 효율적인 PLC 프로그램을 설계하려면 모듈화, 가독성, 신뢰성, 확장성, 성능 최적화라는 5가지 원칙을 고려해야 하고, 이러한 원칙을 적용하면 유지보수 비용 절감, 시스템 안정성 향상, 자동화 시스템 확장 용이 등의 효과를 얻을 수 있다.
ⓑ 체계적으로 설계된 PLC 프로그램은 장기적인 운영에서 큰 이점을 제공하게 된다.

(2) PLC 프로그램 작성 절차

① 요구사항 분석 및 제어 흐름 설계
PLC 프로그램을 작성하기 전 먼저 제어 시스템의 요구사항을 분석하고 제어 흐름을 설계해야 한다.

ⓐ 요구사항 분석
- 제어 대상(모터, 밸브, 센서 등)의 동작 방식 파악
- 프로세스에서 필요한 기능(시작, 정지, 인터락, 경보 등) 정의
- 안전성 및 장애 발생 시 대응 방법 고려

- ⓛ 제어 흐름 설계
    - 순서도(Flowchart) 또는 상태 천이 다이어그램(STD, State Transition Diagram)을 활용하여 제어 로직을 시각화한다.
    - 주요 시퀀스의 동작 조건 및 트리거 정의
    - 타이밍 및 인터락 조건 설정
- ⓒ **예**
    - 버튼을 눌렀을 때 모터가 동작하고, 안전 센서 감지 시 모터 정지
    - 비상 정지 버튼(E-STOP) 입력 시 전체 시스템 즉시 중단

② **입·출력(I/O) 설정 및 프로그램 구조화**
설계된 제어 흐름에 맞게 입·출력(I/O) 설정 및 프로그램의 구조를 체계적으로 구성한다.

- ⓐ I/O 리스트 작성
    - **사용될 입력(Input) 장치** : 버튼, 센서, 스위치 등
    - **사용될 출력(Output) 장치** : 모터, 밸브, 릴레이 등
    - PLC의 I/O 할당(주소 지정)
- ⓑ 프로그램 구조화
    - 기능별 서브루틴(Subroutine) 또는 기능 블록(FB, Function Block) 활용
    - 반복 사용되는 로직은 모듈화하여 재사용 가능하도록 설계
    - 주석(Comment)을 추가하여 가독성을 높임
- ⓒ **예**
    - **입력(I)** : START 버튼(X0), STOP 버튼(X1), 비상 정지(X2)
    - **출력(O)** : 모터(M0), 경보 램프(Y1)
    - **구조화**
        - **메인 루틴** : 전체 제어 흐름 관리
        - **모터 제어 블록** : 모터의 ON/OFF 및 상태 유지
        - **알람 처리 블록** : 비상 정지 발생 시 경보 출력

③ **시퀀스 제어 및 논리 구현**
설계된 구조에 맞춰 실제 PLC 프로그램을 작성하고 시퀀스 제어 및 논리를 구현한다.

- ⓐ 기본 제어 로직 작성
    - 래더 다이어그램(Ladder Diagram) 또는 구조적 텍스트(ST) 언어를 활용하여 시퀀스 동작을 프로그래밍

- 릴레이 논리, 타이머(Timer), 카운터(Counter) 활용
ⓒ 안전 및 예외 처리
- 인터락(Interlock) 설정 : 잘못된 동작 방지
- 오류 발생 시 기본 동작 유지(Fail-safe)
- 비상 정지(EMERGENCY STOP) 및 복구 기능 구현

(3) 디버깅 및 최적화

① 시뮬레이션 및 디버깅 기법

ㄱ 시뮬레이션을 통한 사전 검증
- PLC 프로그램을 실제 장비에 적용하기 전에 시뮬레이션 기능을 활용하여 동작을 사전 검증한다.
- PLC 소프트웨어에서 제공하는 오프라인 시뮬레이션을 이용하면, 하드웨어 없이도 논리 검증이 가능하다.

ⓒ 온라인 모니터링 및 실시간 디버깅
- 프로그램을 실제 PLC에 다운로드한 후, 온라인 모니터링 기능을 활용하여 변수 값 및 실행 흐름을 실시간으로 확인한다.
- 조건부 실행(Conditional Execution) 및 강제 설정(Force On/Off) 기능을 이용해 특정 신호의 동작을 테스트할 수 있다.

ⓒ 스텝 실행(Step Execution) 및 로그 분석
- 프로그램을 한 단계씩 실행(Step Mode)하여 특정 구간에서의 논리 흐름을 확인할 수 있다.
- 오류 발생 시 로그를 기록하고 분석하여 원인을 추적하는 것이 중요하다.

② 오류 방지 및 예외 처리 방법

ㄱ 예외 처리(에러 핸들링) 구현
- 센서 미검출, 통신 오류, 장비 오작동 등의 예외 상황 발생 시 시스템이 비정상적으로 멈추지 않도록 예외 처리 루틴을 포함해야 한다.
- 예
  - 센서 오류 감지 시 기본 안전 상태로 복귀
  - 통신 장애 발생 시 자동 재시도 또는 경고 메시지 출력

ⓒ 인터락(Interlock) 설정으로 안전성 확보
- 인터락(Interlock) 기능을 추가하여 잘못된 동작이 발생하지 않도록 예방한다.

- 예
    - 모터가 작동 중일 때 문이 열리지 않도록 설정
    - 특정 장치가 동작 중일 때 다른 장치의 오작동 방지
ⓒ 안전 타이머 및 중복 신호 검출
- 신호의 안정성을 높이기 위해 딜레이 타이머(Delay Timer) 및 디바운스(Noise Filtering) 기법을 적용한다.
- 예
    - 버튼 입력 신호가 순간적으로 튀는 현상을 방지하기 위해 0.1초 지연 후 신호 인정
ⓔ 백업 및 복구 체계 구축
- 프로그램 업데이트 또는 수정 전, 기존 프로그램의 백업을 유지하여 긴급 복구가 가능하도록 준비한다.
- 정기적으로 PLC 프로그램의 버전 관리 및 변경 이력을 기록하여 유지 보수성을 높인다.

(4) PLC 유지보수 및 실전 적용 사례

① 유지보수 및 코드 관리 원칙
㉠ 정기적인 백업 및 버전 관리
- 프로그램 수정 및 업데이트 전에 기존 프로그램을 백업하여 이전 버전으로 복구 가능하도록 대비
- 버전 관리 도구(Git, PLC 소프트웨어 내 버전 관리 기능)를 활용하여 변경 이력을 기록한다.
㉡ 주석(Comment) 및 문서화(Documenting) 원칙
- 프로그램 내 중요한 로직과 함수에 명확한 주석을 추가하여 유지보수를 쉽게 한다.
- 하드웨어 구성, I/O 리스트, 주요 프로그램 동작 흐름 등을 문서로 정리하여 공유한다.
㉢ 모듈화된 프로그램 구조 유지
- 기능별로 프로그램을 분리하여 수정이 용이하도록 설계한다.
    (예) 모터 제어, 경보 시스템, 인터락 처리 등 개별 모듈)
- 동일한 기능을 여러 곳에서 사용할 경우 재사용 가능한 함수(Function) 또는 기능 블록(FB)을 활용하여 유지보수성을 높인다.
㉣ 실시간 모니터링 및 예방 유지보수 실시
- PLC의 주요 동작 변수를 실시간 모니터링하여 이상 징후를 조기에 감지한다.
- 주기적인 유지보수를 통해 하드웨어 결함이나 통신 오류를 사전에 방지한다.

② 산업 현장에서의 적용 사례
- ㉠ 제조 공정 자동화
  - PLC가 컨베이어 벨트, 로봇 암, 포장 기계 등을 제어하여 생산 효율을 극대화
- ㉡ 스마트 공장(Smart Factory) 시스템
  - PLC가 IoT 및 클라우드 시스템과 연동되어 원격 모니터링 및 데이터 분석 가능
- ㉢ 자동차 산업의 로봇 제어
  - PLC가 용접, 도장, 조립 등 자동차 생산 라인의 로봇을 제어
- ㉣ 발전소 및 에너지 관리 시스템
  - PLC가 전력 생산, 변전소 관리 및 전력 분배를 자동으로 조절
- ㉤ 물류 자동화 시스템
  - PLC가 물류 센터에서 컨베이어 시스템 및 자동 창고 관리

4 논리회로

(1) 논리회로 개요

① 논리회로란 무엇인가?

논리회로란 논리 연산(AND, OR, NOT 등)을 전기적 신호의 조합으로 구현하여 원하는 출력 신호를 얻는 회로이다.
- 입력 : 0(LOW, False), 1(HIGH, True)과 같은 이진 신호
- 처리 : 논리 연산(불 대수 Boolean Algebra 기반)
- 출력 : 입력 조건에 따라 결정된 결과 (0 또는 1)

② 디지털 논리와 아날로그 논리의 차이
- 디지털 논리 : 신호를 0과 1의 이진값으로 처리하여 안정적이고 노이즈에 강한 제어를 수행
- 아날로그 논리 : 연속적인 신호를 직접 다루어 미세한 변화를 표현할 수 있지만 노이즈에 취약하다.

(2) 기본 논리 게이트(Logic Gates)

① 기본 논리 게이트: AND, OR, NOT
- AND 게이트
  - 기능 : 모든 입력이 1일 때만 출력이 1, 나머지는 0

- 논리식 : Y=A·B
- OR 게이트
  - 기능 : 입력 중 하나라도 1이면 출력이 1
  - 논리식 : Y=A+B
- NOT 게이트(Inverter)
  - 기능 : 입력의 반대값을 출력 (0→1, 1→0)
  - 논리식 : $Y = \overline{A}$

② 복합 논리 게이트: NAND, NOR, XOR, XNOR

- NAND 게이트(Not AND)
  - 정의 : AND의 출력에 NOT을 취한 것
  - 논리식 : $Y = \overline{A \cdot B}$
  - 특징 : 모든 입력이 1일 때만 출력 0, 나머지는 1
- NOR 게이트(Not OR)
  - 정의 : OR의 출력에 NOT을 취한 것
  - 논리식 : $Y = \overline{A+B}$
  - 특징 : 입력이 모두 0일 때만 출력 1, 나머지는 0
- XOR 게이트(Exclusive OR, 배타적 OR)
  - 정의 : 입력이 서로 다를 때만 1
  - 논리식 : $Y = \overline{A \oplus B} = AB + \overline{A}\,\overline{B}$
- XNOR 게이트(Exclusive NOR, 동치 게이트)
  - 정의 : XOR의 반대, 입력이 같을 때만 1
  - 논리식 : $Y = \overline{A \oplus B} = AB + \overline{A}\,\overline{B}$

(3) 부울 대수와 논리 회로 간소화

① 부울 대수 기본 법칙

- 항등법칙(Identity Law) : OR 연산에서 0은 항등원, AND 연산에서 1은 항등원
  $A + 0 = A,\ A \cdot 1 = A$
- 지배법칙(Null Law, Dominance Law) : OR 연산에서 1이 지배, AND 연산에서 0이 지배
  $A + 1 = 1,\ A \cdot 0 = 0$
- 멱등법칙(Idempotent Law)
  $A + A = A,\ A \cdot A = A$

- 보수법칙(Complement Law)

  $A + \overline{A} = 1, \ A \cdot \overline{A} = 0$

- 교환법칙(Commutative Law)

  $A + B = B + A, \ A \cdot B = B \cdot A$

- 결합법칙(Associative Law)

  $(A + B) + C = A + (B + C), \ (A \cdot B) \cdot C = A \cdot (B \cdot C)$

- 분배법칙(Distributive Law)

  $A \cdot (B + C) = A \cdot B + A \cdot C$

  $A + (B \cdot C) = (A + B)(A + C)$

- 흡수법칙(Absorption Law)

  $A + (A \cdot B) = A, \ A \cdot (A + B) = A$

② 드모르간의 정리(De Morgan's Theorem)

$\overline{A \cdot B} = \overline{A} + \overline{B}, \ \overline{A + B} = \overline{A} \cdot \overline{B}$

(4) 조합 논리회로(Combinational Logic Circuits)

① 조합 논리회로 개념 및 특징

조합 논리회로란 입력 신호의 조합(Combination)에 의해서만 출력이 결정되는 논리회로이다. 출력은 현재의 입력 상태에만 의존하며, 기억 기능(메모리)이 없다. 불 대수(Boolean Algebra)로 표현 가능하고, 여러 개의 기본 게이트(AND, OR, NOT 등)를 조합하여 설계된다.

② 반가산기(Half Adder) 및 전가산기(Full Adder)

③ 디코더(Decoder) 및 인코더(Encoder)

④ 멀티플렉서(Multiplexer) 및 디멀티플렉서(Demultiplexer)

(5) 순차 논리회로(Sequential Logic Circuits)

① 순차 논리회로 개념 및 특징

순차 논리회로란 출력이 현재의 입력뿐만 아니라 과거의 상태(메모리)에도 의존하는 회로이다. 내부에 기억 소자(플립플롭 등)를 포함하여 입력의 변화와 시간 흐름에 따라 출력이 달라진다.

② 플립플롭(Flip-Flop) 종류: SR, D, JK, T 플립플롭

③ 레지스터(Register)와 카운터(Counter)

④ 동기식(Synchronous) vs 비동기식(Asynchronous) 순차회로

- 동기식 순차회로(Synchronous Sequential Circuit)
  - 정의 : 모든 상태 변화가 공통된 클록 신호에 맞추어 동시에 일어나는 순차회로
  - 특징 : 클록 펄스가 들어올 때만 상태 변화가 이루어지고 안정적이며 예측가능한 동작과 설계 및 해석이 상대적으로 단순하다.
- 비동기식 순차회로(Asynchronous Sequential Circuit)
  - 정의 : 클록 신호 없이 입력의 변화에 따라 상태가 즉시 변하는 순차회로
  - 특징 : 클록 없이 입력이 바뀌는 즉시 출력/상태 변화가 이루어지고 동작이 빠르지만, 레이스(Race), 해저드(Hazard) 등의 불안정 현상 발생 가능성이 있고 설계가 복잡하고 안정화된 회로가 필요하다.

04 시뮬레이션 및 수정 보완

1 PLC 프로그램 디버깅

(1) PLC 디버깅 개요

① 디버깅의 정의 및 필요성
- 정의 : PLC 디버깅이란, 작성된 PLC 프로그램을 실제 장치에 적용하기 전에 프로그램의 오류를 찾아 수정하고, 원하는 동작을 제대로 수행하는지 확인하는 과정, 즉 프로그램 검증 및 보정 과정이다.
- 필요성
  - 논리 오류 확인 : 프로그램이 논리적으로 잘못 구성되면 설비가 의도와 다르게 동작하게 되고 안전사고나 설비 고장 유발 가능성이 있다.
  - 입·출력 신호 점검 : 센서 입력값이 올바르게 읽히는지, 출력이 의도한 구동기로 전달되는지 확인
  - 시퀀스 동작 검증 : 시퀀스 제어 단계(공정 순서)가 설계 의도대로 진행되는지 확인
  - 안전 확보 : 디버깅 과정에서 비상정지, 인터록(interlock) 기능 등이 정상 동작하는지 점검하여 사고 예방
  - 효율성 향상 : 사전에 오류를 수정함으로써 현장 설비의 불필요한 정지 시간을 줄이고 생산 효율을 높임

(2) PLC 디버깅 절차 및 방법

① 온라인(Online) vs 오프라인(Offline) 디버깅
- 오프라인(Offline) 디버깅 : 프로그램을 실제 설비와 연결하지 않고, 개발 환경(시뮬레이터, 소프트웨어 툴)에서 논리 검증을 하고 디버깅 절차는 다음과 같다.
    - 프로그램 작성 및 문법 오류 점검
    - 시뮬레이션 실행 → 논리 동작 확인
    - 타이머/카운터 동작, 인터록(Interlock) 확인
    - 필요시 래더 다이어그램 수정
- 온라인(Online) 디버깅 : PLC를 실제 설비와 연결한 상태에서, 실시간으로 프로그램 동작을 모니터링·수정을 하고 실시 절차는 다음과 같다.
    - PLC와 PC 연결(통신 설정)
    - I/O 모니터링으로 입력/출력 상태 확인
    - 시퀀스 흐름을 추적(Trace)하여 동작이 의도대로 되는지 검증
    - 필요시 프로그램 일부 수정 및 다운로드
    - 안전회로(비상정지, 인터록) 동작 점검

② 시뮬레이션 및 실시간 모니터링 기법
- 시뮬레이션 : 가상 환경에서 안전하게 프로그램 동작 검증
- 실시간 모니터링 : 실제 설비와 연결해 동작 상태를 실시간 관찰·보정

③ 단계별 디버깅 절차 : 입출력 점검 → 논리 확인 → 실행 테스트

(3) 주요 오류 유형 및 해결 방법

① 입출력(I/O) 신호 오류
② 논리 오류 및 타이머/카운터 오류
③ 통신 오류 및 네트워크 문제

(4) 예외 처리 및 안전성 검증

① 비상 정지(EMERGENCY STOP) 및 인터락 기능 테스트
② 장애 발생 시 복구 프로세스 및 로그 분석

(5) PLC 디버깅 최적화 및 유지보수 전략

① 유지보수를 위한 코드 모듈화 및 주석 관리
② 실시간 데이터 로깅 및 예방 유지보수

2 데이터 통신

(1) 데이터 통신 개요 및 중요성

① 데이터 통신의 역할과 필요성
- 정보 전달 : 센서·PLC·HMI·서버 등 장치 간 신호 교환
- 제어 및 모니터링 : 공정 데이터를 중앙에서 실시간 관리
- 자원 효율화 : 생산·물류·전력 설비의 운영 최적화
- 스마트화·자동화 기반 : IoT, 스마트팩토리, 클라우드 연계 필수
- 안전 및 신뢰성 확보 : 설비 이상 감지, 긴급 정지 신호 전송

② 유선 vs 무선 통신 비교

구분	유선 통신	무선 통신
전송 매체	케이블(UTP, 광케이블 등)	전파(와이파이, 블루투스, LTE 등)
속도/대역폭	안정적이고 고속(특히 광케이블)	상대적으로 제한적, 환경에 따라 변동
신뢰성	외부 간섭 적음, 전송 오류 적음	전파 간섭·노이즈에 취약
설치 비용	배선 필요 → 초기 설치 비용 큼	배선 불필요 → 설치 용이
유연성	위치 변경 어려움	이동·확장 용이
응용 분야	산업용 네트워크, 서버 간 데이터 전송	IoT 기기, 이동형 장비, 원격 모니터링

(2) 주요 데이터 전송 방식 및 프로토콜

① 유선 통신 : Ethernet(TCP/IP, UDP), Modbus TCP, PROFINET
② 무선 통신 : Wi-Fi, 5G, LPWAN(Lora, NB-IoT)
③ 산업용 표준 : OPC UA, MQTT, CAN Bus

(3) 데이터 보안 및 신뢰성 확보

① 산업 환경에서의 보안 위협 및 대응
- 보안 위협
  - 무단 접근(Unauthorized Access) : 외부인이 네트워크에 침입하여 제어 데이터 탈취/변조

- 악성 코드(Malware, Ransomware) : PLC, HMI, 서버 감염 → 공정 마비
- 서비스 거부 공격(DoS/DDoS) : 네트워크 트래픽 폭주로 제어 불가
- 데이터 변조/위조 : 센서·제어 신호를 조작하여 안전사고 유발 가능
- 물리적 보안 위협 : 네트워크 장치 탈취, 포트 직접 연결
• 대응 방안
  - 접근 제어 : 사용자 인증, 방화벽, VLAN
  - 네트워크 보안 장비 : IDS/IPS(침입탐지/방지 시스템)
  - 백업 및 복구 : 정기적 데이터 백업, DR(Disaster Recovery) 체계
  - 보안 업데이트 : PLC/HMI/서버 펌웨어, OS 패치
  - 물리적 보안 : 출입통제, 장비 잠금

② 암호화(TLS, VPN) 및 오류 검출 방식
• 암호화 기술
  - TLS(Transport Layer Security) : 인터넷에서 표준적으로 사용하는 암호화 프로토콜, 데이터 전송 시 도청·위조 방지(HTTPS, 산업용 IoT 통신 적용)
  - VPN(Virtual Private Network) : 공용망을 통해서도 안전하게 데이터를 주고받기 위한 가상 사설망, 산업 현장에서 원격 유지보수, 원격 모니터링 시 자주 활용
• 오류 검출 방식
  - 패리티 검사(Parity Check) : 전송 데이터에 1비트를 추가하여 짝수/홀수 여부로 오류 검출
  - 체크섬(Checksum) : 모든 데이터의 합을 계산해 전송, 수신 측에서 동일한 합산으로 검증
  - CRC(Cyclic Redundancy Check) : 다항식 연산 기반의 오류 검출, 네트워크/산업용 통신 표준에서 널리 사용
  - 에러 정정 코드(ECC) : 오류 검출뿐 아니라 일부 오류를 자동 정정

(4) 실전 적용 사례

① 스마트 공장(PLC ↔ SCADA ↔ 클라우드)
② IoT 기반 원격 모니터링 및 실시간 데이터 분석

3 통신 프로토콜

(1) 통신 프로토콜 개요

① 통신 프로토콜의 정의 및 역할
- 정의 : 통신 프로토콜이란 서로 다른 장치들이 데이터를 송수신할 때 따라야 할 규칙과 절차의 집합, 즉 데이터 교환을 위한 약속이며, 인간 언어의 문법·규칙에 해당한다.
- 역할
  - 데이터 형식 규정(Syntax) : 비트·바이트의 배열, 프레임 구조(헤더·데이터·체크섬) 정의
  - 전송 절차 규정(Procedure) : 송수신 순서, 연결·종료 방법, 흐름 제어(Flow Control)
  - 의미 규정(Semantics) : 특정 신호·코드의 의미 정의
  - 에러 제어(Error Control) : 오류 검출/정정 방식(Parity, CRC, ARQ 등)
  - 상호 운용성 확보 (Interoperability) : 서로 다른 제조사의 장치 간에도 데이터 교환 가능

(2) 주요 유선 통신 프로토콜

① 이더넷 기반 프로토콜 : TCP/IP, UDP
② 산업용 필드버스 프로토콜 : Modbus (RTU, TCP), PROFINET, EtherCAT
③ 시리얼 통신 : RS-485, RS-422

(3) 주요 무선 통신 프로토콜

① 근거리 무선 통신 : Wi-Fi, Bluetooth
② 저전력 장거리 통신 : LoRa, NB-IoT
③ 5G 및 최신 IoT 통신 기술

CHAPTER 01 실전연습문제

01 다음의 되먹임 블록선도에서 ②와 ④의 용어가 순서대로 기록된 것으로 맞는 것은?

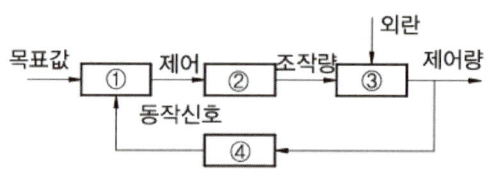

① 제어부, 제어대상
② 비교부, 제어부
③ 제어부, 변환부
④ 제어대상, 변환부

되먹임 블록선도

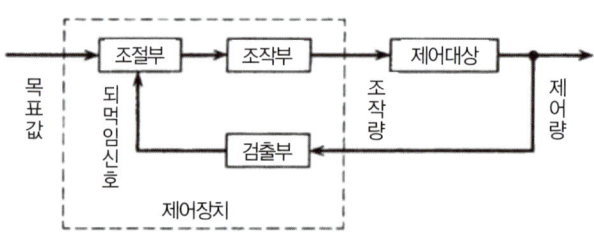

---

02 다음 중 피드백 제어계의 특징이 아닌 것은?

① 운전 및 수리에 고도의 지식이 필요 없다.
② 생산 속도를 향상시킨다.
③ 연료, 원료 및 동력을 절감할 수 있다.
④ 품질이 향상된다.

피드백 제어의 특징
- 제어량이 목표값과 비교하여 정확하다.
- 구조가 복잡하고 비용이 많이 든다.
- 제어 부품의 성능에 큰 영향을 받지 않는다.
- 계의 특성 변화에 대한 입력 대 출력비의 감도 줄어든다.
- 대역폭이 증가한다.
- 외부 조건의 변화에 대한 영향이 감소한다.
- 제어계가 복잡하고 비용이 고가다.

정/답 01 ③ 02 ①

03 다음 중 입력과 출력을 비교하는 장치를 필요로 하는 제어로 맞는 것은?

① 프로그램 제어 ② ON - OFF 제어
③ 되먹임 제어 ④ 프로세서 제어

되먹임 제어(피드백 제어)
감지기 및 센서로부터의 신호를 읽고 목표치와 비교하면서 시스템 기기를 운전하고 목표치에 접근해 가는 방식의 제어이다.

---

04 다음 중 온도, 유량, 압력 등을 제어량으로 하는 제어계로서 프로세스에 가해지는 외란의 억제를 주목적으로 하는 것으로 맞는 것은?

① 정치 제어 ② 자동제어
③ 서보 기구 ④ 프로세스 제어

프로세스 제어(Process Control)
- 유량, 압력, 레벨, 농도, 습도, 비중 pH 등 공정제어의 제어량으로 하는 제어
- 응답속도가 느리다.
- 목표값이 일정한 정치 제어

---

05 다음 중 순차 제어와 되먹임 제어의 차이점에 해당하는 것은?

① 조절부 ② 비교부
③ 출력부 ④ 조작부

되먹임 제어(Feed Back Control)
- 각기 단계에 있어서 그 단계에 만족하는 제어는 피드백에 의해 제어량을 목표값과 비교하여 일치시키도록 정정 동작을 하는 제어이다.
- 정량적 제어로 비교 대상이 필요하다.

순차 제어(Sequence Control)
- 일정한 논리에 의해서 정해진 순서에 따라 제어의 각 단계를 차례로 진행해 가는 제어이다.
- 정형적 제어

정/답   03 ③   04 ④   05 ②

06 다음 중 자동제어를 적용한 경우의 특징이 아닌 것은?

① 연속작업 ② 제품 품질의 균일화
③ 전자 재료비 증가 ④ 신속한 작업

자동제어의 장점
- 가격 저하, 원가 절감, 작업환경 개선
- 제품의 생산량 증가
- 제품의 품질 향상
- 제품의 균일화로 인해 불량품 감소
- 수동 조작을 위한 작업자가 필요 없어 인건비 절감
- 생산 설비의 수명 연장

---

07 그림의 블록선도에서 C(s)/R(s)를 구하면?

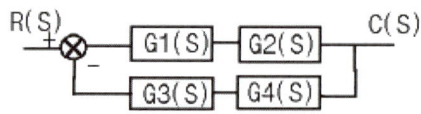

① (G1 + G2 + G3) / (1 + G1G2 + G3G4)
② (1 + G1G2) / (1 + G1 + G2 + G3 + G4)
③ G3G4 / (G1G2G3G4)
④ G1G2 / (1+G1G2G3G4)

$C = (R - X) \cdot G1 \cdot G2$

$X = [(R - X) \cdot G1 \cdot G2] \cdot G3 \cdot G4$
$= (R \cdot G1 \cdot G2 - X \cdot G1 \cdot G2) \cdot G3 \cdot G4$

$X = \dfrac{R \cdot G1 \cdot G2 \cdot G3 \cdot G4}{1 + G1 \cdot G2 \cdot G3 \cdot G4}$

$C = R \cdot \left(G1 \cdot G2 - \dfrac{G1^2 \cdot G2^2 \cdot G3 \cdot G4}{1 + G1 \cdot G2 \cdot G3 \cdot G4} \right)$

$\dfrac{C}{R} = \dfrac{G1 \cdot G2}{1 + G1 \cdot G2 \cdot G3 \cdot G4}$

08 $\dfrac{x(s)}{R(s)} = \dfrac{1}{s+4}$ 의 전달함수를 미분 방정식으로 표현하면?

① $\int r(t)dt + 4\ r(t) = x(t)$
② $(dr(t)/dt) + 4\ r(t) = x(t)$
③ $\int x(t)dt + 4\ x(t) = r(t)$
④ $(dx(t)/dt) + 4\ x(t) = r(t)$

$\dfrac{d}{dt}x(t) = sX(s),\ x(t) = X(s),\ r(t) = R(s)$

$\dfrac{d}{dt}x(t) + 4x(t) = r(t)$

$X(s)(s+4) = R(s),\ \dfrac{X(s)}{R(s)} = \dfrac{1}{s+4}$

---

09 전달함수 $G(S) = 1/(S+2)^2$ 에서 $\omega = 10\,\text{rad/sec}$ 에서의 Bode선도의 기울기는 몇 dB/dec인가?

① -20 ② -40 ③ 20 ④ 0

기울기를 구하기 위해서는 전달함수의 극점과 영점을 고려해야 한다. 이 전달함수는 두 개의 극점을 S=-2에서 가지고 있으며 영점은 없다. 각 극점은 -20 dB/dec의 기울기 기여를 한다.
따라서 두 극점의 총 기여는 -40 dB/dec가 되고 ω=10 rad/sec에서는 이 기울기가 적용된다.
※ dB/dec(decibels per decade)은 주파수 응답의 감쇠 또는 증가율을 표현하는 단위

---

10 $10t^5$의 라플라스 변환은?

① $\dfrac{1200}{S^6}$ ② $\dfrac{120}{S^5}$ ③ $\dfrac{24}{S^6}$ ④ $\dfrac{6}{S^6}$

$\mathcal{L}[t^n] = \dfrac{n!}{s^{(n+1)}},\ \mathcal{L}[t^5] = \dfrac{5!}{s^6}$

$\mathcal{L}[10t^5] = 10 \times \dfrac{5 \times 4 \times 3 \times 2 \times 1}{s^6} = \dfrac{1200}{s^6}$

정/답 08 ④ 09 ② 10 ①

11 비례감도 3, 적분시간이 5인 PI 조절계의 전달함수는?

① (15S + 5) / 3S   ② (15S + 3) / 5S   ③ 3 / 5S   ④ 5 / 3S

> P는 비례, I는 적분을 의미 비례-적분 조절계 전달함수
> PI 동작 $G(s) = K_p + \dfrac{K_i}{s}$
> K_p : 비례 감도(Proportional Gain), K_i : 적분 감도(Integral Gain)
> 적분시간 $T_i = \dfrac{K_p}{K_i}$, $K_i = \dfrac{K_p}{T_i}$, $K_i = \dfrac{3}{5}$
> $G(s) = 3 + \dfrac{3}{5s} = \dfrac{15s+3}{5s}$

12 다음 블록선도의 입출력비는?

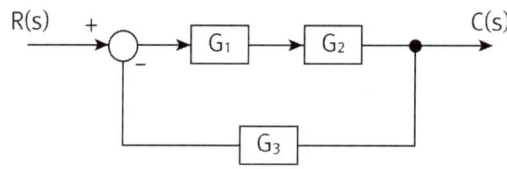

① G1 / (1-G1G2G3)   ② G2 / (1+G1G2G3)
③ G1G2 / (1-G1G2G3)   ④ G1G2 / (1+G1G2G3)

> $(R-X) \cdot G_1 \cdot G_2 = C$
> $X = (R-X) \cdot G_1 \cdot G_2 \cdot G_3$, $X = \dfrac{R \cdot G_1 \cdot G_2 \cdot G_3}{1 + G_1 \cdot G_2 \cdot G_3}$
> $\dfrac{R \cdot G_1 \cdot G_2}{1 + G_1 \cdot G_2 \cdot G_3} = C$, $\dfrac{C}{R} = \dfrac{G_1 \cdot G_2}{1 + G_1 \cdot G_2 \cdot G_3}$

13 $F(s) = \dfrac{1}{s+2}$ 의 라플라스 역변환은?

① e^{-2t} ② $2e^{-2t}$ ③ e^{2t} ④ $2e^{2t}$

> 지수 감쇠 함수 : $f(t) = e^{-at}$ 의 라플라스 변환은 $F(s) = \dfrac{1}{s+a}$
> $a = 2$이므로 $f(t) = e^{-2t}$ 이다.

정/답 11 ② 12 ④ 13 ①

14 전달함수의 값이 1인 경우의 의미는?

① 일정량의 입력이 출력에서 0이다.
② 입력량이 0일 때, 출력은 1이다.
③ 입력량이 무한대일 때, 출력은 1이다.
④ 입력과 출력의 양이 같다.

> **전달함수의 값이 1인 경우**
> • 시스템이 입력 신호를 아무런 변경 없이 출력으로 전달한다는 뜻
> • 시스템의 이득(Gain)이 1이며, 입력에 대한 출력이 동일하다는 의미
> • 시스템이 입력에 대해 동일한 크기의 출력을 낸다는 것을 의미한다.
> • 입력량이 무한대일 때 출력이 1이라는 것은 일반적인 경우가 아니다.

15 되먹임 제어방법 중 서보기구를 이용한 것과 다른 것은?

① 자동조타 장치 ② 추적레이더 ③ 디지털 제어 ④ 자동평형 기록계

> • 서보기구는 되먹임 제어 방식을 사용하고 대표적인 것이 서보 모터이다.
> • 서보 모터는 위치와 속도를 실시간으로 모니터링하는 내장된 피드백 장치를 통해 정밀한 제어가 가능하다.
> • 서보기구를 이용한 되먹임 제어 방법으로는 추적 레이더와 디지털제어에 적용되며, 자동평형 기록계에도 사용된다.
> • 자동평형 기록계에서는 서보메커니즘이 측정 및 기록을 주로 사용한다.
> • 자동조타장치는 되먹임 제어방법을 사용한다. 시스템의 출력이 입력에 영향을 주어 시스템이 원하는 성능을 유지할 수 있도록 하는 방식이다.

16 다음 그림과 같은 회로에서 V(s)을 구하시오.

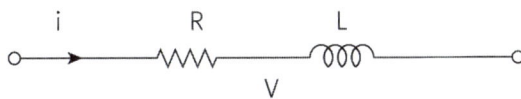

① V(s)=RI(s)+sLI(s)
② V(s)=(1/R)I(s)+sLI(s)
③ V(s)=RI(s)+(1/sL)I(s)
④ V(s)=RI(s)+(1/L)I(s)

> $V = Ri + L\dfrac{di}{dt}$, $i \Rightarrow I(s)$, $\dfrac{di}{dt} \Rightarrow sI(s)$
> $V = RI(s) + LsI(s)$

17 제어용 각종 기기 중에서 주 회로의 단락사고 등에 의한 과전류로부터 회로를 보호하는 장치로 사용되는 것은?

① 카운터　　　② 타이머　　　③ 배선용 차단　　　④ 릴레이

- 카운터 : 클럭 펄스의 수를 카운트하는 소자, 일종의 논리회로이다.
  - 클럭신호 : 논리상태 1과 0이 주기적으로 나타나는 수형파 신호
  - 펄스 : 파동이나 주기적으로 반복되는 현상에서 발생하는 구형파, 임펄스, 가우스 형태의 신호이다.
- 타이머 : 일련의 사건이나 프로세스를 제어하거나 측정하는 데 사용된다.
- 릴레이 : 입력 전류의 유무 또는 방향에 따라 다른 회로를 여닫는 장치

18 다음 그림의 전달함수 (C/R)로 맞는 것은?

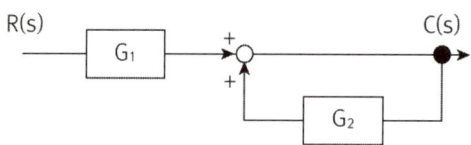

① $\dfrac{1}{1+G_1G_2}$　　② $\dfrac{G_1G_2}{1-G_2}$　　③ $\dfrac{G_1}{1-G_2}$　　④ $\dfrac{G_1}{1+G_2}$

$R \cdot G1 + X = C$

$X = (R \cdot G1 + X) \cdot G2,\ X = \dfrac{R \cdot G1 \cdot G2}{1 - G2}$

$\dfrac{R \cdot G1}{1 - G2} = C,\ \dfrac{C}{R} = \dfrac{G1}{1 - G2}$

19 시정수의 값은 1차 시스템에서 입력 스텝 함수에 대한 출력 변화가 전체 변화량의 약 몇 [%]에 이를 때까지의 시간인가?

① 26　　　② 30　　　③ 63　　　④ 70

1차 시스템에서 시정수(Time Constant)는 입력 스텝 함수에 대한 시스템의 출력이 최종 값의 약 63.2%에 도달하는 데 걸리는 시간을 의미한다. 이것은 시스템이 안정된 상태에 도달하기까지의 특성 시간을 나타내는 중요한 지표가 된다.

정/답　17 ③　18 ③　19 ③

20 다음 그림과 같은 블록선도에서 등가변환된 전달함수 [C(S)/R(S)]은?

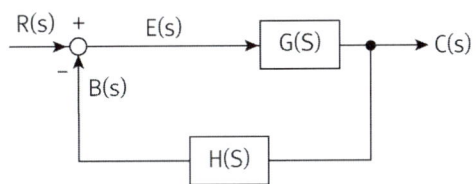

① $\dfrac{G(S)}{G(S)H(S)}$ ② $\dfrac{G(S)}{1+G(S)H(S)}$ ③ $\dfrac{G(S)H(S)}{G(S)}$ ④ $\dfrac{1+G(S)H(S)}{G(S)}$

$E(S) = R(S) - B(S), \ E(S) \cdot G(S) = C(S)$
$B(S) = E(S) \cdot G(S) \cdot H(S) = [R(S) - B(S)] \cdot G(S) \cdot H(S)$
$B(S) = \dfrac{R(S) \cdot G(S) \cdot H(S)}{1 + G(S) \cdot H(S)}$
$C(S) = [R(S) - B(S)] \cdot G(S) = \dfrac{R(S) \cdot G(S)}{1 + G(S) \cdot H(S)}, \ \dfrac{C(S)}{R(S)} = \dfrac{G(S)}{1 + G(S) \cdot H(S)}$

---

21 자동제어의 장점에 대한 설명이 아닌 것은?

① 생산 속도를 감소시킨다.
② 품질향상과 균일화에 기여한다.
③ 인간이 직접하기 어려운 작업까지도 가능하다.
④ 양질의 제품을 신속, 대량으로 생산 가능하다.

자동제어의 장점
- 제품의 생산 속도 증가
- 제품의 품질 향상, 제품의 균일화
- 수동 조작을 위한 작업자가 필요 없고 노동력 감소로 인건비 절감
- 생산 설비의 수명 연장
- 자동화로 인한 노동 조건 향상

---

22 $3e^{-5t}$를 라플라스 변환하면?

① 15S ② $\dfrac{3}{S}$ ③ $\dfrac{3}{s+5}$ ④ $\dfrac{S+5}{3}$

지수 감쇠 함수의 라플라스 변환 공식
$f(t) = e^{-at} \Rightarrow F(s) = \dfrac{1}{s+a}$
- s는 복소수 평면에서의 변수이며, s > -5를 만족해야 한다.

$\mathcal{L}[3e^{-5t}] = \dfrac{3}{s+5}$

정/답 20 ② 21 ① 22 ③

23 상수 K를 라플라스 변환한 값은?

① K ② K2 ③ $\dfrac{K}{S}$ ④ $\dfrac{K}{S^2}$

상수 K의 라플라스 변환은 $\dfrac{K}{s}$이다. s는 라플라스 변환의 복소수 변수이다.

---

24 그림과 같은 블록선도의 전달함수는?

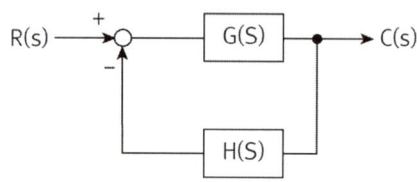

① G(S)/[1+G(S)H(S)] ② G(S)/[1-G(S)H(S)]
③ G(S)H(S)/[1+G(S)H(S)] ④ G(S)H(S)/[1-G(S)H(S)]

$C(S) = [R(S) - X(S)] \cdot G(S)$

$X(S) = [R(S) - X(S)] \cdot G(S) \cdot H(S)$, $X(S) = \dfrac{R(S0 \cdot G(S) \cdot H(S)}{1 + G(S) \cdot H(S)}$

$C(S) = \dfrac{R(S) \cdot G(S)}{1 + G(S) \cdot H(S)}$, $\dfrac{C(S)}{R(S)} = \dfrac{G(S)}{1 + G(S) \cdot H(S)}$

---

25 그림에서 R(s)=101, C(s)=10일 때 전달함수 G의 값은?

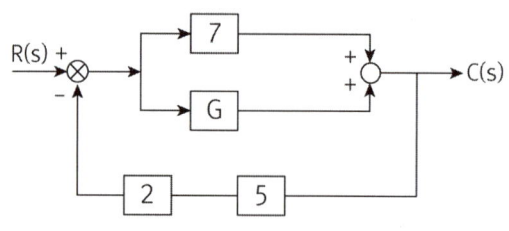

① 3 ② 6 ③ 9 ④ 12

$(R-X) \cdot (7+G) = C$

$X = (R-X) \cdot (7+G) \cdot 2 \cdot 5 = (7R + RG - 7X - XG)10$

$X = \dfrac{70R + 10RG}{71 + 10G}$

$\dfrac{R}{71 + 10G} \cdot (7+G) = C$, $R = 101$, $C = 10$

$101 \cdot (7+G) = 10 \cdot (71 + 10G)$

$101G - 100G = 710 - 707$, $G = 3$

정/답 23 ③ 24 ① 25 ①

26 주파수 전달함수가 G(jω)=1+j일 경우 위상은?

① 0°   ② 45°   ③ 90°   ④ 180°

주파수 전달함수 $G(j\omega) = 1 + j$의 경우, 위상은 아크탄젠트 함수를 사용하여 계산한다.
위상은 $\tan^{-1}(1/1) = 45°$ 또는 $\frac{\pi}{4} rad$이다.

27 단위계단함수 u(t)의 라플라스 변환은?

① u(us)   ② 1   ③ s   ④ 1/s

단위계단함수 $u(t) = 1$이면 $F(s) = \frac{1}{s}$이다.

28 다음 블록선도의 전달함수의 값은?

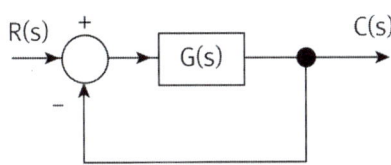

① 1+1/G(s)   ② G(s)/{1-G(s)}   ③ G(s)/{1+G(s)}   ④ 2G(s)

$[R(s) - X(s)] \cdot G(s) = C(s)$

$X(s) = [R(s) - X(s)] \cdot G(s), \ X(s) = \frac{R(s) \cdot G(s)}{1 + G(s)}$

$\frac{R(s) + R(s) \cdot G(s) - R(s) \cdot G(s)}{1 + G(s)} \cdot G(s) = C(s), \ \frac{C(s)}{R(s)} = \frac{G(s)}{1 + G(s)}$

29 아날로그 신호를 디지털 신호로 변환하는 장치는?

① CPU   ② ROM   ③ RAM   ④ A/D 변환기

- CPU : 컴퓨터의 중앙처리장치
- ROM : 읽기만 가능하고 쓰기는 불가능한 컴퓨터의 주기억장치의 메모리이다.
- RAM : 쓰기가 가능한 메모리로 컴퓨터의 주기억장치에 해당한다.

정/답   26 ②   27 ④   28 ③   29 ④

30 물체의 위치, 각도, 자세 등의 변위를 제어하는 것은?

① 서보제어　　② 자동조정　　③ 추종제어　　④ 프로그램 제어

- 추종제어 : 미지의 시간적 변화를 하는 목표값에 제어량을 추종시키기 위한 제어이다.
- 프로그램제어 : 목표값이 미리 정해진 시간적 변화를 하는 경우 제어량을 그것에 추종시키기 위한 제어이다.

31 다음 설명에 합당한 제어기 명칭은?

"예상할 수 있는 기능이 있지만 잡음(Noise)신호를 증폭하여 작동기를 포화시킬 수 있다. 과도기간 동안에만 효과적으로 작용하기 때문에 단독으로는 사용되지 않는다."

① 미분 제어기　　② 비례-적분 제어기　　③ 적분 제어기　　④ 비례 제어기

- 미분 제어는 과도기간 동안에만 효과적이며, 노이즈에 매우 민감하기 때문에 단독으로 사용되지 않고, 비례(P) 또는 비례-적분(PI) 제어와 함께 사용
- 적분 제어기 : 정상상태 오차가 발생할 때 그 오차를 계속 적분하여서 최종적인 제어값에 영향을 미치도록 해 정상상태 오차를 줄이는 제어기로 미세 조정을 통한 편차 제거를 위해 사용된다.
- 비례 제어기 : 조작량을 목표값과 현재 위치의 차이에 비례한 크기로 생각하고 조금씩 조금씩 조절하는 제어 방법이다.
- PID 제어기 : 비례-적분-미분(Proportional-Integral-Derivative) 제어기이다. 제어 시스템에서 원하는 목표값과 현재 시스템의 상태를 비교하여 오차를 계산하고, 이 오차를 기반으로 제어 입력을 조절하여 원하는 동작을 달성하도록 한 제어기이다.

32 다음 블록선도의 전달함수는?

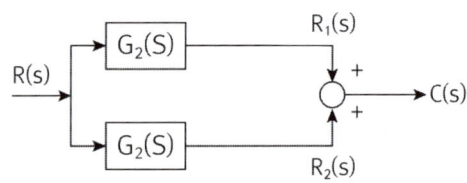

① $C(S)=[G1(S)\cdot G2(S)]R(S)$　　② $C(S)=G1(S)+G2(S)$
③ $C(S)=G1(S)\cdot G2(S)$　　　　　④ $C(S)=[G1(S)+G2(S)]R(S)$

병렬접속
$R1(s) = G1(s)R(s),\ R2(s) = G2(s)R(s)$
$C(s) = R1(s) + R2(s) = [G1(s) + G2(s)]R(s)$

33 온도, 유량, 압력 등을 제어량으로 하는 제어계로서 프로세스에 가해지는 외란의 억제를 주목적으로 하는 것은?

① 프로세스 제어 ② 자동 제어 ③ 서보 기구 ④ 정치 제어

- 자동 제어는 시스템이나 장치가 인간의 직접적인 개입 없이도 원하는 성능이나 동작을 유지하도록 하는 기술이다.
- 서보 기구는 물체의 기계적 변위를 제어량으로 읽어 제어하는 시스템으로, 전기식, 유압식, 공압식 등의 종류가 있다. 서보 모터의 속도값과 위치값을 측정하여 피드백시키는 시스템이다.
- 정치제어란 목표값이 미리 정해진 시간적 변화를 추종시키기 위한 제어이다.

34 정상 편차를 0으로 하면서 제어 동작을 빠르게 하는 동작은?

① 비례 동작 ② 비례 미분 동작 ③ 비례 적분 동작 ④ 비례 적분 미분 동작

- 비례 동작(P동작)
  - 비례 영역 내에서 현재값과 설정값의 편차에 비례한 조작량이 작용하도록 하는 동작이다.
- 비례 미분 동작
  - 시스템의 출력을 조절하기 위해 현재 오차와 오차의 변화율(미분)을 모두 고려하는 방식이다.
  - 시스템이 빠르게 목표 값에 도달하도록 하면서도 과도한 진동이나 안정성 문제를 방지하는 데 도움을 주는 제어방식이다.
- 비례 적분 동작
  - 시스템의 현재 상태와 원하는 상태 사이의 차이(오차)를 줄이기 위해 비례(P) 동작과 적분(I) 동작을 결합한 것이다.
  - 비례 동작은 오차에 비례하여 제어 신호를 생성하고, 적분 동작은 오차가 시간에 따라 얼마나 누적되었는지를 고려하여 제어 신호를 조정하게 된다.

35 다음 그림과 같은 제어요소의 블록선도로 맞는 것은?

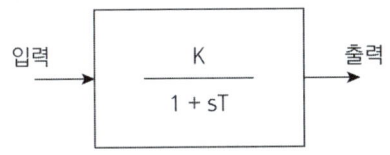

① 비례요소 ② 미분요소 ③ 적분요소 ④ 1차 지연요소

- 비례요소 : K_p, 미분요소 : $K_p \cdot s$, 적분요소 : $\dfrac{K_I}{s}$

정/답 33 ① 34 ④ 35 ④

36 제어요소의 전달 함수 중 적분요소에 해당하는 것은?

① $G(s) = k$ ② $G(s) = ks$ ③ $G(s) = \dfrac{k}{s}$ ④ $G(s) = \dfrac{k}{Ts+1}$

- 비례요소 : K, 미분요소 : KS, 적분요소 : $\dfrac{K}{S}$

37 1차 지연요소 $G(s) = \dfrac{1}{(1+Ts)}$ 인 제어계의 절점 주파수에서의 이득(dB)으로 맞는 것은?

① -3 ② -4 ③ -5 ④ -6

- 절점 주파수에서의 이득은 보통 -3dB로 정의된다.
- 1차 지연요소의 경우, 절점 주파수 $\omega_c = \dfrac{1}{T}$

  이득 $|G(j\omega_c)| = \dfrac{1}{\sqrt{1+\omega_c^2 T^2}} = \dfrac{1}{\sqrt{2}}$

  $20\log|G(j\omega_c)| = 20\log \dfrac{1}{\sqrt{1+\omega_c^2 T^2}} = -20\log \sqrt{1+(\omega_c T)^2}$

  $= -20 \times \log\sqrt{2} = -3dB$

  따라서, 절점 주파수에서의 이득은 -3dB이다.

38 제어 시스템의 기본 구성요소를 바르게 표현한 것은?

① 입력부, 제어부, 출력부 ② 기구부, 검출부, 조절부
③ 비교부, 제어부, 증폭부 ④ 입력부, 변환부, 조작부

- 제어 시스템의 구성
  - 입력 신호(명령) : 시스템이 어떻게 동작해야 하는지를 알려주는 신호
  - 센서(측정 장치) : 시스템의 현재 상태를 감지하고 측정하는 부분
  - 제어기(컨트롤러) : 입력 신호와 센서의 측정값을 비교하여 오차를 계산, 적절한 제어 신호를 생성
  - 조작기(액추에이터) : 제어기의 신호에 따라 시스템을 조정하는 요소
  - 출력

정/답 36 ③ 37 ① 38 ①

39

$f(t) = e^{-at}$의 라플라스 변환은?

① $\dfrac{1}{s-a}$　　② $\dfrac{1}{s+a}$　　③ $\dfrac{1}{(s-a)^2}$　　④ $\dfrac{1}{(s+a)^2}$

- 지수 감쇠 함수의 라플라스 변환 공식
  $f(t) = e^{-at} \Rightarrow F(s) = \dfrac{1}{s+a}$
- 지수 감쇠 n차 램프 함수
  $f(t) = t^n e^{-at} \Rightarrow F(s) = \dfrac{n!}{(s+a)^{n+1}}$

40

다음 중 피드백 제어계의 특징이 아닌 것은?

① 구조가 간단하다.　　② 대역폭이 증가한다.
③ 비선형성과 왜형에 대한 효과가 감소한다.　　④ 정확성이 증가한다.

피드백 제어의 특징
- 제어량이 목표값과 비교해서 정확하다.
- 제어 부품의 성능에 큰 영향을 받지 않는다.
- 대역폭이 증가한다.
- 제어계의 구조가 복잡하고 비용이 고가이다.
- 계의 특성 변화에 대한 입력 대 출력비의 감도가 줄어든다.
- 외부 조건의 변화에 대한 영향을 줄일 수 있다.

41

다음 그림의 블록선도에 대한 설명으로 옳은 것은?

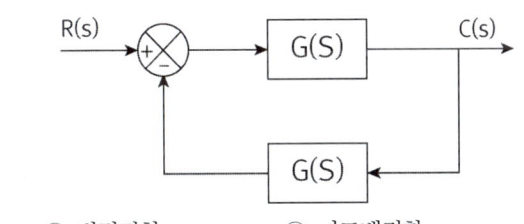

① 직렬결합　　② 병렬결합　　③ 피드백결합　　④ 캐스케이드결합

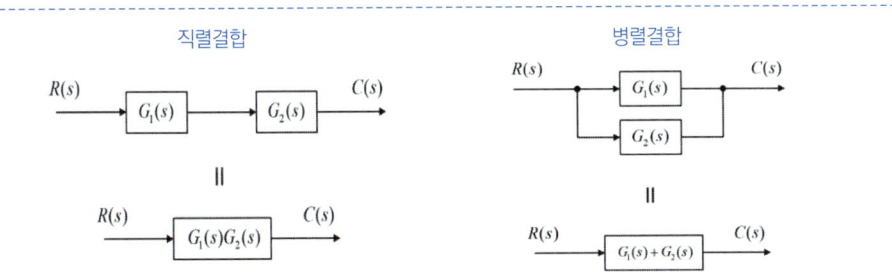

정답　39 ②　40 ①　41 ③

42 벡터 궤적이 그림과 같이 표시되는 요소는?

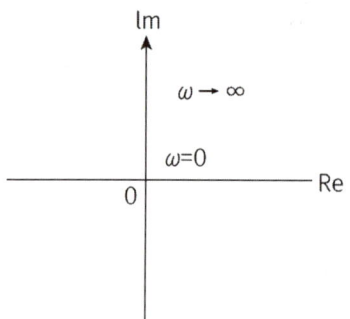

① 적분요소　　② 미분요소　　③ 비례요소　　④ 1차 지연요소

43 다음 중 전달함수를 바르게 표현한 것은?

① 비례요소의 전달함수는 1/Ts이다.
② 미분요소의 전달함수는 K이다.
③ 적분요소의 전달함수는 Ts이다.
④ 1차 지연요소의 전달함수는 K/(Ts+1)이다.

• 비례요소 : K, 미분요소 : KS, 적분요소 : $\dfrac{K}{S}$

44 다음 그림과 같은 블록선도의 전달함수로 올바른 것은?

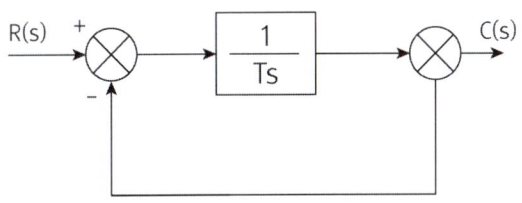

① 1/Ts ② 1/Ts+1 ③ Ts+1 ④ Ts

$[R(S) - X(S)] \cdot \dfrac{1}{Ts} = C(S)$

$X(S) = [R(S) - X(S)] \cdot \dfrac{1}{Ts}$, $X(S) = \dfrac{R(S)}{1+Ts}$

$C(S) = \left[R(S) - \dfrac{R(S)}{Ts+1}\right] \cdot \dfrac{1}{Ts} = \dfrac{R(S)}{1+Ts}$, $\dfrac{C(S)}{R(S)} = \dfrac{1}{1+Ts}$

45 다음 자동화 장치의 기본적인 구성 중 입력되는 제어 신호를 분석, 처리하여 필요한 제어 명령을 내려주는 곳은?

① 센서 ② 프로그램 ③ 액추에이터 ④ 시그널 프로세서

센서 : 검출부, 프로그램 : 제어내용, 액추에이터 : 작동부

46 자동화의 기본 요소가 아닌 것은?

① 감지장치 ② 작동장치 ③ 저장장치 ④ 제어장치

자동화의 5대 요소
- 센서(감지), 프로세서(제어), 액추에이터(작동), 소프트웨어(제어내용), 네트워크(통신)

47 선형제어계의 안정도를 판별하는 방법과 관계없는 것은?

① 나이퀴스트 판별법 ② 근궤적도 ③ 보드 선도 ④ 과도 응답 판별법

- 나이퀴스트 판별법 : 피드백 시스템의 안정도를 판별하기 위한 방법
- 근궤적도 : 피드백 제어 시스템의 안정성과 과도 응답에 대한 정보를 제공하는 방법
- 보드 선도 : 선형제어계의 주파수 응답을 나타내는 그래프
  - 시스템의 안정성을 판별하는 데 사용된다.
- 과도 응답 판별법 : 시스템이 안정된 상태로 돌아가기 전에 일시적으로 변화하는 응답
  - 과도 응답이란 출력이 정상상태(steady state)가 되기 전까지 걸리는 시간에 나타나는 응답

정/답   44 ②   45 ④   46 ③   47 ④

48 다음 중 자동화의 장점이 아닌 것은?

① 생산성을 향상시킨다.
② 제품의 품질을 균일하게 한다.
③ 시설투자비용을 줄일 수 있다.
④ 원가를 절감하여 이익을 극대화할 수 있다.

> 자동화시스템은 구조가 복잡하고 다양한 장치들이 구성되기 때문에 초기에 시설투자비용이 많이 들지만, 그만큼 수동시스템에 비해 생산성을 향상시킬 수 있다.

49 서보제어의 의미로 옳은 것은?

① 증폭제어
② 느린 정밀제어
③ 오픈회로제어
④ 빠르고 정확한 폐회로제어

> **서보제어**
> 지령과 검출부의 피드백 신호를 비교하여 그 차이만큼 지령을 보정하여 제어부를 동작하는 제어이다.

50 위치 데이터를 서보 오프 상태에서 수동 조작하여 위치를 확인한 후 입력하는 제어방식은?

① 직선보간
② 원호보간
③ 티칭 플레이 백
④ 포인트 투 포인트

> • 직선보간 : 양단점의 수치 정보를 주어서 그것으로 정해지는 직선을 따라 공구의 운동을 제어
> • 원호보간 : 평면상의 주어진 2점간의 주어진 점을 중심으로 원호에 따라서 운동하는 제어
> • 포인트 투 포인트 : 어느 한정된 위치검출에서 정해진 정밀도 내에서 정지시키는 제어

51 자동화 시스템의 자동화가 적용되는 분야나 산업별로 구분한 것이 아닌 것은?

① OA(Office Automation)
② HA(Home Automation)
③ FA(Factory Automation)
④ LCA(Low Cost Automation)

> **공장 자동화의 종류**
> • FA(factory automation)
> • OA(office automation)
> • HA(home automation)
> • LA(laboratory automation)
> • BA(building automation)
> • SA(sales automation)
> • IA(information automation)

정/답 48 ③ 49 ④ 50 ③ 51 ④

52 자동화시스템의 고장 추적을 위해 각 구동 요소의 스텝에 따른 작동 순서를 파악할 수 있는 선도는?

① 블록 선도　　② 신호 흐름 선도　　③ 변위-단계 선도　　④ 변위-시간 선도

- 블록 선도 : 자동제어계의 각 요소를 블록으로 나타내어 입출력 신호 사이의 관계를 나타내는 계통도
- 제어 흐름 선도 : 계의 변수에 대해 신호의 흐름으로 화살표를 붙인 선으로 나타내고, 변수 사이의 전달특성은 선 위에 써놓는 식으로 표현한 선도
- 변위-시간 선도 : 자동화시스템의 고장 추적을 위해 각 구동 요소가 구동되는 시간의 크기와 작동 순서를 파악할 수 있는 선도

53 다음 중 PLC의 주요 구성 요소가 아닌 것은?

① CPU 모듈　　② 입출력 모듈　　③ 센서 모듈　　④ 전원 공급 장치

센서는 PLC 외부에서 신호를 제공하는 장치이다. PLC의 구성 요소는 CPU 모듈, 입출력 모듈, 전원 공급 장치, 통신 모듈 등이다.

54 PLC의 CPU 모듈 역할로 가장 적절한 것은?

① 외부 기기에 전원 공급　　② 프로그램 실행 및 데이터 연산
③ 센서 신호 직접 감지　　　④ 배선 연결 지원

CPU 모듈은 PLC의 핵심으로, 사용자 프로그램을 실행하고 데이터를 연산하며 입출력 신호를 처리한다.

55 PLC에서 디지털 입력(DI)의 예로 적절한 것은?

① 온도 센서 값　　② 모터 속도 값　　③ 비상 정지 스위치 신호　　④ 인버터 출력 주파수

디지털 입력은 ON/OFF로 구분되는 신호이다. 비상 정지 스위치처럼 단순 접점 신호가 디지털 입력의 대표적인 예로 적절하다.

정/답　52 ③　53 ③　54 ②　55 ③

56 다음 중 PLC의 특성으로 옳지 않은 것은?

① 프로그램 변경이 용이하다.
② 내구성이 높아 산업 환경에 적합하다.
③ 프로그래밍 언어는 IEC 표준을 따르지 않는다.
④ 다양한 외부 기기와 연동이 가능하다.

PLC는 IEC 61131-3 표준 언어(래더, FBD, SFC 등)를 지원한다.

IEC 61131-3 표준이란?
- IEC 61131-3은 국제 전기 기술 위원회(IEC)에서 제정한 PLC 프로그래밍 언어에 대한 국제 표준 규격이다.
- PLC 제조사마다 하드웨어와 소프트웨어 환경이 다르지만, 프로그래밍 언어는 이 표준에 맞춰 제공되기 때문에, 엔지니어는 어떤 PLC를 사용하더라도 기본적인 언어 형식은 비슷한 구조로 프로그램을 작성할 수 있다.

IEC 61131-3에서 정의하는 표준 언어
- 래더 다이어그램(LD : Ladder Diagram) : 전기 회로도 형태로 논리를 표현하는 언어, 릴레이 회로와 유사해 기존 전기/계장 엔지니어가 쉽게 사용 가능, 가장 널리 사용되는 언어
- 함수 블록 다이어그램(FBD : Function Block Diagram) : 블록 형태로 기능을 정의하고 연결하는 방식, 블록마다 기능(AND, OR, 타이머 등)을 수행하며, 그래픽 방식으로 논리를 구성
- 순서 기능 차트(SFC : Sequential Function Chart) : 공정 흐름을 단계(Step)와 전이(Transition)로 표현하는 언어, 단계마다 실행할 명령을 지정하고, 조건에 따라 다음 단계로 넘어가는 흐름도 형태
- 명령어 목록(IL : Instruction List) : 어셈블리 언어처럼 텍스트 기반으로 명령어를 나열하는 방식, 간단한 프로그램에서 주로 사용(현재는 잘 안 씀)
- 구조적 텍스트(ST : Structured Text) : 고급 언어(C, Pascal 유사) 형태로 논리 작성, 복잡한 수학 연산, 반복문, 조건문 등 처리 가능, 최근 많이 사용되는 추세

57 PLC의 주요 기능과 가장 거리가 먼 것은?

① 공장 자동화 제어   ② 데이터 연산 및 처리   ③ 제품 품질 검사   ④ 입출력 신호 제어

제품 품질 검사는 센서 및 검사 장비가 담당하는 영역이며, PLC는 공정 제어나 입출력 신호 처리, 데이터 연산을 주로 담당한다.

58 PLC가 산업 현장에서 많이 사용되는 이유로 적절하지 않은 것은?

① 프로그램 변경 및 유지보수가 쉽다.
② 응답 속도가 빠르다.
③ 환경 변화에 매우 취약하다.
④ 다양한 통신 기능을 지원한다.

PLC는 온도, 진동, 전자파 등 열악한 산업 환경에서도 안정적으로 동작하도록 설계되어 있다.

정/답   56 ③   57 ③   58 ③

59 다음 중 PLC의 메모리에서 사용자 프로그램이 저장되는 곳은?

① RAM ② ROM ③ 통신 모듈 ④ 전원 모듈

> PLC 프로그램은 보통 ROM에 저장되어 전원 차단 시에도 유지된다. RAM은 임시 데이터 저장 용도이다.

60 다음 중 아날로그 출력(AO)의 예로 가장 적절한 것은?

① 스위치 ON/OFF 신호   ② 인버터 속도 명령
③ 비상 정지 신호   ④ 램프 점등 신호

> 아날로그 출력은 연속적인 값을 출력할 때 사용하며, 인버터 속도 명령과 같은 경우가 아날로그 신호에 해당한다.

61 PLC의 스캔 방식과 가장 관련이 깊은 설명은?

① 프로그램 실행 후 입출력 상태를 스캔하는 방식
② 외부 장치와 무조건 실시간으로 통신하는 방식
③ 프로그램 실행과 입출력 점검을 순차적으로 반복하는 방식
④ 배선 연결 상태를 주기적으로 점검하는 방식

> PLC는 입력 스캔→프로그램 실행→출력 갱신의 순서로 동작하는 스캔 방식으로 작동한다.

62 다음 중 PLC와 외부 기기를 연결하기 위한 모듈은?

① CPU 모듈 ② 전원 공급 장치 ③ 입출력 모듈 ④ 메모리 모듈

> 입출력 모듈은 센서, 스위치, 모터 등의 외부 기기와 PLC를 연결하는 역할을 한다.

63 다음 중 PLC의 각 모듈 간 데이터 전송과 전원 공급을 위한 물리적 통로로 가장 적합한 것은?

① 시리얼 포트 ② 백플레인 버스 ③ 이더넷 케이블 ④ 터미널 블록

> 백플레인 버스는 PLC 모듈들이 서로 데이터와 전원을 주고받는 공통 회로 기판으로, 모듈들은 모두 랙에 장착되어 백플레인과 연결된다. 시리얼 포트와 이더넷은 주로 외부 통신에 사용되며, 터미널 블록은 입출력 연결에 사용된다.

정/답 59 ② 60 ② 61 ③ 62 ③ 63 ②

64 다음 중 백플레인 버스의 역할로 적절하지 않은 것은?

① 모듈 간 데이터 전송 경로 제공
② 모듈별 슬롯 번호 부여
③ 외부 기기와 데이터 전송 경로 제공
④ 전원 공급 경로 제공

> 백플레인 버스는 PLC 내부 모듈 간 데이터 전송과 전원 공급을 담당하며, 외부 기기와의 데이터 전송은 입출력 모듈의 커넥터를 통해 이루어진다.

65 PLC 모듈과 백플레인 보드 간 정확한 데이터 전송과 신호 호환성을 보장하기 위한 요소는?

① 프로토콜
② 커넥터 핀 배열 및 배선 규격
③ 스캔 주기
④ 릴레이 접점

> 각 모듈은 백플레인과 커넥터를 통해 연결되며, 핀 배열과 배선 규격이 정확해야 신호 간섭 없이 데이터와 전원이 원활하게 전달된다.

66 다음 중 입출력 모듈의 외부 기기 연결 시 권장되는 케이블 규격으로 가장 적절한 것은?

① 신호선 0.75~1.5mm², 전원선 1.5~2.5mm²
② 신호선 1.5~2.5mm², 전원선 0.75~1.5mm²
③ 신호선 2.5~4.0mm², 전원선 4.0~6.0mm²
④ 신호선 0.5~0.75mm², 전원선 0.75~1.0mm²

> 신호선은 데이터 신호 전달용으로 전류가 작아 상대적으로 얇은 전선을 사용하며, 전원선은 더 많은 전류를 견디기 위해 굵은 전선을 사용해야 한다.

67 PLC 입출력 모듈의 커넥터 종류로 적절하지 않은 것은?

① DIN 41612　　② 터미널 블록　　③ D-Sub　　④ USB Type-C

> PLC 입출력 모듈의 커넥터로는 DIN 41612, 터미널 블록, D-Sub 등이 사용되며, USB Type-C는 일반적인 산업용 PLC에서는 사용되지 않는 규격이다.

정/답　64 ③　65 ②　66 ①　67 ④

68 다음 중 병렬 전송의 특징으로 가장 적절한 것은?

① 한 비트씩 순차적으로 데이터를 전송한다.
② 장거리 데이터 전송에 적합하다.
③ 데이터의 여러 비트를 동시에 전송한다.
④ 데이터 전송 속도가 느리다.

> 병렬 전송은 8비트, 16비트 등 여러 비트를 동시에 전송하는 방식이다.
> 따라서 전송 속도는 빠르지만, 신호선이 많아지고 노이즈에 취약해 장거리 전송에는 부적합하다.

69 다음 중 비동기 통신의 특징으로 가장 적절한 것은?

① 시작 비트와 정지 비트를 사용해 동기화한다.
② 송신기와 수신기가 동일한 클록을 사용한다.
③ 고속 데이터 전송에 주로 사용된다.
④ 별도의 동기화 비트 없이 연속 데이터 전송이 가능하다.

> 비동기 통신은 데이터 전송 시 매번 시작 비트와 정지 비트를 붙여 전송한다.
> 별도의 클록 공유 없이도 데이터 전송이 가능하며, 속도는 동기 통신보다 느린 편이다.

70 다음 중 직렬 전송의 장점으로 적절한 것은?

① 신호선이 적어 배선이 간단하다. ② 속도가 매우 빠르다.
③ 짧은 거리 전송에 적합하다. ④ 노이즈에 취약하다.

> 직렬 전송은 한 비트씩 순차 전송하는 방식으로, 신호선이 적어 구조가 단순하고, 장거리 전송에 유리하다. 반면, 병렬 전송은 신호선이 많아 노이즈에 약하고, 짧은 거리에서 주로 사용되고 있다.

71 다음 중 동기 통신에 대한 설명으로 가장 적절한 것은?

① 시작 비트와 정지 비트가 필요하다.
② 송신기와 수신기가 동일한 클록을 사용해 데이터 전송을 동기화한다.
③ 데이터 전송 속도가 느리다.
④ 데이터 효율이 낮다.

> 동기 통신은 송신기와 수신기가 동일한 클록(Clock)을 공유해 데이터 타이밍을 맞춘다. 이로 인해 부가적인 시작/정지 비트 없이 빠르게 데이터 전송이 가능하다. 반면, 비동기 통신은 클록 공유 없이 시작/정지 비트를 사용한다.

정/답 68 ③ 69 ① 70 ① 71 ②

72 다음 중 슬롯 주소에 대한 설명으로 가장 적절한 것은?

① 각 센서와 출력 장치에 할당되는 주소이다.
② PLC 본체에 장착된 각 모듈의 위치를 나타내는 주소이다.
③ 아날로그 입력 데이터의 크기를 나타낸다.
④ PLC 내부에서만 사용하는 임시 주소이다.

> 슬롯 주소는 PLC 본체의 슬롯 위치(모듈 위치)를 식별하는 주소이다. 각 슬롯마다 고유 주소가 할당되어 어떤 모듈이 어디에 장착되었는지를 구분하는 데 사용된다.

73 다음 중 입출력 포인트 주소에 대한 설명으로 옳은 것은?

① PLC의 각 모듈에 부여되는 주소이다.
② 입출력 포인트는 주소를 갖지 않는다.
③ 각 센서, 스위치, 출력 장치 등 개별 입출력 신호에 할당되는 주소이다.
④ 프로그램 메모리 영역을 의미한다.

> 입출력 포인트 주소는 각 센서, 버튼, 릴레이 등 실제 장치와 연결된 입출력 신호마다 부여되는 주소이다. 디지털 신호는 1비트 단위, 아날로그 신호는 워드 단위로 주소가 할당된다.

74 다음 중 입출력 포인트 주소 예시로 가장 적절한 것은?

① 0-1   ② D100   ③ X0, Y0   ④ T0

> X0, Y0는 PLC의 디지털 입출력 포인트 주소이다.
> D100은 데이터 레지스터 주소, T0는 타이머 주소, 0-1은 베이스와 슬롯 번호로, 슬롯 주소 예시이다.

75 다음 중 슬롯 주소와 입출력 포인트 주소의 차이로 적절한 것은?

① 슬롯 주소는 프로그램 메모리에서만 사용되고, 입출력 포인트 주소는 실제 배선과 관련된다.
② 슬롯 주소는 모듈 단위의 위치 주소이며, 입출력 포인트 주소는 각 신호 단위의 주소이다.
③ 슬롯 주소와 입출력 포인트 주소는 같은 의미이다.
④ 슬롯 주소는 디지털 신호에만 사용된다.

> • 슬롯 주소 : PLC 본체에서 각 모듈이 장착된 위치를 나타내는 주소
> • 입출력 포인트 주소 : 각 모듈 내에서 각각의 입출력 신호(센서, 출력장치 등)에 할당되는 주소

정/답   72 ②   73 ③   74 ③   75 ②

76 다음 중 입력 모듈 → CPU로 전달되는 과정의 설명으로 옳은 것은?

① 입력 모듈에서 받은 신호는 즉시 출력 모듈로 전달된다.
② 입력 모듈은 외부 신호를 받아 입력 이미지 메모리에 저장하고, CPU는 이 데이터를 참조한다.
③ 입력 모듈은 출력 모듈과 직접 통신하여 데이터를 교환한다.
④ 입력 모듈은 프로그램 실행과 직접 연관이 없다.

> 입력 모듈은 외부 센서 등의 신호를 받아, 이를 입력 이미지 메모리에 저장하고 CPU는 프로그램 실행 시 이 메모리 데이터를 참조하여 논리 연산을 수행한다. 입력 모듈과 출력 모듈은 서로 직접 통신하지 않는다.

77 다음 중 PLC의 CPU가 출력 모듈로 신호를 보낼 때, 가장 먼저 수행하는 단계는?

① 출력 장치의 상태를 직접 읽는다.
② 프로그램 실행 결과를 출력 이미지 메모리에 저장한다.
③ 출력 모듈에 직접 데이터를 전송한다.
④ 입력 모듈과 데이터 교환을 한다.

> CPU는 프로그램 실행 결과를 먼저 출력 이미지 메모리에 저장하고, 스캔타임 내 출력 모듈이 이 메모리를 읽어 실제 출력 장치를 제어한다. PLC는 직접 출력 장치를 읽지 않고, 항상 이미지 메모리 기반으로 동작한다.

78 PLC에서 입력 신호가 CPU로 전달되는 과정 중, 신호 상태가 저장되는 영역은?

① 프로그램 메모리
② 출력 이미지 메모리
③ 입력 이미지 메모리
④ 보조 메모리

> 입력 장치에서 입력 모듈로 들어온 신호는 입력 이미지 메모리에 저장되고 CPU는 프로그램 실행 시 이 데이터를 기반으로 논리 연산을 수행한다.

79 PLC의 스캔타임에 대한 설명으로 가장 적절한 것은?

① 입력 신호를 읽고, 프로그램을 실행하고, 출력 신호를 갱신하는 한 사이클 시간이다.
② 출력 신호만 갱신하는 데 걸리는 시간이다.
③ PLC 프로그램을 저장하는 메모리 영역이다.
④ 입력 모듈과 출력 모듈 간의 통신 속도이다.

> 스캔타임은 PLC가 입력 데이터 읽기 → 프로그램 실행 → 출력 데이터 갱신을 완료하는데 걸리는 시간이다. 이 과정이 반복되어 실시간 제어가 가능하다.

정/답   76 ②   77 ②   78 ③   79 ①

80 다음 중 CPU가 출력 모듈로 신호를 보낼 때 사용하는 메모리 영역은?

① 출력 이미지 메모리 ② 입력 이미지 메모리
③ 타이머 메모리 ④ 프로그램 메모리

> CPU는 프로그램 실행 결과를 출력 이미지 메모리에 저장하며, 출력 모듈은 이 값을 읽어 실제 출력 장치(모터, 램프 등)를 제어한다.

81 PLC의 입력 신호에서 출력 신호까지의 흐름을 올바른 순서로 나열한 것은?

① 입력 장치 → 출력 모듈 → 입력 이미지 메모리 → 출력 이미지 메모리
② 입력 장치 → 입력 모듈 → 입력 이미지 메모리 → CPU 프로그램 실행 → 출력 이미지 메모리 → 출력 모듈 → 출력 장치
③ 입력 장치 → 입력 이미지 메모리 → 프로그램 실행 → 출력 모듈
④ 입력 모듈 → 출력 모듈 → 프로그램 실행 → 출력 이미지 메모리

> 입력 장치의 신호는 입력 모듈을 통해 입력 이미지 메모리에 저장, CPU는 이 메모리를 읽어 프로그램을 실행하고, 결과를 출력 이미지 메모리에 저장한다. 출력 모듈은 출력 이미지 메모리를 읽어 실제 출력 장치를 동작시킨다.

82 다음 중 PLC의 내부 모듈 통신 프로토콜에 대한 설명으로 옳은 것은?

① 모든 PLC는 표준화된 동일한 프로토콜을 사용한다.
② 제조사마다 서로 다른 독자 프로토콜을 사용하는 경우가 많다.
③ 내부 모듈 통신은 별도의 프로토콜 없이 자동으로 처리된다.
④ PLC와 외부 장치 간에만 프로토콜이 필요하다.

> PLC 내부에서 CPU와 I/O 모듈, 특수 모듈이 서로 통신할 때는 각 제조사마다 독자적인 프로토콜을 사용하는 경우가 많다. 예를 들어, 미쓰비시는 MELSEC, LS산전은 XGT 프로토콜을 사용한다.

83 PLC 통신에서 데이터 프레임 구성 요소로 옳지 않은 것은?

① 헤더(Header) ② 데이터(Data) ③ 체크섬(Checksum) ④ 프로그램 메모리

> PLC의 데이터 프레임은 헤더, 데이터, 체크섬 등으로 구성된다. 프로그램 메모리는 PLC 내부의 프로그램 저장 공간으로, 데이터 프레임 구성요소가 아니다.

정/답 80 ① 81 ② 82 ② 83 ④

84 PLC가 다른 장치와 데이터 통신 시, 데이터 전송 오류를 감지하기 위해 사용하는 것은?

① 데이터 영역 ② 체크섬 ③ 헤더 ④ 명령 코드

> 체크섬은 데이터 전송 시 발생할 수 있는 오류를 감지하기 위한 값이다.
> 송신 측에서 데이터를 기준으로 체크섬을 생성하고, 수신 측에서 동일한 방식으로 체크섬을 계산하여 비교하는 방식으로 오류 여부를 판단한다.

85 다음 중 PLC 내부 모듈 통신 프로토콜과 거리가 먼 것은?

① MELSEC ② XGT ③ PROFIBUS ④ FINS

> PROFIBUS는 외부 장치 간의 통신 규약(필드버스)으로, PLC 내부 모듈 간 통신 프로토콜로는 잘 사용되지 않는다. MELSEC(미쓰비시), XGT(LS), FINS(오므론)는 각각 해당 제조사의 내부 및 외부 통신 프로토콜로 사용된다.

86 PLC 모듈의 상태를 실시간으로 확인할 수 있는 방법으로 적절한 것은?

① 프로그램 모니터링 기능
② 모듈 상태 LED 확인
③ 데이터 백업 기능
④ 사용자 매뉴얼 확인

> PLC 각 모듈에는 상태 표시 LED가 장착되어 있어 전원 상태, 통신 상태, 오류 발생 여부 등을 실시간으로 확인할 수 있다.

87 다음 중 데이터 링크 오류 발생 시 PLC의 일반적인 대응 방법으로 옳지 않은 것은?

① 오류 감지 및 원인 분석
② 자동 재전송 시도
③ 특정 시간 내 복구 시도
④ 오류 발생 시 PLC 전원 차단

> 데이터 링크 오류 발생 시 PLC 전원을 차단하지는 않는다. 오류 로그 저장, 재전송 시도, 네트워크 상태 진단 등으로 대응하는 것이 방법이다.

정/답 84 ② 85 ③ 86 ② 87 ④

88 PLC의 데이터 링크 오류 감지 및 복구 기능에 대한 설명으로 틀린 것은?

① 통신 중 데이터 오류 발생 시 이를 감지할 수 있다.
② 오류 발생 이력을 저장할 수 있다.
③ 오류 발생 시 바로 시스템 전체를 정지시킨다.
④ 오류 복구를 위해 자동 재전송을 시도할 수 있다.

> 데이터 링크 오류는 네트워크 통신 문제로, 반드시 시스템 전체 정지를 유발하지는 않는다. 네트워크 상태 진단, 재전송 시도 등으로 먼저 복구를 시도한다.

89 PLC 모듈 상태 LED의 기능으로 거리가 먼 것은?

① 전원 공급 상태 표시
② 통신 상태 표시
③ 모듈 내부 온도 표시
④ 모듈 오류 상태 표시

> 모듈 상태 LED는 주로 전원, 통신, 오류 상태 등을 표시하며, 온도와 같은 세부 환경 정보는 별도 센서나 모니터링 시스템을 통해 확인한다.

90 다음 중 PLC 시스템에서 노이즈 대책으로 적절하지 않은 것은?

① 차폐 케이블 사용
② 강전선과 약전선 분리
③ 모든 신호선을 동일한 접지점에 연결
④ 노이즈 필터 제거로 회로 단순화

> 노이즈 필터는 외부 전원 및 내부 회로에서 발생하는 노이즈를 제거하는 중요한 장치로, 이를 제거하면 노이즈 감쇄 효과가 크게 떨어진다.

91 PLC의 접지 방식에 대한 설명으로 옳은 것은?

① 공통접지는 전원 접지와 신호 접지를 분리하여 접지하는 방식이다.
② 절연접지는 서로 다른 계통 장비 간의 간섭을 방지하기 위해 사용한다.
③ 공통접지는 접지 전위 차이를 키워 노이즈 대책을 강화한다.
④ 절연접지는 동일 계통 장비에서 주로 사용된다.

> 절연접지는 서로 다른 계통에서의 접지 간섭을 방지하는 방법이다. 공통접지는 동일 계통 장비에서 주로 사용하는 방식이다.

정/답 88 ③ 89 ③ 90 ④ 91 ②

92 다음 중 PLC 시스템에서 신호선 및 통신선의 노이즈 대책으로 적절한 방법은?

① 비차폐 케이블 사용 ② 페라이트 코어 장착
③ 접지선 제거 ④ 전원선과 신호선을 동일 트레이에 설치

> 페라이트 코어는 고주파 노이즈를 억제하는 데 매우 효과적이다. 비차폐 케이블 사용, 접지선 제거, 강전·약전 혼합 배선은 모두 노이즈 발생 위험을 높이는 행동이다.

93 다음 중 PLC 시스템에서 단일 접지점에서 모든 접지를 모으는 방식은 무엇이라고 하는가?

① 절연접지 ② 공통접지 ③ 다점접지 ④ 무접지 방식

> 공통접지는 전원 접지와 신호 접지를 하나의 공통 지점에서 연결하는 방식으로, 노이즈 차단 및 접지 전위 차이 방지에 유리하다.

94 PLC 제어반에서 강전선과 약전선을 반드시 분리 배치해야 하는 이유는?

① 배선이 쉬워지기 때문이다.
② 배선 비용을 절감할 수 있다.
③ 강전선에서 발생하는 전자기 노이즈가 약전 신호에 영향을 줄 수 있기 때문이다.
④ 외부 충격으로부터 보호하기 위해서이다.

> 강전선(전력선)은 큰 전류가 흐르며 강한 전자기장을 발생시켜, 약전선(신호선)에 유도성 노이즈를 발생시킬 가능성이 높다. 따라서 반드시 분리 배치해야 한다.

95 다음 중 동일 제조사의 동일 시리즈 PLC 모듈 간 호환성에 대한 설명으로 옳은 것은?

① 서로 다른 제조사의 PLC 모듈도 대부분 호환된다.
② 동일 시리즈 모듈 간에는 대부분 하드웨어 및 소프트웨어 호환성이 보장된다.
③ 시리즈가 같아도 프로그램 및 전원 규격이 완전히 다르다.
④ 호환성 여부는 제조사에서는 제공하지 않는다.

> 동일 제조사, 동일 시리즈 내에서는 모듈 간 호환성이 높아 유지보수가 편리하며, 프로그램 재활용도 가능하다.

정/답 92 ② 93 ② 94 ③ 95 ②

96 PLC 확장 모듈을 연결하는 방식 중, 모듈을 바로 옆에 붙여서 연결하는 방식은?

① 확장 랙 방식　　② 원격 I/O 방식　　③ 버스 커넥터 방식　　④ 전원 분리 방식

> 버스 커넥터 방식은 모듈을 서로 직접 접속하여 장착하는 방식으로, 소규모 시스템에 적합하고 설치가 간편하다.

97 다음 중 PLC 확장 방식과 특징이 잘못 연결된 것은?

① 확장 랙 - 본체와 별도의 랙을 케이블로 연결
② 원격 I/O - 네트워크로 원격 모듈과 연결
③ 버스 커넥터 - 모듈 간 직접 연결
④ 확장 케이블 - 무선으로 확장 모듈 연결

> 확장 케이블은 물리적인 전용 케이블을 사용해 본체와 확장 모듈을 연결하는 방식으로, 무선 방식이 아니다.

98 PLC 확장 방식 중 원격지에 있는 I/O 모듈을 네트워크로 연결해 장거리 배선이 가능하도록 하는 방식은?

① 확장 랙　　② 원격 I/O　　③ 버스 커넥터　　④ 직결 방식

> 원격 I/O 방식은 원거리의 I/O 모듈을 네트워크로 연결하는 방식으로, 대규모 설비나 넓은 공장에서 주로 사용된다.

99 아날로그 신호의 특징으로 옳지 않은 것은?

① 시간에 따라 연속적으로 변화한다.
② 온도, 압력 등의 물리량을 표현할 수 있다.
③ 디지털 신호보다 노이즈에 강하다.
④ 전류 신호(4~20mA)는 장거리 전송에 유리하다.

> 아날로그 신호는 디지털 신호보다 노이즈에 약하다. 특히 전압 신호는 노이즈 영향을 많이 받으며, 전류 신호는 상대적으로 노이즈에 강한 편이다.

정/답　96 ③　97 ④　98 ②　99 ③

100 PLC 아날로그 입력 모듈(AI)의 역할로 가장 적절한 것은?

① 디지털 데이터를 아날로그 신호로 변환
② 아날로그 신호를 디지털 데이터로 변환
③ PLC 프로그램의 실행 속도를 제어
④ 디지털 신호의 고장 감지

> 아날로그 입력 모듈은 센서에서 들어오는 아날로그 신호(전압/전류)를 디지털 데이터(Raw Data)로 변환하는 역할을 한다.

101 16bit 해상도를 가진 PLC 아날로그 입력 모듈에서 표현할 수 있는 데이터 범위는?

① 0 ~ 255 ② 0 ~ 4095 ③ 0 ~ 32767 ④ 0 ~ 65535

> 16bit는 2^{16}=65536이지만, 보통 PLC에서는 0~32767 범위를 사용하는 경우가 많다(Signed 값이 아닌 경우).

102 아날로그 입력 데이터(Raw Data)를 실제 물리량으로 변환하는 과정에서 사용하는 계산 방법은?

① 적분 ② 미분 ③ 스케일링 ④ PWM 변환

> Raw Data와 실제 측정값의 비례 관계를 수식으로 표현하는 과정을 스케일링이라고 한다.

103 아날로그 입력 데이터(Raw Data)를 실제 물리량(온도, 압력 등)으로 변환하는 과정을 무엇이라고 하는가?

① 필터링 ② 노이즈 제거 ③ 스케일링 ④ 분해능 조정

> 스케일링은 PLC 내부의 디지털 값(Raw Data)을 센서의 물리량(온도, 압력 등)과 비례 관계로 변환하는 과정이다.

104 다음 중 아날로그 신호의 종류로 적절하지 않은 것은?

① 4~20mA ② 0~10V ③ ON/OFF 신호 ④ ±5V

> ON/OFF 신호는 디지털 신호에 해당하며, 아날로그 신호는 연속적으로 변화하는 4~20mA, 0~10V, ±5V와 같은 신호를 의미한다.

정/답 100 ② 101 ③ 102 ③ 103 ③ 104 ③

105 PLC에서 아날로그 입력 모듈이 수행하는 기능으로 가장 적절한 것은?

① 센서의 디지털 신호를 직접 읽어온다.
② 아날로그 신호를 디지털 데이터(Raw Data)로 변환한다.
③ 아날로그 신호를 필터링 없이 바로 프로그램에서 사용한다.
④ 디지털 신호를 아날로그 신호로 변환해 출력한다.

> 아날로그 입력 모듈(AI 모듈)은 센서에서 입력되는 아날로그 신호(전압/전류)를 디지털 데이터(Raw Data)로 변환하는 역할을 한다.

106 아날로그 입력 데이터를 실제값으로 변환하는 스케일링 공식 작성 시 필요하지 않은 정보는?

① 센서의 측정 범위
② 아날로그 입력 모듈의 데이터 범위
③ 신호 유형(전류/전압)
④ PLC 프로그램 주기

> 스케일링은 센서 측정 범위, 데이터 범위, 신호 유형이 필요하지만, PLC 프로그램 주기(Scan Time)는 스케일링과 관계없다.

107 4~20mA 센서의 단선 여부를 판단하는 가장 적절한 조건은?

① 입력 신호가 0mA일 때
② 입력 신호가 10mA일 때
③ 입력 신호가 16mA일 때
④ 입력 신호가 20mA일 때

> 4~20mA 센서는 4mA 미만일 경우 단선 또는 센서 이상 가능성이 높다.

108 아날로그 입력 데이터가 센서의 측정 범위를 초과할 경우, 가장 적절한 대응은?

① 초과 데이터를 그대로 사용한다.
② 경보를 발생시키고 사용자 점검을 유도한다.
③ PLC 스캔타임을 늦춘다.
④ 아무런 처리를 하지 않는다.

> 아날로그 데이터가 측정 범위를 초과하면 경보 발생 후 사용자 점검을 통해 원인을 파악하는 방식이 가장 적절하다.

정/답 105 ② 106 ④ 107 ① 108 ②

109 아날로그 입력 데이터의 순간적인 튐 현상을 방지하기 위해 가장 적절한 필터링 방법은?

① 히스테리시스 적용
② 이동 평균 필터 적용
③ 아날로그 입력 데이터를 그대로 사용
④ A/D 변환 비트수를 줄인다.

> 이동 평균 필터는 최근 데이터 여러 개를 평균내어 순간적인 노이즈 영향을 줄이는 방법으로 많이 사용된다.

110 아날로그 입력 데이터가 계속 출렁일 때, 이러한 변동을 줄이고 부드러운 값을 얻기 위해 가장 적절한 방법은?

① 프로그램 주기(Scan Time)를 줄인다.
② 아날로그 데이터에 저역 필터(Low Pass Filter)를 적용한다.
③ 디지털 신호로 변환한다.
④ PLC 주전원을 끊고 다시 가동한다.

> 저역 필터(Low Pass Filter)는 저주파 성분만 통과시키고 고주파 노이즈를 제거해 데이터 변동을 줄이는 데 효과적이다.

111 PLC 아날로그 출력 모듈(AO)의 기본적인 역할로 적절한 것은 무엇인가?

① 센서에서 들어오는 아날로그 신호를 디지털 값으로 변환한다.
② 디지털 제어값을 아날로그 신호로 변환하여 외부 장치로 출력한다.
③ 아날로그 신호를 PLC 내부 메모리에 저장한다.
④ 아날로그 신호의 노이즈를 자동으로 제거한다.

> 아날로그 출력 모듈(AO)은 PLC 내부의 디지털 제어값을 아날로그 신호로 변환하여 출력하는 역할을 한다. 주로 인버터 주파수 제어, 밸브 개도율 제어 등에 활용된다.

정/답   109 ②   110 ②   111 ②

112 아날로그 출력 프로그램에서 설정값이 제어 가능한 범위를 벗어나면 어떻게 처리하는 것이 가장 적절한가?

① 범위 초과값도 그대로 출력한다.
② 출력값을 최대 출력값으로 고정한다.
③ 설정값을 미리 상한/하한 범위 내로 제한한다.
④ 설정값을 0으로 초기화한다.

> 아날로그 출력 프로그램에서는 설정값을 사전에 허용 범위(상한/하한) 내로 제한하는 로직을 구성하는 것이 안전하고 신뢰성 높은 제어 방법이다.

113 PLC에서 아날로그 출력으로 인버터의 주파수를 제어할 때, 설정값 범위로 가장 적절한 것은 무엇인가? (단, 인버터의 주파수 범위는 60Hz, 아날로그 출력은 4~20mA로 설정된 경우)

① 420　　② 60　　③ 100　　④ 110

> 설정값은 제어 대상의 동작 범위(0~60Hz)를 기준으로 설정하고, 해당 값을 아날로그 출력 범위(4~20mA)에 맞게 스케일링해야 한다.

114 PID 제어에서 P, I, D의 역할을 올바르게 설명한 것은?

① P(비례 제어)는 과거의 오차를 누적하여 보정하는 역할을 한다.
② I(적분 제어)는 현재 오차를 기준으로 출력값을 조정한다.
③ D(미분 제어)는 오차 변화율을 감지하여 예측 보정하는 역할을 한다.
④ PID 제어에서는 P, I, D가 각각 독립적으로 동작하며 서로 영향을 주지 않는다.

> - P(비례 제어) : 현재 오차에 비례하여 제어 출력 조정
> - I(적분 제어) : 오차를 누적하여 보정(잔류 오차 제거)
> - D(미분 제어) : 오차 변화율을 감지하여 예측 보정

115 PID 제어가 필요한 이유로 가장 적절한 것은?

① ON/OFF 제어보다 더 단순하게 시스템을 조작할 수 있기 때문이다.
② 목표값(SV)에 도달하는 시간을 무조건 줄이기 위해 사용된다.
③ 부하 변화와 같은 외부 환경 변화에도 정밀한 제어가 가능하기 때문이다.
④ 센서를 사용하지 않아도 자동으로 오차를 보정할 수 있기 때문이다.

> PID 제어 : 온도, 압력, 유량 등의 연속적인 변수 변화에도 정밀한 자동 제어가 가능

정/답　112 ③　113 ②　114 ③　115 ③

116 PLC에서 PID 제어 프로그램을 작성할 때 필수적으로 설정해야 하는 값이 아닌 것은?

① 목표값(SV)
② 현재값(PV)
③ PID 파라미터(P, I, D)
④ 디지털 입력 신호(DI)

- PID 제어에서는 목표값(SV), 현재값(PV), PID 파라미터(P, I, D)가 반드시 필요하다.
- PID는 아날로그 신호(예: 온도 센서, 압력 센서)를 기반으로 동작하므로, AI(아날로그 입력)가 필요하다.

117 PLC에서 PID 명령어를 실행할 때, 출력값(MV)에 대한 설명으로 가장 적절한 것은?

① 현재값(PV)과 목표값(SV)이 동일하면 제어 출력(MV)은 항상 100%가 된다.
② PID 연산 결과에 따라 MV는 자동으로 조정되며, 제어 대상(모터, 히터 등)에 전달된다.
③ PID에서 P, I, D값을 조정해도 MV값은 일정하게 유지된다.
④ MV값은 항상 0~100% 범위를 유지하며, 음수값이 나올 수 없다.

MV(제어 출력)
PID 연산 결과에 따라 자동으로 조정되며, 제어 대상(히터, 밸브, 모터 등)을 조작하는 역할을 한다.
- PV와 SV가 동일할 때 MV가 0% 또는 다른 값일 수도 있다.
- PID값 조정에 따라 MV도 변화한다.
- MV값은 제어 방식에 따라 음수값이 나올 수도 있다. 냉각 제어가 이에 해당한다.

118 D 튜닝 과정에서 P, I, D값을 조정할 때 발생할 수 있는 현상이 올바르게 짝지어진 것은?

① P값을 증가시키면 오차 제거 속도가 느려지고, 시스템 응답이 늦어진다.
② I값을 증가시키면 과도한 제어 동작(오버슈트)이 감소하지만, 오차가 커진다.
③ D값을 증가시키면 응답 속도가 빨라지지만, 노이즈에 민감해질 수 있다.
④ PID 튜닝에서는 P, I, D값을 조정해도 시스템 응답 특성에 큰 변화가 없다.

- P값 증가 : 응답 속도가 빨라지지만, 진동(오버슈트)이 커질 수 있다.
- I값 증가 : 오차를 제거하지만, 반응 속도가 느려지고, 오버슈트가 증가할 수도 있다.
- D값 증가 : 급격한 변화에 빠르게 대응하지만, 노이즈에 민감해질 수 있다.

정/답   116 ④   117 ②   118 ③

119 다음 중 PLC 프로그램의 주요 역할로 적절하지 않은 것은?

① 자동화된 제어 수행
② 입출력 신호 처리
③ 데이터 연산 및 클라우드 서버 관리
④ 시퀀스 및 타이밍 제어

> PLC는 자동화 시스템의 제어 및 신호 처리를 담당하지만, 클라우드 서버 관리와 같은 고성능 데이터 연산 및 네트워그 기반 서버 운영은 주된 역할이 아니다. 이러한 기능은 일반적으로 SCADA 시스템이나 산업용 IoT(IIoT) 장치에서 수행된다.

120 PLC 프로그램을 설계할 때 가장 중요한 원칙 중 하나는 코드를 모듈화하여 관리하는 것이다. 다음 중 모듈화된 프로그램 설계의 장점이 아닌 것은?

① 유지보수가 용이하다.
② 코드 재사용이 가능하여 개발 시간이 단축된다.
③ 프로그램 실행 속도가 저하된다.
④ 시스템 확장 및 변경이 용이하다.

> 모듈화된 설계는 유지보수성, 확장성, 코드 재사용성을 높이는 장점이 있다. 그러나 프로그램 실행 속도를 저하시킨다는 것은 사실이 아니다. 오히려 잘 설계된 모듈형 코드 구조는 보다 효율적인 연산과 최적화를 가능하게 하므로 성능을 향상시킬 수 있다.

121 다음 중 PLC 프로그램 설계 시 가독성을 높이기 위한 방법으로 가장 적절한 것은?

① 변수명을 짧게 설정하여 코드 입력 시간을 단축한다.
② 모든 코드를 하나의 블록 안에 작성하여 연속적인 실행이 가능하도록 한다.
③ 변수 및 태그 네이밍 규칙을 적용하고, 의미 있는 주석을 추가한다.
④ 실행 속도를 높이기 위해 주석을 최소화하고, 복잡한 연산을 한 줄에 작성한다.

> 가독성 높은 코드 작성은 PLC 유지보수와 디버깅을 쉽게 만들기 위해 필수적이다. 변수와 태그 이름은 명확하게 의미를 전달할 수 있도록 작성해야 하며, 주석(Comment)을 적절히 활용하여 프로그램의 의도를 명확하게 설명하는 것이 바람직하다. 모든 코드를 하나의 블록에 작성하는 것은 유지보수성을 낮추는 비효율적인 방법이다.

정/답 119 ③ 120 ③ 121 ③

122 PLC 프로그램 설계 시 예외 상황(비상 정지, 센서 오류 등)에 대한 처리 로직을 추가해야 하는 주된 이유는 무엇인가?

① 프로그램 실행 속도를 높이기 위해
② 예기치 않은 오류 발생 시 안전한 동작을 보장하기 위해
③ 네트워크 통신 속도를 향상시키기 위해
④ PLC 하드웨어 비용을 절감하기 위해

> PLC 프로그램에서 예외 처리(Exception Handling)는 산업 현장의 안전성과 신뢰성을 보장하는 필수 요소이다. 비상 정지 (EMERGENCY STOP), 센서 오류 감지, 장비 과부하 감지 등의 기능을 포함하여 시스템이 안전하게 동작할 수 있도록 설계해야 한다. 네트워크 속도나 하드웨어 비용 절감과는 관련이 없으며, 속도를 높이기보다는 안전성을 우선적으로 고려해야 한다.

123 PLC 프로그램 작성 절차 중 가장 먼저 수행해야 하는 단계는 무엇인가?

① 시퀀스 제어 및 논리 구현
② 입·출력(I/O) 설정 및 프로그램 구조화
③ 요구사항 분석 및 제어 흐름 설계
④ 디버깅 및 테스트

> - PLC 프로그램을 작성하기 전에 먼저 요구사항을 분석하고 제어 흐름을 설계하는 것이 필수적이다.
> - 어떤 장비를 제어할 것인지, 입력/출력의 동작 조건과 시퀀스 흐름을 정의하는 과정이 선행되어야 한다.
> - 이 단계를 거친 후, I/O 설정 및 실제 프로그램을 구조화하고, 논리 구현을 진행하게 된다.

124 다음 중 입·출력(I/O) 설정 및 프로그램 구조화 단계에서 수행해야 하는 작업으로 가장 적절한 것은?

① PLC에 사용할 입력(X)과 출력(Y) 장치를 정의하고 주소를 할당한다.
② 모터, 밸브 등의 시퀀스 논리를 래더 프로그램으로 구현한다.
③ 전체 공정에서 필요한 기능과 동작 흐름을 다이어그램으로 설계한다.
④ 프로그램 실행 후 오류를 수정하고 최적화한다.

> - 입·출력(I/O) 설정 및 프로그램 구조화 단계에서는 PLC에서 사용할 입력과 출력 장치를 정의하고, 각각의 주소를 할당하는 작업을 수행해야 한다.
> - 또한 코드를 구조적으로 작성할 수 있도록 서브루틴(Function Block) 또는 모듈화된 구조를 적용하는 것도 이 단계에서 수행되어야 한다.
> - 시퀀스 논리 구현 : 다음 단계(시퀀스 제어 및 논리 구현)에서 수행되는 작업이다.
> - 공정 흐름 설계 : 요구사항 분석 단계의 작업이다.

정/답 122 ② 123 ③ 124 ①

125 다음 중 PLC 프로그램의 시퀀스 제어 및 논리 구현 단계에서 수행하는 작업이 아닌 것은?

① 래더 다이어그램을 활용하여 시퀀스 논리를 구현한다.
② 인터락 및 예외 처리 기능을 포함하여 안정적인 동작을 보장한다.
③ PLC에 사용될 I/O 기기의 주소를 할당한다.
④ 타이머(Timer) 및 카운터(Counter)를 활용하여 제어 로직을 작성한다.

- 시퀀스 제어 및 논리 구현 단계에서는 PLC에서 실행될 제어 논리를 작성하고, 장비의 동작 순서를 래더 다이어그램 등으로 프로그래밍하는 작업을 수행한다.
- 인터락 및 예외 처리, 타이머·카운터 활용 역시 이 단계에 포함된다.
- 그러나 I/O 기기의 주소 할당은 이전 단계인 "입·출력(I/O) 설정 및 프로그램 구조화"에서 수행해야 하는 작업

126 PLC 프로그램을 실제 장비에 적용하기 전에 논리 오류를 사전에 검증할 수 있는 방법으로 가장 적절한 것은?

① PLC를 바로 현장 장비에 연결하여 테스트한다.
② 프로그램의 모든 라인을 하나씩 수동으로 점검한다.
③ 오프라인 시뮬레이션 기능을 활용하여 프로그램 동작을 확인한다.
④ 프로그램을 실행한 후 오류가 발생하면 즉시 수정한다.

PLC 프로그램을 실제 장비에 적용하기 전에 오프라인 시뮬레이션 기능을 활용하면 논리 오류를 사전에 검출할 수 있다.
- 바로 현장 장비에 연결 : 위험할 수 있으며, 장비 손상이나 안전사고로 이어질 가능성이 있다.
- 수동 점검 : 비효율적이고, 프로그램의 복잡성이 증가할수록 실수가 발생할 가능성이 높다.
- 실행 후 수정 : 사후 대응으로, 사전 오류 검출을 목표로 하는 디버깅 및 최적화 원칙에 부합하지 않는다.

127 PLC 프로그램에서 예외 처리(Exception Handling)가 필요한 가장 중요한 이유는 무엇인가?

① 프로그램의 실행 속도를 높이기 위해
② PLC의 전력 소비를 줄이기 위해
③ 예기치 않은 오류 발생 시 안전한 동작을 보장하기 위해
④ 래더 다이어그램의 구조를 단순화하기 위해

PLC 시스템에서는 센서 오류, 통신 장애, 장비 고장 등의 예외 상황이 발생할 수 있으므로 이를 처리하는 로직이 반드시 필요하다. 안전한 동작을 유지하는 것이 최우선 과제이며, 비상 정지(EMERGENCY STOP), 오류 감지 후 복귀 등의 기능을 포함하여 예외 상황을 대비해야 한다.
- 실행 속도 향상과 전력 소비 감소 : 예외 처리의 주요 목적이라 할 수 없다.
- 구조 단순화 : 오히려 예외 처리가 추가되면서 코드가 다소 복잡해질 수도 있지만, 시스템 안정성과 신뢰성을 보장하는 것이 더 중요하다.

정/답 125 ③ 126 ③ 127 ③

128 PLC 프로그램 유지보수 시 코드 관리의 중요한 원칙 중 하나로 적절하지 않은 것은?

① 프로그램 변경 전에 기존 프로그램을 백업해 두어야 한다.
② 변수와 기능 블록에 의미 있는 주석을 추가해야 한다.
③ 모든 기능을 하나의 큰 루틴에 작성하여 프로그램을 단순하게 유지한다.
④ 변경된 프로그램의 버전을 기록하고 유지보수 이력을 관리해야 한다.

PLC 프로그램 유지보수에서는 코드를 모듈화하고 기능별로 분리하는 것이 필수적이다.
- 백업 : 유지보수 과정에서 필수적인 작업이다.
- 주석 추가 : 유지보수성을 높이기 위해 필요하다.
- 버전 관리 : 프로그램 수정 이력을 관리하여 긴급 복구 시 활용할 수 있도록 해야 한다.
- 모든 기능을 하나의 큰 루틴에 작성하는 것은 유지보수성을 낮추고, 프로그램을 이해하기 어렵게 만들기 때문에 올바른 방식이라 할 수 없다.

---

129 PLC가 산업 현장에서 적용되는 대표적인 사례로 적절하지 않은 것은?

① 자동차 생산 라인에서 로봇을 제어하는 용도로 사용된다.
② 발전소에서 전력 분배 및 모니터링을 자동으로 수행하는 데 활용된다.
③ IT 서버에서 데이터베이스 관리를 위한 클라우드 운영을 담당한다.
④ 물류 센터에서 컨베이어 벨트 및 자동 창고 시스템을 제어하는 데 활용된다.

PLC는 제조업, 스마트 공장, 발전소, 물류 시스템 등의 자동화 제어 시스템에 사용되는 핵심 장치이다.
- 자동차 생산 라인, 발전소 전력 분배, 물류 자동화는 대표적인 PLC 활용 사례이다.
- IT 서버 및 클라우드 운영은 일반적으로 PLC의 역할이 아니라, 서버 관리 시스템이나 데이터베이스 관리 소프트웨어에서 수행하는 작업이다.

---

130 입력신호와 출력신호가 서로 반대의 값으로 되는 논리는?

① OR ② AND ③ NOT ④ XOR

- OR : 두 개 입력신호 중 하나의 입력신호만 ON이 되더라도 출력신호가 ON되는 논리
- AND : 두 개의 입력신호가 모두 ON되어야만 출력신호가 ON되는 논리
- XOR : 두 개의 입력신호 중 하나의 입력신호만 ON이 되더라도 출력신호가 ON되는 논리이지만, 두 개의 입력 신호가 모두 ON일 경우에는 출력신호가 ON되지 않는다.

정/답 128 ③ 129 ③ 130 ③

HMI 프로그램 개발

Industrial Engineer Automatic Equipment

 **HMI**

HMI(Human-Machine Interface) : 기계 및 자동화 시스템과 사용자가 상호작용하는 인터페이스, 즉 사용자가 기계의 상태를 확인하고, 제어 명령을 입력하며, 시스템 동작을 모니터링할 수 있도록 돕는 장치 및 소프트웨어이다.

(1) HMI 개요 및 중요성

① HMI의 정의 및 역할

　㉠ HMI의 정의 : Human-Machine Interface, 사람과 기계(자동화 시스템)가 정보를 주고받는 인터페이스

　㉡ HMI의 역할 : 기계·설비의 상태를 표시, 제어명령입력, 경보·트렌드·데이터 기록 등 운영 편의성 제공

② HMI와 SCADA, PLC의 관계

　PLC는 기계를 직접 제어하고, HMI는 사람이 그 상태를 보고 조작할 수 있게 하며, SCADA는 여러 PLC와 HMI를 통합해 중앙에서 감시·관리하는 시스템 구조이다.

구분	역할
PLC	실제 기계를 제어(입출력 신호 처리)
SCADA	원격지의 여러 설비를 집중 감시·제어
HMI	사용자가 쉽게 보고, 쉽게 조작하도록 화면 제공

③ 산업 자동화에서 HMI의 필요성
  ㉠ 한눈에 설비 상태를 파악
  ㉡ 버튼 대신 터치/그래픽으로 직관적 조작
  ㉢ 운전 편의성과 안전성 향상
  ㉣ 데이터 기록·분석 가능 → 생산성 향상

(2) HMI 하드웨어 및 소프트웨어 구성

① HMI 하드웨어 : 터치스크린 패널, 산업용 디스플레이, 모바일 HMI
② HMI 소프트웨어 : WinCC, FactoryTalk, CitectSCADA 등 주요 소프트웨어
  ㉠ WinCC → Siemens사의 HMI/SCADA 소프트웨어
  ㉡ FactoryTalk View → Rockwell Automation(Allen-Bradley)사의 HMI/SCADA 소프트웨어
  ㉢ CitectSCADA(현 AVEVA Plant SCADA) → Schneider Electric/AVEVA의 HMI/SCADA 소프트웨어

(3) HMI 개발 및 설계 원칙

HMI 개발 및 설계의 원칙은 사용자가 쉽게 이해하고 조작할 수 있도록 직관적인 화면(UI/UX)을 구성하는 것이 가장 중요하다. 또한 공정 상태나 기계 정보를 한눈에 파악할 수 있도록 그래프, 알람, 실시간 데이터와 같은 시각화를 제공해야 한다. 마지막으로, 자주 사용하는 중요한 기능은 물리적 버튼으로 두어 신뢰성과 안전성을 확보하고, 나머지 기능은 터치스크린을 활용하여 유연성과 편의성을 높이는 방식으로 설계하는 것이 좋다.

① 사용자 친화적인 UI/UX 설계
  : 직관적 화면 구성, 최소한의 조작 단계, 명확한 아이콘과 색상 사용

② 데이터 시각화(그래프, 알람, 실시간 데이터)
  : 공정 상태를 한눈에 파악할 수 있도록 트렌드 그래프, 실시간 값 표시, 경보 강조

③ 터치스크린과 물리적 버튼의 조합
  : 자주 사용하는 중요 기능은 물리 버튼, 나머지는 터치 UI로 유연성 확보

(4) HMI와 PLC 및 네트워크 연동

HMI는 PLC와 Modbus, Ethernet/IP, OPC UA 같은 산업용 표준 통신 프로토콜을 사용하여

데이터를 주고받으며, 이를 통해 기계나 설비의 상태를 실시간으로 모니터링하고 제어할 수 있다. 또한 네트워크와 연동하면 원격 모니터링이 가능하며, IoT 기술과 결합된 HMI 시스템은 공정 데이터를 클라우드로 전송하여 모바일 기기나 웹 환경에서도 설비 상태를 확인하고 관리할 수 있는 스마트 환경을 제공한다.

① HMI와 PLC 간 통신 방식(Modbus, Ethernet/IP, OPC UA)
② 원격 모니터링 및 IoT 기반 HMI 시스템
   즉, HMI ↔ PLC는 통신 프로토콜로 연결되고, 네트워크와 IoT 연동으로 원격 감시·제어가 가능하다.

(5) HMI 유지보수 및 보안

HMI는 운영 중 장애가 발생할 수 있으므로 로그와 알람을 활용한 장애 진단 및 디버깅 기능이 필요하며, 이를 통해 빠르게 문제를 찾아 해결할 수 있다. 또한 외부 침입이나 오작동을 방지하기 위해 사용자 접근 권한을 단계별로 설정하고, 중요 데이터는 암호화하여 보안을 강화해야 한다.

① HMI 장애 진단 및 디버깅
② 보안 강화(사용자 접근 제어, 데이터 암호화)
   즉, 안정적인 운영을 위해 진단·복구가 쉬워야 하고, 사이버 보안과 접근 통제가 필수이어야 한다.

02 SCADA

SCADA(Supervisory Control And Data Acquisition)는 대규모 산업 자동화 시스템에서 원격으로 설비와 공정을 모니터링하고 제어하는 핵심 기술이다. 즉, 분산된 여러 현장 설비(PLC, RTU 등)를 중앙에서 통합 감시·제어하며, 데이터 수집과 분석까지 수행하는 시스템을 의미한다.

(1) SCADA 개요 및 필요성

① SCADA의 정의 및 역할
   SCADA는 원격지의 설비나 공정을 중앙에서 감시하고 제어하며, 데이터를 수집·저장·분

석하는 시스템이다. 실시간으로 설비 상태를 모니터링하고, 이상 발생 시 정보를 제공하며, 필요 시 원격 제어까지 수행하여 운영 효율성과 안전성을 높이는 역할을 한다.

② PLC, HMI, DCS와의 차이점 및 연관성
  ㉠ PLC : 현장의 기계·장치를 직접 제어하는 장치(제어의 뇌)
  ㉡ HMI : 사람이 PLC나 설비 상태를 보고 조작할 수 있는 인터페이스(창구)
  ㉢ DCS : 대규모 공정에서 분산된 제어를 수행하는 시스템(분산 제어 중심)
  ㉣ SCADA : 여러 현장(PLC, RTU 등)을 통합해 중앙에서 감시·제어하고 데이터 수집, 즉 PLC는 기계를 움직이고, HMI는 사람이 그걸 보고 다루며, SCADA는 여러 PLC/HMI를 통합 관리하는 상위 개념으로 볼 수 있다.

③ SCADA가 적용되는 산업 분야
  ㉠ 전력·에너지 분야 : 발전소, 변전소 원격 감시·제어
  ㉡ 플랜트·제조 분야 : 석유화학, 제철소, 식음료 생산라인 관리
  ㉢ 수처리·환경 분야 : 정수장, 하수처리장, 환경 모니터링
  ㉣ 교통·인프라 분야 : 철도 신호제어, 터널·도로 관리 시스템
  즉, SCADA는 넓게 분산된 설비를 중앙에서 효율적으로 관리할 필요가 있는 모든 산업 분야에 적용된다.

(2) SCADA 시스템 구성 요소

SCADA는 현장의 RTU/PLC(데이터 수집 및 제어), HMI·모니터링 시스템(시각화 및 제어), 서버·DB(저장 및 분석)가 유기적으로 연동되어 운영된다.

① 원격 단말 장치(RTU) 및 PLC
  RTU(Remote Terminal Unit)와 PLC는 현장의 센서와 장치를 직접 연결해 데이터를 수집하고, 기본적인 제어를 수행하는 역할을 한다. RTU는 주로 원격지 설비에서 통신과 데이터 전송에 특화되어 있고, PLC는 공장 및 플랜트 내부의 실시간 제어에 주로 사용되고 있다.

② HMI 및 중앙 모니터링 시스템
  중앙 모니터링 시스템은 여러 RTU나 PLC에서 수집된 데이터를 HMI 화면으로 시각화하여 운영자가 설비 상태를 쉽게 감시하고 제어할 수 있도록 한다. HMI는 트렌드 그래프, 알람, 보고서 등 다양한 기능을 제공하며, SCADA의 사용자 인터페이스 역할을 한다.

③ 데이터베이스 및 서버 인프라

SCADA 시스템의 핵심 데이터는 서버와 데이터베이스에 저장되며, 이를 통해 실시간 모니터링뿐만 아니라 과거 데이터 분석, 보고서 생성, 운영 최적화가 가능하다. 서버 인프라는 고가용성과 보안을 갖추어야 하며, 클라우드 환경과 연계하여 IoT 기반 분석도 가능하다.

(3) SCADA의 주요 기능 및 동작 원리

SCADA는 실시간 데이터 수집 → 원격 감시·제어 → 알람 및 이벤트 관리로 이어지는 흐름으로 동작하며, 이를 통해 설비의 효율적이고 안전한 운영을 지원한다.

① 실시간 데이터 수집 및 처리

SCADA는 RTU나 PLC를 통해 현장 센서와 장치에서 발생하는 데이터를 실시간으로 수집하며, 이를 중앙 시스템으로 전송해 모니터링과 기록을 수행한다. 수집된 데이터는 즉시 처리되어 설비 상태 확인, 트렌드 분석, 제어 명령 수행 등에 활용되고 있다.

② 원격 감시 및 제어 기능

운영자는 중앙 모니터링 시스템에서 원격지 설비의 상태를 실시간으로 감시하고 필요시 제어 명령을 내려 공정을 관리할 수 있다. 이를 통해 넓게 분산된 여러 시설을 한 곳에서 효율적으로 운영할 수 있다.

③ 알람 및 이벤트 관리 시스템

SCADA는 설정된 임계값을 초과하거나 이상 상태가 발생하면 즉시 알람을 발생시켜 운영자에게 알려주고, 이벤트를 기록하여 사후 분석과 유지보수에 활용할 수 있도록 한다.

(4) SCADA 통신 및 네트워크

SCADA는 산업용 프로토콜과 유·무선 네트워크를 기반으로 데이터를 교환하며, 클라우드 및 IoT 기술과 결합해 확장성과 접근성을 높이고 있다.

① 산업용 통신 프로토콜(Modbus, OPC UA, MQTT)

SCADA는 다양한 산업용 통신 프로토콜을 통해 RTU, PLC, 센서와 데이터를 교환한다. Modbus는 가장 널리 사용되는 표준 프로토콜이며, OPC UA는 상위 시스템과의 호환성을 높여주고, MQTT는 IoT 환경에서 경량 메시징으로 효율적인 데이터 전송을 지원한다.

② 유선 및 무선 네트워크 구성(Ethernet, 5G, LoRa)

SCADA는 유선(Ethernet, 광케이블) 네트워크로 안정적인 통신을 보장할 수 있으며, 원격

지나 이동형 설비에는 5G, LoRa와 같은 무선 네트워크를 활용하여 통신 인프라를 확장할 수 있다.

③ 클라우드 기반 SCADA 시스템

최근에는 SCADA 데이터를 클라우드로 연동하여 원격지 어디서나 웹이나 모바일 기기로 접근이 가능하며, 빅데이터 분석 및 AI 기반 예측 유지보수와 같은 고급 서비스를 지원하는 스마트 SCADA 시스템으로 발전하고 있다.

(5) SCADA 보안 및 유지보수

SCADA는 안정적인 운영을 위해 보안 강화, 신속한 장애 대응, 데이터 보호 및 복구 체계를 동시에 갖춰야 한다.

① 사이버 보안 위협 및 대응 방안

SCADA는 외부 네트워크와 연결될 경우 해킹, 랜섬웨어, 악성코드 등 다양한 사이버 위협에 노출될 수 있다. 따라서 방화벽, 침입 탐지 시스템, 사용자 권한 관리, 데이터 암호화 등의 보안 대책이 필요하다.

② 장애 진단 및 유지보수 전략

SCADA 시스템 운영 중 발생할 수 있는 장애를 빠르게 진단하기 위해 로그 분석, 알람 시스템, 실시간 모니터링이 필수적이다. 또한 정기적인 소프트웨어 업데이트와 하드웨어 점검으로 시스템의 안정성을 유지해야 한다.

③ 데이터 백업 및 복구 체계

중요한 운영 데이터와 설정값은 주기적으로 백업하고, 장애나 사이버 공격으로 인한 데이터 손실 시 신속하게 복구할 수 있는 체계를 갖추어야 한다. 클라우드 백업과 이중화 서버 구성이 효과적인 대안이 될 수 있다.

CHAPTER 02 실전연습문제

01 SCADA(Supervisory Control and Data Acquisition)의 개념에 대한 내용과 맞지 않는 것은?

① 집중 원격감시 제어시스템이다.
② 원격장치의 상태정보 데이터를 원격소 장치로 수집, 수신, 기록, 표시한다.
③ 중앙제어시스템이 원격장치를 감시 제어하는 시스템이다.
④ 여러 종류의 원격지 시설 장치를 지역 집중식으로 감시 제어하는 시스템이다.

- SCADA는 여러 종류의 원격지 시설 장치를 중앙 집중식으로 감시 제어하는 시스템이다.
- SCADA의 데이터는 원격소(Remote Terminal Unit, RTU)에서 중앙 감시제어소(Master Station)로 올라오므로, ②의 '원격소 장치로 수집'이라는 표현은 잘못된 것으로 판단된다.

02 다음 중 SCADA(Supervisory Control and Data Acquisition)의 기능으로 맞지 않는 것은?

① 원격장치의 정보 상태에 따라 미리 규정된 동작을 하는 감시시스템의 기능인 경보 기능
② 원격외부 장치를 선택적으로 수동, 자동 또는 수·자동 복합으로 동작하는 감시 제어 기능
③ 원격 장치의 상태정보를 수신, 표시, 기록하는 감시 시스템의 지시, 표시 기능
④ 아날로그 펄스 정보를 수신, 합산하여 표시, 기록에 사용할 수 있도록 한다.

SCADA는 아날로그 펄스가 아닌 디지털 펄스 정보를 수신, 합산한다.

03 다음 중 SCADA(Supervisory Control and Data Acquisition)의 기능으로 맞지 않는 것은?

① 지시, 표시 기능   ② 연산 기능   ③ 경보 기능   ④ 감시 제어 기능

SCADA의 기능 종류 : 경보 기능, 감시 제어 기능, 지시 및 표시 기능, 표시 및 기록 기능

04 다음 중 HMI의 약자로 맞는 것은?

① Human Mechanic Interface   ② Human Mechanic Intelligent
③ Human Machine Interface   ④ Human Machine Interface

HMI는 Human Machine Interface의 약자이다.

정/답   01 ②   02 ④   03 ②   04 ③

05 HMI(Human Machine Interface)의 기능으로 맞지 않는 것은?

① 사용자의 편리성을 도모하기 위한 직관적이면서도 쉽게 사용가능한 GUI 환경
② 폐쇄된 시스템 구조
③ 현장정보 DB화 및 동적 그래픽 디스플레이, 트렌딩, 리포팅, 한글 처리 기능
④ 로직 자동제어, 사용자 정의의 프로그램 추가

GUI(Graphical User Interface) : 사용자가 컴퓨터와 정보를 교환할 때, 그래픽을 통해 작업할 수 있는 환경
HMI의 기능
- 사용자의 편리성을 도모하기 위한 직관적이면서도 쉽게 사용가능한 GUI 환경
- 개방된 시스템 구조
- 현장정보 DB화 및 동적 그래픽 디스플레이, 트렌딩, 리포팅, 한글 처리 기능
- 로직 자동제어, 사용자 정의의 프로그램 추가
- 네트워크 연결, 이중화 시스템의 지원
- 다양하고 화려한 그래픽 환경 제공
- 강력한 프로그래밍 툴 지원
- 인터넷과 맞물려 COM(Componet Object Model)으로 발전
- COM+/DCOM(Distributed COM) 표준화 기술
- 단순한 제어노드 관제로부터 배치 자동화, 프로세서 제어, 설비 결과물로서 고도의 지능화된 제어솔루션 기능

06 HMI(Human Machine Interface)의 적용 분야에 해당하지 않는 것은?

① 플랜트 자동화 분야   ② 전력 분야
③ 빌딩자동화 분야   ④ 건설 분야

HMI(Human Machine Interface)의 적용 분야

적용 분야	사용 목적
산업 자동화	생산 설비 및 공정 제어
빌딩 관리	에너지·설비 모니터링 및 제어
에너지 플랜트	발전소·송배전 제어 및 감시
수처리/환경 설비	수처리 공정 제어 및 품질 관리
의료 장비	장비 제어 및 사용자 인터페이스
자동차·모빌리티	운전자 정보 표시 및 차량 제어
물류·창고 자동화	물류 흐름 및 로봇 제어
철도·교통	신호제어·운행 모니터링
가전·소형기기	사용자 편의성 제공
군사·항공	복잡한 시스템 제어

정/답   05 ②   06 ④

07 HMI(Human Machine Interface)와 연결되는 대표적인 기계장비가 아닌 것은?

① 실린더　　　　　　　　　　　② 로드셀(Load Cell)
③ 엔코더(Encoder)　　　　　　　④ PLC(Programmable Logic Controller)

HMI(Human Machine Interface)와 사용되는 대표적인 기계장비 : PLC(Programmable Logic Controller), 로드셀, 엔코더, 센서류 등이 있다.
① **실린더**
　• 목적 : 동작 상태 모니터링 및 수동/자동 제어
　• 실린더의 위치, 스트로크 완료 여부를 HMI에서 표시 및 수동 조작 가능
② **로드셀(Load Cell)**
　• 목적 : 하중/무게 데이터 실시간 표시
　• 계량·포장 설비에서 로드셀 측정값을 HMI 화면으로 시각화 및 경보 설정
③ **엔코더(Encoder)**
　• 목적 : 위치·속도 정보 모니터링
　• 회전체의 각도, 속도, 위치 데이터를 HMI에서 확인하고 제어 파라미터 조정
④ **PLC(Programmable Logic Controller)**
　• 목적 : 전체 설비 제어 및 데이터 연계
　• PLC 내부 I/O 상태, 프로그램 변수, 알람 등을 HMI에서 실시간 감시 및 조작

---

08 HMI(Human Machine Interface)의 특징으로 맞지 않는 것은?

① 개방형 시스템　　② 신속한 성능 향상　　③ 분석적 시스템 구성　　④ 편리한 사용 환경

HMI(Human Machine Interface)는 시스템 규모에 맞추어 다양한 형태의 시스템을 구성할 수 있도록 유연하게 시스템을 구성할 수 있다. HMI는 사람과 기계 간의 인터페이스로, 정보 표시와 조작 편의성에 초점을 둔 것이다.
• 개방형 시스템(①) → 다양한 장비와 통신 가능
• 분석적 시스템 구성(③) → 데이터 시각화·분석 지원
• 편리한 사용 환경(④) → 직관적 UI 제공
신속한 성능 향상(②)은 제어기(PLC, DCS 등)의 역할에 가깝지, HMI 자체의 특징이라고 보기 어렵다.
즉, HMI는 제어 성능 향상보다는 사용자 편의성과 정보 제공이 주 기능이라 할 수 있다.

---

09 HMI(Human Machine Interface)의 시스템 구성 중 단순 공정이나 소규모의 단순 자동화에 흔히 이용되는 시스템은 무엇인가?

① 분산 시스템　　　　　　　　　② LINE 이중화 시스템
③ 서버 이중화 시스템　　　　　　④ STAND-ALONE 시스템

• STAND-ALONE 시스템 : 단순 자동화·소규모 설비에서는 복잡한 네트워크가 필요 없으므로 STAND-ALONE 방식이 경제적이고 간단하다.
• 분산 시스템 : 제어 및 감시 대상의 규모가 커서 전체 공정을 처리하기에는 시스템의 부하가 너무 과중하거나, 공정의 일부가 중지되더라도 나머지 공정에 영향을 미치지 않도록 분산하는 시스템
• LINE 이중화 시스템 : 디바이스 포트와 라인을 이중화 구성하는 방식
• 서보 이중화 시스템 : 2대의 서보컴퓨터를 동기화시켜 이중화하는 방식

정/답　07 ①　08 ②　09 ④

10 HMI(Human Machine Interface)의 기능설계순서 중 기본적인 시스템 구성의 순서로 알맞은 것은?

① 하드웨어 장비 기종 설정→통신방법 설정→네트워크 설정→I/O리스트 작성
② 통신방법 설정→네트워크 설정→하드웨어 장비 기종 설정→I/O리스트 작성
③ I/O리스트 작성→하드웨어 장비 기종 설정→통신방법 설정→네트워크 설정
④ I/O리스트 작성→하드웨어 장비 기종 설정→네트워크 설정→통신방법 설정

> HMI 기능 설계의 기본 절차는 무엇을 제어·모니터링할지(I/O 정의)→어떤 장비를 사용할지 결정→어떻게 통신할지 방식 선정→최종 네트워크 구성 순서로 진행된다.

11 HMI(Human Machine Interface)의 통신방법 중 직렬 통신 방법으로 맞지 않는 것은?

① 직렬보드의 사용   ② RS232C 통신방식   ③ RS422 통신방식   ④ Ethernet 통신방식

> HMI(Human Machine Interface)의 통신방법의 종류
> • 직렬통신방법 : RS232C 통신, 직렬보드 통신, RS422, RS485 통신
> • 전용보드를 이용한 통신방법
> • Ethernet 통신방법 : 병렬 패킷 기반의 네트워크 통신 방식이며, TCP/IP 프로토콜을 사용

12 HMI(Human Machine Interface)의 통신방법 중 고성능을 원하거나 다수의 통신포트 또는 RS422, 485 등의 통신이 필요한 경우에 사용하는 통신방식은 무엇인가?

① Ethernet 통신   ② 직렬보드 통신   ③ RS422, RS485 통신   ④ 전용보드 통신

> • Ethernet 통신 : TCP/IP 프로토콜을 이용한 통신방식으로 Ethernet카드와 랜케이블을 이용하여 통신하는 방식이다. 빠른 속도와 원거리통신, 다중 접속 등의 장점이 있다.
> • RS422, RS485 통신 : 원거리 통신 및 여러 장치 간의 멀티드롭 연결이 필요한 경우 사용하는 통신방식
> • 전용보트 통신 : PLC 전용 보드를 사용하여 PLC 네트워크를 통해 통신하는 방식

13 HMI(Human Machine Interface)의 기능설계 순서로 알맞은 것은?

① 기본적인 시스템 구성→드라이버 및 데이터베이스 구성→추가기능 작업→그래픽 생성
② 드라이버 및 데이터베이스 구성→기본적인 시스템 구성→그래픽 생성→추가기능 작업
③ 드라이버 및 데이터베이스 구성→그래픽 생성→기본적인 시스템 구성→추가기능 작업
④ 기본적인 시스템 구성→드라이버 및 데이터베이스 구성→그래픽 생성→추가기능 작업

> HMI 기능 설계는 기초 설계→데이터 연동→화면 설계→부가 기능 순으로 진행된다.

정/답   10 ③   11 ④   12 ②   13 ④

14 HMI(Human Machine Interface)의 제어구성 체계에 해당하지 않는 것은?

① 상태화면 디스플레이　　② 조작 및 설정
③ 전원장치　　　　　　　　④ 데이터베이스

> **HMI 제어구성 체계**
> • 상태화면 디스플레이 : 설비 상태를 시각적으로 표시
> • 조작 및 설정 : 사용자가 명령을 입력하거나 파라미터 설정
> • 데이터베이스 : 태그 데이터, 트렌드, 알람 기록 저장 및 관리
> 　- 전원장치는 HMI가 동작하기 위한 물리적 공급 장치이다.

15 HMI(Human Machine Interface)의 설계 시 고려사항이 아닌 것은?

① 기계장치를 그래픽에서 어떻게 표현할 것인가
② 그래픽들마다 차지하는 데이터의 용량은 얼마나 되는 것인가
③ 시스템의 유지 보수와 성능 감시를 위해서 기록되어야 할 데이터는 어떤 것들이 있는가
④ 보고서를 관리하기 위해서 필요한 것들은 무엇이 있는가

> **HMI(Human Machine Interface) 설계시 고려사항**
> • 기계장치를 그래픽에서 어떻게 표현할 것인가
> • 페이지 운용을 어떻게 할 것인가
> • 어떤 데이터를 화면에 표시할 것인가
> • 운전자가 제어할 것은 무엇이며, 그것은 어디에 어떻게 표시될 것인가
> • 알람 상태를 감시할 조건들에는 어떤 것들이 있는가
> • 시스템의 유지 보수와 성능 감시를 위해서 기록되어야 할 데이터는 어떤 것들이 있는가
> • 보고서를 관리하기 위해서 필요한 것들은 무엇이 있는가
> • 필요하다면 시스템의 보안 설정은 어떻게 할 것인가

16 HMI(Human Machine Interface) 시스템 구성 시 이름 명명에 대한 규칙성의 이점으로 보기 힘든 것은 무엇인가?

① 데이터베이스 검색 시간을 줄인다.
② HMI(Human Machine Interface)의 반응속도가 빨라진다.
③ 데이터 입력 시간을 줄인다.
④ 후에 추가되거나 수정되는 사항에 대해서 노력과 시간을 줄일 수 있다.

> 반응속도는 주로 하드웨어 성능이나 통신 속도에 좌우된다.
> HMI 시스템 구성 시 이름 명명 규칙을 잘 지키면 얻는 이점
> • 데이터베이스 검색 시간을 줄일 수 있다. → 일관된 네이밍으로 검색 효율 향상
> • 데이터 입력 시간을 줄일 수 있다. → 규칙이 있으면 자동완성·반복 작업 감소
> • 추가·수정 시 노력과 시간을 줄일 수 있다. → 유지보수 용이성 향상

정/답　14 ③　15 ②　16 ②

17 HMI(Human Machine Interface)를 크게 보았을 때 3대 구성요소로 맞지 않는 것은?

① 문자　　　　② 그래픽　　　　③ 데이터베이스　　　　④ 소스코드

HMI를 다음 3대 구성요소로 나눌 수 있다.
- 문자 : 상태, 알람 메시지 등 텍스트 정보
- 그래픽 : 공정 화면, 아이콘, 애니메이션 등 시각적 표현
- 데이터베이스 : 태그 데이터, 트렌드, 알람 기록 저장
  - 소스코드는 HMI 설계의 일부 스크립트나 설정에 포함될 수는 있지만, HMI의 3대 기본 구성요소로 보지는 않는다.

18 HMI(Human Machine Interface)의 데이터베이스 특징으로 맞지 않는 것은?

① 데이터의 논리적 독립성　　　　② 실시간 접근성
③ 단일 공유　　　　　　　　　　④ 계속적인 진화

HMI 데이터베이스는 논리적 독립성을 가지고 실시간 접근이 가능하며 시스템 환경 변화에 따라 계속 진화할 수 있다. 하지만 데이터는 단일 공유가 아니라 다중 사용자와 시스템에서 동시에 접근하고 공유할 수 있도록 설계된다.

※ 데이터 베이스의 특징
- 실시간 접근성
- 계속적인 진화
- 동시 공유
- 내용에 의한 참조
- 데이터 논리적 독립성

19 HMI(Human Machine Interface)의 데이터 종류에 맞지 않는 것은?

① 공용 데이터(shared data)　　　　② 운영 데이터(operation data)
③ 저장 데이터(stored data)　　　　④ 개별 데이터(each data)

'HMI의 데이터 종류에는 여러 시스템과 사용자 간 공유되는 공용 데이터, 실시간으로 운전과 제어에 필요한 운영 데이터, 그리고 이력 관리 및 분석을 위한 저장 데이터가 포함된다. 그러나 개별 데이터(each data)는 일반적으로 HMI 데이터 분류에 사용되지 않는 용어이다.

※ HMI(Human Machine Interface) 데이터의 종류
- 공용 데이터(shared data)
- 운영 데이터(operation data)
- 저장 데이터(stored data)
- 통합 데이터(integrated data)

정/답　17 ④　18 ③　19 ④

20 HMI(Human Machine Interface)의 화면 종류에 해당하지 않는 것은?

① 공정 모니터링 화면　　　　② 자동 조작 화면
③ 데이터 조회 화면　　　　　④ 환경 설정 화면

> HMI의 화면 종류에는 공정 상태를 실시간으로 확인하는 공정 모니터링 화면, 데이터 이력과 트렌드를 확인하는 데이터 조회 화면, 시스템 파라미터를 변경하는 환경 설정 화면이 있다. 그러나 자동 조작 화면이라는 명칭은 일반적으로 사용되지 않으며, 조작은 수동·자동 모드를 포함해 공정 제어 화면에서 이루어진다.
>
> ※ **HMI(Human Machine Interface)의 화면 종류**
> - 공정 모니터링 화면
> - 트랜드(Trend) 화면
> - 데이터 조회 화면
> - IO 모니터링 화면
> - 수동조작 화면
> - 환경설정 화면

21 HMI(Human Machine Interface)의 화면 구성요소 중 데이터 메모리에 특정 값을 설정하기 위해 사용하는 구성요소는 무엇인가?

① 다중 상태 버튼　　② 설정값 버튼　　③ 증감 버튼　　④ 데이터 표시계

> HMI 화면에서는 설정값 버튼을 이용해 데이터 메모리에 특정 값을 직접 입력하거나 변경할 수 있다. 다중 상태 버튼은 여러 상태를 전환할 때 사용되며, 증감 버튼은 값을 조금씩 증가·감소시키는 용도이다. 데이터 표시계는 값을 확인만 할 수 있을 뿐 직접 설정 기능은 없다.
> - 다중 상태 버튼 : 여러 가지 상태를 단계별로 나타낼 수 있는 버튼
> - 증감 버튼 : 설정값을 일정 간격으로 증가 또는 감소시키는 버튼
> - 데이터 표시계 : 숫자, 문자 등의 데이터를 표시하는 구성요소

22 HMI(Human Machine Interface)의 화면 구성요소의 종류에 해당하지 않는 것은?

① 전원 상태 표시　　② 트렌드 그래프　　③ 계기　　④ 램프

> HMI 화면 구성요소에는 공정의 변화를 시각적으로 표현하는 트렌드 그래프, 아날로그 값을 직관적으로 보여주는 계기, 상태를 표시하는 램프 등이 있다. 그러나 전원 상태 표시는 일반적으로 시스템 전체 상태를 모니터링하는 항목으로, 화면 구성요소의 기본 유형으로 분류되지는 않는다.
>
> ※ **HMI(Human Machine Interface)의 화면 구성요소의 종류**
>   : 일반 버튼, 다중상태 버튼, 설정값 버튼, 램프, 계기, 트렌드 그래프, 데이터 표시계, 상태표시 요소

정/답　20 ②　21 ②　22 ①

23 HMI(Human Machine Interface)의 개발 소프트웨어의 종류에 해당하지 않는 것은?

① HMI 전용 소프트웨어에 의한 개발
② PLC(Programmable Logic Controller) 전용 도구에 의한 개발
③ 고급 프로그래밍 언어에 의한 개발
④ HMI 유틸리티 소프트웨어에 의한 개발

> HMI 개발에는 WinCC, FactoryTalk View 같은 HMI 전용 소프트웨어, 유틸리티 소프트웨어, 그리고 필요에 따라 C++, Python 등의 고급 프로그래밍 언어가 활용될 수 있다. 하지만 PLC 전용 개발 도구는 HMI가 아닌 PLC 프로그램 작성에 사용되므로 HMI 개발 소프트웨어로 보기는 어렵다.

24 HMI(Human Machine Interface) 프로그램 작성의 디자인 순서 중 디자인에 추가된 각각의 구성요소에 색상, 표시 텍스트, 연결 메모리, 동작 방법 등을 설정하는 것을 무엇이라 하는가?

① 미리보기 및 시뮬레이션
② 화면 디자인
③ 속성값 지정
④ 스크립트 작성

> HMI 디자인 과정에서는 화면에 구성요소(버튼, 램프, 그래프 등)를 배치한 후 각 요소의 색상, 표시 텍스트, 연결될 메모리 주소, 동작 방식 등을 설정하는 단계가 필요하다. 이를 속성값 지정이라고 하며, 이후 화면 전체의 동작을 확인하기 위해 시뮬레이션을 진행하거나 스크립트 작성이 추가될 수 있다.

25 HMI(Human Machine Interface)의 디자인 순서로 알맞은 것은?

① 기본 창 만들기 → 화면 디자인 → 속성값 지정 → 스크립트 작성 → 미리보기 및 시뮬레이션
② 기본 창 만들기 → 속성값 지정 → 화면 디자인 → 스크립트 작성 → 미리보기 및 시뮬레이션
③ 기본 창 만들기 → 화면 디자인 → 스크립트 작성 → 속성값 지정 → 미리보기 및 시뮬레이션
④ 기본 창 만들기 → 속성값 지정 → 스크립트 작성 → 화면 디자인 → 미리보기 및 시뮬레이션

> HMI 프로그램 작성은 먼저 기본 창을 만들고, 화면에 필요한 구성요소를 배치하는 화면 디자인을 진행한다. 이후 각 구성요소의 색상, 텍스트, 메모리 주소 등을 설정하는 속성값 지정을 하고, 필요하면 동작 로직을 위한 스크립트 작성을 추가한다. 마지막으로 미리보기 및 시뮬레이션을 통해 화면 동작과 연동을 검증한다.

정/답 23 ② 24 ③ 25 ①

26 HMI(Human Machine Interface)의 프로그램 디버깅 방법 중 맞지 않는 것은?

① 컴퓨터를 이용한 표준 데이터로 메인 루틴을 조사하는 방법(이때 예외 사항이 포함된 데이터와 오류가 있는 데이터도 함께 이용하는 검사)
② 실제 데이터를 조사하며 프로그램의 한 스텝씩 추적(trace)하거나, 처리 내용이나 기억 장치의 내용을 덤프하여 디버그 보조기를 이용하는 검사
③ 기계에 넣기 전에 책상 위에서 주어진 문제대로 프로그램이 작성되었는가를 순서도와 메모리 작업 영역표에 실제 데이터를 넣어 수동 작업으로 검증하는 데스크 상의 검사
④ 오류가 발생한 데이터를 조사 및 검사를 통해 전체 용량을 파악한 후 압축을 하는 검사

> HMI 프로그램 디버깅은 표준 데이터 검증, 단계별 추적(trace), 메모리 덤프 분석, 데스크 상의 검사 등으로 수행한다. 그러나 오류 데이터를 조사하여 전체 용량을 파악하고 압축하는 과정은 디버깅 방법과 관련이 없다.

27 HMI(Human Machine Interface)의 통신 연결에 대한 문제가 발생하였을 때 점검하는 항목이 아닌 것은?

① 통신 케이블 점검
② 노이즈 체크
③ 통신 설정 및 테스트
④ 통신량 체크

> HMI 통신 문제가 발생하면 기본적으로 케이블 상태 점검, 노이즈 여부 확인, 통신 설정값 및 테스트를 수행한다. 그러나 통신량 체크는 문제의 원인을 직접적으로 진단하는 항목이라기보다는 성능 모니터링 용도로 사용되므로, 통신 이상 점검 항목에는 포함되지 않는다.

정/답 26 ④ 27 ④

CHAPTER 03 전기전자장치 조립

Industrial Engineer Automatic Equipment

01 전기전자 조립 공구와 장비

(1) 부품조립의 개요

부품조립은 장비의 콘셉트, 사양, 장비 주요부 및 주변부 사양에 맞게 정확하게 설계된 조립 도면과 작업 표준서를 기준으로 조립을 진행하게 되며, 자재 목록표 및 조립도를 가지고 조립작업 순서를 정한다.

(2) 기구도면

기구도면이란 기계 부품이나 시스템을 표현하기 위해 사용되는 상세한 그림 또는 도표라 할 수 있다. 이러한 도면은 부품의 치수, 형태, 제조 과정 등을 정확하게 나타내어 기계 설계 및 제작에 절대적으로 필요한 도면이라 할 수 있다.

(3) 조립도면

전기전자장치 조립도면은 전기 및 전자 장치를 조립하는 데 필요한 모든 부품, 구성 요소 및 연결을 보여주는 상세도면이다. 일반적인 조립도면에 관한 내용은 다음과 같다.

① 구조물이나 기계의 전체적인 조립 상태를 나타낸 것이고 또한 부분조립도를 합친 도면으로 외관구성과 단면도를 나타낸 것이다.
② 한 장의 조립도로 나타내기 어려운 대형 기계의 경우, 몇 개의 부분으로 나누어 부분 조립도로 분리하여 각 부분의 상세한 조립 상태를 알 수 있도록 한다.
③ 조립도에는 조립 치수만을 기입하도록 하고 전체 조립도를 보면 구조를 잘 알 수 있다.
④ 조립에 관한 작업량과 일정은 전체 조립도를 보고 계획을 세운다.

(4) 기구조립 시 유의사항

① 도면에 표시되 있는 기본적인 치수 단위 및 공차를 이해하도록 한다.
② 부분 조립도를 보고 조립을 구분할 수 있는지 확인하고 이해하도록 한다.
③ 정밀 조립을 위한 기준점 및 조립 시 주의할 내용을 도면에서 확인해 둔다.
④ 전체적인 부품 조립 작업량을 파악하도록 한다.
⑤ 자재 목록표를 참조하여 일반부 및 주요부의 조립 순서를 파악해 조립하도록 한다.
⑥ 전체 조립도를 보고 전체 및 부분 조립에 대한 일정 계획을 세우도록 한다.
⑦ 실제 가공부품과 도면의 치수와 모양을 정확하게 비교하며 조립을 시작한다.
⑧ 측정 공구 중 버니어 캘리퍼스, 마이크로미터 등의 스케일 사용법을 익힌다.

(5) 전장 조립 시 유의 사항

① 전장조립은 전기, 액추에이터 같은 반도체 장비의 동작 요소에 전기와 신호를 공급하고, 회신받는 일체의 배선 작업을 포함한다.
② 장비 전체의 구성과 동작에 대하여 정확하고 폭 넓은 이해가 가능해야 한다.
③ 메인 전원부에서부터 말단의 센서 연결까지 모든 전기, 공압, 모터, 센서, 유틸리티 전원공급 배선, 주변 장치 전원공급배선, 안전전원까지 한 눈에 확인하고 체크가 가능해야 한다.
④ 배선 작업 전 배선 종류 선택, 배선 레이아웃, 전기용량 안전을 고려한 배선 선택과 길이를 선정할 수 있어야 한다.
⑤ 수정 및 개선 작업도 고려한 전장 배선이 가능해야 한다.

(6) 작업표준서(작업지도서)

전기전자장치의 설치, 유지보수, 검사 및 수리를 위한 절차와 지침을 담은 문서로 안전하고 효율적인 작업을 보장하기 위해 필요하다.

① 작업 관리자가 작업표준에 기초한 올바른 작업 방법을 구체적 또는 단시간에 알기 쉽게 작업자를 지도하기 위한 작업지침서이다.
② 작업표준서에는 작업표준에 의해 규정화된 작업 조건, 작업 방법, 관리 방법, 사용 재료, 사용 설비 및 기타 작업내용과 관련된 정보들이 명시된다.

(7) 자재 목록표(Bill of Material)

해당 장치를 제작하는 데 필요한 모든 부품, 소재, 구성요소의 목록으로 제품 설계, 구매, 재고 관리 및 생산 계획에 필요한 중요 정보를 제공한다.

① 제품을 만드는 데 필요한 모든 조립품, 반제품, 부분품, 부품 그리고 원자재의 목록이다.
② 생산정보시스템과 연계하여 구매 요청 혹은 생산 오더의 발행에 필요한 품목을 결정하는 데 필요하다.

(8) 공구의 종류와 용도

① 전동 드릴 : 금속, 목재 등에 구멍을 뚫는 용도로 쓰이는 공구
② 니퍼 : 전선이나 부품의 리드 선을 절단하거나, 전선의 피복을 벗길 때 사용
③ 롱 노즈 플라이어
　㉠ 니퍼와 같이 사용하여 전선의 피복을 벗기거나 원하는 형태로 부품의 리드를 구부리는 공구
　㉡ 작은 나사를 잡거나 너트를 조이거나 풀 때도 유용하게 사용

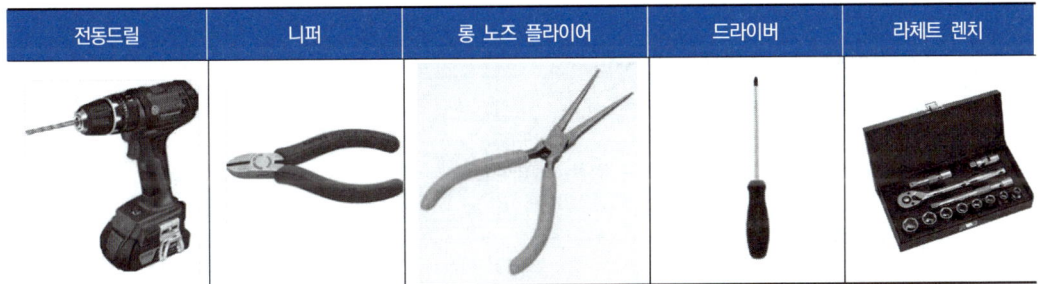

그림 3-1 전기전자장치 조립 공구 A

④ 드라이버
　㉠ 나사 또는 볼트 등을 조이거나 푸는 데 사용
　㉡ 십자(+)형과 일자(-)형이 있고, 나사 또는 볼트의 크기에 맞추어 사용
⑤ 라체트 렌치 : 볼트, 너트를 연속적으로 조이거나 푸는데 사용(현장용어-깔깔이)
⑥ 기타 공구
　㉠ 와이어 스트리퍼 : 전선의 겉면을 벗겨내어 내부의 도체를 드러내는 데 사용
　㉡ 솔더링 아이언 : 전자 부품을 회로 기판에 납땜할 때 사용
　㉢ 멀티미터 : 전압, 전류, 저항 등을 측정할 때 사용

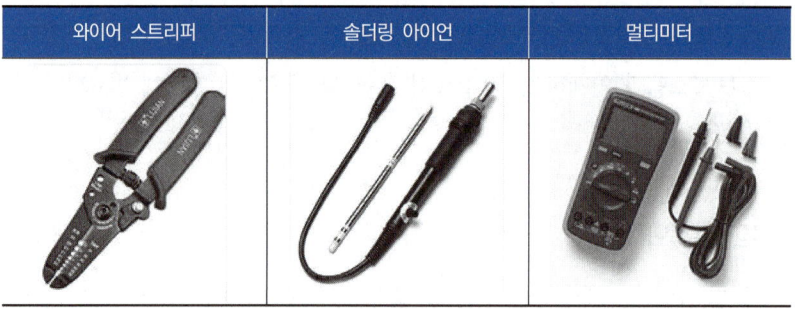

그림 3-2 전기전자장치 조립 공구 B

02 전기전자 부품

(1) 전기전자장치 조립부품의 구성

① 조립 베이스
- 전기전자장치를 부착할 수 있는 플레이트

② 인덱스 테이블
- 회전 테이블을 일정 각도로 회전시켜 다양한 공정이 순차적으로 수행되도록 하는 장치

③ 스테핑 모터
- 회전 각도와 속도의 제어
- 인덱스 모듈을 정해진 각도만큼 회전하는데 사용

④ 스테핑 모터 드라이버
- 스테핑 모터 구동을 위한 전용 구동기기

⑤ 컨베이어
- 일정한 거리를 연속적으로 재료나 물품을 운반하는 장치

⑥ 진공 발생기(이젝터; Ejector)
- 벤튜리 현상을 이용해 진공을 발생시키는 장치

⑦ 솔레노이드 밸브 터미널
- 많은 수의 공압 배선 구성이 가능하도록 하는 것

03 전기전자장치 기능 검사

(1) 전류 · 전압 · 저항 측정
전압, 전류, 저항을 측정하는 기기는 멀티미터이다.

(2) 멀티미터
멀티미터는 전환 선택 스위치를 돌려서 직류 전압, 직류 전류, 교류 전압 및 저항 등을 하나의 계기로 측정할 수 있는 종합 기능을 가진 계측기이다. Tester라고도 한다.

① 교류 전압 : 각종 전기설비 관련 기기, 콘센트 등에 몇 볼트의 전압이 오고 있는지를 확인
② 직류 전압과 직류 전류 : 건전지나 차량의 배터리 전압, 직류를 사용하는 자동제어 관련 회로보호기와 센서 등을 측정할 때 사용
③ 저항 : 저항을 측정함으로써 단선이 되었는지 알 수가 있다.

(3) 오실로스코프
① 세로축에 전압, 가로축에는 시간으로 설정하여 전기 신호의 파형을 그래프로 표시하는 계측기
② 전기신호의 진폭과 시간에 대한 정보를 그래프로 나타낸다.

(4) 스펙트럼 애널라이저
① 세로축을 전력 또는 전압, 가로축을 주파수로 설정하여 전기 신호를 표시하는 기기

(5) 기타
① 로직 애널라이저
② 네트워크 애널라이저

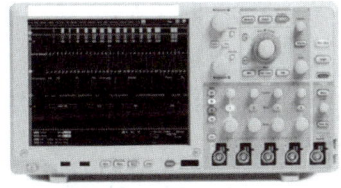
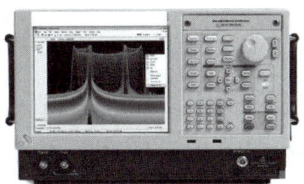
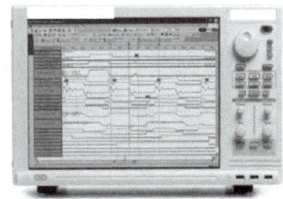

오실로스코프　　　　스펙트럼 애널라이저　　　　로직 애널라이저

그림 3-3 전기전자장치 전류·전압·저항 측정기

04 전기전자장치 안전성 검사

(1) 전기전자장치의 안전 검사 항목

① 내전압 시험 테스트 : 제품이 고압에 견디는 능력을 측정
② 절연 저항 테스트 : 전기 절연 특성을 측정
③ 누설 전류 테스트
  - AC 전원과 접지 사이에 흐르는 전류가 안전규격을 넘지 않는지를 점검
④ 접지 연속성 테스트

(2) 안전성 검사

① 내전압 검사

  ㉠ 피측정체(DUT : Device Under Test)의 절연 성분에 고압을 가하는 시험
  ㉡ 전기적으로 위험한 부분과 위험하지 않은 부분 사이의 내전압 혹은 절연장벽의 적합성 여부를 판단하기 위한 것
  ㉢ 내전압 장벽을 확인함으로써, 정상적인 동작 상태에서와 한 AC 전원선이 끊어진 상태에서 전기적 쇼크 위험으로부터의 보호가 가능한지를 검사한다.
  - 내전압 장벽 = 절연 장벽
  - 내전압 장벽은 잠재하는 전기적 위험으로의 노출로부터 사용자를 보호.
  - 내전압 장벽은 위험한 회로와 사용자가 접촉할 수 있는 부분 사이에서 형성
    - 정상 동작 전압보다 아주 높은 전압을 인가한다.
  - 통상 정상 동작 전압의 두 배에 1,000V를 더한 전압을 사용
    예 120V나 240V에 동작되는 제품이면 테스트 전압은 보통 1,250~1,500VAC

    - 내전압 : DC(Dielectric Strength), WV(Withstanding Voltage), HPV(High Potential Voltage)

② 절연저항 검사

  ㉠ 절연저항 검사 4단계 : 충전(Charge), 유지(Dwell), 측정(Measure), 방전(Discharge)
  ㉡ 전기적으로 절연되어 있는 어느 두 지점 사이의 절연저항을 측정
  ㉢ 전류의 흐름을 방해하기 위한 전기적 절연이 얼마나 효과적으로 되어 있는가를 판정
  ㉣ 제품이 생산된 직후뿐만 아니라 일정 기간 사용한 후 절연의 상태를 검사하는 데 유용

③ 누설 전류 검사
　　㉠ AC 전원을 사용하는 모든 제품에는 약간의 전류 누설이 발생
　　㉡ 항상 누설 전류에 의한 전기 쇼크 또는 감전 사고에 주의해야 한다.

④ 접지 연속성 검사
　　㉠ 표면에 노출된 전도성 금속부분과 전원부 접지 사이의 접지 경로를 검사
　　㉡ 접지 경로의 검사는 사용자를 전기 쇼크로부터 보호하는 가장 기본적인 수단

⑤ 극성(Polarization) 검사
　　㉠ 제품의 전원 플러그가 제대로 연결되었는지를 검사
　　㉡ 라인(Line) 단자와 뉴트럴(Neutral) 단자가 서로 바뀌지 않았는지를 검사

⑥ 접지 도통 검사
　　㉠ 접지회로의 저항을 측정하여 연결의 완벽함의 여부를 검사

⑦ 생산라인 검사
　　㉠ 제품 전체의 품질을 보증하기 위한 검사

05 계측기기 유지보수

전기전자 계측기기의 유지보수는 정확한 측정을 보장하고 장비의 수명을 연장하기 위해 매우 중요하다. 일반적인 유지보수에는 정기적인 교정, 청소, 소프트웨어 업데이트, 부품의 점검 및 교체 등이 포함될 수 있다. 안전성 검사 측정기로는 다음과 같은 것들이 있다.

(1) 내전압 시험기
① 전기 안전 시험을 수행하여 제품의 절연 효과를 결정하는 장비
② 부품의 상호 절연된 부분 사이, 또는 전기가 흐르는 부분과 접지 사이에서 수행
③ 주로 케이블이나 와이어 하네스의 절연 파괴, 단락, 개방 회로를 측정하는 데 사용
　　• 와이어 하네스 : 전기적 신호 및 전류를 부품 상호간에 전달하여 각 시스템이 제 역할을 수행할 수 있도록 하는 배선의 총 집합체

(2) 절연·내압 시험기

① 절연저항 시험기와 내압 시험기를 일체화한 시험기
② 전기적 절연체의 절연 강도를 시험하는 장비
③ 다양한 재료와 부품의 절연성능을 평가
④ 절연 시험과 내압 시험을 연속적으로 하여 시험을 보다 간단하고 효율적으로 진행

(3) 통전 시험기

① 목적 : 전기 기기의 회로가 끊어진 곳이나 접속이 불량한 곳이 있는지 알아보기 위한 시험
② 통전 시험에 사용되는 기구 : 램프 시험기, 회로 시험기, 버저 시험기 등

(4) 절연저항 시험기

① 절연체의 전기 저항을 측정하기 위해 사용되는 특별한 종류의 오옴미터이다.
② 전기 시스템, 케이블, 와이어, 권선 등의 절연 품질과 무결성을 평가하는 데 주로 사용

(5) 누설전류 시험기

① 누설되는 전류를 측정하는 장비로 전원부 회로에서의 누설 전류를 측정한다.

CHAPTER 03 실전연습문제

01 다음은 전기전자장치의 조립도면에 대한 설명이다. 적절하지 못한 것은?

① 구조물이나 기계의 전체적인 조립 상태를 나타낸 것이고 또한 부분조립도를 합친 도면으로 외관 구성과 단면도를 나타낸 것이다.
② 한 장의 조립도로 나타내기 어려운 대형 기계의 경우, 몇 개의 부분으로 나누어 부분 조립도로 분리하여 각 부분의 상세한 조립 상태를 알 수 있도록 한다.
③ 조립도에는 조립 치수 뿐만 아니라 도면의 모든 치수가 기입되도록 하고 전체 조립도를 통해서 전체 구조를 파악하는데 한계가 있다.
④ 조립에 관한 작업량과 일정은 전체 조립도를 보고 계획을 세운다.

> 조립도에는 조립 치수만을 기입하도록 하고 전체 조립도를 보면 구조를 잘알 수 있다.

02 다음 중 기구조립 시 유의사항이라 할 수 없는 것은?

① 정전기 방전 장치가 필요하다.
② 조립 시 보안경, 장갑을 사용해서는 안 된다.
③ 조립에 필요한 도구와 부품을 준비한다.
④ 조립 설명서를 우선 파악하고 이해한다.

> **기구조립 시 유이사항**
> - 조립 설명서를 우선 파악하고 이해한다.
> - 조립에 필요한 도구와 부품을 준비한다.
> - 장갑, 보안경 등 안전 장비를 착용한다.
> - 조립 과정에서 부품을 강하게 다루지 않도록 주의한다.
> - 정전기 방지 조치를 취한다.
> - 작업 공간을 깨끗하고 정돈된 상태로 유지한다.

03 다음 중 전장 조립 시 유의사항이라 할 수 없는 것은?

① 정전기 방지할 것
② 전원케이블 연결 확인할 것
③ 포트 연결 상태 확인할 것
④ 작업 환경은 신경쓰지 말 것

> **전장 조립 시 유의사항**
> - 정전기 방지 : 건조한 장소에서 조립할 때 정전기가 발생하여 하드웨어에 손상을 줄 수 있다.
> - 전원 케이블 연결 확인 : CPU와 마더보드의 전원 케이블이 올바르게 연결되었는지 확인한다.
> - 포트 연결 확인 : 모든 구성 장치의 포트에 연결 케이블이 정상적으로 장착되었는지도 확인한다.
> - 안전한 작업 환경 : 충격을 주지 않는 테이블에서 조립하고, 필요 안전 장비를 착용한다.

정/답 01 ③ 02 ② 03 ④

04 작업 관리자가 작업표준에 기초한 올바른 작업 방법을 구체적 또는 단시간에 알기 쉽게 작업자를 지도하기 위한 작업지침서로 다음 중 무엇이라 하는가?

① 작업표준서　　② 작업설명서　　③ 작업계획서　　④ 작업목록표

작업표준서(작업지도서)
전기전자장치의 설치, 유지보수, 검사 및 수리를 위한 절차와 지침을 담은 문서로 안전하고 효율적인 작업을 보장하기 위해 필요하다.

05 다음 중 전기전자장치를 제작하는 데 필요한 모든 부품, 소재, 구성요소의 목록으로 제품 설계, 구매, 재고 관리 및 생산 계획에 필요한 중요 정보를 제공하는 것으로 볼 수 있는 것은 어느 것인가?

① 작업표준서　　② 작업설명서　　③ 작업목록표　　④ 작업계획서

자재목록표
전기전자장치를 제작하는 데 필요한 모든 부품, 소재, 구성요소의 목록으로 제품 설계, 구매, 재고 관리 및 생산 계획에 필요한 중요 정보를 제공하는 목록이다.

06 다음 중 전기전자장치 조립 시 사용하는 공구의 종류로 적절하지 못한 것은 어느 것인가?

① 전동드릴　　② 망치　　③ 롱 노즈 플라이어　　④ 라체트 렌치

전기전자장치 조립 시 사용하는 공구 : 전동드릴, 니퍼, 롱 노즈 플라이어, 라체트 렌치 등

07 다음 중 전기전자장치의 조립부품 구성과 관련이 없는 요소는?

① 조립 베이스　　② 인덱스 테이블　　③ 컨베이어　　④ NC 테이블

전기전자장치의 조립부품 구성 : 조립 베이스, 인덱스 테이블, 스테핑 모터, 스테핑 모터 드라이버, 컨베이어, 진공 발생기, 솔레노이드 밸브 터미널 등

정/답　04 ①　05 ③　06 ②　07 ④

08 다음 중 전류 · 전압 · 저항 측정과 관련이 없는 기기는?

① 마그네틱 플로우 메터 ② 오실로스코프
③ 로직 애널라이저 ④ 멀티미터

- 멀티미터, 오실로스코프, 스펙트럼 애널라이저, 로직 애널라이저, 네트워크 애널라이저
- 마그네틱 플로우 메터는 유량측정용이다.

09 다음 중 전기전자장치의 안전 검사 항목이 아닌 것은?

① 내전압 시험 테스트 ② 절연 저항 테스트
③ 누설 전류 테스트 ④ 장치 조립성 테스트

전기전자장치의 안전 검사 항목
- 내전압 시험 테스트, 절연 저항 테스트, 누설 전류 테스트, 접지 연속성 테스트 등

10 다음 중 안전성 검사 측정기의 분류에 해당하지 않는 기기는?

① 내전압 시험기 ② 내마모 시험기 ③ 통전 시험기 ④ 절연저항 시험기

안전성 검사 측정기
- 내전압 시험기, 절연 · 내압 시험기, 통전 시험기, 절연 저항 시험기, 누설전류 시험기 등

11 다음 중 절연체의 전기 저항을 측정하기 위해 사용되는 특별한 종류의 오옴미터라 불리는 전기전자장치의 안전성 검사 측정기로 맞는 것은?

① 내전압 시험기 ② 통전 시험기 ③ 절연저항 시험기 ④ 누설전류 시험기

- 내전압 시험기 : 전기 안전 시험을 수행하여 제품의 절연 효과를 결정하는 장비
- 절연 · 내압 시험기 : 절연 시험과 내압 시험을 연속적으로 하여 시험
- 통전 시험기 : 전기 기기의 회로가 끊어진 곳이나 접속이 불량한 곳을 찾아내는 시험
- 절연저항 시험기 : 절연체의 전기 저항을 측정
- 누설전류 시험기 : 누설되는 전류를 측정

12 다음 중 절연저항 검사의 4단계에 해당하지 않는 것은?

① Discharge ② Deference ③ Charge ④ Dwell

절연저항 검사 4단계 : 충전(Charge), 유지(Dwell), 측정(Measure), 방전(Discharge)

정/답 08 ① 09 ④ 10 ② 11 ③ 12 ②

13 다음 절연저항 검사에 대한 내용이다. 그 내용이 절연저항 검사와 거리가 먼 것은?

① 피측정체(DUT : Device Under Test)의 절연 성분에 고압을 가하는 시험의 검사이다.
② 절연 저항(insulation resistance) 측정은 일반적으로 두 테스트 포인트 사이의 실제 저항을 알아내기 위해 실시한다.
③ 전류의 흐름을 방해하기 위한 전기적 절연이 얼마나 효과적으로 되어 있는가를 판정할 수 있다.
④ 정기적으로 절연저항 테스트를 실시하면 절연 파괴가 일어나기 전에 절연 불량을 판별해 낼 수 있고, 절연 파괴에 의한 사용자 안전사고나 비용이 많이 드는 고장 발생을 예방할 수 있다.

> 피측정체(DUT : Device Under Test)의 절연 성분에 고압을 가하는 시험은 내전압 검사이다.

14 다음 중 절연저항 검사는 어느 검사와 매우 유사한 검사인가?

① 접지 연속성 검사　② 누설 전류 검사　③ 극성 검사　④ DC 내전압 검사

> 절연저항 검사는 누설 전류값 대신 저항값을 읽는다는 것 외에는 DC 내전압테스트와 흡사하다.

15 다음 중 전기적으로 위험한 부분과 위험하지 않은 부분 사이의 내전압 혹은 절연장벽의 적합성 여부를 판단하기 위한 시험으로 맞는 것은?

① 누설 전류 검사　② 접지 연속성 검사　③ 내전압 검사　④ 접지 도통 검사

> • 누설 전류 검사 : AC 전원을 사용하는 모든 제품에는 약간의 전류 누설이 발생
> • 접지 연속성 검사 : 표면에 노출된 전도성 금속부분과 전원부 접지 사이의 접지 경로를 검사
> • 접지 도통 검사 : 접지회로의 저항을 측정하여 연결의 완벽함의 여부를 검사

정/답　13 ①　14 ④　15 ③

센서활용기술

Industrial Engineer Automatic Equipment

01 센서의 개요

(1) 센서(Sensor)

센서란 온도·압력, 소리·빛 등 여러 종류의 물리량을 검지·검출하거나 판별·측정하여 신호로 전달하는 기능을 갖춘 소자(素子) 또는 이러한 소자를 이용한 계측기이다.

① 센서를 사용하여 측정하는 대상물에 관한 정보
  ㉠ 물리적인 정보 : 압력, 위치, 변위, 속도, 가속도, 온도, 질량
  ㉡ 화학적인 정보 : 기체, 액체, 고체 등의 조성
  ㉢ 전자적인 정보 : 전하, 자기, 전류
  ㉣ 광학적인 정보 : 가시광, 자외선, 적외선, X-선, 방사선

② 트랜스듀서(변환기)
감지된 정보를 다른 측정 가능한 물리적인 양으로 변환시킬 필요가 있으며 한 에너지 형태(신호)를 다른 에너지 형태(신호)로 변환하는 소자이다.

③ 감지된 정보를 전기적 형태로 변환시키는 목적
  ㉠ 전기전자 제어를 위한 피드백 신호로 사용하기가 편리하다.
  ㉡ 원하는 정보를 얻기 위하여 필터링, 미분, 저장 등 신호처리가 간단하다.
  ㉢ 원거리 정보 전송이 가능하다.

(2) 센서 선정의 기준

① 대상 물체의 고려
  ㉠ 물체의 재질, 형상, 색상 등

② 용도에 따른 고려
　　㉠ 위치결정, 투명체 검출, 단차판별, 색상판별 등
　　　• 반복정도(repeat accuracy)
　　　• 응차거리(hysteresis)
　　　• 응답시간(response time)
　　　• 검출거리(detection distance)

③ 작업 조건에 따른 고려
　　㉠ 설치장소, 배경영향, 내구성 등

02 센서의 종류와 특성

(1) 센서의 기본적 분류

① 기구에 따른 분류 : 기구형(또는 구조형) 센서, 물성형 센서, 기구와 물성 혼합형 센서
② 감지대상에 따른 분류 : 물리량 센서, 역학량 센서, 화학량 센서
③ 에너지 변환에 따른 분류 : 에너지 변화형 센서, 에너지 제어형 센서
④ 동작 방식에 따른 분류 : 수동형 센서, 능동형 센서

(2) 기구에 따른 분류

① 기구형(구조형) 센서
　　㉠ 기계적 양을 직접적 혹은 간접적으로 감지 가능한 센서이다.
　　㉡ 종류 : 힘 센서, 가속도계 센서, 압력 센서, 자이로스코프 등
　　　• 정전용량의 변화를 이용한 변위센서
　　㉢ 특징
　　　• 구조나 치수 등이 특성을 직접 지배하는데 구성 재료의 물성은 거의 영향을 받지 않는다.
　　　• 구조나 치수로 특성이 결정되는 센서를 기구형(구조형) 센서라고 한다.
　　　• 고감도이고 안정된 특성을 갖는 센서를 실현하기 쉽고 대상이나 용도에 최적인 설계가 가능하다.

② 물성형 센서
　㉠ 물성의 특성에 의해 지배되는 센서를 물성형 센서라 한다.
　　• 물성형 센서는 재료에 의해 특성이 결정된다.
　　• 물질의 물리적 성질을 측정하는 장치, 즉 온도, 압력, 습도, 광도 등과 같은 다양한 물리적 요소를 감지하는데 사용된다.
　㉡ 종류 : 광학적, 압전식, 저항식, 정전식, 자기식, 변형 게이지 센서 등
　㉢ 반도체 센서 : 물성법칙을 이용한 센서이다.
　㉣ 가전이나 자동차에 사용되는 센서는 물성형 센서이다.

(3) 감지대상에 따른 분류

분류 \ 항목	감지대상	센서의 종류
물리량 센서	온도	열전쌍, 서미스터, 온도계
	빛, 색	광도전, 이미지 센서, 포토다이오드
	자기	홀 소자, 자기저항 소자
	자외선, 방사선	조도계, 광량계, GM계수기
	전류	분류기, 변류기
역학량 센서	변위, 길이	차동 트랜스, 스트레인 게이지, 콘덴서 변위계
	속도, 가속도	회전형 속도계, 가속도계(동전형, 압전형)
	회전수, 진동	엔코더, 리졸버, 스트로보스코프, 압전형 검출기
	압력	다이어프램, 로드 셀, 수정 압력계
	힘, 토크	저울, 천칭, 토션바
화학량 센서	습도	세라믹 센서, 결로 센서, 고분자막 센서
	가스	매연 센서, 반도체 가스 센서, 산소 센서
	이온	pH 전극 센서, 이온 선택 전극 센서

① pH 전극 센서 : 용액의 산성도 또는 염기성도(알칼리성)를 측정하는 장치

(4) 에너지 변환에 따른 분류

① 에너지 변화형 센서

　　㉠ 에너지의 한 형태를 다른 형태로 변환하는 센서
　　㉡ 태양광 센서 : 빛 에너지를 전기 에너지로 변환
　　㉢ 열전 센서 : 열 에너지를 전기 에너지로 변환
　　㉣ 열전대 : 온도 센서
　　　　• 온도를 측정하기 위한 대상에 접촉시키면 열이 흘러들어 온도가 변화
　　㉤ 광센서 : 포토다이오드와 태양전지를 이용한 센서
　　㉥ 출력된 전력은 센서에 작용하는 빛 에너지의 일부

② 에너지 제어형 센서

　　㉠ 주변 환경의 변화를 감지하고 이것을 전기적 신호로 변환하여 다른 전자 장치나 컴퓨터 프로세서에 정보를 전달하는 역할을 한다.
　　㉡ 입력 신호가 외부 전원의 출력에 의해 에너지 혹은 파워의 흐름을 제어하는 센서
　　㉢ 포토레지스터 : 전원 공급이 필요하여 빛의 에너지를 전기 에너지로 변환
　　㉣ 서미스터 온도 센서나 황화 카드뮴을 사용한 광센서 등이 있다.

(5) 동작 방식에 따른 분류

① 수동형 센서

　　㉠ 어떠한 부가적인 에너지원도 필요하지 않으며, 외부 자극에 대해 직접 전기적인 신호로 출력하는 센서
　　㉡ 종류 : 에너지 변환형 센서, 태양전지(Solar Cell), 열전대(Thermocouple), 피에조(Piezo) 센서 등

② 능동형 센서

　　㉠ 감지대상과 별도의 에너지원으로부터 에너지를 공급받아 대상의 반응에 의해 정보를 얻는 방식의 센서, 검출 소자에 전원을 공급해 주어야만 동작 특성을 나타내는 센서이다.
　　㉡ 센서가 주가 되어서 뭔가를 발사하고 상대로부터 반사되거나 차단되는 내용을 분석하는 것
　　㉢ 종류 : 레이더, 포토트랜지스터(Photo Transistor), 서미스터(Thermistor), 레이저 센서, 광센서 등

(6) 유도형 센서

① 센서의 검출 면에 접근하는 물체 또는 주위에 존재하는 물체의 유무를 전자계의 에너지를 이용하여 기계적 접촉 없이 검출하는 장치이다.
  ㉠ 전자기 유도 원리를 사용하여 물체를 감지하거나 측정하는 장치
  ㉡ 금속 물체가 센서의 측정 필드에 위치할 때 이를 감지할 수 있는 장치
② 금속 물체의 유무를 감지하는 전자 장치이다.

(7) 정전 용량형 센서

① 물체의 접근이나 접촉을 감지할 때 사용되는 장치이다.
② 전기장의 변화를 감지하여 작동하는 근접 센서이다.
③ 검출물체가 센서에 접근하면 검출전극과 대지 간 정전용량이 변화하는 것을 이용해 물체를 검출하는 센서이다.
  ㉠ 플라스틱, 유리, 도자기, 목재와 같은 절연체도 검출 가능
  ㉡ 물, 기름 등의 액체도 검출 가능

> **참고**
> - 정전 용량이란 전기 회로에서 축적할 수 있는 전하의 양으로 단위는 패럿(Farad)이다.

(8) 광전 센서

① 빛을 매체로 대상물을 검출하는 센서를 총칭한 것이다.
② 빛을 내는 투광부와 빛을 받는 수광부로 구성된 센서이다.
③ 투광부에서 발사된 빛이 검출 물체에 의해 반사, 투과, 흡수되는 정도에 따라 수광부에 도달하면 이를 감지하여 출력 신호를 얻는 원리이다.
  ㉠ 투광부 : 발신기(Sender)
  ㉡ 수광부 : 수신기(Receiver)
④ 광전 센서에는 투과형, 미러 반사형, 확산 반사형 3타입이 있다.
  ㉠ 포토레지스터(Photoresistors) : 빛의 강도에 따라 저항이 변화하는 센서이다.
  ㉡ 포토다이오드(Photodiodes) : 포토레지스터보다 빠르게 빛의 변화에 반응하는 센서이다.
  ㉢ 포토트랜지스터(Phototransistors) : 포토다이오드와 비슷한 방식으로 빛을 감지하지만, 더 높은 출력 전류를 제공할 수 있는 센서이다.

(9) 접촉식(Contact Type)과 비접촉식(Contactless Type) 센서

감지 방법에 따른 분류이다.

① 접촉식 센서 : 마이크로 스위치, 전기 리미트 스위치, 공압 리미트 스위치
② 비접촉식 센서 : 유도형, 정전 용량형이 해당
  ㉠ 전기 리드 스위치, 광 센서, 광파이버

(10) 압력센서

① 다이어프램식 압력 스위치
② 기계식 압력 스위치
③ 전자식 압력 스위치

03 센서 회로의 신호 변환, 전송, 처리, 출력

센서들은 온도, 압력, 힘, 길이, 회전각, 수위(저장탱크), 유량 등의 물리적 값에 반응하고 적정한 신호를 전달한다. 센서 회로에서 신호 변환은 센서가 감지한 물리적, 화학적, 생물학적 현상을 전기 신호로 변환하는 과정이다. 전송은 이 변환된 신호를 회로나 다른 장치로 보내는 단계, 처리는 신호를 증폭하거나 필터링하는 등의 방식으로 가공하는 과정이다. 출력은 처리된 신호를 디스플레이나 다른 통신 장치로 보내 사용자가 이해할 수 있도록 하는 것이다.

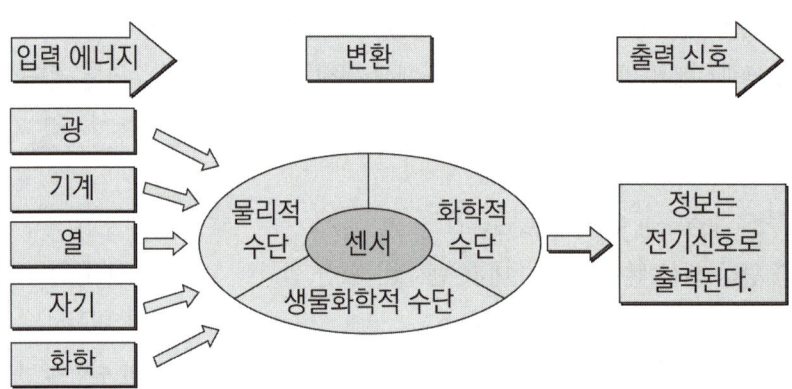

그림 4-1 센서 신호변환, 전송, 처리, 출력

(1) 측정 신호의 특성

① 이진 신호
  ㉠ ON-OFF, 이상-이하 같은 데이터 혹은 위-아래, 전-후 같은 위치에 대한 정보를 전달한다.
  ㉡ 두 개의 값을 갖는 이진신호는 디지털 신호의 특정한 형태이다.
  ㉢ 디지털 신호는 유한한 값을 취한다.
  ㉣ 디지털 신호의 가장 좋은 예는 컴퓨터에서의 데이터 전송이다.

② 아날로그 신호
  ㉠ 측정값과 신호값의 관계가 일정 비율에 따라 연속적으로 변하는 신호
  ㉡ 그 크기가 시간에 따라 연속적으로 변화하는 신호
  ㉢ 센서 기술에는 환경 모니터링, 자동차 제어 시스템, 의료 기기 등에 사용
  ㉣ 아날로그 신호의 가장 좋은 예는 사람의 목소리이다.

③ 아날로그 신호와 디지털 신호의 차이
  ㉠ 아날로그 신호는 연속적인 신호이며, 디지털 신호는 시간적으로 분리된 신호이다.
  ㉡ 아날로그 신호는 사인파로 표시되고, 디지털 신호는 구형파로 표시된다.
  ㉢ 아날로그 신호는 연속적인 값 범위를 사용하여 정보를 표현한다.

(2) 신호 변환

입력측에 공급되는 아날로그 값을 등가의 비트 조합값으로 변환하여 출력측에 전달하는 전자회로가 있다. 이와 같은 회로를 아날로그-디지털 변환기(A/D 변환기)라 한다.

입력값이 측정되면 A/D 변환기는 센서로부터 아날로그 값을 매우 빈번히 등가의 디지털 값으로 변환한다. 변환기의 입력측 아날로그 신호는 특정 시간 간격으로 분석되어 디지털 값으로 변환되어 출력측에 전달하게 된다.

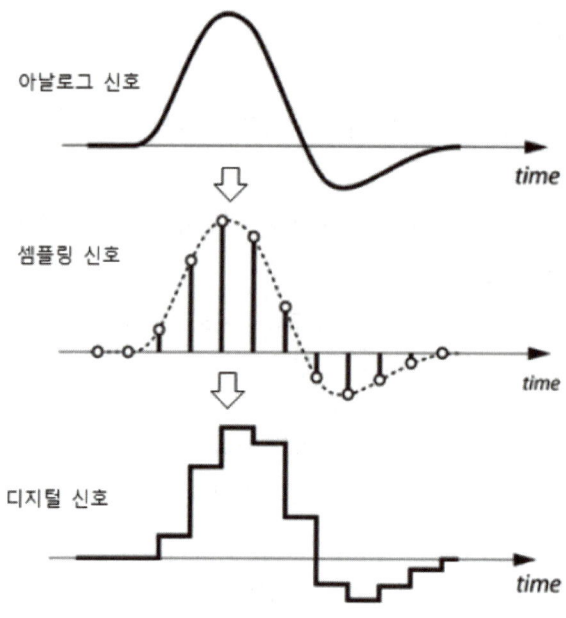

그림 4-2 아날로그 신호-디지털 신호로 변환

① A/D변환기의 중요한 특성
　㉠ 변환 속도 : 빠른 변환 시 마이크로 초 단위까지 가능하다.
　㉡ 출력측에서 디지털 정보의 데이터 길이(Data Length; 비트의 수) : 신호의 신뢰성 결정

(3) 신호 증폭

센서는 구동기기를 직접 구동시킬 수 없을 정도로 작은 범위의 신호값을 출력한다. 그러므로 구동기기의 구동을 위해서는 이 신호를 증폭시켜야 한다.

04 센서 신호 측정 방법

(1) 직접 측정과 간접 측정

① 직접 측정
　㉠ 실물의 실제 치수를 직접 측정하는 방법
　㉡ 측정량과 동일한 기준으로 하는 양을 직접 측정하는 방법

② 간접 측정
- ㉠ 기하학적으로 측정하기 힘든 경우, 예를 들어 나사, 기어 등과 같이 형태가 복잡한 것은 기하학적 계산에 의하여 결정하는 측정 방법
- ㉡ 측정량과 상관관계에 있는 양을 측정한 다음 그것으로부터 측정값을 산출하는 방법

(2) 절대 측정과 비교 측정

① 절대 측정
- ㉠ 정의에 의해 정해진 양을 이용하여 측정하는 방식
    - 예 진공 중의 빛의 속도 C는 파장 λ와 주파수 f에 의해 $C = \lambda \cdot f$로 정의

② 비교 측정
- ㉠ 이미 알고 있는 표준편의 양과 차를 실물의 치수와 비교해 측정함으로서 측정 범위가 좁다.

(3) 측정법의 종류

① 편위법(偏位法; Deflection Method)
- ㉠ 측정량이 직접 결과로 나타나는 지시계로부터 측정량을 알아내는 방법
- ㉡ 계측기 눈금의 기준과 지침의 위치를 비교하여 측정량의 크기를 재는 방법
- ㉢ 종류 : 부르동관(Bbourdon Tube) 압력계, 슬라이드 와이어(Slide Wire), 전압계, 전류계 등
- ㉣ 특징
    - 구성이 비교적 단순하고 취급이 용이하며 표시도 신속하다.
    - 지침의 움직임으로 측정량을 표시하기 때문에 측정 범위가 한정된다.
    - 지침 구동 기구의 특성 변동 및 동작의 불완전에 의한 오차가 발생한다.

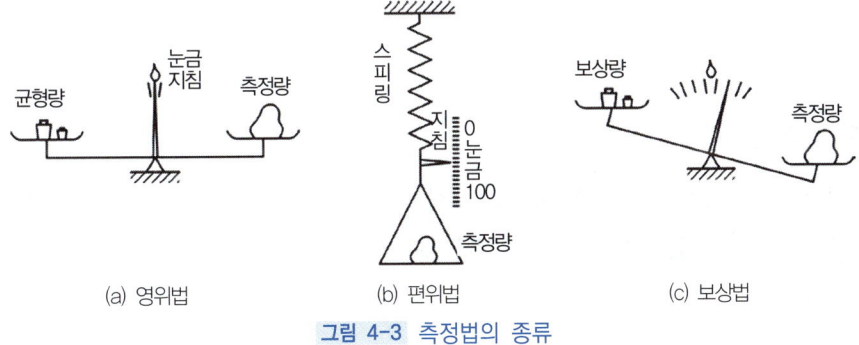

(a) 영위법　　(b) 편위법　　(c) 보상법

그림 4-3 측정법의 종류

② 영위법(零位法; Zero Method, Null Method)
　㉠ 측정량을 가감할 수 있는 기지량(旣知量)과 균형시켜 그때의 균형량의 크기로부터 측정량을 구하는 방법, 즉 기지량의 크기로부터 측정량을 알아내는 방법
　㉡ 조정 : 측정량의 크기와 기준의 크기를 비교하여 그 차를 제로(Zero)로 하는 조작이 필요하고 이것을 위해 에너지를 외부로부터 공급해야 가능하다.
　㉢ 종류 : 전위차계, 자동 평형식 계기 등
　㉣ 특징
　　• 편위법에 비해 조작에 시간이 걸리며 구성도 복잡하다.
　　• 측정 범위가 넓다.
　　• 행수가 많은 측정값을 얻을 수 있다.

③ 보상법(補償法; Compensation Method)
　㉠ 계기류로 측정해야 할 값과 표준값을 비교해서 양자의 근소한 차이를 정밀하게 측정하여 측정량을 알아내는 방식
　㉡ 측정량에 거의 일치하는 기지량을 추출한 후, 그 차로써 측정량을 알아내는 방법
　㉢ 영위법과 편위법을 조합한 형태이다.

④ 치환법(置換法; Substitution Method)
　㉠ 측정량과 기지량을 치환하여 측정한 결과로부터 측정량을 알아내는 방법
　　예 휘스톤 브리지(Wheat-Stone Bridge)에 의한 저항 측정

⑤ 일치법
　㉠ 일치 상태를 판단하기 위하여 측정자가 피드백 조작을 한다는 점에서는 영위법과 비슷
　　예 마이켈슨(Michelson) 간섭계에 의해 블록 게이지(Block Gauge)의 길이를 측정

⑥ 차등법
　㉠ 같은 종류의 양에 의해 작용하는 차를 이용하여 측정하는 방법
　㉡ 종류 : 차동 변압기

(4) 측정 오차

오차는 측정값에서 참값을 뺀 값으로 구하고, 참값에 더 가까운 값을 구하기 위하여, 읽은 값 또는 계산값에 있는 값을 더하기도 하는데 이를 보정이라 한다. 오차의 종류로는 다음 3가지가 있다.

① 실수에 의한 오차
  ㉠ 측정 순서의 오류, 측정값을 읽을 때의 착오, 측정자의 실수에 의한 오차 등

② 계통 오차
  ㉠ 측정값에 편차를 주는 것과 같은 어떠한 원인에 의해 생기는 오차
  ㉡ 예를 들면 계측기를 오래 사용하면 지시가 맞지 않거나, 눈금을 읽을 때 개인적인 습관에 의해 생기는 오차 등
  ㉢ 고유 오차, 개인 오차

③ 우연 오차
  ㉠ 확실히 잘 모르는 원인에 의해 발생
  ㉡ 측정 장소에서 예기치 못한 원인에 의하여 발생하는 오차
  ㉢ 발생 시 반복 측정하여 평균값을 구해 우연오차를 없앴다.

05 센서 관리

(1) 멀티미터(Multimeter)를 사용한 측정

① 교류 전압 측정
  ㉠ 각종 전기설비 관련 기기, 콘센트 등에 몇 볼트의 전압이 오고 있는지를 확인하는 용도
  ㉡ 교류는 동력(480V, 380V 등)과 일반가정용(220V)을 구분

② 직류 전압과 직류 전류 측정
  ㉠ 건전지나 차량의 배터리 전압 측정
  ㉡ 직류를 사용하는 자동제어 관련 회로보호기와 센서 등을 측정
  ㉢ 직류전류는 10A까지 측정

③ 저항 측정
  ㉠ 단선 확인 가능, 단선되었다는 것은 선이 끊어져 있다는 것을 의미한다.

(2) 멀티미터(Multimeter) 사용 시 유의사항

① 직류를 측정할 때는 플러스(+)와 마이너스(−)를 거꾸로 측정하면 안 된다.

② 고장이 의심되면 내장 퓨즈를 확인한다.
③ 저항 측정에 문제가 있으면 내부의 건전지를 확인한다.
　㉠ 전압이나 전류는 건전지가 없어도 측정 가능
④ 부적절한 레인지로 측정하면 멀티미터의 고장을 초래하므로 측정 전 레인지를 확인한다.
⑤ 사용하지 않을 때는 OFF 위치로 전환시킨다.
　㉠ OFF 위치가 없는 멀티미터라면 저항 측정 레인지 외에 다른 레인지로 스위칭한 후 보관한다.

(3) 리미트 스위치 점검

① 레버, 롤러의 마모, 손상, 덜렁거림 등을 정기 점검을 한다.
　㉠ 점검 방법 : 육안 검사
　㉡ 판단 기준 : 레버, 롤러에 덜렁거림, 마모, 손상이 없을 것
　㉢ 처치 방법 : 교환
② 결선부의 더러움, 손상 등을 정기 점검한다.
　㉠ 점검 방법 : 육안 검사
　㉡ 판단 기준 : 더러움, 손상이 없을 것
　㉢ 처치 방법 : 분해 수리
③ 취부나사의 느슨함을 정기 점검한다.
　㉠ 점검 방법 : 육안 검사, 촉수 점검
　㉡ 판단 기준 : 취부나사의 느슨함으로 흔들림이 없을 것
　㉢ 처치 방법 : 취부나사 완전히 조이기

(4) 광전 스위치의 점검

① 렌즈면의 더러움, 손상 등을 정기 점검을 한다.
　㉠ 점검 방법 : 육안 검사
　㉡ 판단 기준 : 이물질, 손상이 없을 것
　㉢ 처치 방법 : 이물질 제거, 교환
② 결선부의 더러움, 손상 등을 정기 점검한다.
　㉠ 점검 방법 : 육안 검사
　㉡ 판단 기준 : 결선부에 손상이 없을 것
　㉢ 처치 방법 : 분해 수리

③ 취부나사의 느슨함을 정기 점검한다.
　㉠ 점검 방법 : 육안 검사, 촉수 점검
　㉡ 판단 기준 : 취부나사의 느슨함으로 흔들림이 없을 것
　㉢ 처치 방법 : 취부나사 완전히 조이기

CHAPTER 04 실전연습문제

01 다음 중 어떤 대상의 정보를 수집하여, 기계가 취급할 수 있는 신호로 치환하는 소자 및 장치를 무엇이라 하는가?

① 제어　　　② 계측기　　　③ 측정기　　　④ 센서

- 센서(Sensor) : 어떤 대상의 정보를 수집하여, 기계가 취급할 수 있는 신호로 치환하는 소자 및 장치
- 제어 : 상대편을 억눌러서 목적에 맞는 작용을 하도록 조절하는 것

02 다음 중 센서를 기구에 따라 분류할 때 그 분류에 해당하지 않는 것은?

① 에너지 변환형 센서　　　② 기구형 센서
③ 물성형 센서　　　　　　④ 기구/물성 혼합형 센서

에너지 변환에 따른 분류 : 에너지 변화형 센서, 에너지 제어형 센서

03 다음 중 감지대상에 따른 센서의 분류에 해당하지 않는 것은?

① 물리량 센서　　② 능동형 센서　　③ 역학량 센서　　④ 화학량 센서

동작 방식에 따른 분류 : 수동형 센서, 능동형 센서

04 다음 중 구조나 치수로 특성이 결정되는 센서로 기계적 양을 직·간접적으로 감지할 수 있는 것은 어느 것인가?

① 기구형 센서　　② 물성형 센서　　③ 수동형 센서　　④ 능동형 센서

- 물성형 센서 : 물질의 물리적 성질을 측정하는 장치, 즉 온도, 압력, 습도, 광도 등과 같은 다양한 물리적 요소를 감지하는 센서
- 수동형 센서 : 어떤 부가적인 에너지원이 필요하지 않으며, 외부 자극에 대해 직접 전기적인 신호로 출력하는 센서
- 능동형 센서 : 감지대상과 별도의 에너지원으로부터 에너지를 공급받아 대상의 반응에 의해 정보를 얻는 방식의 센서, 검출 소자에 전원을 공급해 주어야만 동작 특성을 나타내는 센서

정/답　01 ④　02 ①　03 ②　04 ①

05 다음 중 물리량 센서의 감지 대상에 해당되지 않는 것은?

① 온도　　② 빛/색　　③ 변위/길이　　④ 자기

- 물리량 센서의 감지 대상
  - 온도, 빛/색, 자기, 전류, 자외선/방사선
- 역학량 센서의 감지 대상
  - 변위/길이, 속도/가속도, 회전수/진동, 압력, 힘/토크
- 화학량 센서의 감지 대상
  - 습도, 가스, 이온

06 다음 중 회전수/진동을 측정하는 센서의 종류로 가장 적합하지 않은 것은?

① 엔코더　　② 리졸버
③ 스트로보스코프　　④ 스트레인 게이지

스트레인 게이지는 변위와 길이를 감지하는 센서로 분류되는 역학량 센서이다.

07 다음 중 물리량 센서의 종류에 해당하지 않는 것은?

① 서미스터　　② 포토다이오드
③ 동전형 가속도계　　④ 홀 소자

- 서미스터 : 온도를 감지하는 물리량 센서
- 포토다이오드 : 빛/색을 감지하는 물리량 센서
- 홀소자 : 자기를 감지하는 물리량 센서
- 가속도계 : 속도/가속도를 감지하는 역학량 센서

정/답　　05 ③　06 ④　07 ③

08 다음 중 화학량 센서의 종류로만 나열된 것은?

① 엔코더, 다이어프램, 로드 셀
② 세라믹 센서, 반도체 센서, pH 전극 센서
③ 열전쌍, 광도전, 자기저항 소자
④ 분류기, 콘덴서 변위계, 고분자막 센서

• 감지대상에 따른 센서의 분류

분류 \ 항목	감지대상	센서의 종류
물리량 센서	온도	열전쌍, 서미스터, 온도계
	빛, 색	광도전, 이미지 센서, 포토다이오드
	자기	홀 소자, 자기저항 소자
	자외선, 방사선	조도계, 광량계, GM계수기
	전류	분류기, 변류기
역학량 센서	변위, 길이	차동 트랜스, 스트레인 게이지, 콘덴서 변위계
	속도, 가속도	회전형 속도계, 가속도계(동전형, 압전형)
	회전수, 진동	엔코더, 리졸버, 스트로보스코프, 압전형 검출기
	압력	다이어프램, 로드 셀, 수정 압력계
	힘, 토크	저울, 천칭, 토션바
화학량 센서	습도	세라믹 센서, 결로 센서, 고분자막 센서
	가스	매연 센서, 반도체 가스 센서, 산소 센서
	이온	pH 전극 센서, 이온 선택 전극 센서

09 다음 중 에너지 변화형 센서의 종류로 적합하지 않은 것은?

① 포토레지스터
② 태양광 센서
③ 열전대
④ 포토다이오드 센서

• 에너지 변화에 따른 센서에는 에너지 변화형 센서와 에너지 제어형 센서가 있다.
• 에너지 변화형 센서는 한 형태의 에너지에서 다른 형태의 에너지로 변화하는 것을 감지하여 검출하는 센서이다. 종류로는 빛 에너지를 전기 에너지로 변환하는 광센서에 해당하는 포토다이오드와 태양 전지를 이용한 센서가 있다. 그리고 열 에너지를 전기 에너지로 변환시키는 열전대 센서가 있다.
• 에너지 제어형 센서는 주변 환경의 변화를 감지하고 이것을 전기적 신호로 변환하여 다른 전자 장치나 컴퓨터 프로세서에 정보를 전달하는 역할을 한다. 종류로는 포토레지스터, 서미스터 온도 센서, 황화 카드뮴을 사용한 광센서 등이 있다.

정/답 08 ② 09 ①

10 어떠한 부가적인 에너지원도 필요하지 않으며, 외부 자극에 대해 직접 전기적인 신호로 출력하는 센서는 다음 중 어떤 것인가?

① 서미스터　　　② 피에조 센서　　　③ 레이더　　　④ 포토트랜지스터

- 수동형 센서 : 어떠한 부가적인 에너지원도 필요하지 않으며, 외부 자극에 대해 직접 전기적인 신호로 출력을 감지하는 센서이다. 종류로는 에너지 변환형 센서, 태양전지(Solar Cell), 열전대(Thermocouple), 피에조(Piezo) 센서 등이 있다.
- 능동형 센서 : 감지대상과 별도의 에너지원으로부터 에너지를 공급받아 대상의 반응에 의해 정보를 얻는 방식의 센서이다. 종류로는 레이더, 포토트랜지스터(Photo Transistor), 서미스터(Thermistor), 레이저 센서, 광센서 등이 있다.
- 서미스터 : 온도 변화에 따라 저항이 변하는 센서이다.
- 레이더 : 물체의 위치, 속도, 거리를 감지하기 위해 전자기파를 사용한 센서에 해당한다.
- 포토트랜지스터 : 포토다이오드와 트랜지스터를 조합한 것으로 빛에 민감한 베이스 영역을 갖고 있는 반도체 장치이고 베이스는 빛을 감지하여 전류로 변환하게 된다.
- 피에조 센서 : 압력이나 힘이 가해질 때 전기적 신호를 생성하는 압전소자이다. 이 센서는 압전 소자의 전기 효과를 이용하여 기계적인 압력을 전기 에너지로 변환시켜 위치, 가속도, 진동 등을 감지할 수 있는 센서로 분류된다.

11 다음 중 센서의 검출 면에 접근하는 물체 또는 주위에 존재하는 물체의 유무를 전자계의 에너지를 이용하여 기계적 접촉 없이 검출하는 장치로 가장 적합한 것은?

① 정전 용량형 센서　　② 광전 센서　　③ 에너지 제어형 센서　　④ 유도형 센서

- 정전 용량형 센서 : 물체의 접근이나 접촉을 감지할 때 사용되는 장치이다.
- 광전 센서 : 빛을 매체로 대상물을 검출하는 센서이다.

12 다음 중 모든 전기, 전자 회로를 측정하고 분석하여 이해하는 데 필요한 기본량으로 가장 거리가 먼 것은?

① 전류　　　② 전력　　　③ 전압　　　④ 저항

- 전류, 전압 및 저항의 측정은 모든 전기, 전자 회로를 측정하고 분석하여 이해하는 데 가장 기본이 되는 값이다.
- 전력이란 전압과 전류가 흐르는 곳에서 생성되는 전기 에너지이다.

13 다음 중 전류, 전압, 저항과 다른 전기량을 함께 측정할 수 있는 기구로 적합한 것은?

① 리미트 스위치　　② 광전 스위치　　③ 멀티미터(Multimeter)　　④ 오실로스코프

- 멀티미터(Multimeter) ; 전류, 전압, 저항과 다른 전기량을 함께 측정할 수 있는 기구이다. 멀티미터를 테스터(Tester) 또는 VOM(Volt-Ohm-Milliampere)라고도 한다.
- 오실로스코프 : 파동과 같은 주기적인 변화를 시각적으로 보여주는 장비이다. 전압의 변화를 신호로써 시각적으로 표시해주는 장치에 해당한다.

정/답　　10 ②　11 ④　12 ②　13 ③

14 다음 중 멀티미터(Multimeter) 사용 시 유의사항으로 적합하지 않은 것은?

① 직류를 측정할 때는 플러스(+)와 마이너스(-)를 거꾸로 측정하면 안 된다.
② 고장이 의심되면 내장 퓨즈를 확인한다.
③ 저항, 전압, 전류 측정 시 문제가 있으면 내부의 건전지를 확인한다.
④ 부적절한 레인지로 측정하면 멀티미터의 고장을 초래하므로 측정 전 레인지를 확인한다.

> **멀티미터(Multimeter) 사용 시 유의사항**
> - 직류를 측정할 때는 플러스(+)와 마이너스(-)를 거꾸로 측정하면 안 된다.
> - 고장이 의심되면 내장 퓨즈를 확인한다.
> - 저항 측정에 문제가 있으면 내부의 건전지를 확인한다.
> - 전압이나 전류는 건전지가 없어도 측정 가능하다.
> - 부적절한 레인지로 측정하면 멀티미터의 고장을 초래하므로 측정 전 레인지를 확인한다.
> - 사용하지 않을 때는 OFF 위치로 전환시킨다.
> - OFF 위치가 없는 멀티미터라면 저항 측정 레인지 외에 다른 레인지로 스위칭한 후 보관한다.

15 다음 중 리미트 스위치의 정기 점검 항목에 해당하지 않는 것은?

① 레버, 롤러의 마모, 손상, 덜렁거림 등
② 결선부의 더러움, 손상 등
③ 취부나사의 느슨함
④ 렌즈면의 더러움, 손상 등

> **광전 스위치의 점검**
> - 렌즈면의 더러움, 손상 등을 정기 점검한다.
> - 결선부의 더러움, 손상 등을 정기 점검한다.
> - 취부나사의 느슨함을 정기 점검한다.

16 다음 중 접촉식 센서인 마이크로 스위치의 특징으로 맞는 것은?

① 소형이고 대용량의 전력을 개폐할 수 있다.
② 액추에이터에 따른 기종의 다양성 부족으로 선택 범위가 넓지 못하다.
③ 전자 부품과 같은 고체화 소자에 비해서 수명이 길다.
④ 구조적으로 완전 밀폐가 아니므로 사용 환경에 제한이 없다.

> **마이크로 스위치의 장점**
> - 소형이고 대용량의 전력을 개폐할 수 있음
> - 응차의 움직임이 있으므로 진동, 충격에 강함
> - 기능 대비 경제성 높음
> - 정밀 스냅 액션 기구를 사용하여 반복 정밀도가 높음
> - 액추에이터에 따른 기종이 다양하여 선택 범위가 넓음
>
> **마이크로 스위치의 단점**
> - 금속 접점을 사용하여 접점 바운스나 채터링이 있는 것도 있음
> - 전자 부품과 같은 고체화 소자에 비해서 수명이 짧음
> - 동작, 복귀 시 소음이 남
> - 전자회로와 같은 드라이 서킷 회로에서는 개폐 능력에 한계가 있음
> - 구조적으로 완전 밀폐가 아니므로 사용 환경에 제한이 있음

정/답 14 ③ 15 ④ 16 ①

17 다음 중 비접촉형 센서인 광센서의 특징으로 틀린 것은?

① 색의 판별이 가능하고 수광의 넓이와 굵기를 자유로이 설정하기 쉽다.
② 고정도로 검출하기 어렵다.
③ 렌즈 면의 먼지나 유분에 의한 투광 및 수광이 방해받는다.
④ 대부분의 대상물을 검출할 수 있고 응답시간이 빠르다.

광센서의 특징
- 비접촉식이고 검출거리가 길다.
- 대부분의 대상물을 검출할 수 있고 응답시간이 빠르다.
- 색의 판별이 가능하고 수광의 넓이와 굵기를 자유로이 설정하기 쉽다.
- 고정도로 검출할 수 있다.
- 렌즈 면의 먼지나 유분에 의한 투광 및 수광이 방해받는다.
- 외란 광에 주의하여야 한다. 보통 10만 룩스 정도까지는 문제시되지 않는다.

18 다음 중 오실로스코프로 측정이 불가능한 것은?

① 파형　　② 전압　　③ 임피던스　　④ 주파수

오실로스코프로 측정 가능한 것
- 주기, 주파수, 반복부하, 진폭, 평균 전압, 노이즈

19 다음 중 과도응답 특성을 파악하기 위하여 기본적으로 사용하는 입력신호가 아닌 것은?

① 삼각파 신호　　② 계단 신호　　③ 임펄스 신호　　④ 정현파 신호

제어에 필요한 기본적인 신호들에는 임펄스, 계단, 기울기, 포물선, 정현파가 있다.

20 계측계에서 입력신호인 측정량이 시간적으로 변동할 때, 출력 신호인 계측기 지시 특성을 나타내는 것은 어느 것인가?

① 부특성　　② 정특성　　③ 변환특성　　④ 동특성

- 부특성 : 전압과 전류의 관계를 나타내는 특성의 기울기가 마이너스일 때, 즉 한쪽이 증가하면 다른 쪽이 감소하는 특성
- 정특성 : 트랜지스터에 부하를 접속하지 않고 직접 직류, 전압을 가했을 때의 각 전극의 전압, 전류 사이의 관계를 말한다.
- 변환특성 : 어떤 전극 전압과 다른 전극 전류의 관계

정/답　17 ②　18 ③　19 ①　20 ④

21 다음 중 각도 검출용 센서가 아닌 것은?

① 리졸버   ② 포텐쇼미터   ③ 포지셔너   ④ 로터리 인코더

- 리졸버 : 회전각과 회전속도를 감지
- 포지셔너 : 계기나 기기가 놓여 있는 위치를 표시하는 장치
- 포텐쇼미터 : 회전축이 회전하면 내부의 와이퍼가 저항체 위를 이동하고, 저항값은 회전각에 비례하여 변화하는 특성을 이용한 장치
- 로터리 인코더
  - 인크리멘털식 로터리 인코더 : 축이 일정량의 각도를 회전할 때마다 펄스를 발생하고, 즉, 펄스 수를 셈으로써 축의 각도를 검출할 수 있는 것이다.
  - 앱솔루트식 로터리 인코더 : 몇 가닥의 신호선에 의하여 축의 절대위치를 검출할 수 있다.

22 미지 저항을 측정하기 위한 휘스톤 브리지(Wheat-Stone Bridge) 회로에서 사용하는 측정방법은?

① 편위법   ② 치환법   ③ 영위법   ④ 보상법

- 휘스톤 브리지 회로 : 브릿지 회로의 한 종류로 4개의 저항이 사각형의 형태를 이루며, 대각선을 연결하는 브릿지로 저항이나 전압계, 검류계를 사용한다. 일반적으로 알려지지 않은 저항값을 측정하기 위해 사용한다.
- 편위법 : 측정량을 그것과 비례한 지시의 변화량으로 바꾸어 그 변화량으로 측정량을 재는 측정법
- 영위법 : 여러 가지 크기의 측정기준량을 갖추고, 그 어느 것과 측정량의 크기가 일치하도록 기준의 크기를 조정하면서 양자가 일치한 것을 검지하여 그때의 기준의 크기에서 측정값을 구하는 방법
- 치환법 : 미지의 값을 측정하는 방법의 하나로, 측정 대상물과 표준기를 바꾸어 넣어 그 차 또는 비율을 측정하여 미지의 값을 구하는 방법
- 보상법 : 측정량에서 측정하기 전에 이미 알고 있는 양을 빼고 그 차를 측정하여 측정량을 재는 방법

23 다음 중 자계의 방향이나 강도를 측정할 수 있는 자기 센서는?

① 포토 다이오드   ② 홀 센서   ③ 서미스터   ④ 서모파일

- 포토 다이오드 : 빛에너지를 전기에너지로 변환하는 다이오드
- 서미스터 : 온도가 올라감에 따라 전기 저항이 낮아지는 원리를 이용하여 온도를 재는 반도체
- 서모파일 : 몇 개의 열전 접합에서 생성된 기전력을 이용하여 흡수된 방사에 의해 생성된 가열 효과를 측정하는 광학 방사의 열 검출기
- 홀 센서 : 전류가 흐르는 도체에 자기장을 걸어 주면 전류와 자기장에 수직 방향으로 전압이 발생하는 홀 효과를 이용하여 자기장의 방향과 크기를 알아낸다. 이때 발생된 전압은 전류차가 발생하는 효과를 이용하는 센서

정/답   21 ③   22 ③   23 ②

24 비교 측정의 특징 중 틀린 것은?

① 치수계산이 생략된다.
② 자동화가 가능하다.
③ 측정범위가 넓고 직접 제품의 치수를 읽을 수 있다.
④ 많은 양의 높은 정도를 비교적 용이하게 측정할 수 있다.

직접 측정의 특징 : 측정범위가 넓고 직접 제품의 치수를 읽을 수 있다.

25 측정의 방식 중 편위법에 대해 올바르게 설명한 것은?

① 측정하려고 하는 양의 작용에 의하여 계측기의 지침에 편위를 일으켜 이 편위를 눈금과 비교함으로써 측정을 행하는 방식이다.
② 계측기의 지시가 0 위치를 나타낼 때의 기준량의 크기로부터 측정량의 크기를 간접으로 아는 방식이다.
③ 지시량을 미리 알고 있는 양으로부터 측정량을 아는 방식이다.
④ 분등과 측정량의 차이로부터 측정량을 알아내는 방식이다.

26 측정방법의 종류가 아닌 것은?

① 영위법　　　② 보상법　　　③ 치환법　　　④ 상각법

27 다음 중 직접 측정의 장점이 아닌 것은?

① 측정범위가 다른 측정방법보다 넓다.
② 피측정물의 실제치수를 직접 읽을 수 있다.
③ 양이 적고, 종류가 많은 제품을 측정하기에 적합하다.
④ 조작이 간단하고, 경험을 필요로 하지 않는다.

28 물체의 위치, 방위, 자세 등의 기계적 변위를 제어량으로 해서 목표값의 임의의 변화에 추종하도록 구성된 제어계로 맞는 것은?

① 프로세스 제어　　② 서보기구　　③ 자동 조정　　④ 정치 제어

- 서보기구 : 기계적 위치, 방향, 자세 등의 제어량을 활용하는 제어계
- 자동 조정 : 속도, 회전력, 전압, 주파수
- 공정 제어 : 온도, 압력, 유량, 농도, 비중
- 프로세스 제어 : 공정 제어

정/답　24 ③　25 ①　26 ④　27 ④　28 ②

29 제어용 각종 기기 중에서 주 회로의 단락사고 등에 의한 과전류로부터 회로를 보호하는 장치로 사용되는 것은?

① 카운터　　　② 타이머　　　③ 배선용 차단　　　④ 릴레이

- 카운터 : 클럭 펄스의 수를 카운트하는 소자, 일종의 논리회로이다.
  - 클럭신호 : 논리상태 1과 0이 주기적으로 나타나는 수형파 신호
  - 펄스 : 파동이나 주기적으로 반복되는 현상에서 발생하는 구형파, 임펄스, 가우스 형태의 신호이다.
- 타이머 : 일련의 사건이나 프로세스를 제어하거나 측정하는 데 사용된다.
- 릴레이 : 입력 전류의 유무 또는 방향에 따라 다른 회로를 여닫는 장치

30 아날로그 신호를 디지털 신호로 변환하는 장치는?

① CPU　　　② ROM　　　③ RAM　　　④ A/D 변환기

- 아날로그 신호를 디지털 신호로 변환하는 역할을 하는 장치가 A/D 변환기(Analog-to-Digital Converter, ADC)
- CPU : 중앙처리장치(Central Processing Unit)로, 컴퓨터에서 연산 및 제어 역할을 수행
- ROM : 읽기 전용 메모리(Read-Only Memory)로, 데이터 저장 역할
- RAM : 임시 저장장치(Random Access Memory)로, 연산 과정에서 데이터를 저장하고 처리하는 역할

31 물체의 위치, 각도, 자세 등의 변위를 제어하는 것은?

① 세보제어　　　② 자동조정　　　③ 추종제어　　　④ 프로그램제어

- 서보제어(Servo Control) : 물체의 위치, 각도, 자세 등의 변위를 정밀하게 제어하는 방식.
- 추종제어 (Follow-Up Control) : 목표 신호(예 : 움직이는 목표물)를 따라가도록 하는 제어 방식으로, 서보제어와 유사하지만 주로 이동하는 목표를 따라가는 용도로 사용된다.

32 다음 중 광전 센서의 일반적인 특징이 아닌 것은?

① 비접촉식으로 물체를 검출한다.　　　② 검출물체의 대상이 넓다.
③ 응답속도가 느리다.　　　　　　　　④ 검출거리가 길다.

- 광전 센서(Photonic Sensor)는 빛을 이용하여 물체를 감지하는 센서로, 일반적으로 비접촉식, 빠른 응답속도, 다양한 물체 감지, 긴 검출 거리 등의 특징이 있다.

정/답　29 ③　30 ④　31 ①　32 ③

모터제어

Industrial Engineer Automatic Equipment

01 모터의 구조와 특성

1 모터의 구조

(1) 전동기(Motor)의 종류

전원으로부터 전력을 입력받아 도체가 축을 중심으로 회전 운동을 하는 기기를 전동기라 한다. 전동기는 전기에너지의 종류에 따라 교류 전동기, 직류 전동기, 특수 전동기 등으로 구분되며, 특수 전동기는 서보 전동기와 스태핑 전동기로 분류된다.

2 서보 모터

(1) 서보 모터의 종류

그림 5-1 서보 모터의 종류

서보 모터는 직류 서보 모터와 교류 서보 모터로 구분되고, 특히 교류 서보 모터를 브러시리스 서보 모터라고 한다. 동기형(SM형)과 유도형(IM형)이 있다.

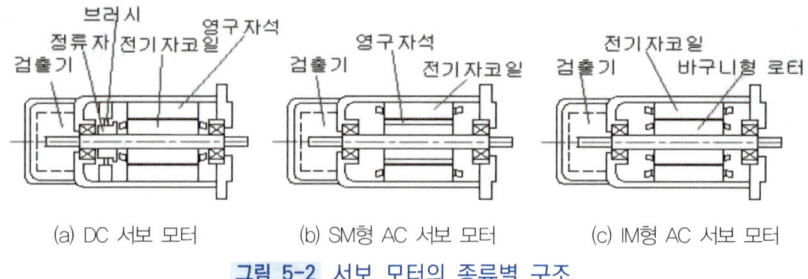

그림 5-2 서보 모터의 종류별 구조

모터 제어에 있어서 제어를 하여 얻고자 하는 요소에 따른 분류에는 다음 3가지가 있다.

① 토크제어 : 서보 모터의 일정한 회전력, 반발력을 갖도록 제어
② 속도제어 : 서보 모터를 일정한 회전력으로 일정 속도를 유지하도록 제어
③ 위치제어 : 원하는 회전수와 위치에 정확한 정지를 위한 제어

(2) 직류 서보 모터(DC Serve Motor)

① DC 서보 모터의 구조

그림에서 보는 바와 같이 고정자측 구성은 기계적 지지를 목적으로 하는 원통형의 프레임과 프레임 내경에는 자석이 부착되어 있다. 회전자측 구성은 샤프트와 샤프트 외경에 정류자 및 회전자 철심이 부착되어 있고, 회전자 철심 내에 전기자 권선(Coil)이 감겨져 있다. 전기자 권선에 정류자를 통하여 전류를 공급하는 브러시(Brush) 및 브러시(Brush Holder) 홀더가 부착되어 있다.

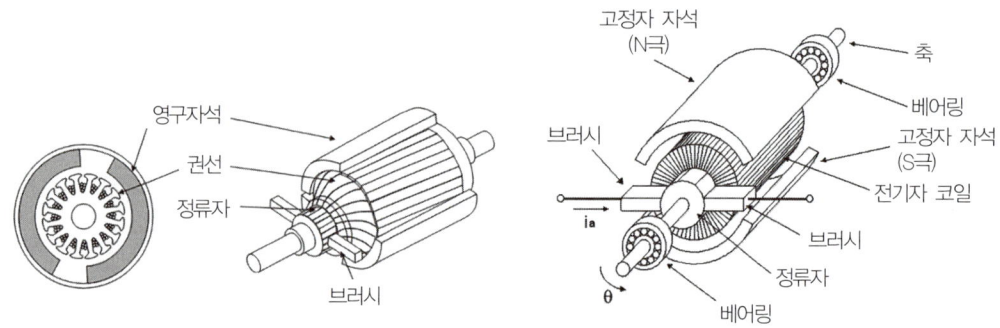

그림 5-3 DC 서보 모터의 구조

Bracket과 Flange에는 Bal Bearing이 있어서 회전자를 받쳐주고 있다. Bracket 뒤쪽에는 회전속도신호를 검출하는 검출기가 회전자와 연결되어 있는데 광학식 인코더 혹은 타코 제너레이터를 많이 사용한다.

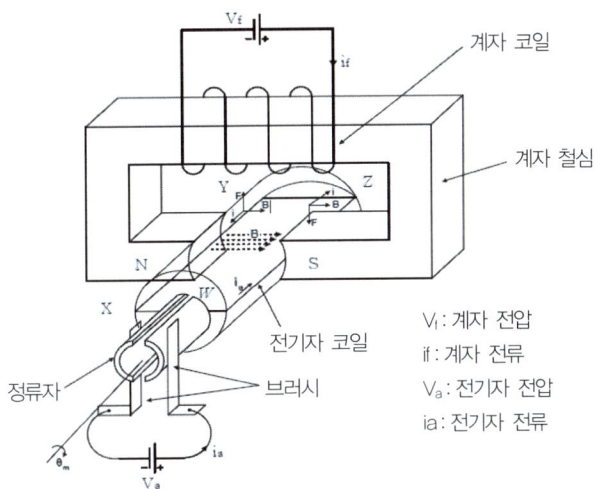

그림 5-4 DC 서보 모터의 구동원리

② DC 서보 모터의 구동방식

트랜지스터에 의한 펄스폭 변조방식이 주로 사용되며 이와 같은 방식은 주파수 전원을 정류하여 직류를 얻어 이 직류 전원이 모터에 인가되는 시간폭을 주파수의 반송파에 의해 변화되어 가변 전압을 만들어 모터의 속도 제어를 행한다. 이런 방식의 제어는 응답성이 좋고 부하 마찰 토크가 국부적으로 변화하므로 다관절 로봇과 같이 자세에 의한 모터축 환산부하 관성이 크게 변하는 계에서도 충분히 안정된 제어를 행할 수 있다.

(3) 교류 서보 모터(AC Serve Motor)

① AC 서보 모터의 구조와 원리

DC 서보 모터와 AC 서보 모터는 그림과 같이 고정자와 회전자의 구조가 서로 반대로 되어 있다. DC 서보 모터는 계자 권선이 회전자에 있고 AC 서보 모터는 고정자에 있다. 이렇게 대조적인 구조를 가지고 있으며 제어의 특성이 DC 서보 모터의 제어특성과 같이 선형적으로 제어할 수 있다고 하여 브러시 없는 DC 서보 모터라고도 부르고 있다.

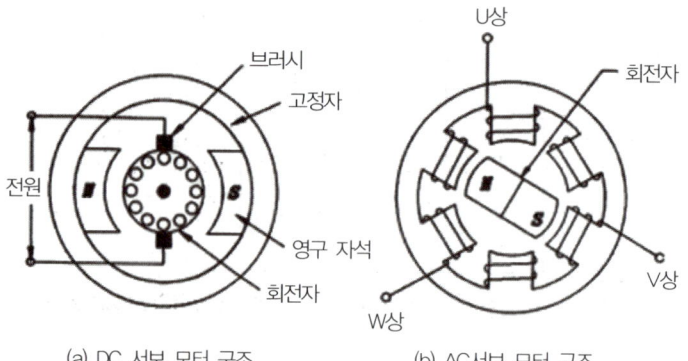

(a) DC 서보 모터 구조　　　　(b) AC서보 모터 구조

그림 5-5 DC 서보 모터와 AC 서보 모터의 기본 구조

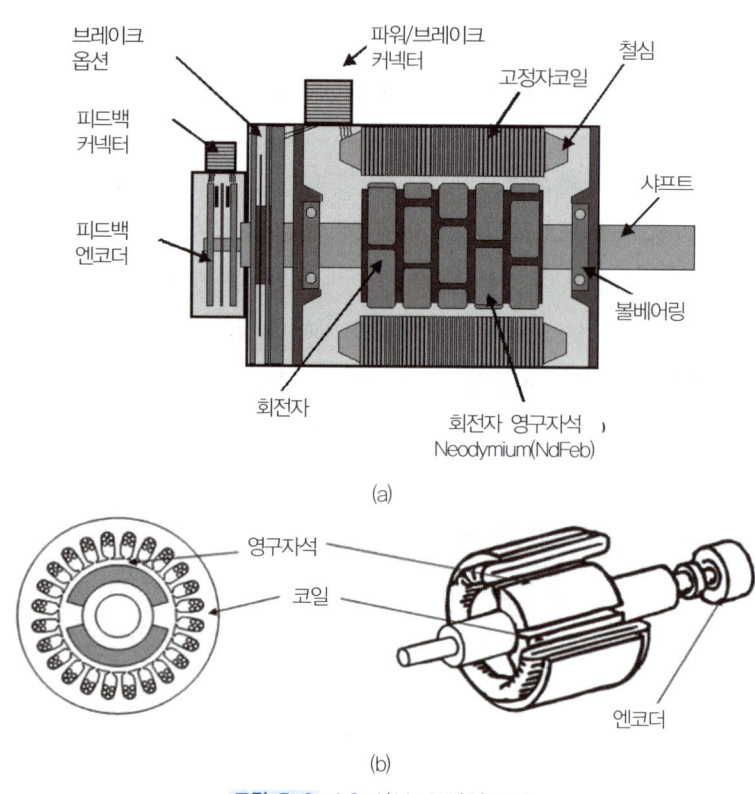

그림 5-6 AC 서보 모터의 구조

② 동기형 AC 서보 모터(SM형; Synchronous Type AC Servo Motor)

고정자측 구성은 기계적 지지를 목적으로 하는 원통형의 프레임과 프레임 내경에 원통형의 고정자 코어(Stator Core)가 있고 코어에 전기자 권선이 감겨져 있다. 권선 끝단에는 리드선이 나와 있어서 이 리드선으로부터 전류 및 전압이 공급된다. 회전자측 구성은 샤프트와 샤프트 외경에 자석이 부착되어 있다. 양쪽 브라켓 및 플랜지에는 볼 베어링이 부착되어 있다.

동기형 AC 서보 모터는 DC 서보 모터와 반대로 자석이 회전자에 부착되어 있고 전기자 권선은 고정자측에 감겨져 있다. 따라서 정류자나 커뮤니케이터 없이도 외부로부터 직접 전원을 공급받을 수 있는 구조이기 때문에 브러시리스 DC 서보 모터라고도 한다.

동기기형 AC 서보 모터도 DC 서보 모터와 마찬가지로 광학식 인코더나 리졸버를 회전속도 검출기로 사용한다. 동기형 AC 서보 모터는 회전자에 자석, 즉 페라이트 자석 혹은 희토류(Rare Earth) 자석을 사용하여 계자 역할을 한다.

동기기형 AC 서보 모터는 전기자 잔류와 토크의 관계가 선형이므로 제동이 용이하고 비상 정지시에 다이나믹 브레이크가 작동한다. 그러나 회전자에 영구자석을 사용하는 구조이므로 복잡하고 제어시 회전자 위치를 검출해야 할 필요가 있다. 또한 드라이브로부터의 전기자 전류에는 고주파 성분이 포함되어 있어서 토크리플(Torque Ripple) 및 진동의 원인이 되는 경우가 있다.

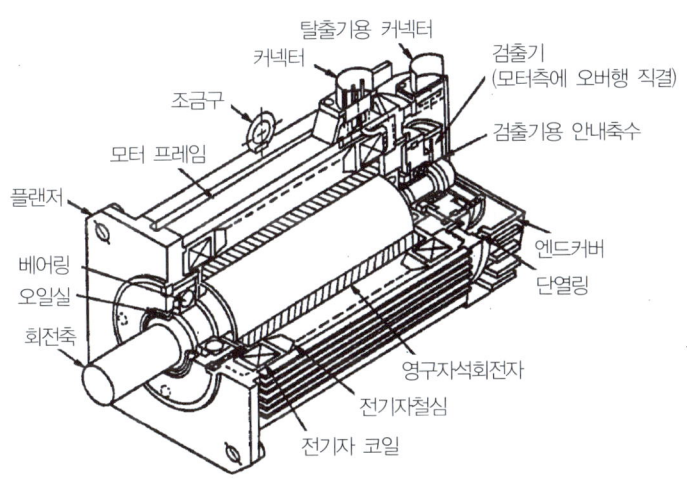

그림 5-7 SM형 AC 서보 모터의 구조 단면

③ 유도형 AC 서보 모터(IM형 서보 모터; Induction Type AC Servo Motor)

유도형 AC 서보 모터의 구조는 일반 유도기(Induction Motor)의 구조와 똑같다. 즉, 고정자측은 프레임, 고정자 코어, 전기자 권선, 리드선으로 구성되어 있고, 회전자는 샤프트, 회전자 코어, 그리고 코어 외경에 도전체(Conductor)가 조립되어 있다. 컨덕터는 코어 외경에 축 방향으로 경사지게 많은 슬롯이 나 있는데 링 형상의 코어 양단면과 슬롯에는 순도 높은 알루미늄 봉이 차 있어서 바구니 모양과 비슷하다.

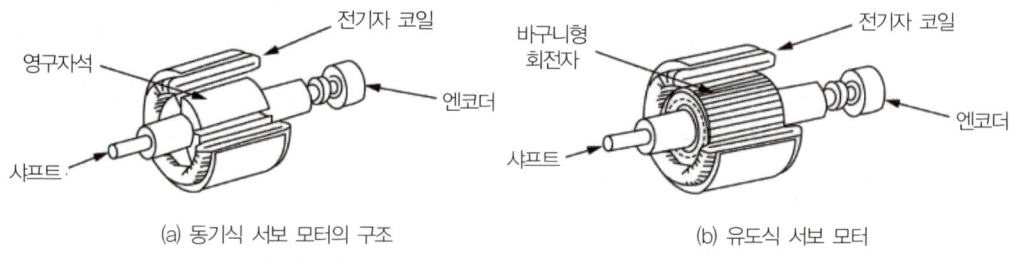

(a) 동기식 서보 모터의 구조   (b) 유도식 서보 모터

그림 5-8 동기식과 유도식 AC 서보 모터의 구조

유도기의 경우 회전자와 고정자의 상대적인 위치 검출 센서가 필요치 않다. 유도형은 회전자 구조가 간단하고 검출기도 특수한 것이 필요 없다. 그러나 정지시에도 여자전류를 계속 흘려야 하므로 이것에 의한 발열 손실과 비상정지시에 DC 서보 모터와 같이 전기자 권선을 단락하여 다이나믹 브레이크를 걸어주는 것이 불가능한 것 등의 결점이 있다.

(4) AC 서보 모터와 DC 서보 모터의 차이점

DC 서보 모터는 1985년 이전에 주로 사용되어 왔고, 정류자에 의한 소음 및 분진 발생의 문제점과 브러시 마모에 따른 유지보수의 문제점으로 인하여 브러시가 없는 형식의 AC 서보 모터로 1985년 이후 급격히 대체되었다.

3 스테핑 모터

(1) 스테핑 모터의 개요

스테핑 모터란 모터의 각 상 단자에 DC 전압(또는 전류)을 스위칭(switching)방식으로 입력시켜 주어 여기서 발생하는 펄스 수에 따라 일정한 각도(step 각, 미소회전각)의 회전을 하게 되는 디지털 펄스 제어방식의 모터이다. 이 모터이 최대 특징은 펄스 전력에 대응하여 회전한다는 것이다. 게다가 입력 펄스 수에 비례하여 회전각이 변위되고 또 입력 주파수에 비례하여 회전 속도가 변화하기 때문에 피드백 없이 모터의 동작을 제어할 수 있다. 이러한 이점을 가진 스테핑 모터는 피드백 제어가 필요 없는 위치결정 제어의 구동원으로 폭넓게 사용되고 있다.

(2) 스테핑 모터의 구조

스텝핑 모터에는 하이브리드(HB)형, 영구자석(PM)형, 리럭턴트(VR)형의 3가지가 있다. HB형 스텝핑 모터의 구조는 다음 그림과 같다. 그림과 같이 로터 중심부의 길이 방향으로 자화된 원통형의 영구자석이 있고 이것을 전후에서 까우듯이 다수의 작은 기어를 가진 연자성체

(대부분의 경우 성층 규소강판)가 반 피치 위상지연의 상태에서 배치되어 있다. 스테이터에 대해서는 여자용 코일의 갯수가 짝수로 철심에 감겨있다.

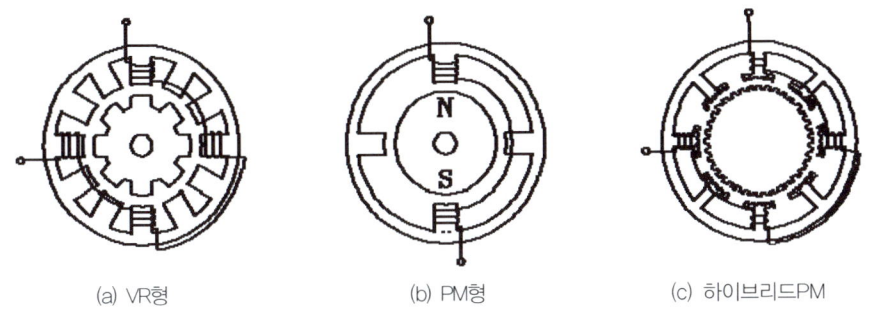

(a) VR형   (b) PM형   (c) 하이브리드PM

그림 5-9   스테핑 모터의 각종 구조

HB형 스텝핑 모터는 중심부의 자석 효과만을 보면 PM형 모터이며, 자석이 없는 연자성체만을 보면 VR형 모터가 된다.

(3) 서보 모터와 스테핑 모터의 차이점

서보 모터는 센서를 이용하여 피드백 제어를 함으로써 지령에 대하여 고속, 고정밀로 추종하는 특징을 갖는 것에 반하여, 스테핑 모터는 위치를 펄스 단위로 분해하여 지령펄스 만큼 위치를 이동하지만, 위치센서가 없어서 탈조가 발생할 경우 위치가 틀어지는 문제점을 갖고 있다. 이를 보완하기 위하여 최근에는 위치센서를 부착하여 피드백 제어를 하는데, 엄밀히 말하면 이 경우는 스테핑 서보 모터라 할 수 있다.

스테핑 모터는 펄스 단위로 위치이동을 함에 따라 제어회로가 간단하여 가격이 싼 장점이 있으나, 진동 및 소음이 심하고, 대출력이 어려워 소형 제어 시스템에서 주로 이용된다.

4 모터 선정 시 고려사항과 모터의 특성

(1) 모터 선정 시 고려 사항

모터 선정 시 전동력을 합리적으로 이용하기 위해서는 다음과 같은 사항을 고려한다.

① 속도 특성과 부하 토크에 적합한지를 고려할 것
② 운전 형식에 알맞은 정격 및 냉각 방식을 고려할 것
③ 사용 장소의 상황에 적합한 보호 방식인지 고려할 것
④ 고장이 적고 신뢰도가 높으며, 운전비가 저렴한지 고려할 것

⑤ 가급적 정격 출력인 기기를 고려할 것
⑥ 용도에 알맞은 기계적 형식의 것을 고려할 것

(2) 서보 모터의 특성

서보 모터에서는 급가감속을 행하기 위해, 최대 토크는 정격 토크에 대하여 수배로 크게 하지 않으면 안 되는데, DC 서보 모터에 있어서는 가감속 영역이라 불리는 정류한계가 있고, 이것을 넘어서 사용하면 정류자 불꽃이 갑자기 광대해지는 Flash over 현상이 나타난다. 더구나 이 정류한계는 회전속도가 커지면 현저하게 저하한다.

AC 서보 모터에 있어서는 정류한계가 존재하지 않기 때문에 고속 회전 영역까지 최대 토크를 저감하지 않고 운전할 수 있다. 또한 영구자석이 회전축 상에 설치되어 있기 때문에 회전자에서는 발열이 없고 모터의 발열은 고정자측의 전기자에서만 발생한다. 고정자측의 전기자에서 발생한 열은 프레임을 통하여 대기 중에 발산하므로, 발열부가 회전자에 있는 DC 서보 모터에 비하여 냉각이 용이하다. 또한, 발열부의 온도검출이 직접 가능하기 때문에 과부하에 대한 보호 조치를 확실하게 취할 수 있다.

(3) 스테핑 모터의 특성

스테핑 모터의 특성에는 정특성, 동특성, 과도응답 특성의 3가지로 설명할 수 있는데 이 중에서 동특성은 모터를 구동하면서 발생하는 특성이다.

① 스테핑 모터의 동특성

토크 특성은 모터 자신, 구동회로 및 여자방식에 따라 크게 변화한다. 그러나 원칙적으로 속도가 높아질수록 모터의 토크는 떨어지게 된다. 그 이유는 모터의 코일에 흐르는 전류가 고속이 될수록 완전히 상승되지 못하기 때문이다. 또, 스테핑 모터의 코일은 정지시에 가장 많은 전류가 흐르며, 이때의 토크가 가장 크고 이것이 최대정지 토크로 된다.

스테핑 모터를 사용하게 되면 모터가 출력할 수 있는 최고 속도는 결국 최대 응답주파수를 넘지 못하는 것이다. 좀 더 속도를 증가시킬 수 있는 방법은 기동물체의 무게를 감소시키는 것이다. 이러한 이유에서 가능하면 가볍게 기동물체(로봇)를 제작한다. 고속이 될수록 모터의 토크는 떨어진다. 그 이유는 모터의 코일에 직류전류를 흘리기 때문이다.

모터가 무부하시에 모터의 회전이 입력 펄스수와 완전히 1 : 1로 대응해서 기동할 수 있는 속도를 최대 자기동 주파수라고 한다. 또, 압력 신호에 추종해서 기동, 정지, 역전, 가속, 감속 등이 행해지는 영역을 자기동영역이라고 하며, 이 영역에서의 속도와 최대 토크 특성과를 스타팅 특성이라고 한다.

즉, 이 자기동 영역 안에서 모터를 스타트시키면 입력 펄스수와 완전히 1 : 1로 대응한 제어를 할 수 있다.

스테핑 모터는 이 자기동 영역의 범위 안에서 기동시키면 그 뒤에 서서히 입력 펄스를 증가시킬 수 있다. 그리고 입력펄스의 주파수를 증가시키면서 입력펄스수와 완전히 1 : 1로 대응할 수 있는 영역이 정상영역이고, 이때의 속도와 최대 토크 특성을 정상 회전 특성이라고 한다.

따라서, 스테핑 모터의 성능을 최대한 사용하려면 우선 자기동 영역 안에서 기동하고, 그 뒤는 서서히 주파수를 올려 슬루영역을 잘 활용해야 한다. 이것을 가감속(throw up/throw down) 제어라고 한다.

② 스테핑 모터의 정특성

스테핑 모터의 가장 기본적인 특성의 하나로 정특성이라는 것이 있다. 이것은 각도-정토크 특성이라고도 한다. 모터를 정격의 직류 전압으로 여자하고 모터의 출력축에 외력을 가했을 때에 출력축에 발생하는 토크를 나타내고 있다.

③ 스테핑 모터의 과도응답 특성

스테핑 모터의 과도응답 특성은 모터의 1개의 펄스를 입력했을 때 모터가 움직임을 나타내는 특성이다. 스테핑 모터는 1개의 펄스를 입력하면 회전자가 1스텝 회전 후 정확히 정지해 있는 것이 아니라 약간의 진동을 하면서 정지하게 된다. 물론 사람의 눈으로는 보이지 않지만 이 아주 작은 흔들림이 굉장히 빠른 모터를 만들기 어렵게 한다. 또한 관성이 커지면 1스텝 이동 후 안정하게 정지하기까지 더 많은 시간이 걸린다는 것을 알 수 있다.

스테핑 모터의 과도 특성 오차는 다음과 같다.

- 각도 정밀도(Step Angle Accuracy) : 스테핑 모터의 회전각도의 정확도를 나타내는 것
- 정지각도 오차(Positional Accuracy) : 2상 여자(Full-step Driving)로 모터를 360° 회전시켰을 때의 최대각도 오차. 이는 360° 회전시 각 스텝마다의 오차중 (+)최대치와 (-)최대치의 1/2값을 말한다.
- 히스테리시스 오차(hysteresis error) : 모터를 정방향(CW)으로 회전시켰을 때 정지한 위치와 역방향(CCW)으로 회전시켰을 때 정지한 위치는 약간 다르며 이때의 위치 차이를 말한다.

02 모터의 특징

1 소형 정밀제어모터의 특성 비교

| 표 5-1 | 각종 소형 정밀제어모터의 특성 비교

항목	DC 모터	AC 모터	브러시리스 모터	릴럭턴스 모터
제조 가격	높음	낮음	보통	최저가
유지 보수	필요	불필요	불필요	불필요
신뢰성	낮음	높음	높음	높음
수명	짧음	반영구	반영구	영구적
모터 크기	큼	보통	소형	소형
출력 밀도	적음	보통	큼	큼
발전 가능	희박	희박	높음	높음
시장 추세	축소	하락	확대	확대

2 회전형 서보 모터의 특징

| 표 5-2 | 회전형 서보 모터의 특징

특징 \ 종류	스테핑 모터	DC 서보 모터	동기형 AC 서보 모터	유도형 AC 서보 모터
구조	복잡	복잡	간단	간단
브러시	없음	있음	없음	없음
제어성	간단	간단	약간 복잡	약간 복잡
출력	소출력	수W~수kW 소~대 출력 (고속 대출력 불가능)	수십 W~수 kW 소~중 출력	수백 이상 중~대출력 (소용량에서 효율이 나쁨)
고속회전	저속	비교적 고속 (적합치 않음)	고속 (적용 가능)	고속 (최적)
보수성	양호	불량	양호	양호

* 동기형 AC 서보 모터 = Brushless DC 모터
* 변천과정 : DC 서보 모터 → AC 서보 모터

3 DC 서보 모터와 AC 서보 모터의 비교

| 표 5-3 | DC 서보 모터와 AC 서보 모터의 특징 비교

DC 서보 모터	AC 서보 모터
브러시 모터(Brushed Motor)	브러시리스 모터(Brushless Motor)
제어구조가 간단하고 쉽다.	제어구조가 복잡하고 어렵다.
단상으로 제어한다.	3상으로 제어한다.
회전 전기자형	회전 자계형
회전자가 권선으로 방열 나쁘다.	고정자가 권선으로 방열이 쉽다.
브러시의 유지 보수가 필요하다.	브러시의 유지 보수가 필요 없다.
기계적 구조로 최대 속도가 낮다.	전기적 구조로 최대 속도가 높다.
정격용량을 크게 하기 어렵다.	정격용량을 크게하기 어렵다.

| 표 5-4 | 동기형·유도형 AC 서보 모터와 DC 서보 모터 비교

	AC 서보 모터		DC 서보 모터
	동기 모터형	유도 모터형	
장점	① 브러시리스로서 보수가 용이하다. ② 내환경성이 용이하다. ③ 정류한계가 없다. ④ 고 신뢰성이 크다. ⑤ 고속, 고토크 이용이 가능하다. ⑥ 보통형 구조는 고정자 산에 권선이 있으므로 방열성이 유리하다. ※ 정류한계 : 정류 과정에서 발생할 수 있는 전기적 문제로 인해 모터 성능이 제한되는 상태	① 브러시리스로서 보수가 용이하다. ② 내환경성이 용이하다. ③ 정류한계가 없다. ④ 영구자석을 사용하지 않는다. ⑤ 고속, 고토크 이용이 가능하다. ⑥ 고속회전 운전에 적합하다. ⑦ 보통형 구조는 고정자 산에 권선이 있으므로 방열성이 유리하다. ⑧ 회전자 구조가 균형되어 취급이 용이하다. ⑨ 회전을 위한 검출기가 불필요하다.	① 기동 토크가 크다. ② 브러시 소형, 대토크 ③ 효율이 높다. ④ 제어성이 양호하다. ⑤ 속도제어 범위가 넓다. ⑥ 비교적 적정한 가격이다.
단점	① 시스템이 복잡하고 가격이 비싸다. ② 전기적 시정수가 크다. ③ 회전을 위한 검출기가 필요하다. ④ 출력 2~3kW가 현재 최대 ※ 시정수 : 전기나 전자 회로 따위에서 입력의 변화에 따라 출력 응답이 나타나는데 걸리는 시간	① 시스템이 복잡하고 가격이 비싸다. ② 전기적 시정수가 크다. ③ 출력 2~3kW 이하 ④ 현재의 실용 예가 적다.	① 브러시 마모의 기계적 손실이 크다. ② 브러시 수명에 의한 보수가 필요하다. ③ 접촉부(브러시) 신뢰성이 적다. ④ 라디오 잡음 ⑤ 브러시 소음 ⑥ 정류한계 속도 있음 ⑦ 전류한계 전류 있음 ⑧ 진동에 의한 브러시의 진동이 있다. ⑨ 사용한계의 제한이 있다.

4 스테핑 모터의 특징

(1) 장점

① 모터의 총 회전각은 입력펄스 신호의 총 수에 정확히 비례한다.
② 1스텝당의 각도오차가 5% 이내로 작고 오차는 누적되지 않는다.
③ 기동, 정지 및 정·역회전이 쉽고 응답성이 양호하므로 서보 모터로써 사용이 가능하다.
④ 디지털 신호 등의 펄스 입력에 개루프제어(Open-loop-control)가 가능하기 때문에 제어 구조가 간단하고 가격이 상대적으로 저렴하다.
⑤ 모터 축에 부하를 직결한 상태에서 초저속 동기 운전이 가능하다.
⑥ 브레이크 등을 사용하지 않아도 정지 위치 제어가 가능하다. 즉, 정지시에도 유지토크(holding torque)를 갖는다.
⑦ 모터의 속도는 펄스 신호의 입력 주파수에 비례하여 회전속도가 가변하고 저속부터 고속 회전까지 광범위한 속도제어가 가능하다.
⑧ DC 모터 등과 같이 브러시 교환 같은 보수가 필요치 않아 신뢰성이 높고 수명이 길다.

(2) 단점

① 모터 구동을 위한 별도의 제어회로가 필요하다.
② 어느 주파수에서는 진동 및 공진이 발생할 수 있으므로 가속 또는 감속의 제어를 필요로 한다.
③ 고속 운전 시에 탈조하기 쉽다. 따라서 최대 속도에 한계가 있다.
④ 부하 관성 모멘트의 영향을 받기 쉽다.
⑤ 구동시 권선의 인덕턴스 영향으로 권선에 충분한 전류를 흘리게 할 수 없으므로 펄스비가 높아짐에 따라 토크가 저하한다.
⑥ DC 모터에 비해 효율이 떨어진다.
⑦ 회전이 진동적이어서 진동 및 소음 레벨이 높아지는 경향이 있다.

03 제어회로 구성

1 모터 제어기

모터 제어기란 모터의 시작, 정지, 속도, 회전 방향, 토크 등을 제어하는 장치라 할 수 있다.

(1) 배선용 차단기(MCCB : Molded-case circuit breaker)

① 전기 회로를 과전류로부터 보호하기 위해 설계된 전기 안전 장치
  ㉠ 기본 기능은 장비를 보호하고 화재를 예방하기 위해 전류 흐름을 차단하는 것이다.
  ㉡ 저압 배선의 보호를 목적으로 한다.
  ㉢ 시동과 정지가 적은 특정 용도의 전동기의 조작 및 보호용으로 사용된다.

② 구조
  ㉠ 개폐기구 : 전로를 수동 또는 외부 전기 조작으로 개폐 가능
  ㉡ 과전류 트립장치 : 과전류나 단락이 발생했을 때 자동으로 전로를 차단
  ㉢ 소호장치 : 차단기를 보호
  ㉣ 접점 및 단자 : 전기적 연결
  ㉤ 몰드케이스 : 내부 구성 요소를 보호하는 외부 케이스

③ 원리

차단기는 고정 접점과 이동 접점으로 구성되어 있다. 정상적인 상태에서 이 접점들은 서로 닿아 전류를 통전시키지만, 전류가 설계 한계를 초과하면 차단기는 전기 회로를 끊어 전류의 흐름을 차단하여 전기 설비를 보호한다. 이러한 기본 원리를 트립(Trip)이라 한다. 트립은 방식에 따라 완전전자식, 열동전자식, 전자식 등 3가지가 있다.

④ 특징
  ㉠ 각 극을 동시에 차단하여 결상의 우려가 없다.
  ㉡ 개폐기구 및 트립 장치가 절연물 케이스에 내장되어 있어 안전하게 사용할 수 있다.
  ㉢ 과부하 및 단락사고 차단 후 재투입이 가능하다.
  ㉣ 소형이면서 큰 전류 용량이며 큰 차단 용량을 가진다.

> 모터 제어기의 개폐기는 전기 모터의 전원을 켜고 끄는 데 사용되는 장치이다. 이것은 모터의 작동을 제어하고, 필요에 따라 전류를 차단하여 모터를 보호하는 역할을 한다.

(2) 전자 접촉기(Magnetic Switch)

전동기나 저항부하의 개폐에 널리 사용되는 것으로 전자 릴레이처럼 내부에 있는 전자코일에 의해서 접점의 개폐가 이루어진다. 일종의 스위치 역할을 하는 것인데 전자석에 전류를 통하여 접촉자를 갖다 붙여 접점을 닫게 하는 장치로 전자석의 원리를 이용한 것이다.

① 구조
   ㉠ 케이스 : 합성수지로 제작
   ㉡ 전자 코일 : 전류를 흐르게 하여 플런저를 전자석으로 만드는 역할
   ㉢ 플런저 : 전자 코일에 의해 형성된 자력으로 가동철편을 움직여 주접점과 보조접점을 가동
   ㉣ 주접점 : 주회로의 전류를 개폐하는 부분으로 고정 접점과 가동 접점을 조합한 형태
   ㉤ 보조 접점 : 자기유지나 인터록 접점, 동작신호 전송용 등의 제어회로 전류를 개폐하는 접점
   ㉥ 접점 스프링 : 가동 접점을 누름으로써 고정 접점과의 접촉압력을 얻는 역할
   ㉦ 복귀 스프링 : 전자 코일에 전류가 차단되었을 때 고정 접점에 흡착되어 있는 가동 접점을 초기 상태로 되돌리는 역할

> **A접점** : Normal Open(NO) 단자-평소 연결되어 있지 않은 상태에 있다가 스위치가 동작하면 연결
> **B접점** : Normal Close(NC) 단자-평소 연결되어 있다가 스위치가 동작하면 끊어짐
> 평소에 안 붙어 있다가 스위치를 누르면 연결되는 것이 A접점, 반대로 평소에 붙어 있다가 스위치를 누르면 떨어지는 것이 B접점, A접점과 B접점을 번갈아 사용할 수 있는 것이 C접점이다.

② 원리

코일에 전류가 흐를 때 생성되는 전자기력을 사용하여 접촉을 닫거나 열어 회로를 제어하는 것으로 대전력을 원격으로 제어할 수 있다. 전기회로를 자동으로 연결하거나 끊는 장치이다.

③ 특징
   ㉠ 코일에 전류가 흐르면 자기장을 생성하여 회로를 닫는다.
   ㉡ 이동 접점과 고정 접점을 사용해 코일에 의해 당겨져 회로를 닫거나 열게 한다.
   ㉢ 보조 접점은 추가 기능을 위해 사용된다.
   ㉣ 프레임 또는 인클로저에 의해 접점과 전자석을 보호한다.
   ㉤ 산업용 및 상업용 전기 시스템에서 주로 사용한다.

> **인클로저**
> 먼지, 물, 극한의 온도와 같은 다양한 환경 요인으로부터 민감한 전기 부품을 보호하는 것

(3) 인버터(Inverter)

'직류(DC)' 전력을 '교류(AC)' 전력으로 변환하는 장치이다.

① 구조
- ㉠ 컨버터 회로 : AC(교류)를 DC(직류)로 변환
- ㉡ 커패시터 : 전기를 저장
- ㉢ 인버터 회로 : DC를 다시 AC로 변환

② 인버터 회로
- ㉠ 절연 게이트 양극성 트랜지스터와 같은 전력 트랜지스터의 ON/OFF 간격을 변경하여 다양한 폭의 펄스파를 생성하는 회로이다.

③ 인버터의 사용목적
- ㉠ 에너지 절약
- ㉡ 제품 품질의 향상 및 생산성 향상
- ㉢ 설비의 소형화
- ㉣ 전력을 효율적으로 사용할 수 있다.
- ㉤ 필요한 전기 장비에 적합한 전류를 제공할 수 있다.

> ▶ 컨버터(Converter)
> AC를 DC로 변환하는 전력변환 장치이다. 간단한 컨버터의 예로는 다이오드 브릿지 회로가 있다.
>
> ▶ 모터 보호기
> 전동기나 그 회로의 전류, 전압, 온도, 속도 또는 토크 등의 매개변수를 감시하고 제어하는 장치이다. 이러한 장치의 목적은 고장이나 비정상적인 상태 발생 시 전동기와 그 회로에 대한 손상을 예방하거나 최소화하는 데 있다.

(4) 열동형 계전기(서멀 릴레이; Thermal Relay)

① 전동기의 과부하로 인한 소손을 방지하는 목적으로 사용하는 과부하 계전기이다.
- ㉠ 전기 모터와 다른 전기 장치들을 과부하로부터 보호하기 위해 설계되었다.

② 구조
- ㉠ 열소자(Thermal element) : 열동형 계전기의 핵심, 과부하가 발생하면 열 발생
  - 스트립형의 히터와 바이메탈(bimetal)을 조합
- ㉡ 이중 금속 시트(Bimetallic sheet) : 온도 변화에 따라 휘어지면서 접점을 작동
- ㉢ 접점(Contacts) : 열에 의해 바이메탈의 만곡작용을 이용하여 접점을 개폐

(5) 전자식 과부하 릴레이(Electronic Overload Relay; EOCR)

① 원리
  ㉠ 모터를 통해 흐르는 전류를 지속적으로 모니터링하여 사전 설정된 임계값과 비교하여 전류가 임계값을 초과하면 릴레이가 작동하여 모터를 전원 공급에서 분리시켜 추가적인 손상을 방지한다.
  ㉡ 전자식 릴레이에 사용된 센서들은 과부하 상태를 감지하고 모터의 과열 및 와인딩 손상을 방지하기 위해 회로를 차단한다.

> **모터 와인딩 손상**
> 전원 공급 문제로 인해 발생하는 전기적 실패

② 특징
  ㉠ 반응 속도가 빠르고, 반응 속도를 임의로 조절할 수 있다.
  ㉡ 접점수명이 길며 가볍다.
  ㉢ 미세한 전류의 변화에도 반응하게 할 수 있도록 정밀하게 조절할 수 있다.

04 시험운전

1 제어기 간 상호 인터페이스

(1) 인터페이스

자동제어에서 인터페이스 연결이란 장비간의 서로 다른 소스의 신호를 연결하는 것을 의미한다.

① PNP와 NPN 신호를 서로 연결하는 것도 해당한다.
② PLC 신호를 PNP로 사용하는 장비 등의 예가 있다.

> **PNP와 NPN**
> PNP와 NPN는 트랜지스터의 타입으로 PNP는 부하가 음극(⊖, N상)에 연결되어 Positive 입력 신호를 ON/OFF하는 타입이고, NPN는 부하가 양극(⊕, P상)에 연결되어 Negative 입력 신호를 ON/OFF하는 타입이다.

(2) R4T 릴레이보드

① 4채널 릴레이 모듈 : 릴레이(Relay)를 한번에 4개 제어할 수 있는 모듈이다.
　㉠ 기본적으로 5V에서 동작한다.
　㉡ 릴레이(Relay) : 전자석의 원리로 전류가 흐르면 자기장을 형성해 자기력으로 자석을 끌어당겼다가 전류가 흐르지 않으면 자석을 놓는 원리이다.
　㉢ 스위치 역할로써 사용 가능하다.
② 초소형의 중부하용 릴레이보드로 어떠한 신호를 이어주는(주고받는) 중간 역할을 한다.
　㉠ 예를 들면, 센서의 접점을 릴레이를 통해 전달받아, Remote I/O로 입력을 받을 때 사용된다.
③ 특징
　㉠ 유도성 부하, 개폐빈도가 큰 부하, Noise가 많은 부하에 적합하다.
　㉡ 접점 LED 부착으로 동작상태 확인이 용이하다.

(3) RS-485 통신

① 컴퓨터와 주변 장치를 연결하는 직렬 통신이다.
② RS-485는 발생기와 수신기의 전기적 특성만을 정의하며, 물리적 계층이나 통신 프로토콜은 지정하거나 권장하지 않는다.
③ RS-485는 송신 모드를 위해 드라이버에 신호를 하나 더 둬야 한다.
④ RS-485는 한 개의 마스터 장치에 최대 32개의 슬레이브 장치가 데이터 송수신이 가능하다.
⑤ RS-485 표준의 디지털 통신 네트워크는 장거리 및 전기적으로 잡음이 많은 환경에서 효과적으로 사용할 수 있다.
⑥ 산업용 제어 시스템과 같은 응용 분야에서 유용하게 사용되고 있다.

(4) 인버터 시운전

① 모터의 기동, 정지
　㉠ 제어 조건 설정
　　• 단자대를 사용하여 운전 정지를 실시
　　• 지령 주파수는 가변저항을 접속하여 0~60㎐ 내에서 임의로 속도를 설정
　　• 가속시간은 10초, 감속시간은 20초로 설정
　㉡ 배선실시
　㉢ 운전 파라미터 설정
　㉣ 시운전

② 모터의 다단 속도 제어
  ㉠ 제어 조건 설정
    • 단자대를 사용하여 운전 정지를 실시
    • 다단 속도 제어는 단자대를 이용하여 저속(20Hz), 중속(30Hz), 고속(80Hz) 운전
    • 최대 주파수는 80Hz까지 설정을 변경 가능
  ㉡ 배선실시
  ㉢ 운전 파라미터 설정
  ㉣ 시운전

05 유지보수

1 모터 관리

(1) 모터의 고장 원인

① 주회로 조건의 이상
  • 전압 변동, 배선의 단선, 개폐기나 보호기의 이상 등이 원인

② 부하 또는 운전 조건의 이상
  • 과부하, 고빈도 시동, 중관성 부하 등이 원인

③ 주위 환경 조건의 영향
  • 고온도, 고습도, 먼지, 부식성 가스, 진동 등이 원인

④ 설치 및 시공 불량
  • 취약한 기초공사, 센터링 불량, 벨트 장력의 부적정 등이 원인

⑤ 보수 점검 정비의 불량
  • 그리스 보급 또는 브러시 교환의 시기가 부적절한 원인

⑥ 기타
  • 모터 제조상의 결함
  • 운전조작 미숙
  • 절연물의 열화, 베어링의 마모 등이 원인

(2) 모터 시동 전 점검사항

① 절연저항 및 상간저항 확인할 것
② 전동기 설치상태 확인할 것
③ 전동기 축 핸드터닝(손으로 회전)으로 상태 점검
④ 전동기 무부하 운전 및 결선 상태 확인할 것

(3) 모터 시동 직후 점검사항

① 회전방향 확인
② 시동 전류 및 시동 시간의 정상 여부
③ 가속시의 이상음이나 이상 진동의 여부
④ 부하 용량 및 부하 전류의 관계 확인
⑤ 급유펌프, 냉각용 팬 등의 보조 기기의 가동 상태 정상 여부

(4) 모터 운전 중 점검사항

① 부하가 너무 크게 발생하지는 않는지 확인
② 전원 전압이나 전류의 변동 사항 및 불평형은 없는지 확인
③ 보호기기의 설정값은 운전상태에 맞는지 확인
④ 벨트 전동의 경우 벨트의 진동이나 슬립은 없는지 확인
⑤ 브러시 부분에 불꽃 발생 여부 확인
⑥ 운전중에 각 부의 온도 정상 여부 확인
⑦ 부하 운전 중의 이상음과 이상 진동 여부 확인
⑧ 배선을 포함하여 각 부의 국부 파열 여부 확인

(5) 모터 점검

모터는 일상 점검, 정상 점검, 정밀 점검 그리고 특별 점검으로 나누어 관리하도록 한다.

① 정밀 점검

장시간 운전 정지로 마모된 부품의 교환, 이상개소의 손질, 보수, 정기점검보다 상세한 내부 진단이나 성능시험을 실시하고자 하는 점검이다.

CHAPTER 05 실전연습문제

01 다음 중에서 서보 모터의 특성을 잘못 설명한 것은?

① 속도 응답성이 좋아야 한다.
② 제어성이 좋아야 한다.
③ 빈번한 시동 및 정지운전이 연속적으로 이루어지더라도 기계적 강도가 커야 한다.
④ 관성이 크고, 전기적 또는 기계적 시상수가 커야 한다.

> 서보 모터(Servo Motor) : 정밀한 위치, 속도, 토크 제어가 필요한 시스템에서 사용된다. 따라서 빠른 응답성과 높은 제어성, 강한 기계적 내구성이 중요한 특성이다.

02 스테핑 모터의 동작과 관련된 설명으로 틀린 것은?

① 구동회로에 주어지는 입력펄스 1개에 대해 소정의 각도만큼 회전시키고, 그 이상 입력이 없는 경우는 정지위치를 유지한다.
② 회전각도는 입력 펄스의 수에 반비례한다.
③ 회전속도는 입력 펄스의 주파수에 비례한다.
④ 펄스를 부여하는 방식에 따라 급속하고 빈번하게 기동, 정지가 가능하다.

> 스테핑 모터(Stepping Motor)
> 입력 펄스 신호에 따라 일정한 각도로 회전하는 모터로, 주로 정밀한 위치 제어가 필요한 시스템에서 사용된다.

03 서보 모터의 특징이 아닌 것은?

① 제어회로가 간단하다.   ② 정·역회전이 자류롭다.
③ 기동 토크가 크다.   ④ 신속한 정지가 가능하다.

> 서보 모터의 특징
> - 컨트롤러의 명령에 따라 매우 정밀하게 작동한다.
> - 센서의 피드백을 받아 보다 정밀하게 회전한다.
> - 높은 정확도와 토크를 제공한다.
> - 중량감 있는 부하를 정밀하게 제어한다.

정/답   01 ④   02 ②   03 ①

04 입력신호와 출력신호가 서로 반대의 값으로 되는 논리는?

① OR ② AND ③ NOT ④ XOR

- OR : 두 개 입력신호 중 하나의 입력신호만 ON이 되더라도 출력신호가 ON되는 논리
- AND : 두 개의 입력신호가 모두 ON되어야만 출력신호가 ON되는 논리
- XOR : 두 개의 입력신호 중 하나의 입력신호만 ON이 되더라도 출력신호가 ON되는 논리이지만, 두 개의 입력신호가 모두 ON일 경우에는 출력신호가 ON되지 않는다.

05 다음 회로에 대한 설명으로 틀린 것은?

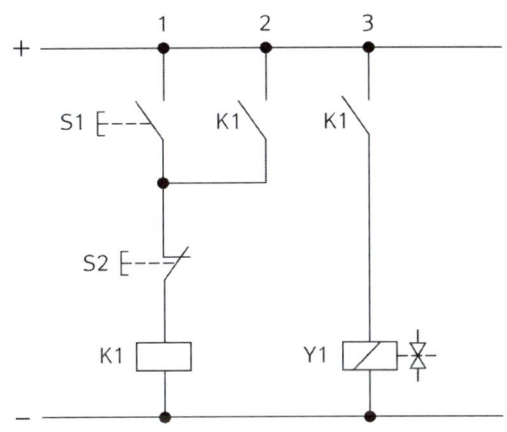

① 리셋(reset) 우선 자기유지회로이다.
② 라인 3의 Y1은 솔레노이드 밸브이다.
③ 스위치 S1은 자기유지회로를 구성하기 위한 셋(set) 스위치이다.
④ 라인 2와 3의 접점 K1은 동일한 릴레이의 동일한 접점으로 할 수 없다.

릴레이는 여자되었을 때 다른 전기 회로의 개폐를 제어하는 기기이므로, 2번과 3번 라인의 K1 접점은 동일한 릴레이와 동일한 접점을 사용할 수 있다.

06 서보제어의 의미로 옳은 것은?

① 증폭제어
② 느린 정밀제어
③ 오픈회로제어
④ 빠르고 정확한 폐회로제어

서보제어
지령과 검출부의 피드백 신호를 비교하여 그 차이만큼 지령을 보정하여 제어부를 동작하는 제어

정/답 04 ③ 05 ④ 06 ④

07 위치 데이터를 서보 오프 상태에서 수동 조작하여 위치를 확인한 후 입력하는 제어방식은?

① 직선보간
② 원호보간
③ 티칭 플레이 백
④ 포인트 투 포인트

- 직선보간 : 양단점의 수치 정보를 주어서 그것으로 정해지는 직선을 따라 공구의 운동을 제어
- 원호보간 : 평면상의 주어진 2점간이 주어진 점을 중심으로 원호에 따라서 운동하는 제어
- 포인트 투 포인트 : 어느 한정된 위치검출에서 정해진 성밀노 내에서 징지시기는 제어

08 DC 솔레노이드를 사용할 때는 스파크가 발생하지 않도록 스파크 방지회로를 채택해 주어야 한다. 그 방법이 아닌 것은?

① 모터를 이용하는 방법
② 저항을 이용하는 방법
③ 다이오드를 이용하는 방법
④ 저항과 콘덴서를 이용하는 방법

스파크킬러(Spark Killer)의 종류
- 콘덴서만으로 구성하는 방식
- 콘덴서와 저항의 직렬 연결로 구성하는 방식
- 트랜스포머를 사용해 과전압을 차단하는 방법
- TNR/SNR(써지옵서버)를 사용하는 방법
- 다이오드, 제너다이오드, 바리스터 등으로 구성하는 방법

09 캐스케이드 회로에 대한 설명으로 틀린 것은?

① 제어에 특수한 장치나 밸브를 사용하지 않고 일반적으로 이용되는 밸브를 사용한다.
② 작동 시퀀스가 복잡하게 되면 제어 그룹의 개수가 많아지게 되어 배선이 복잡하고, 제어회로의 작성도 어렵게 된다.
③ 작도에 방향성이 없는 리밋 스위치를 이용하고, 리밋 스위치가 순서에 따라 작동되어야만 제어신호가 출력되기 때문에 높은 신뢰성을 보장할 수 있다.
④ 캐스케이드 밸브가 많아지게 되면 제어 에너지의 압력 상승이 발생되어 제어에 걸리는 스위칭 시간이 짧아지는 특징이 있다.

캐스케이드 회로
가장 흔한 밸브를 이용할 수 있고, 신뢰성이 높으며 고장 시 진단이 쉽다. 또한 제어되는 순차적 운동을 그룹별로 나누어 제어 회로를 구성함으로서 사용되는 제어 요소를 줄일 수 있다. 그러나 신호가 너무 길어질 수가 있다는 것이 단점이다.

정/답 07 ③ 08 ① 09 ④

10 직류 전동기에서 전기자의 권선에 생기는 교류를 직류로 바꾸는 부분의 명칭은?

① 계자 ② 전기자 ③ 정류자 ④ 타여자

- 계자 : 고정자와 회전자를 이격시킨 공간에 회전기 동작에 필요한 자계를 확립하기 위한 것
- 전기자 : 회전 전기기기에서 주요한 동작을 하는 권선을 수용하고 있는 부분
- 타여자 : 여자 전류를 축전지 등 다른 직류 전원으로부터 흘려주는 것

11 다음 중 전동기의 정·역전회로 등에서 다른 계전기의 동시 동작을 금지시키는 기능을 하는 회로로 맞는 것은?

① 자기유지회로 ② 정지우선기억회로
③ 기동우선기억회로 ④ 인터록회로

- 인터록회로 : 동시에 동작하지 못하게 하는 회로, 전기적으로 시스템을 보호하는 회로
- 자기유지회로 : 릴레이를 동작시키는 신호(스위치)가 OFF해도 릴레이를 동작시켜 계속 유지하는 회로
- 정지우선기억회로 : 작동버튼과 정비버튼을 동시에 입력하면 작동회로의 기능이 정지하는 회로
- 기동우선기억회로 : 작동버튼과 정비버튼을 동시에 입력하면 작동회로의 기능이 정지되지 않는 회로

12 전동기의 정 · 역전회로 등에서 다른 계전기의 동시동작을 금지시키는 회로는?

① 자기유지 회로 ② 지연동작 회로
③ 인터록 회로 ④ ADN 회로

인터록 회로(Interlock Circuit)
전동기의 정·역전 회로에서는 정방향과 역방향 회로가 동시에 동작하면 회로 단락(Short) 및 기기 손상이 발생할 위험이 있다. 이를 방지하기 위해 다른 계전기의 동시 동작을 금지하는 회로

정/답 10 ③ 11 ④ 12 ③

13 다음 그림과 같은 회로 명칭은?

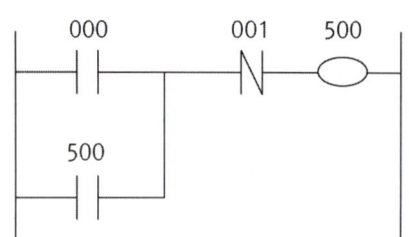

① 시간지연 회로
② 자기유지 회로
③ 쉬프트 회로
④ 인터록 회로

자기유지 회로
- 일정한 입력(예 : 버튼 신호)이 사라지더라도 전동기 또는 계전기의 동작 상태를 유지하도록 설계된 회로
- 일시적으로 누른 버튼이 계속 눌린 상태처럼 유지되어 회로가 동작을 지속하는 방식

정/답 13 ②

PART

02

Industrial Engineer
Automatic Equipment

기계요소설계

- 01. 체결요소설계
- 02. 조립도면작성
- 03. 조립도면해독

체결요소설계

Industrial Engineer Automatic Equipment

체결요소의 기계적 특성

(1) 재료의 기준 강도, 등가응력 및 항복강도

재료의 기계적 특성은 응력과 변형률의 상관관계를 나타내는 곡선, 즉 응력-변형률 선도를 통해 분석할 수 있다. 이 선도에서는 단면 수축을 고려한 실제 단면적을 이용한 진응력(True Stress)과 원래 단면적을 기준으로 산출한 공칭응력(Nominal Stress)을 구분하여 설명하고 있다. 그림 1-1은 기계재료에 작용하는 응력과 변형률과의 관계를 선도로 나타낸 응력-변형률 선도(Stress-Strain Diagram)이다.

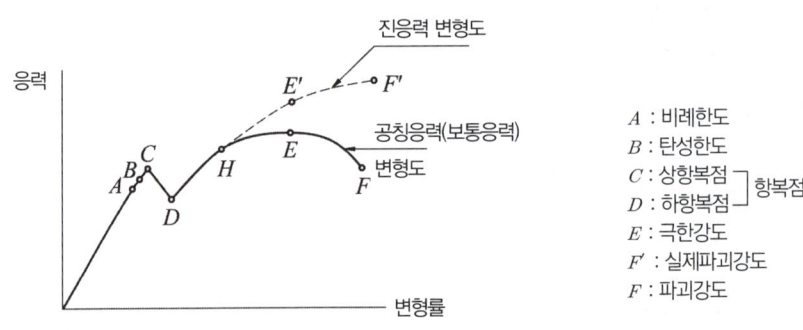

그림 1-1 응력과 변형률선도

① 공칭응력(Nominal stress)

연강을 인장시험하여 A-B-C-D-H-E-F의 그래프를 나타낸 것으로 하중을 원래의 단면적으로 나눈 것이다.

② 진응력(True stress)

연강을 인장시험하여 A-B-C-D-H-E'-F'의 그래프를 나타낸 것으로 하중을 변형 후 단면적으로 나눈 것이다.

③ 후크의 법칙(Hooke's law)

응력-변형률 선도에서 A점에 이르기 전까지는 응력과 변형률이 선형적으로 증가한다. 이 때문에 A점을 비례한도(Proportional limit)라고 하며, 해당 범위 내에서는 후크의 법칙(Hooke's law)이 적용된다. 공식으로 표현하면 아래와 같다.

$$\sigma = E \cdot \epsilon$$

여기서, σ는 인장응력(N/m^2, Pa, kg/cm^2), E는 종탄성계수(세로탄성계수, 영탄성계수; N/m^2, Pa, kg/cm^2), ϵ는 종변형률이다.

④ 항복점과 완전소성상태

점 B의 위치에서 재료의 발생 응력을 제거했을 때 변형이 나타나지 않는 한계점으로 이 B점을 탄성한도(Elastic limit)라 부른다. 반면, 이 B점을 초과하는 응력을 가하면 재료에는 영구적인 변형(Permanent strain)이 남게 된다. 또한, C점에서는 응력의 변화와 관계없이 오직 변형률만 증가하는 현상이 나타나며, 이 지점을 항복점(Yield point)이라 한다. 한편, 비례한도 이후부터 D점까지의 구간은 완전소성(Perfect Plasticity) 상태로 분류된다.

⑤ 정하중과 동하중

재료에 작용하는 하중은 시간에 따라 일정한 정하중(Static load)과 시간 변화에 따라 달라지는 동하중(변동하중, 반복하중, 충격하중 등)으로 구분된다. 실제 상황에서는 주로 동하중이 작용하여 정하중에 의한 파괴는 드물게 나타난다. 그럼에도 불구하고 응력-변형률 선도는 재료의 강도를 평가하는 기본적인 도구로 사용되고 있다.

(2) 크리프, 피로파괴, 노치 효과, 치수 효과, 힘박음 효과, 표면거칠기 효과

재료 내부에 작용하는 응력이 일정함에도 불구하고 시간이 지나면서 변형률이 점진적으로 증가하는 현상을 크리프(Creep)라고 한다. 반면, 응력이 시간에 따라 변화하는 동하중 조건에서 재료가 파괴되는 현상을 피로파괴(Fatigue fracture)라고 한다.

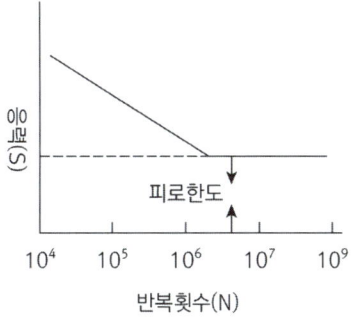

그림 1-2 피로한도

그림 1-2에서 보듯이 재료에 작용하는 응력(S)과 파괴되기까지 반복된 하중 횟수(N) 사이의 관계를 나타내는 곡선을 S-N 선도(Wohler curve)라 한다. 이 곡선의 수평 구간은 무한 반복 하중에도 파괴되지 않는 최대 응력을 의미하며, 이를 피로한도(Fatigue limit)라고 부른다. 재료의 피로한도에는 여러 요인이 영향을 미치는데, 예를 들어 단면 형상이 급격히 변하는 부분에서는 응력 집중으로 인해 피로한도가 낮아지는 노치 효과(Notch effect)가 나타난다. 또한, 동일 재료라도 부재의 치수가 커지면 피로한도가 감소하는 치수 효과(Size effect)가 있으며, 축에 위치한 허브나 베어링 내륜에 힘박음 또는 열박음이 가해지면 피로한도가 약 절반으로 낮아지는 힘박음 효과(Force fit effect)가 있다. 마지막으로, 다듬질면의 표면 거칠 기가 심할 경우에도 노치 효과와 유사한 현상이 발생하여 피로한도가 떨어진다. 이것을 표면 거칠기 효과라 한다.

(3) 허용응력과 안전율

① 허용응력(Allowable Stress)

안전상 허용할 수 있는 최대응력으로 물체에 작용하는 하중에 의하여 발생한 응력이 허용응력을 넘어서게 되면 물체에는 균열과 같은 파괴 및 소성변형 상태로 변해간다는 의미로 받아 들여야 한다. 소성변형(Plastic Deformation)이란 하중에 의하여 발생된 변형이 하중을 제거하여도 변형은 처음 상태로 되돌아가지 않고 물체에 변형이 그대로 남아 있는 상태이다.

② 안전율(Safety)

안전율은 재료가 견딜 수 있는 최대 응력(극한강도, 즉 최대 인장응력 또는 인장강도; σ_u)과 안전하게 사용 가능한 허용응력(σ_a)의 비율로 정의된다.

$$S = \frac{\sigma_u}{\sigma_a}$$

③ 사용응력(σ_w)

부재에 작용하는 하중으로 인해 발생하는 실제 응력을 사용응력이라 하며, 이 값은 허용응력보다 작거나 같다. 재료가 사용하중에 대해서 안전한지를 판단할 때 기준이 되는 것이 허용응력이다. 허용응력은 탄성한도보다 낮은 수준으로 설정된다.

극한강도 〉 항복강도 〉 탄성한도 〉 허용응력 ≥ 사용응력

02 체결요소 선정 및 설계

1 나사(Screw)

(1) 나사 각 부의 명칭

① 바깥지름(外徑) : 수나사의 산봉우리에 접하는 가상적인 원통의 지름이다. 수나사의 크기는 바깥지름으로 나타내고, 암나사는 이것에 끼워지는 나사이다.
② 골지름(谷徑) : 수나사의 골밑에 접하는 가상적인 원통의 지름이다.
③ 유효지름(有效徑) : 나사산의 두께와 골의 간격이 같은 가상 원통지름이다.
④ 피치(pitch) : 서로 이웃한 나사산과 산 사이의 거리이다.

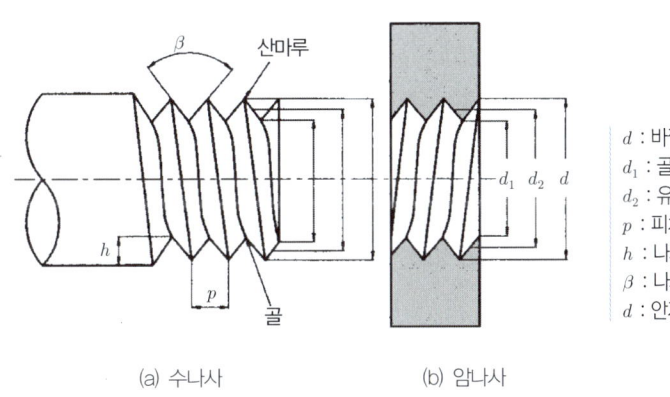

d : 바깥지름(호칭지름)
d_1 : 골지름
d_2 : 유효지름
p : 피치
h : 나사산의 높이
β : 나사산의 각도
d : 안지름(암나사의 경우)

(a) 수나사　　(b) 암나사

그림 1-3 나사 각 부의 명칭

⑤ 리드(lead) : 나사가 1회전할 때 축방향으로 움직인 거리로 표현된다.

리드 $l = np$, n=줄수(중수), p=피치
1줄 나사 $l = p$
2줄 나사 $l = 2p$
3줄 나사 $l = 3p$

⑥ 나사산의 각도 : 나사의 축선을 포함한 단면상에서 측정한 2개의 플랭크(flank)가 이루는 각이다.

⑦ 산 높이 : 골밑에서 산의 끝까지를 축선에 직각으로 측정한 거리이다.

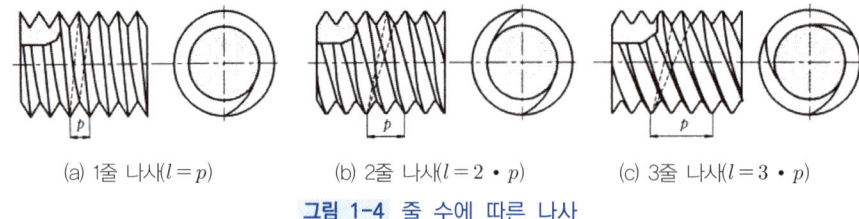

그림 1-4 줄 수에 따른 나사

(2) 결합용 나사

결합용 나사는 주로 삼각형의 단면형을 갖는 나사이며, 가장 널리 사용된다.

① 미터 나사(metric thread) : 지름과 피치를 mm로 표시하며, 나사산의 각은 60°이며, KS 및 ISO 규격나사이다. 용도는 기계부품의 접합 또는 위치의 조정 등에 사용되며, 체결용 나사로서 가장 많이 사용된다.

㉠ 미터 보통나사(metric coarse screw thread) : 일반적으로 많이 사용되는 나사이다.
㉡ 미터 가는나사(metric fine screw thread) : 지름에 대한 피치의 비율이 보통 나사보다 가는 것으로, 용도는 보통 나사보다 강도를 필요로 하는 곳, 살이 얇은 원통부, 정밀기계, 공작기계 및 항공기, 자동차의 이완 방지용에 쓰인다.

② 유니파이 나사(unified thread) : 미국, 영국, 캐나다의 3국 협정에 의하여 정한 나사로서 ABC 나사라고도 하며, 인치계 나사로 피치는 인치당 나사산의 수로 표시하며, 나사산의 각은 60°이다.

㉠ 유니파이 보통 나사(unified coarse screw thread) 체결용
㉡ 유니파이 가는 나사(unified fine screw thread) 정밀기계, 진동이 있는 부분에 사용한다. $\dfrac{3''}{8} - 16$UNC

③ 관용 나사(pipe thread) : 보통 나사에 비하여 피치 및 나사산의 높이가 낮아 주로 가스관,

수도관 등의 이음부분, 압력계의 고정부, 수밀(水密), 기밀(氣密) 등을 필요로 하는 곳에 사용된다.

㉠ 관용 평행 나사(straight pipe thread : KS B 0221) : 관, 관용부품, 유체기기 등의 기계적 결합을 목적으로 한다.

㉡ 관용 테이퍼 나사(taper pipe thread : KS B 0222) : 나사부의 내밀성을 주목적으로 하는 나사로서 테이퍼 나사는 축심(軸心)에 대해 1/16의 테이퍼를 가지고 있으므로 평행 나사에 비하여 기밀성(氣密性)이 우수하다.

④ 휘트워드 나사(whitworth screw thread) : 영국 나사의 규격이며 나사산의 각은 55°이고, 인치 나사이다.

⑤ I.S.O 나사 : 국제 표준화기구에 의하여 제정된 나사이다.

(3) 운동용 나사

① 사각 나사(square thread) : 축방향에 하중을 크게 받는 운동용 나사로 적합하며, 특히 하중의 방향이 일정하지 않은 교번하중 작용시 사용된다. 스러스트(thrust : 추력)를 전달시킬 수 있고, 강력한 이송나사 등에 이용된다.

② 사다리꼴 나사(trapezoidal thread) : 인치계에는 산의 각도가 29°, 미터계에는 30°로서 두 종류가 있으며, 29°의 사다리꼴 나사를 애크미 나사라고 한다. 용도는 선반의 리드 스크루, 잭, 프레스 등의 축방향 힘을 전달하는 운동용 나사 및 공작기계의 이송 나사로 사용된다.

③ 톱니 나사(buttress thread) : 나사산의 각도가 30°인 것과 45°인 것이 있으며, 추력이 한 방향으로만 작용하는 바이스, 압착기 등에 사용한다.

④ 너클 나사(knuckle thread) : 원형 나사 또는 둥근 나사라고도 하며, 나사산의 각은 30°로 산마루와 골은 둥글다. 용도는 먼지와 모래 등이 들어가기 쉬운 곳, 토목공사용 윈치(winch) 등에 사용한다. 또는 전구 나사라고도 한다

⑤ 볼 나사(ball screw) : 나사축과 너트 부분에 나선 모양의 홈을 파고, 그 홈 사이에 많은 볼을 삽입하여 볼의 구름 접촉을 이용한 나사로서, 보통 나사에 비하여 마찰계수가 극히 작으며 0.05 이하이고 전동효율은 90% 이상이다. 용도는 공작기계의 이송 나사와 수치제어장치, 최근의 정밀 기계류, 자동차의 스티어링부에 사용된다.

(4) 작은 나사와 세트 스크루

① 작은 나사(machine screw) : 나사 축지름이 8mm 이하의 작은 나사로서, 머리 윗면에 나사를 돌릴 수 있는 일자(-)홈과 십자(+)홈이 만들어져 있다. 용도는 일상의 가정용품에서

부터 일반의 기계류에 널리 쓰인다.
② 세트 스크루(set screw) : 멈춤 나사 또는 정지 나사라고도 하며, 나사의 끝을 이용하여 기어(gear)나 벨트 풀리(belt pulley)와 같은 회전부품 등을 축에 고정할 때 쓰이는 작은 나사로 회전력(torque)이 크지 않은 곳의 키 대용으로 쓰인다.
③ 태핑 나사(tapping screw) : 나사의 끝을 침탄처리한 작은 나사로서, 주로 얇은판의 연결에 사용된다. 암사나를 만들지 않고 드릴 구멍에 끼워 암나사를 내면서 조여지는 나사이다.

(5) 볼트의 종류

① 용도에 의한 분류
　㉠ 관통 볼트(through bolt) : 조이려는 부분을 관통하여 볼트 지름보다 약간 큰 구멍을 뚫고, 여기에 머리 붙이 볼트를 끼워 넣은 후 너트로 결합하는 볼트
　㉡ 탭 볼트(tap bolt) : 관통볼트를 사용하기 어려울 때 결합하려는 상대쪽에 암나사를 내고, 머리붙이 볼트를 조여 부품을 결합하는 볼트이다.
　㉢ 스터드 볼트(stud bolt) : 양쪽 끝 모두 수나사로 되어있는 나사로서 관통하는 구멍을 뚫을 수 없는 경우에 사용한다. 한쪽 끝은 상대 쪽에 암나사를 만들어 미리 반영구적으로 나사 박음하고, 다른 쪽 끝에 너트를 끼워 죄도록 하는 볼트이다.

② 머리부에 의한 분류
　㉠ 6각 볼트 : 머리모양이 정육각형인 볼트로서 일반적으로 가장 많이 사용하며, 머리 접촉면이 넓어 강력한 조임력이 얻어진다.
　㉡ 4각 볼트 : 머리모양이 정4각형인 볼트로서, 볼트머리 자리면이 6각 볼트의 2배이므로 스패너를 이용할 때 회전 모멘트를 크게 할 수 있다. 따라서 고착되어 있는 경우 볼트를 쉽게 풀어 분리가 가능하다.
　㉢ 6각 구멍붙이 볼트 : 볼트의 머리를 원통형으로 하고, 머리 가운데에 6각 렌치를 넣고 죌 수 있는 구멍이 있는 볼트로 재질로는 강도가 우수한 합금강(SCM435)이 사용된다.

③ 특수 볼트
　㉠ 아이 볼트(eye bolt) : 볼트의 머리부에 핀을 끼울 구멍이 있어 자주 탈착하는 뚜껑의 결합에 사용된다. 아이 볼트 중 고리 볼트(lifting bolt)는 무거운 물체를 달아 올리기 위하여 훅(hook)을 걸 수 있는 고리가 있는 볼트이다.
　㉡ 나비 볼트(wing bolt) : 볼트의 머리부를 나비 모양으로 만들어 스패너 없이 손으로 조이거나 풀 수 있어, 별도의 공구 없이 손으로 탈착이 가능하다.
　㉢ 간격유지 볼트 : 스테이볼트(stay bolt)라고도 하며, 두 물체 사이의 거리를 일정하게

유지시키면서 결합하는데 사용하며, 중간에 링을 끼우는 방법과 볼트에 간격유지 턱을 양쪽에 만드는 방법 등이 있다.

② 기초 볼트(foundation bolt) : 기계, 구조물 등을 콘크리트 기초에 고정시키기 위하여 사용하는 볼트이다. 한쪽은 콘크리트 기초에 묻혔을 때 빠지지 않도록 하기 위하여 여러 가지 형태로 되어 있으며, 또 반대쪽은 수나사로 나사산이 되어 있어 기계를 고정시키는 데 사용한다.

⑩ 리머 볼트(reamer bolt) : 볼트가 끼워지는 구멍은 볼트 지름보다 크므로 전단력이 작용하면 볼트가 파손되기 쉽기 때문에 큰 전단력이 작용할 때는 볼트의 맞춤이 중간 끼워맞춤 또는 억지 끼워 맞춤이 되도록 볼트 구멍을 리머로 다듬질한 다음, 정밀 가공된 리머 볼트를 끼워 결합한다. 경우에 따라 테이퍼지게 하거나 링을 끼워 전단력을 받도록 결합하기도 한다.

⑪ T볼트 : 공작기계 테이블에 파져 있는 T자형 홈에 사용하도록 볼트의 머리를 4각형으로 만들어 너트를 조일 때 볼트 머리가 회전하지 않게 된다

(6) 너트의 종류

① 6각 너트(hexagon nut)
㉠ 6각 모양으로 되어 있으며, 가장 널리 사용되는 너트이다.
㉡ 6각 너트에는 너트의 호칭 높이가 호칭지름에 비하여 0.8배 이상인 너트(일반 6각 너트)와 0.8배 이하인 너트(6각 낮은 너트)가 있다.

② 4각 너트(square nut)
㉠ 4각 모양으로 되어 있으며, 주로 목재 결합에 많이 사용되고 기계류의 결합에도 사용된다.

③ 둥근 너트(circular nut)
㉠ 회전체의 균형을 좋게 하거나 너트를 외부에 돌출시키지 않으려고 할 때 주로 사용한다.
㉡ 너트를 죄는 데는 훅 렌치 등의 특수한 스패너가 필요하다.

④ 와셔붙이 너트(washer based nut)
㉠ 너트의 밑면에 넓은 원형 플랜지가 붙어있는 와셔붙이 너트는 볼트 구멍이 큰 경우 또는 접촉하는 물체와의 접촉면적을 크게 함으로써 접촉 압력을 작게 하려고 할 때 주로 사용한다.
㉡ 너트 하나로 와셔의 역할을 겸한 너트이다.

(7) 여러 가지 나사

① 작은 나사(screw)
  ㉠ 볼트의 바깥지름이 1~9mm인 작은 나사로서 볼트의 머리부에는 드라이버로 돌릴 수 있도록 홈이 파져있다.
  ㉡ 홈의 모양은 −자형과 +자형이 있으며 나사 머리의 외부 돌출여부 및 볼트 머리 자리의 모양 등에 따라 여러 종류의 머리 모양이 있다.
  ㉢ 대체적으로 조임력이 작다.

② 멈춤 나사(set screw)
  ㉠ 나사를 밀어 박음으로써 나사 끝에 발생하는 마찰저항으로 두 물체 사이에 회전이나 미끄럼이 생기지 않도록 사용하는 나사로 키(key)의 대용 역할을 한다.
  ㉡ 회전체의 보스 부분을 축에 고정시키는 데 많이 사용한다.

③ 나사못(wood screw)
  ㉠ 끝부분이 원추형으로 가늘게 되어 있으며, 피치가 크고 나사산은 3각 나사로 목재와 같은 연한 재료에 나사 박음할 때 사용한다.

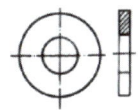  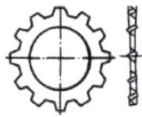

(a) 둥근 평 와셔 (b) 스프링 와셔 (c) 이붙이 와셔

와셔의 종류

그림 1-5 볼트·너트·와셔의 종류

④ 태핑 나사(tapping screw)
  ㉠ 나사의 표면은 침탄 경화법으로 경화시켰으며 나사의 끝부분에 테이퍼를 준다.
  ㉡ 나사가 들어갈 자리에 구멍을 뚫고 태핑 나사를 돌리면 나사산이 만들어진다.
  ㉢ 주로 박판을 고정하는 데 사용하거나 전기 기구 조립 등에 많이 사용한다.

(8) 와셔
① 볼트 결합부의 구멍이 크거나 너트의 자리 면이 고르지 못할 때 사용
② 자리면의 재료가 너무 연하여 볼트의 체결 압력에 견딜 수 없을 때 사용
③ 너트의 풀림을 방지할 때 사용
④ 갈퀴붙이 와셔 또는 혀붙이 와셔는 물체를 고정시키는 역할을 한다.
⑤ 스프링 와셔와 접시 스프링 와셔는 진동에 의한 풀림을 줄이는 역할을 한다.

(9) 볼트·너트 풀림 방지법
① 로크 너트에 의한 방법
② 자동 죔 너트에 의한 방법
③ 분할 핀에 의한 방법
④ 와셔에 의한 방법 : 스프링 와셔, 폴 와셔, 혀붙이 와셔, 톱니 붙이 와셔, 중지 판, 풀림방지용 와셔 등
⑤ 멈춤 나사에 의한 방법
⑥ 플라스틱 플러그에 의한 방법 : 나사면에 플라스틱이 들어간 너트를 사용하여 마찰계수 증가로 방지
⑦ 철사를 이용하는 방법 : 핀 또는 와셔 대신에 철사를 감아 사용하여 방지

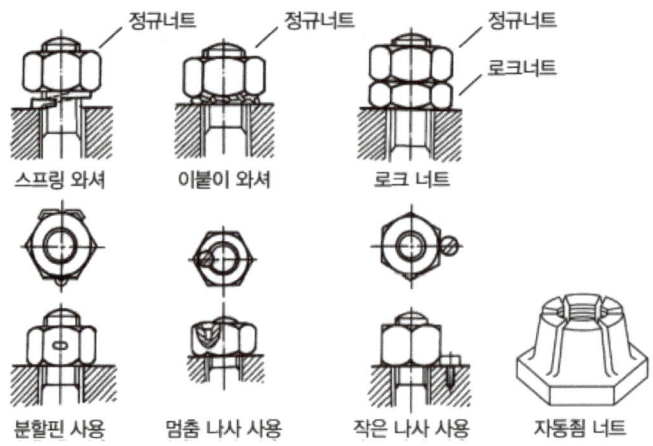

그림 1-6 볼트·너트 풀림 방지법

(10) 나사 설계 공식

① 나사의 명칭

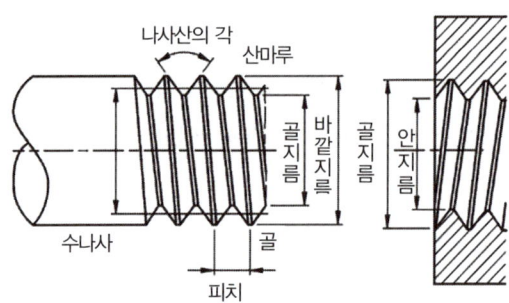

그림 1-7 3각 나사

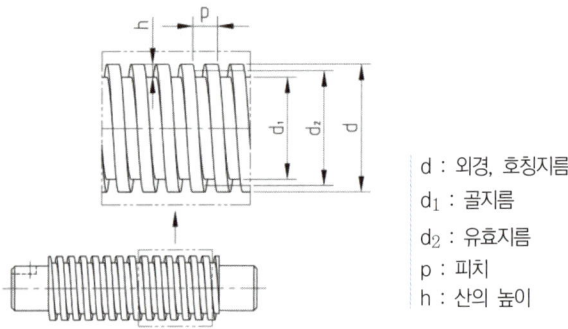

d : 외경, 호칭지름
d_1 : 골지름
d_2 : 유효지름
p : 피치
h : 산의 높이

그림 1-8 사각 나사

② 리드, 리드각, 마찰계수

㉠ 리드(l)

$l = np$, n : 줄 수 또는 중 수

㉡ 리드각(α)

$$\tan\alpha = \frac{l}{\pi d_2} = \frac{np}{\pi d_2}$$

- 1중 나사 : $\tan\alpha = \dfrac{p}{\pi d_2}$, $n = 1$
- 1중 나사 = 1줄 나사
- 2줄 이상이면 다줄 나사로 분류

㉢ 마찰계수와 마찰각

$\mu = \tan\rho$, μ : 나사면의 마찰계수, ρ : 마찰각(deg)

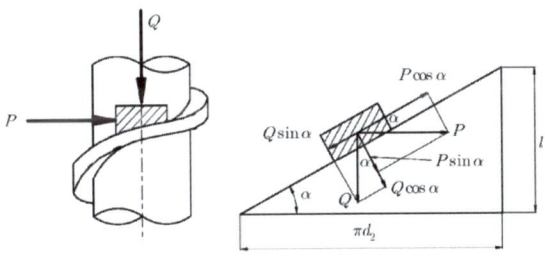

그림 1-9 나사면에 작용하는 힘

③ 나사의 역학

㉠ 나사의 회전력(P : 체결력)

$$P = Q \cdot \tan(\alpha + \rho) = Q \cdot \frac{p + \mu\pi d_2}{\pi d_2 - \mu p} \quad [N,\ kN]$$

- Q : 축하중[N, kN]
- 사각 나사 및 1중 나사에 적용
- 다줄 나사면, $\tan\alpha = \dfrac{l}{\pi d_2} = \dfrac{np}{\pi d_2}$ 적용
- 오른 나사에 적용

ⓒ 나사의 회전토크

$$T = P \cdot \frac{d_2}{2} \quad [N \cdot m, \ J, \ kJ]$$

$$= Q \cdot \tan(\alpha + \rho) \cdot \frac{d_2}{2} = Q \cdot \frac{p + \mu \pi d_2}{\pi d_2 - \mu p} \cdot \frac{d_2}{2}$$

ⓒ 나사를 푸는 힘(P')

$$P' = Q \cdot \tan(\rho - \alpha)$$

- 자립조건(자결조건 : 나사가 스스로 풀리지 않을 조건) : $\rho \geq \alpha$

④ 나사의 효율

㉠ 회전력으로 정의

$$\eta = \frac{\text{마찰이 없을 때 회전력}}{\text{마찰이 있을 때 회전력}} = \frac{\tan \alpha}{\tan(\rho + \alpha)} \quad [\%]$$

ⓒ 일로부터 정의

$$\eta = \frac{1\text{회전시 나사가 이룬 일(출력일)}}{1\text{회전시 나사에 준일(입력일)}} = \frac{Q \cdot p}{2\pi T} \quad [\%]$$

- 자립 조건을 만족하는 나사의 효율 : $\rho = \alpha$ 일 때 나사의 효율

$$\eta = \frac{\tan \alpha}{\tan 2\alpha} < 0.5$$

- 나사의 최대 효율 : $\alpha = 45° - \frac{\rho}{2}$ 일 때

$$\eta_{\max} = \tan^2\left(45° - \frac{\rho}{2}\right)$$

⑤ 3각나사와 사다리꼴 나사 설계

㉠ 나사산의 각도(β)

- 3각 나사
  - 미터 나사(M) : $\beta = 60°$
  - 유니파이 나사(UN) : $\beta = 60°$

- 사다리꼴 나사
  - 미터계(TM) : $\beta = 30°$
  - 인치계(TW) : $\beta = 29°$

- 미터 사다리꼴 나사(Tr) : $\beta = 30°$

ⓒ 상당 마찰계수(μ')와 상당 마찰각(ρ')

$$\mu' = \frac{\mu}{\cos\left(\frac{\beta}{2}\right)} = \tan\rho'$$

ⓒ 나사의 회전력(체결력)

$$P = Q \cdot \tan(\alpha + \rho') = Q \cdot \frac{p + \mu'\pi d_2}{\pi d_2 - \mu' p} \quad [N,\ kN]$$

ⓔ 나사의 회전토크(비틀림 모멘트)

$$T = P \cdot \frac{d_2}{2} \quad [N \cdot m,\ J,\ kJ]$$
$$= Q \cdot \tan(\alpha + \rho') \cdot \frac{d_2}{2} = Q \cdot \frac{p + \mu'\pi d_2}{\pi d_2 - \mu' p} \cdot \frac{d_2}{2}$$

ⓜ 나사의 효율

$$\eta = \frac{\tan\alpha}{\tan(\rho' + \alpha)} \quad [\%]$$

2 키(Key), 핀(Pin), 코터(Cotter)

2-1. 키(key)

키(key)는 기어나 풀리, 커플링, 클러치 등을 축에 고정하여 회전력을 전달하는 장치로 강 또는 특수강으로 만들며, 주로 전단력에 의해 파괴가 된다. 일반적으로 축보다 약간 강한 재료를 사용하며 보통 기울기는 1/100이다.

(1) 키의 종류

① 성크 키(sunk key)
 ㉠ 축과 보스 양쪽에 키 홈이 있는 키로 가장 많이 사용한다.
 ㉡ 키 윗면은 기울기가 1/100이다.
 ㉢ 묻힘 키, 사각 키라고도 한다.

② 안장 키(saddle key)
　㉠ 큰 힘에는 적당하지 않다.
　㉡ 축은 가공하지 않고 보스에만 키 홈(기울기 1/100)을 만든다.
　㉢ 마찰력으로 회전력을 전달하는 데 사용한다.

③ 평 키(flat key)
　㉠ 납작 키라고도 한다.
　㉡ 키가 닿는 면의 축만을 평편하게 깎은 것으로 보스의 기울기는 1/100이다.

④ 접선 키(tangential key)
　㉠ 큰 동력을 전달하는 데 적당한 키이다.
　㉡ 키 홈을 축의 접선 방향에 만들고 테이퍼 키 2개를 한 조로 하여 끼운 키이다.
　㉢ 역전하는 축에는 120° 각도로 두 곳에 설치한 것이다.
　㉣ 정사각형 단면의 키를 90°로 배치한 것을 케네디 키(kennedy key)라고 한다.

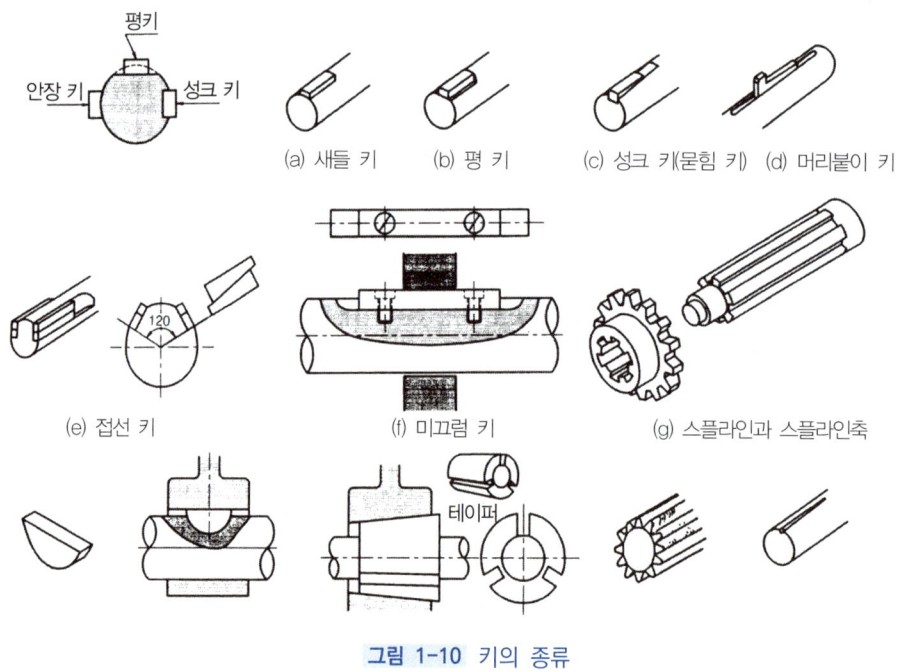

그림 1-10 키의 종류

⑤ 페더 키(feather key)
　㉠ 키의 기울기가 없는 키로 기어나 풀리를 축방향으로 이동할 경우에 사용한다.
　㉡ 키를 축이나 보스에 고정한다.
　㉢ 미끄럼 키(sliding key)라고도 한다.

⑥ 스플라인 축(spline shaft)
  ㉠ 축 주위에 피치가 같은 평행한 키 홈을 4~20개 만든 것으로 보스를 축 방향으로 움직일 수 있다.
  ㉡ 키보다 큰 토크 전달이 가능하다.
  ㉢ 선반의 변속장치, 자동차의 변속기, 클러치, 항공기, 공작기계 등의 속도 변환 기구 등에 사용된다.

⑦ 세레이션(serration)
  ㉠ 축에 작은 삼각형 키 홈을 만들어 축과 보스를 고정시킨 것이다.
  ㉡ 같은 지름의 스플라인에 보다 많은 돌기가 있어 동력 전달이 크다.
  ㉢ 자동차의 핸들이나 전동기, 발전기의 축 등에 사용된다.

⑧ 반달 키(woodruff key)
  키 홈을 축에 반달 모양으로 판 것으로 키를 끼운 후에 보스를 끼운다.
  ㉠ 특히, 작은지름(60mm 이하)이나 공작기계의 테이퍼 축에 쓰인다.

⑨ 둥근 키(round key)
  ㉠ 회전력이 극히 작은 곳에 사용하며, 핀을 구멍에 끼워서 사용한다.
  ㉡ 일명 핀 키(pin key)라고도 한다.

⑩ 원뿔 키(cone key)
  ㉠ 축과 보스에 홈을 내지 않고 원뿔 슬롯을 끼워 박아 축의 임의의 곳에 마찰력으로 고정한다.

(2) 묻힘 키의 강도 설계

① 호칭 표시

폭×높이×길이= $b \times h \times l$ (mm)

② 축 토크(T : N-m, J, kJ)

$$T = W \cdot \frac{d}{2} = \frac{H}{\omega} = \tau_a \cdot Z_p$$

W : 축의 회전력(N), d : 축의 직경(mm)
H : 축 동력(kW, PS), ω : 축의 각속도(rad/s)
τ_a : 축의 허용전단응력(MPa, N/mm^2)
Z_p : 축의 극단면계수(mm^3)

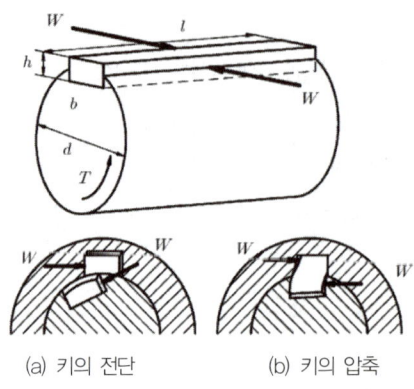

(a) 키의 전단   (b) 키의 압축

그림 1-11 묻힘 키의 파괴

$$T = 974 \times 9.8 \cdot \frac{H_{kW}}{N} = 9545.2 \cdot \frac{H_{kW}}{N}$$

$$T = 716.2 \times 9.8 \cdot \frac{H_{PS}}{N} = 7018.76 \cdot \frac{H_{PS}}{N}$$

H_{kW} : 축 동력(kW)
H_{PS} : 축 동력(PS)
N : 축의 회전수(rpm, rev/min)

③ 키의 전단강도(τ_k : MPa, N/mm²)

$$\tau_k = \frac{2T}{bld} \leq \tau_a, \ \tau_a \ : \ 키의\ 허용\ 전단응력(\text{MPa, N/mm}^2)$$

④ 키의 압축강도(σ_c : MPa, N/mm²)

$$\sigma_c = \frac{4T}{hld} \leq \sigma_{ca}, \ \sigma_{ca} \ : \ 키의\ 허용\ 압축응력(\text{MPa, N/mm}^2)$$

㉠ 묻힘 깊이 $t = \dfrac{h}{2}$ 일 때 적용, 문제 풀 때 항상 확인 필요

2-2. 핀(Pin)

(1) 일반사항

① 핀은 두 개 이상의 부품을 결합시키는 데 주로 사용된다.
② 나사 및 너트의 이완 방지, 핸들을 축에 고정하거나 힘이 적게 걸리는 부품을 설치할 때 사용한다.
③ 분해 조립할 부품의 위치를 결정하는데 많이 사용한다.
④ 핀은 강재로 만드나 황동, 구리, 알루미늄 등으로 만들기도 한다.

(2) 핀의 종류

① 평행 핀(dowel pin) : 기계 부품을 조립할 경우나 안내 위치를 결정할 때 사용된다.
② 테이퍼 핀(taper pin) : 테이퍼 $T = \dfrac{1}{50}$, 호칭지름은 작은쪽 지름으로 주축을 보스에 고정할 때 사용된다.
③ 분할 핀(split pin) : 너트의 풀림 방지나 바퀴가 축에서 빠지는 것을 방지하기 위하여 사용한다.
④ 스프링 핀 : 탄성을 이용하여 물체를 고정시키는 데 사용되며, 해머로 때려 박을 수 있는 핀이다.

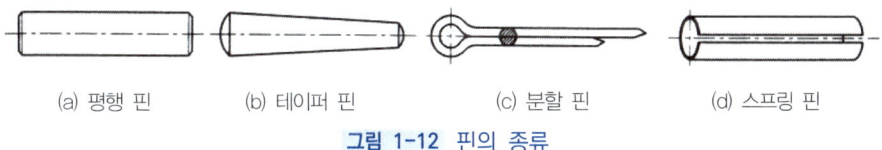

(a) 평행 핀   (b) 테이퍼 핀   (c) 분할 핀   (d) 스프링 핀

그림 1-12 핀의 종류

(3) 너클 핀 이음 및 강도 설계

너클 핀 이음은 한쪽 포크(fork)에 아이(eye) 부분을 연결하여 구멍에 수직으로 평행 핀을 끼워 두 부분이 상대적으로 각운동을 할 수 있도록 연결한 이음이다.

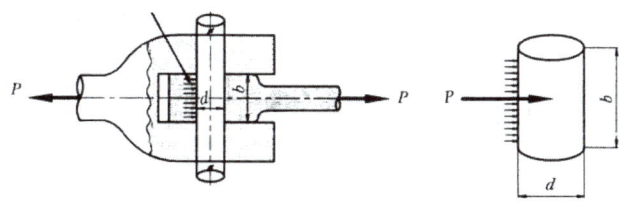

그림 1-13 너클 핀 이음

① 핀의 전단강도(τ_p : MPa, N/mm²)

$$\tau_p = \frac{P}{\pi d^2/4 \times 2} \leq \tau_a$$

P : 축하중(N, kN)
d : 핀의 직경(mm)

㉠ 전단 면적은 2곳 발생

② 핀의 굽힘강도(σ_b : MPa, N/mm²)

$$\sigma_b = \frac{M}{Z} = \frac{Pl/8}{\pi d^3/32} \leq \sigma_{ba}$$

M : 굽힘 모멘트(N-mm)
Z : 단면계수(mm³)
l : 핀의 길이(mm)

2-3. 코터(Cotter)

코터는 한쪽 또는 양쪽에 기울기를 갖는 평판 모양의 쐐기로 인장력이나 압축력을 받는 2개의 축을 연결하는 결합용 요소이다. 평행한 쐐기로 된 강철편의 코터를 로드(rod)와 소켓(socket)을 연결한 후 수직으로 끼워 두 축을 연결하는 이음이다. 대부분 이음을 해제할 필요가 있을 때 사용한다.

(1) 코터의 3구성 요소

로드(rod), 소켓(socket), 코터(cotter)

(2) 코터의 기울기(구배)

① 자주 분해 시 : $\frac{1}{5} \sim \frac{1}{10}$

② 보통 분해 시 : $\frac{1}{20}$

③ 반영구적일 때 : $\frac{1}{50} \sim \frac{1}{100}$

그림 1-14 코터 이음

(3) 코터의 자립 조건

① 한쪽 기울기의 코터 : $\alpha \leqq 2\rho$

② 양쪽 기울기의 코터 : $\alpha \leqq \rho$

여기서, α는 경사각이고 ρ는 마찰각이다.

(4) 코터의 강도 설계

① 코터의 전단강도(τ_c : MPa, N/mm²)

$$\tau_c = \frac{P}{A} = \frac{P}{2bh} \leq \tau_a$$

- P : 축하중(N)
- h : 코터의 폭(mm)
- b : 코터의 두께(mm)

② 코터의 굽힘강도(σ_{bc} : MPa, N/mm²)

$$\sigma_{bc} = \frac{M}{Z} = \frac{PD/8}{bh^2/6} \leq \sigma_{ba}$$

- D : 플랜지의 지름(mm)-코터의 길이

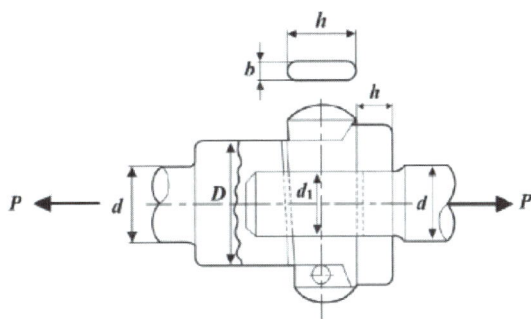

그림 1-15 코터 이음 설계

CHAPTER 01 실전연습문제

01 못을 뺄 때의 못은 여러 가지 하중 상태에서 어떤 하중에 속하는가?

① 인장하중   ② 압축하중   ③ 비틀림하중   ④ 전단하중

작용하중에 의한 분류
- 인장하중(tensile load) : 재료의 축 방향으로 늘어나게 하려는 하중
- 압축하중(compressive load) : 재료를 누르는 하중
- 전단하중(shearing load) : 재료의 단면에 나란한 하중
- 휨하중(bending load) : 재료를 구부리려는 하중
- 비틀림하중(torsion load) : 재료를 비틀려고 하는 하중

02 하중의 크기와 방향이 동시에 변화하면서 작용하는 하중은?

① 반복하중   ② 교번하중   ③ 충격하중   ④ 정하중

하중이 걸리는 속도에 의한 분류
- 정하중 : 시간에 따라 변화하지 않고 하중의 크기 및 방향이 일정한 하중
- 동하중 : 하중의 크기와 방향이 시간에 따라 변화하는 하중
  - 교번하중 : 하중의 크기와 방향이 주기적으로 변화하는 하중
  - 반복하중 : 동일 방향으로 반복하여 작용하는 하중
  - 충격하중 : 순간적으로 격렬하게 작용하는 하중

03 응력에 대한 설명 중 틀린 것은?

① 수직응력에는 압축응력과 인장응력이 있다.
② 굽힘응력은 인장응력과 압축응력으로 된 조합응력이다.
③ 비틀림응력은 짝힘에 의해 생기는 응력이다.
④ 좌굴응력은 인장하중을 받을 때 생기는 응력이다.

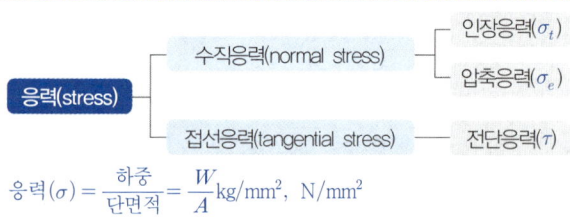

응력(σ) = $\dfrac{하중}{단면적}$ = $\dfrac{W}{A}$ kg/mm², N/mm²

※ 좌굴응력은 압축하중을 받을 때 생기는 응력이다.

정/답　01 ①　02 ②　03 ④

04 다음 응력에 관한 각각의 설명으로 옳지 않은 것은?

① 전단응력과 압축응력은 재료의 단면에 따라 평행하게 생기므로 접선응력이라 한다.
② 응력에 부호를 붙여서 계산할 때에는 일반적으로 인장응력을 양(+)으로 하여 계산한다.
③ 전단하중을 전단면적으로 나누면 전단응력을 구할 수 있다.
④ 주철에 압축하중이 적용하면 최대전단응력이 생기는 단면(거의 45°)에 따라 파괴된다.

- 전단응력 : 단면에 평행하게 작용하므로 접선응력(또는 면내응력)이라고 한다.
- 압축응력 : 단면에 수직으로 작용하는 응력으로 법선응력에 해당한다.

05 응력이 차차 작아지면 파괴를 일으키기까지의 반복 횟수는 차차 크게 되고, 응력이 어느 일정한 값에 도달하면 곡선이 이미 수평으로 되어 반복횟수를 아무리 많이 늘려도 파괴되지 않게 한다. 이 한도의 응력을 무엇이라 하는가?

① 피로한도 ② 수평한도 ③ 반복한도 ④ 응력한도

피로시험은 다음과 같다.
- 피로한도 : 반복하중을 받아도 파괴되지 않는 한계
- S-N : 피로한도를 구하기 위하여 반복횟수를 알아내는 곡선
- 강철의 반복회수 : $10^6 \sim 10^7$ N

06 어느 온도에서 재료에 일정한 응력을 가할 때 생기는 변형량의 시간적 변화를 말하는 것은?

① 피로
② 크리프(creep)
③ 이완(relaxation)
④ 응력부식(stress corrosion)

- 피로(Fatigue) : 반복하중(변동응력)으로 인해 재료가 파괴되는 현상
- 이완(Relaxation) : 일정한 변형(변형률)을 유지할 때, 시간이 지남에 따라 응력이 감소하는 현상
- 응력부식(Stress corrosion) : 응력과 부식 환경이 결합되어 균열 및 파괴가 일어나는 현상

07 지름 30mm인 연강재의 둥근봉에 선과 직각으로 3000N의 전단하중이 작용할 때 막대에 생기는 전단응력은 약 몇 N/mm²인가?

① 9N/mm² ② 12.7N/mm² ③ 6.3N/mm² ④ 4.2N/mm²

$\tau = \dfrac{W}{A} = \dfrac{4 \times 3000}{\pi \times 30^2} = 4.24 \text{N/mm}^2 \text{(MPa)}$

정/답   04 ①   05 ①   06 ②   07 ④

08 하중 10KN, 응력 4N/mm²일 때 정사각형의 한 변의 길이는 몇 mm인가?

① 5 ② 50 ③ 250 ④ 2500

$\sigma = \dfrac{W}{A}$, $4 = \dfrac{10 \times 10^3}{a^2}$, $a = 50mm$

09 두께 1.2mm, C=0.2%의 연질탄소 강판에서 지름 20mm의 구멍을 펀치(punch)로 뚫을 때의 펀치력으로 다음 중 가장 적당한 것은? (단, 재료의 전단저항 32N/mm²이다.)

① 2410N ② 2140N ③ 1820N ④ 1650N

$\tau = \dfrac{W}{A} = \dfrac{W}{\pi dt}$, $32 = \dfrac{W}{\pi \times 20 \times 1.2}$, $W = 2412.74N$

10 구조물에 외력, 즉 하중이 작용하면 작용부분의 부재는 압축, 분리 또는 미끄럼에 저항하는 힘이 내부에서 생기는 데 이를 무엇이라 하는가?

① 교번하중 ② 표면력 ③ 응력 ④ 변형

- 교번하중 : 크기와 방향이 주기적으로 변하는 하중
- 표면력 : 물체의 표면에서 작용하는 힘(예 : 마찰력, 접촉력)
- 응력(Stress) : 외력에 저항하기 위해 단위면적당 내부에서 생기는 저항력
- 변형(Deformation) 하중에 의해 형상이 변하는 것

11 다음 응력-변형율 선도에서 기호의 설명과 바르게 일치하는 것은?

① 사용응력
② 탄성한도
③ 극한강도
④ 허용응력

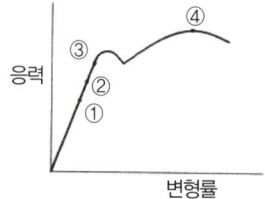

연강의 경우
① 비례한도, ② 탄성한도, ③ 항복점, ④ 극한강도

정/답 08 ② 09 ① 10 ③ 11 ②

12 연신율이 20%이고, 파괴되기 직전의 늘어난 길이가 30cm일 때, 이 시편의 본래의 길이는?

① 24cm ② 25cm ③ 30cm ④ 35cm

$\epsilon = \dfrac{\delta}{l}$, $0.2 = \dfrac{l'-l}{l}$, $1.2l = 30$, $l = 25cm$

13 나사에서 피치와 리드 사이의 관계에 대한 설명으로 옳은 것은?

① 1줄 나사에서 피치와 리드는 같다.
② 2줄 나사에서 피치와 리드는 같다.
③ 3줄 나사에서 피치와 리드는 같다.
④ 4줄 나사에서 피치와 리드는 같다.

- 리드 : 나사 1회전 시 축 방향으로 전진한 거리
  $l = np$
  l : 리드, n : 줄 수(중수), p : 피치
  − $n=1$이면 1줄 나사이고 $l = p$이다.

14 다음은 미터나사에 대한 설명이다. 틀린 것은?

① 나사산의 각도는 60°이다.
② 미터 보통나사와 미터 가는 나사가 있다.
③ 호칭치수는 수나사의 바깥지름과 피치를 mm로 표시한다.
④ 나사가 끼워진 경우 골밑에 다소의 간격이 있으므로 제작이 어렵다.

- 실제로 나사가 맞물릴 때에는 골과 산 사이에 약간의 간극(여유)이 있어 제작과 체결을 쉽게 한다. 그러므로 간격이 있어야 제작과 체결이 용이하다.

15 다음 중 나사산의 각도가 60°인 것은?

① 유니파이 보통 나사 ② 사다리꼴 나사
③ 톱니 나사 ④ 둥근 나사

- 사다리꼴 나사(Trapezoidal thread) : 나사산 각도 30°
- 톱니 나사(Buttress thread) : 한쪽은 3°~7°, 반대쪽은 45°~50° 정도의 비대칭 각도
- 둥근 나사(Round thread) : 곡선 형태, 일정한 각도로 정의되지 않음

정/답 12 ② 13 ① 14 ④ 15 ①

16 다음 중 나사의 설명으로 옳은 것은?

① 유니파이 나사 : 나사산 60도, 수나사의 바깥지름과 피치를 mm로 나타낸다.
② 사다리꼴 나사 : 공작기계의 이송에 쓰인다.
③ 볼 나사 : 나사산과 골이 둥글며, 둥근나사라고도 한다.
④ 톱니 나사 : 운동용 나사로 양쪽 방향의 힘을 전달한다.

- 유니파이 나사 : 나사산 각도 60°, inch계통으로 바깥지름(inch)과 인치당 산수(TPI)로 표시한다.
- 사다리꼴 나사(Trapezoidal thread) : 공작기계의 리드스크류, 프레스 기계 등 이송·동력전달용으로 사용된다.
- 볼 나사(Ball screw) : 나사산 사이에 볼을 넣어 구름접촉으로 마찰을 줄인 고정밀 이송 나사이다.
- 톱니 나사(Buttress thread) : 한쪽 방향의 큰 하중을 전달할 때 사용하며, 양방향 하중 전달에는 적합하지 않다.

17 다음 설명 중 옳은 것은?

① 플랜지 너트 : 너트의 밑면에 6각보다 큰 지름의 와셔가 달린 너트
② 홈붙이 너트 : 손으로 돌려서 조일 수 있는 곳에 사용한다.
③ 사각 너트 : 암나사를 깎을 수 없는 얇은 판에 리벳으로 설치하여 사용하는 너트
④ 둥근 너트 : 축선이 조절되어 중심위치를 정하기 쉽도록 만든 너트

- 나비 너트 : 손으로 돌려서 조일 수 있는 곳에 사용한다.
- 플레이트 너트 : 암나사를 깎을 수 없는 얇은 판에 리벳으로 설치하여 사용하는 너트
- 모따기 너트 : 축선이 조절되어 중심위치를 정하기 쉽도록 만든 너트

18 나사 끝을 침탄 담금질하여 얇은 판 또는 무른 재료의 암나사쪽을 아래 구멍만 뚫어 놓고, 암나사를 만들어 조여가는 것은?

① 태핑 나사(tapping screw)
② 스터드 볼트(stud bolt)
③ 세트 스크루(set screw)
④ 관통 볼트(through bolt)

- 스터드 볼트(Stud bolt) : 양쪽 끝에 수나사가 있는 볼트, 주로 플랜지 체결용
- 세트 스크루(Set screw) : 부품을 축에 고정할 때 사용하는 조임나사
- 관통 볼트(Through bolt) : 부재를 관통하여 체결하는 볼트

정/답 16 ② 17 ① 18 ①

19 리드각 α, 마찰각 ρ인 나사의 자립 조건으로 다음 보기 중 옳은 것은?

① $\alpha > \rho$ ② $\alpha < \rho$ ③ $2\alpha > \rho$ ④ $3\alpha < \rho$

나사의 자립 조건
나사가 스스로 풀리지 않는 조건, 즉 $\alpha < \rho$
또는 $\alpha \leq \rho$

20 1KN의 하중을 올리는 나사잭의 나사 막대의 지름을 몇 mm로 할 것인가? (단, 나사막대의 허용응력은 $6N/mm^2$으로 한다.)

① 12mm   ② 15mm   ③ 22mm   ④ 25mm

- 나사잭 : 축 하중과 비틀림모멘트를 동시에 받는 장치

$$d = \sqrt{\frac{8Q}{3\sigma_a}} = \sqrt{\frac{8 \times 1000}{3 \times 6}} = 21.08mm, \quad \therefore d = 22mm$$

21 35kN 나사 프레스의 4각나사의 바깥지름이 100mm, 골지름이 80mm, 피치가 16mm이다. 여기에 사용할 청동(靑銅) 너트의 적당한 높이는 몇 mm인가? (단, 청동의 허용 면압력은 $1.0N/mm^2$이다.)

① 200mm   ② 240mm   ③ 280mm   ④ 320mm

$$H = zp = \frac{Q \cdot p}{\frac{\pi(d^2 - d_1^2)}{4} \cdot q} = \frac{35 \times 10^3 \times 16 \times 4}{\pi \times (100^2 - 80^2) \times 1.0} = 198.06mm$$

$$\therefore H = 200mm$$

22 바깥지름 24mm, 유효지름 22.052mm, 피치 3mm인 미터 삼각나사에서 마찰계수 $\mu = 0.1$이라면 이 나사효율은 얼마인가?

① 약 21%   ② 약 24%   ③ 약 27%   ④ 약 30%

상당마찰계수

$$\mu' = \frac{\mu}{\cos 30°} = \frac{0.1}{\cos 30°} = 0.11547$$

$$\rho' = \tan^{-1}(0.11547) = 6.59°$$

$$\alpha = \tan^{-1}\left(\frac{3}{\pi \times 22.052}\right) = 2.48°$$

$$\eta = \frac{\tan\alpha}{\tan(\alpha + \rho')} = \frac{\tan(2.48)}{\tan(2.48 + 6.59)} \times 100 = 27.13\%$$

정/답   19 ②   20 ③   21 ①   22 ③

23 나사의 유효지름이 50mm, 피치 2.5mm의 나사잭으로서 2kN의 무게를 올리려고 할 때 레버의 유효길이는 얼마인가? (단, 레버를 돌리는 힘은 15N이고, 마찰계수는 0.1이다.)

① 526mm   ② 420mm   ③ 387mm   ④ 615mm

$$T = FL = Q\frac{\mu\pi d_2 + p}{\pi d_2 - \mu p} \cdot \frac{d_2}{2}$$

$$15 \times L = 2000 \times \frac{0.1 \times \pi \times 50 + 2.5}{\pi \times 50 - 0.1 \times 2.5} \times \frac{50}{2}, \quad \therefore L = 387.00mm$$

24 키에 대한 설명 중 틀린 것은?

① 둥근 키 : 우드러프 키라고도 하며 축의 홈이 깊게 되어 축의 강도가 약하다.
② 페더 키 : 안내 키라고도 한다.
③ 새들 키 : 축에는 홈을 파지 않고, 보스에만 홈을 내어 축과 키 사이의 마찰력으로 회전력을 전달시키는 것으로 축의 강도를 감소시키지 않는다.
④ 스플라인 : 축의 원주에 수많은 키를 깎은 것으로 단독의 키 보다 큰 토크를 전달시킬 수 있다.

키(key)의 종류
① 반달 키(woodruff key) : 우드러프 키라고 부르며 축이 약해지는 결점이 있으나 공작기계 핸들축과 같은 테이퍼축에 사용된다.
② 페더 키(feather key) : 묻힘 키의 일종으로 키는 테이퍼 없이 길다. 축 방향으로 보스의 이동이 가능하며, 미끄럼 키라고도 한다.
③ 안장 키(saddle key) : 1/100의 기울기를 둔다. 축에 홈을 파지 않고 보스 쪽에만 키 홈을 파서 회전축 마찰면에 맞추어 마찰력에 의해 고정하는 키이다.
④ 접선 키(tangential key) : 축의 접선방향에 키 홈을 파서 1/100의 기울기가 있는 2개의 키를 반대로 합쳐서 조합한 것으로 역회전하는 경우 2쌍을 120° 각도로 배치하여 사용하며, 고정력이 강하고 중하중용에 쓰인다. 케네디 키는 단면이 정사각형이고 90°로 배치된 키이다.
⑤ 성크 키 : 축과 보스에 키 홈 파는 것. 가장 많이 사용된다.
⑥ 평 키 : 키가 닿는 면만을 평편하게 깎은 것으로 보스의 기울기는 1/100이다.
⑦ 스플라인 : 축 둘레에 4~20개의 턱을 만든 것. 큰 회전력을 전달한다.
⑧ 세레이션 : 축과 보스를 고정. 스플라인 키에 속하는 것으로서 이가 많으므로 전동력이 크다.
⑨ 원뿔 키(cone key) : 보스와 축에 홈을 내지 않고 축 구멍을 원뿔로 만들어 몇 곳이 갈라져 있는 원뿔통이다.
⑩ 둥근 키(pin key) : 핸들과 같이 토크가 작은 것의 고정에 사용한다.

정/답 23 ③ 24 ①

25 축에 편심되지 않고 임의의 위치에 고정할 수 있는 키는?

① 스플라인 ② 핀 키 ③ 새들 키 ④ 원뿔 키

- 원뿔 키(Cone Key) : 축과 보스 사이에 2~3개의 원뿔 형태 키를 축 방향으로 삽입·타격하여 고정하는 방식으로, 헐거움 없이 견고하게 결합할 수 있으며 축과 보스의 편심이 매우 적다.
- 새들 키(안장 키) : 축에는 키홈을 가공하지 않고 보스(허브)에만 홈을 가공하여 키를 삽입·타격하는 방식이다. 임의의 위치에서 고정이 가능하지만, 편심이 발생하기 쉬워 경하중(가벼운 하중)에서만 적합하다.

26 지름 60mm 이하에 쓰이며, 자동적으로 위치조정을 하면서 테이퍼 축에 적합한 키는?

① 원뿔 키 ② 반달 키 ③ 접선 키 ④ 둥근 키

반달 키(Half-moon key, Woodruff key)
- 주로 지름 60mm 이하의 축에 사용
- 키가 반달 모양으로 되어 있어 자동적으로 위치 조정이 가능
- 테이퍼가 있는 축(예 : 원추형 축)에도 잘 맞아 자동 중심 맞춤 기능이 있음
  - 원뿔 키 : 편심이 적고 견고하지만, 자동 위치 조정 기능은 없음
  - 접선 키 : 큰 토크 전달용으로 축에 접선 방향으로 두 개 설치
  - 둥근 키 : 축과 허브를 임시 고정하거나 경하중용으로 사용

27 세레이션(serration) 이음과 가장 관계되는 것은?

① 축과 보스
② 풀리와 키
③ 클러치 전동과 충격
④ 선반에서 나사 절삭할 때에 과부하에서 오는 진동

세레이션 이음(Serration Joint)
- 축과 보스(허브)의 접합부에 치형(serration, 톱니 모양)을 가공하여 미끄럼 없이 동력을 전달하는 방식
- 스플라인(spline)과 유사하지만 치형이 더 세밀하고, 작은 직경에서도 높은 토크 전달 가능
- 주로 자동차, 공작기계, 항공기 등의 축과 허브 결합에 사용
  - 풀리와 키 : 일반적인 키 결합 설명
  - 클러치 전동과 충격 : 충격 하중 관련 설명
  - 선반 나사 절삭 시 진동 : 공작기계 진동 관련

28 다음 중 가장 큰 회전력을 전달할 수 있는 키는?

① 페더 키 ② 묻힘 키 ③ 평 키 ④ 스플라인

키의 토크 크기 순서
세레이션 > 스플라인 > 접선 키 > 묻힘 키 > 평 키 > 안장 키

정/답 25 ④ 26 ② 27 ① 28 ④

29 일반적으로 성크 키(sunk key)의 윗면 기울기는?

① $\dfrac{1}{50}$ 정도 ② $\dfrac{1}{80}$ 정도 ③ $\dfrac{1}{100}$ 정도 ④ $\dfrac{1}{120}$ 정도

> **key의 특징**
> - 주로 키는 전단력을 받는다.
> - 키는 경사 키의 경우 1/100의 기울기를 가지고 있다.
> - 키의 재질은 축보다 약간 강한 것을 사용한다.

30 토크가 67500N·mm인 지름 60mm의 축에 장착한 성크 키의 나비가 15mm, 높이가 10mm, 길이가 50mm일 때, 키에 발생하는 전단응력은 얼마인가?

① 3N/mm^2 ② 6N/mm^2 ③ 12N/mm^2 ④ 15N/mm^2

> $\tau = \dfrac{2T}{bld} = \dfrac{2 \times 67500}{15 \times 50 \times 60} = 3\text{N/mm}^2(\text{MPa})$

31 축의 재료와 키(key)의 재료가 같은 경우, 축의 지름이 50mm에 폭 10mm의 4각키(sunk key)를 설치했을 때, 전단으로 키가 파손되지 않으려면 키의 길이는?

① 약 50mm ② 약 75mm ③ 약 100mm ④ 약 150mm

> 축의 허용전단응력과 키의 허용전단응력이 동일, $\tau_s = \tau_k$
> 전달토크 동일, $T = \tau_s \cdot Z_P = \tau_k \cdot A$
> $\dfrac{\pi d^3}{16} = bl\dfrac{d}{2}$, $l = \dfrac{\pi d^2}{8b} = \dfrac{\pi \times 50^2}{8 \times 10} = 98.17mm$

32 2kW로 250rpm을 전달하는 지름 30mm의 축에 사용할 키의 폭은 몇 mm인가? (단, 보스 길이는 40mm, 허용전단응력은 20N/mm²이다.)

① 6.4 ③ 13.0 ② 7.8 ④ 16.0

> **축 토크 공식**
> $T = 9,545,200 \cdot \dfrac{H_{kW}}{N} = 9,545,200 \times \dfrac{2}{250} = 76361.6 N \cdot mm$
> $\tau_k = \dfrac{2T}{bld}$, $20 = \dfrac{2 \times 76361.6}{b \times 40 \times 30}$, $b = 6.36mm$

정/답 29 ③ 30 ① 31 ② 32 ①

33 그림과 같이 d=6cm의 지름을 가진 축에 bxhxl=15×10×40mm인 묻힘 키를 사용하여 축심거리 1m의 레버로 작동시키려고 할 때, 제한하중(F)을 구하면 몇 N인가? (단, τ_k=600N/cm²이다.)

① 100N
② 108N
③ 120N
④ 98N

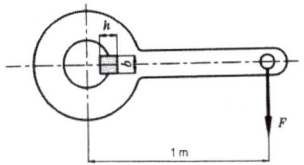

회전토크
$T = F \times 1 N \cdot m = F \times 100 \ N \cdot cm$
$\tau = \dfrac{2T}{bld} = \dfrac{2 \times (F \times 100)}{1.5 \times 4 \times 6} = 600, \ F = 108N$

---

34 다음 핀의 용도 중 틀린 것은?

① 작은 핸들을 축에 고정할 때와 같이 힘이 많이 걸리지 않는 부품의 설치
② 분해 조립하는 부품의 위치 결정
③ 너트의 풀림 방지
④ 분해할 필요가 없는 부품의 영구적 이음

핀(Pin)의 일반적인 용도
• 위치 결정 : 부품의 정확한 위치를 맞추기 위해 사용
• 임시 고정 : 작은 하중이 걸리는 부품을 축 등에 고정
• 풀림 방지 : 코터핀(cotter pin)처럼 너트의 풀림을 방지

---

35 세로 방향으로 쪼개져 있으므로, 구멍의 크기가 정확하지 않더라도 해머로 때려 박을 수가 있어 편리한 핀은?

① 평행 핀　　② 테이퍼 핀　　③ 스프링 핀　　④ 분할 핀

스프링 핀(Spring Pin)
• 세로 방향으로 슬릿(틈새)이 있어 약간 탄성 변형되며 구멍에 삽입됨
• 구멍의 크기가 조금 부정확해도 해머로 타격하여 쉽게 장착 가능
• 설치 후 구멍 벽을 눌러 자체 스프링력으로 빠지지 않음
　- 평행 핀 : 구멍과 핀의 치수가 정확해야 하며, 주로 위치 결정용
　- 테이퍼 핀 : 테이퍼로 고정력을 높이는 방식
　- 분할 핀(코터핀) : 너트 풀림 방지 등 보조 고정용

정/답　33 ②　34 ④　35 ③

36 다음 중 평행 핀의 호칭법으로 옳은 것은? (단, d는 호칭지름, l은 길이이다.)

① 명칭, $d \times l$, 재료
② 명칭, 등급, $d \times l$, 재료
③ 명칭, 종류, 형식, $d \times l$, 재료
④ 명칭, 등급, $d \times l$

핀의 호칭법

명칭	호칭법
평행 핀	규격번호 또는 명칭, 종류, 형식, 호칭지름×길이, 재료
테이퍼 핀	명칭, 등급 $d \times l$, 재료
슬롯 테이퍼 핀	명칭, $d \times l$, 재료, 지정 사항
분할 핀	규격번호 또는 명칭, 호칭지름×길이, 재료

---

37 12000N의 인장하중을 받는 너클 이음에서 이음 핀의 크기는 몇 mm인가? (단, 극한전단강도 $\tau_u = 3500\text{N/cm}^2$, 안전율은 7이다.)

① 5.53mm ② 55.3mm ③ 3.55mm ④ 39.09mm

너클 이음은 핀을 중심으로 양쪽 플레이트와 중앙 아이(eye)가 결합되므로 이중 전단(double shear)이 발생

$$\tau_a = \frac{\tau_u}{s} = \frac{P}{2 \times \frac{\pi d^2}{4}}$$

$$\frac{3500}{7 \times 100} = \frac{4 \times 12000}{2 \times \pi \times d^2}, \quad d = 39.09mm$$

---

38 그림과 같은 핀 이음(pin joint)에서 인장하중이 10kN이라면 봉의 지름 D_1 및 핀의 지름 D_2를 얼마로 하면 되는가? (단, 인장허용응력은 1000N/cm², 전단허용응력은 700N/cm²으로 한다.)

① $D_1 = 3.57$cm, $D_2 = 3.02$cm
② $D_1 = 4.57$cm, $D_2 = 3.57$cm
③ $D_1 = 3.80$cm, $D_2 = 4.61$cm
④ $D_1 = 3.02$cm, $D_2 = 3.57$cm

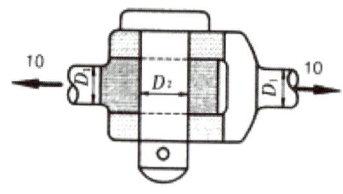

$$P = \sigma_a \cdot \frac{\pi D_1^2}{4}, \quad 10 \times 10^3 = 1000 \times \frac{\pi \times D_1^2}{4}, \quad D_1 = 3.57cm$$

$$P = \tau_a \cdot 2 \times \frac{\pi D_2^2}{4}, \quad 10 \times 10^3 = 700 \times 2 \times \frac{\pi \times D_2^2}{4}, \quad D_2 = 3.02cm$$

정/답 36 ③ 37 ④ 38 ①

39 소켓에 코터를 끼울 때 균열을 방지하기 위해서 사용하는 것은?

① 소켓 ② 로드 ③ 지브 ④ 컬러

- 소켓 : 코터와 로드를 연결하는 부품
- 로드 : 동력을 전달하는 막대 형태의 부재
- 지브(Gib) : 코터와 함께 사용하여 소켓의 균열 방지 및 체결력 보강
- 컬러(Collar) : 축에 부착하여 위치 고정용으로 사용하는 링

40 다음 중 양쪽 경사진 코터의 자립상태를 나타내는 식은 어느 것인가? (단, 마찰각을 ρ, α라 한다.)

① $\alpha \leq \rho$ ② $\alpha \geq \rho$ ③ $\alpha \leq 2\rho$ ④ $\alpha \geq 2\rho$

코터의 자립 조건
- 한쪽 기울기의 코터 : $\alpha \leq 2\rho$
- 양쪽 기울기의 코터 : $\alpha \leq \rho$
 여기서, α는 경사각이고 ρ는 마찰각이다.

41 압축력이 1800N이고, 코터의 두께 10mm, 폭 30mm일 때 코터의 전단응력(N/cm²)은 얼마인가?

① 100 ② 200 ③ 300 ④ 600

$$\tau = \frac{W}{2bt} = \frac{1800}{2 \times 3 \times 1} = 300\text{N/cm}^2$$

조립도면작성

Industrial Engineer Automatic Equipment

01 부품규격 확인

(1) 운동용 기계요소

① 축(shaft)

㉠ 축의 도시 방법
- 축은 길이방향으로 단면도시를 하지 않는다. 단, 부분단면은 허용한다.
- 긴축은 중간을 파단하여 짧게 그릴 수 있으며, 실제치수를 기입한다.
- 축 끝에는 모따기 및 라운딩을 할 수 있다.
- 축에 있는 널링(knurling)의 도시는 빗줄인 경우는 축선에 대하여 30°로 엇갈리게 그린다.

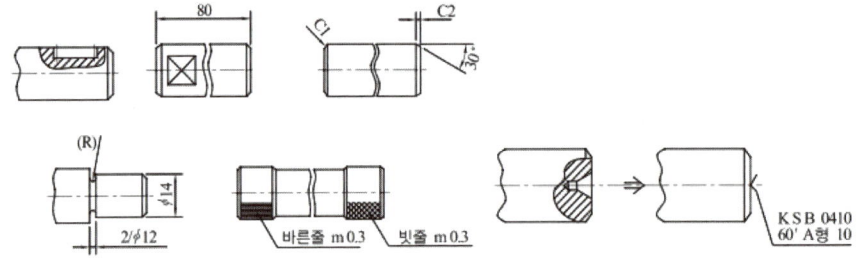

그림 2-1 축의 도시 방법

② 베어링

㉠ 구름베어링 호칭법
- 기본 기호 : 베어링 계열 번호, 안지름 번호, 접촉각 기호
- 보조 기호 : 리테이너 기호, 실드 기호, 틈새 기호, 등급 기호

- **베어링 계열 기호** : 베어링 계열 기호는 베어링의 형식과 치수 계열을 나타낸다.
- **형식** : 첫 번째 숫자

> 1 ······ 복식 자동 조심형
> 6 ······ 단식 홈형
> N ······ 원통 롤러형
> 2, 3 ······ 복식 자동 조심형(큰 나비)
> 7 ······ 단식 앵귤러 볼형

- **치수 계열** : 두 번째 숫자—폭(높이) 계열과 지름 계열을 조합한 것으로 같은 베어링의 안지름에 대한 폭과 바깥지름과의 계열을 나타낸다.
- **안지름 번호** : 세 번째, 네 번째 숫자—안지름 번호 1에서 9까지는 안지름 번호와 안지름이 같고 안지름 번호의 안지름 20mm 이상 480mm 미만은 안지름을 5로 나눈 수가 안지름 번호(2자리)이다.

> 00 ······ 안지름 10mm
> 02 ······ 안지름 15mm
> 01 ······ 안지름 12mm
> 03 ······ 안지름 17mm

- **호칭 번호의 표시 예**

  예) 6008C2P6

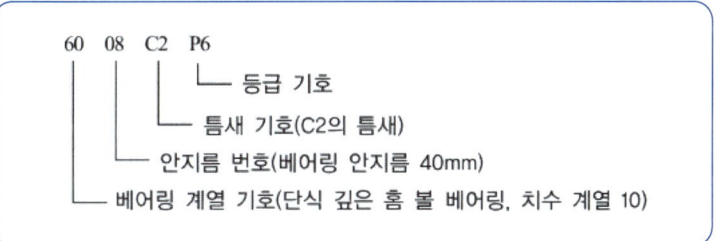

  예) 6312ZNR

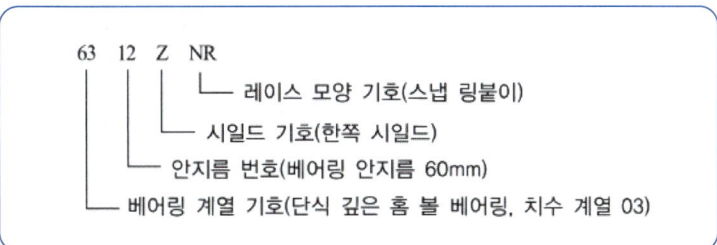

① NA4916V

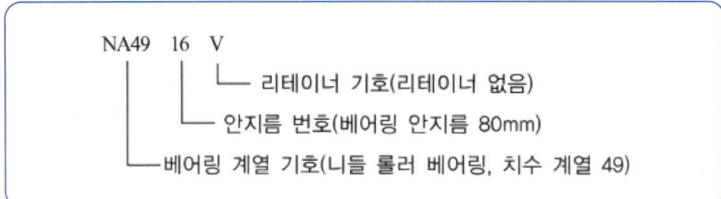

```
NA49  16  V
          └── 리테이너 기호(리테이너 없음)
       └── 안지름 번호(베어링 안지름 80mm)
└── 베어링 계열 기호(니들 롤러 베어링, 치수 계열 49)
```

ⓒ 구름 베어링의 약도 도시 기호

구름 베어링	깊은 홈 볼 베어링	앵귤러 볼 베어링	자동 조심 볼 베어링	원통 롤러 베어링				
				NJ	NU	NF	N	NN
호칭 번호예	6204	7003	1306K	NJ 204	NU 1005	NF 204	N 204	NN 3005

니들 롤러 베어링		데이퍼 롤러 베어링	자동 조심 롤러 베어링	평면자리형 스러스트 베어링		스러스트 자동 조심 롤러 베어링	깊은 홈 볼 베어링
NA	RNA			단식	복식		
NA 4900	RNA 4900	32012	23022	51100	52204	29240	

* 베어링의 간략 도시법에서 축은 굵은 실선으로 표시한다.

③ 기어(gear)

서로 맞물려 돌아가는 1쌍의 마찰차 접촉면에 이(tooth)를 만들어 미끄러지지 않고 연속적으로 동력을 전달하도록 한 기계요소를 기어(gear)라 한다. 기어는 축과 축 사이의 거리가 짧을 때에 큰 동력을 일정한 속도비로 정확하게 전달할 수 있기 때문에 널리 사용되고 있다.

㉠ 기어의 이의 크기
- 원주 피치(circular pitch) : p

$$p = \frac{\pi D}{Z} \text{mm or } P = \pi m$$

여기서, p : 원주 피치
D : 피치원의 지름(mm)
Z : 잇수

- 모듈(module) : m

$$m = \frac{D}{Z}$$

- 지름 피치(diametral pitch) : 인치식 기어의 크기를 나타낸 것

$$D \cdot p = \frac{Z}{D(\text{inch})} = \frac{25.4Z}{D(\text{mm})} \frac{25.4}{m}$$

㉡ 스퍼기어(spur gear)의 제도

기어는 약도로 나타내되, 축에 직각인 방향에서 본 것을 정면도, 축 방향에서 본 것을 측면도로 하여 도시한다.
- 이끝원은 굵은 실선으로 그린다.
- 피치원은 가는 1점쇄선으로 그린다.
- 이뿌리원은 가는 실선으로 그린다. 단, 정면도를 단면으로 도시할 때는 굵은 실선으로 그린다.
- 이뿌리원은 측면도에서 생략해도 좋다.
- 스퍼기어의 표준 압력각은 20°로 규정하고 있다.
- 맞물리는 한 쌍의 스퍼기어를 그릴 때에는 측면도의 이끝원은 항상 굵은 실선으로 그린다. 그리고, 정면도를 단면도로 나타낼 때는 물리는 부분의 한쪽 이끝원을 파선으로 그린다.

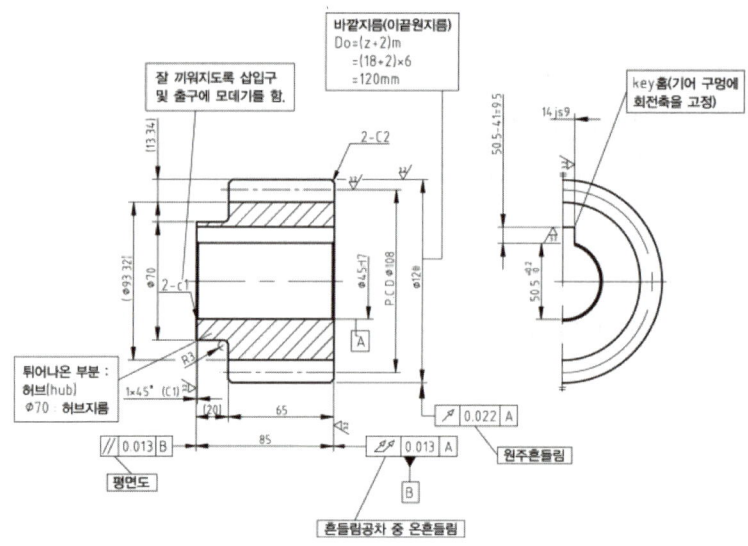

그림 2-2 스퍼기어의 제도

ㄷ) 헬리컬기어의 제도

도시법은 스퍼기어와 같고 잇줄의 비틀림을 그려야 한다.

- 요목표에 이 모양이 잇줄 직각 방식인지, 축 직각 방식인지 기입한다.
- 잇줄의 방향은 정면도에 항상 3줄의 가는 실선(단면도시 2점 쇄선)을 그린다. 정면도가 단면으로 표시되어 있을 때에는 3줄의 가는 2점쇄선으로 그린다.
- 잇줄의 비틀림각은 잇줄을 표시하는 3개의 평행선 중 중앙선으로 연장하여 그 방향과 함께 기입한다.

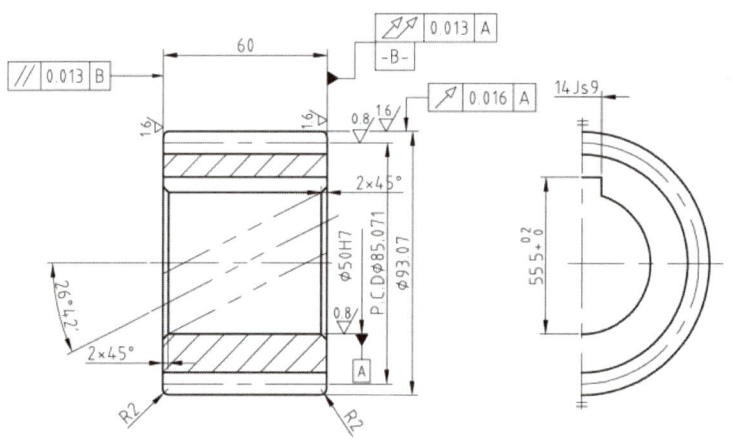

그림 2-3 헬리컬기어의 제도

ㄹ 베벨기어의 제도
- 정면도의 단면도에서 이끝선과 이뿌리선은 굵은 실선, 피치선은 가는 1점쇄선으로 그린다.
- 축 방향에서 본 베벨기어의 측면도에서 이끝원은 외단부와 내단부를 모두 굵은 실선으로, 피치원은 외단부만 가는 1점쇄선으로 그리며, 이뿌리원은 생략한다.
- 한쌍의 맞물리는 기어는 맞물리는 부분의 이끝원을 숨은 선으로 그린다.
- 스파이럴 베벨기어의 약도에서 잇줄을 나타내는 선은 한 줄의 굵은 실선으로 나타낸다.

ㅁ 웜기어의 제도
정면도의 이뿌리원, 이끝원, 피치원 등은 웜의 중심으로부터 웜의 그것들과 같은 치수로 그린다. 측면도 기어의 이끝원은 굵은 실선, 피치원 지름은 가는 1점쇄선으로 그리나, 이뿌리원 및 목의 지름원은 도시하지 않는다.

④ **벨트 풀리(belt pulley)**

ㄱ 평 벨트 풀리의 호칭법

호칭	종류	호칭 지름 × 호칭 나비	재질
평 벨트 풀리	일체형	125×25	주철

예

ㄴ 평 벨트 풀리의 도시법
- 벨트 풀리는 축 직각 방향의 투상을 정면도로 한다.
- 모양이 대칭형인 벨트 풀리는 그 일부분만을 도시한다.
- 방사형으로 되어 있는 암(arm)은 수직 중심선 또는 수평 중심선까지 회전하여 투상한다.
- 암은 길이 방향으로 절단하여 단면을 도시하지 않는다.
- 암의 단면형은 도형의 안이나 밖에 회전단면을 도시한다.
- 암의 테이퍼 부분 치수를 기입할 때 치수 보조선은 경사선(수평과 60° 또는 30°)으로 긋는다.

ㄷ V벨트 풀리의 호칭법

규격 번호 또는 명칭	호칭 지름	종류	보스 위치의 구별
KS B 1403	250	A 1	Ⅱ
주철제 V벨트 풀리	250	B 3	Ⅲ 40H8

예

- V벨트의 종류에는 M형 및 A, B, C, D, E형 등의 6종류가 있으며, M형이 가장 작고 E형이 가장 크다(벨트의 각(θ)은 40°이다).

⑤ 스프로킷 휠(sproket wheel)

ⓐ 스프로킷 휠의 도시방법
- 스퍼기어와 같은 방법으로, 바깥지름은 굵은 실선, 피치원은 가는 1점쇄선, 이뿌리원은 가는 실선 또는 굵은 파선으로 표시한다.
- 축에 직각 방향으로 본 그림을 단면으로 도시할 때에는 톱니를 단면으로 하지 않고, 이뿌리의 위치에서 절단하여 이뿌리선은 굵은 실선으로 한다.

(2) 체결용 기계요소

① 나사의 제도

ⓐ 나사 및 나사 부품의 도시 방법

나사를 제도할 때에 나사 각부를 정확히 표현하기 위하여 다음 그림과 같이 도시한다.

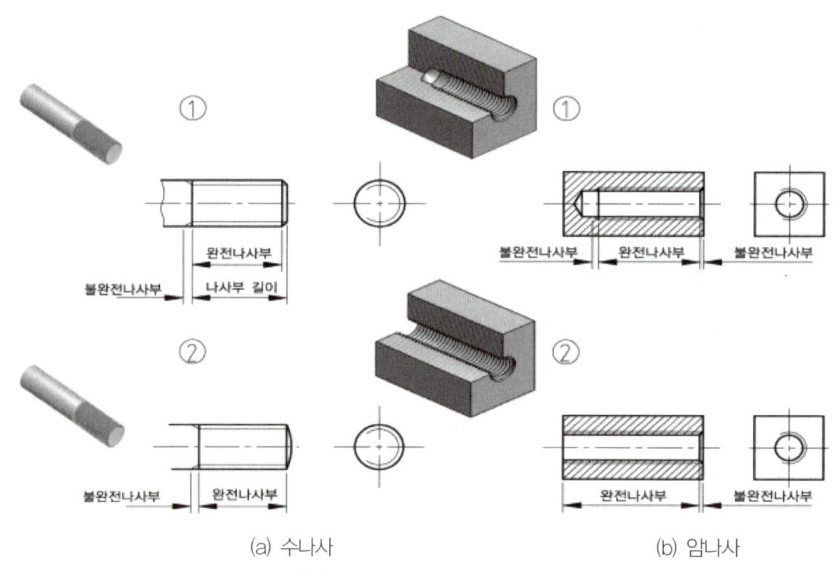

(a) 수나사 (b) 암나사

그림 2-4 나사의 각부의 표시 방법

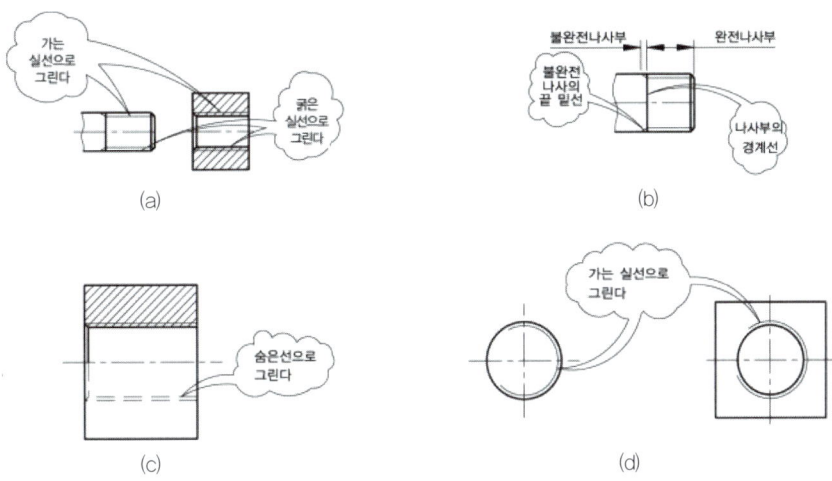

그림 2-5 나사의 제도

- (a)와 같이 수나사의 바깥지름을 표시하는 선은 굵은 실선, 골지름을 표시하는 선은 가는 실선으로 한다.
- (b)와 같이 불완전나사부의 골 밑을 표시하는 선은 축선에 대하여 30° 경사진 가는 실선으로 표시하고 필요에 따라서 불완전 나사부의 치수를 표시한다.
- (c)와 같이 암나사의 안지름을 표시하는 선을 굵은 실선, 골지름을 표시하는 선은 가는 실선으로 한다. 단, 보이지 않을 때에는 중간 굵기의 파선으로 한다.
- (d)와 같이 수나사와 암나사의 측면 도시에서는 골지름은 가는 실선으로 그린다.
- 암나사의 유효 나사부의 길이와 암나사 내기 구멍의 지름 및 길이를 표시할 때에는 아래 그림과 같이 기입하고, 관통하지 않는 암나사의 드릴 구멍 끝 부분은 120°로 일반적으로 표시한다.
- 나사의 결합된 부분의 도시는 아래 그림과 같이 주로 수나사를 나타낸다. 암나사와 맞물리는 끝선은 확대도 B와 같이 수나사부의 골 밑까지 굵은선으로 표시한다.

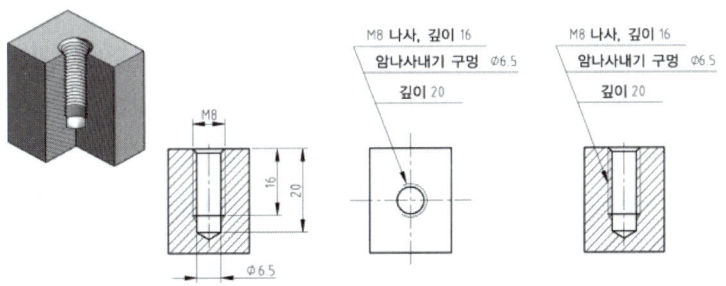

(a) 암나사 유효 나사부의 길이 (b) 암나사 내기 구멍 지름 및 길이의 표시

그림 2-6 암나사의 제도

- 해칭을 하는 경우는 수나사를 기준으로 바깥지름을 표시하는 선까지 해칭선을 표시한다. 마찬가지로 스머징을 하는 경우도 동일하다.

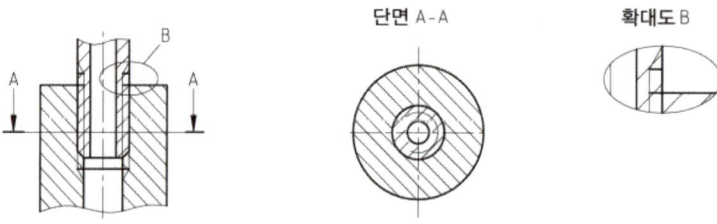

그림 2-7 결합된 나사의 제도

② 키(key)

키는 핸들, 벨트 풀리나 기어 등의 회전체를 축과 고정하여 회전력을 전달할 때 쓰이는 기계요소이다. 키의 재료는 축의 재료보다 약간 강한 재료를 쓰고, 보통 키에는 테이퍼를 주고, 축(shaft)과 보스(boss)에는 키 홈을 설치하여 보스에는 기울기를 붙인다. 키의 모양은 한끝 둥금, 한끝 모짐, 양끝 모짐이 있으며 평행키의 규격은 KS B 1311에 따른다.

③ 핀(pin)

핀은 기계의 부품을 고정하거나 부품의 위치를 결정하는 용도로 사용되며, 접촉면의 미끄럼 방지나 나사의 풀림 방지용으로 많이 사용되고 있다. 핀은 설치 방법이 간단하기 때문에 키의 대용으로도 널리 적용되지만, 작용하중이 작은 경우에만 사용한다.

④ 코터(cotter)

코터는 평평한 쐐기 모양의 강편이며, 축 방향에 하중이 작용하는 축과 여기에 끼워지는 소켓(socket)을 체결하는데 쓰인다. 코터에는 테이퍼나 기울기를 주며, 접속부가 벌어질 염료가 있는 곳에는 기브(gib)를 쓴다.

⑤ 리벳(rivet)

리벳이음은 보일러, 물탱크, 교량 등과 같이 철판이나 형강이음에 리벳을 사용하여 영구적으로 접합하는 데 사용된다. 주로 힘의 전달과 강도만을 위한 곳에 쓰이는 것과 강도와 기밀을 요하는 곳에 사용하는 것으로 나누며 기밀을 유지하기 위하여 종이, 석면 등으로 패킹(packing)을 하거나 두꺼운 곳에는 코킹(caulking) 또는 플러링(fullering)을 한다.

⑥ 용접(welding)

　㉠ 용접기호의 도시 방법

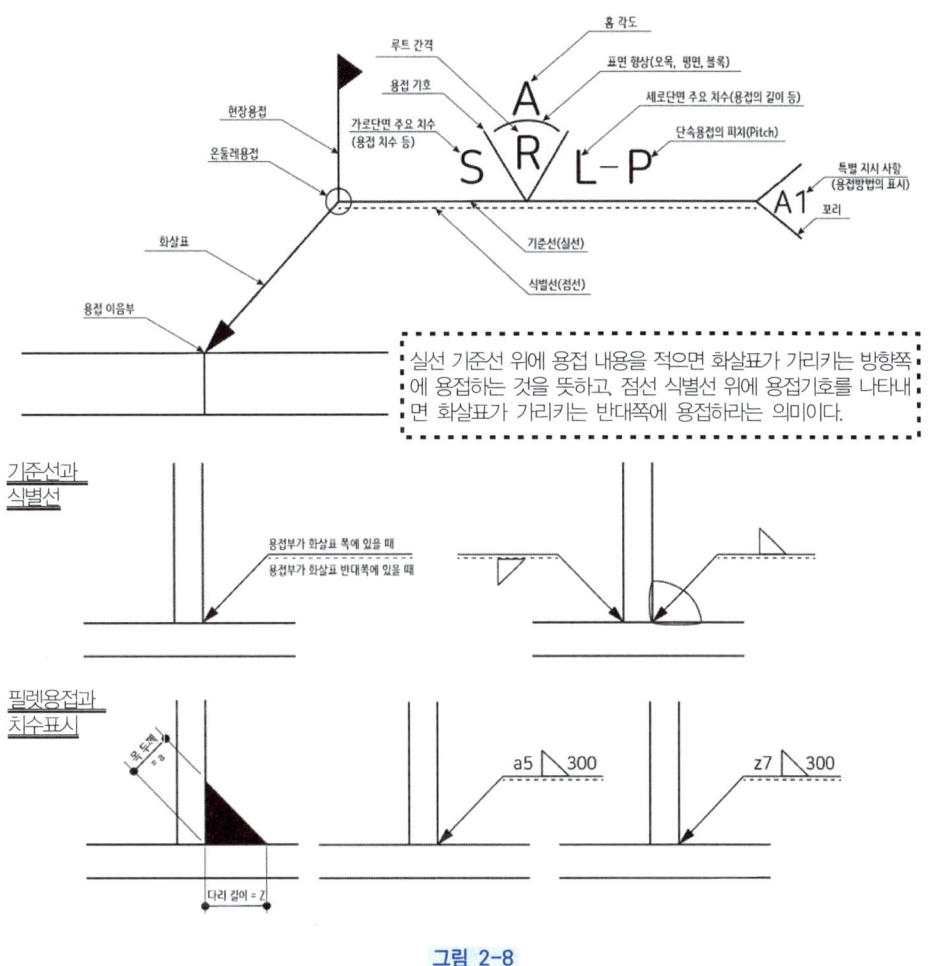

그림 2-8

(3) 제어용 기계요소

① 원통 코일 스프링

　㉠ 코일 스프링의 도시법(코일 스프링의 제도)

- 스프링은 원칙적으로 무하중인 상태로 그린다. 만약, 하중이 걸린 상태에서 그릴 때에는 선도 또는 그때의 치수와 하중을 기입한다.
- 하중과 높이(또는 길이) 또는 처짐과의 관계를 표시할 필요가 있을 때, 선도 또는 항목표에 나타낸다.
- 특별한 단서가 없는 한 모두 오른쪽 감기로 도시하고, 왼쪽 감기로 도시할 때에는 "감긴 방향 왼쪽"이라고 표시한다.

- 코일 부분의 중간 부분을 생략할 때에는 생략한 부분을 가는 1점쇄선으로 표시하거나, 또는 가는 2점쇄선으로 표시해도 좋다.
- 스프링의 종류와 모양만을 도시할 때에는 재료의 중심선만을 굵은 실선으로 그린다.
- 조립도나 설명도 등에서 코일 스프링은 그 단면만으로 표시하여도 좋다.

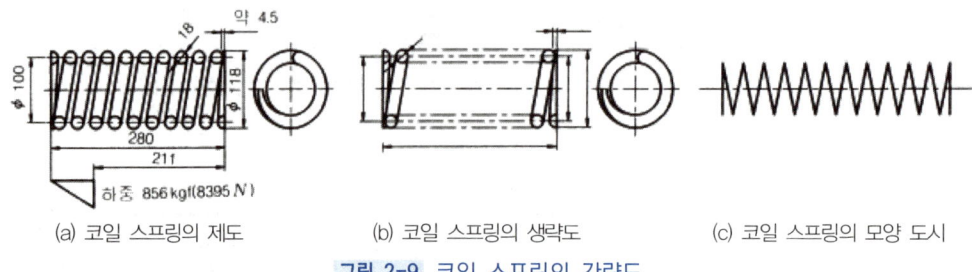

(a) 코일 스프링의 제도   (b) 코일 스프링의 생략도   (c) 코일 스프링의 모양 도시

그림 2-9 코일 스프링의 간략도

② 겹판 스프링

㉠ 겹판 스프링의 제도
- 겹판 스프링은 원칙적으로 판이 수평인 상태에서 그린다. 하중이 걸린 상태에서 그릴 때에는 하중을 명기한다.
- 무하중의 상태로 그릴 때에는 가상선으로 표시한다.
- 모양만을 도시할 때에는 스프링의 외형을 실선으로 그린다.

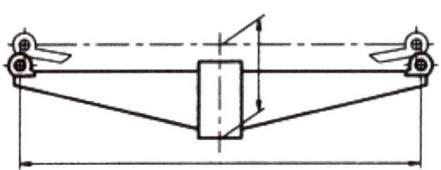

그림 2-10 겹판 스프링의 간략도

02 도면작성

(1) 도면의 크기 및 양식, 척도

| 표 2-1 | 도면의 크기와 종류 및 윤곽의 치수 |

A열 사이즈				연장 사이즈	
호칭 방법	치수 a×b	c (최소)	d(최소) 철하지 않을 때	d(최소) 철할 때	호칭 방법	치수 a×b
-	-	-	-	-	A 0×2	1189×1682
A0	841×1189	20	20		A 1×3	841×1783
A1	594×841				A 2×3	594×1261
					A 2×4	594×1682
A2	410×594			25	A 3×3	420×891
					A 3×4	420×1189
A3	297×420	10	10		A 4×3	297×630
					A 4×4	297×841
					A 4×5	297×1051
A4	210×297				-	-

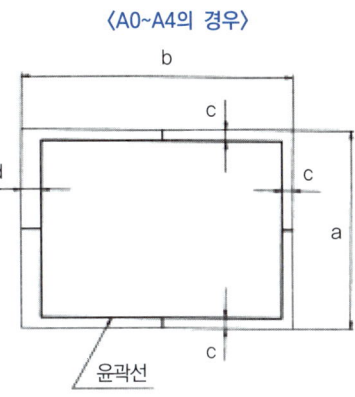

〈A0~A4의 경우〉

① 도면에 반드시 마련하는 사항

　㉠ 윤곽(테두리선) : 도면의 윤곽에 사용하는 윤곽선은 굵기 0.5[mm] 이상의 실선으로 한다.

　㉡ 표제란 : 도면의 오른쪽 아래 구석에 표제란을 그리고 원칙적으로 도면번호, 도명, 기업(단체)명, 책임자 서명(도장), 도면작성 년 월 일, 척도 및 투상법을 기입한다.

　㉢ 중심 마크 : 도면의 마이크로필름 촬영, 복사 등을 위하여 도면에 0.5[mm] 굵기의 직선으로 긋는다.

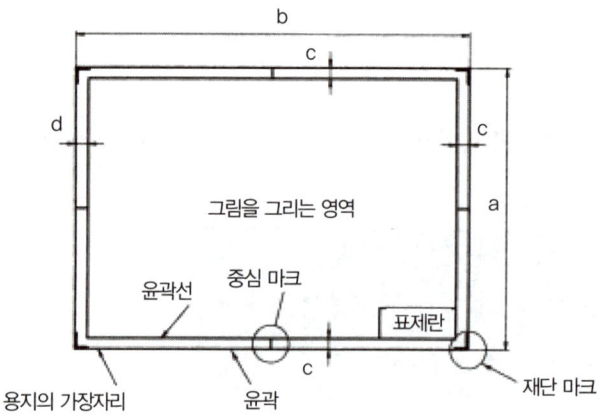

그림 2-11 도면에 반드시 마련하는 사항

② 도면에 마련하는 것이 바람직한 사항

㉠ 비교 눈금 : 도면의 축소 또는 확대 복사의 작업 및 이들의 복사 도면을 취급할 때를 위하여 도면에 비교 눈금을 마련하는 것이 바람직하다.

㉡ 도면의 구역 : 도면 중의 특정 부분의 위치를 지시하는 편의를 위하여 도면의 구역을 표시하는 것이 좋다.

㉢ 부품란 : 아래에서 위로 기입하는 것을 원칙으로 하며, 품명, 재질, 수량, 무게, 공정, 비고 등을 기입한다.

③ 척도

물체의 실제 크기와 도면에서의 크기와의 비율을 말한다. 표시 방법은 A : B이다(여기서, A : 도면에서의 크기, B : 물체의 실제 크기).

| 표 2-2 | 축척, 현척, 배척의 값

척도의 종류	란	값
축척	1	1:2 1:5 1:10 1:20 1:50 1:100 1:200
	2	$1:\sqrt{2}$ 1:2.5 $1:2\sqrt{2}$ 1:3 1:4 $1:5\sqrt{2}$ 1:25 1:250
현척	-	1:1
배척	1	2:1 5:1 10:1 20:1 50:1
	2	$\sqrt{2}:1$ $2.5:\sqrt{2}$ 100:1

* 1란의 척도를 우선으로 사용한다.
※ N.S(Non Scale) : 비례척이 아닌 것을 뜻하며, 치수 밑에 밑줄을 긋기도 한다.(예 : <u>30</u>).

(2) 선의 종류와 용도

① 선의 종류에 의한 용도

명 칭	선의 종류		선의 용도
외형선	굵은 실선	————	대상물이 보이는 부분의 모양을 표시하는 데 쓰인다.
치수선	가는 실선	————	치수를 기입하는데 쓰인다.
치수 보조선			치수를 기입하기 위하여 도형으로부터 끌어내는 데 쓰인다.
지시선			기술·기호 등을 표시하기 위하여 끌어내리는 데 있다.
회전 단면선			도형 내에 그 부분의 끊은 곳을 90° 회전하여 표시하는 데 쓰인다.
중심선			도형의 중심선을 간략하게 표시하는 데 쓰인다.
수준면선			수면, 유면 등의 위치를 표시하는 데 쓰인다.
숨은선	가는 파선 또는 굵은 파선	-------	대상물의 보이지 않는 부분의 모양을 표시하는 데 쓰인다.
중심선	가는 1점쇄선	—·—·—	• 도형의 중심을 표시하는데 쓰인다. • 중심이 이동한 중심궤적을 표시하는 데 쓰인다.
기준선			특히 위치 결정의 근거가 된다는 것을 명시할 때 쓰인다.
피치선			되풀이 하는 도형의 피치를 취하는 기준을 표시하는 데 쓰인다.
특수 지정선	굵은 1점쇄선	—·—·—	특수한 가공을 하는 부분 등 특별히 요구사항을 적용할 수 있는 범위를 표시하는데 사용한다.
가상선	가는 2점쇄선	—··—··—	• 인접부분을 참고로 표시하는 데 사용한다. • 공구, 지그 등의 위치를 참고로 나타내는 데 사용한다. • 가동부분을 이동 중의 특정한 위치 또는 이동한계의 위치로 표시하는 데 사용한다. • 가공 전 또는 가공 후의 모양을 표시하는 데 사용한다. • 되풀이 하는 것을 나타내는 데 사용한다. • 도시된 단면의 앞쪽에 있는 부분을 표시하는 데 사용한다.
무게 중심선			단면의 무게 중심을 연결한 선을 표시하는 데 사용된다.
파단선	불규칙한 파형의 가는 실선 또는 지그재그선	∿	대상물의 일부를 파단한 경계 또는 일부를 떼어낸 경계를 표시하는 데 사용한다.
절단선	가는 1점쇄선으로 끝부분 및 방향이 변하는 부분을 굵게 한 것	⌐⌐	단면도를 그리는 경우, 그 절단 위치를 대응하는 그림에 표시하는데 사용한다.
해칭	가는 실선으로 규칙적으로 줄을 늘어 놓는 것	/////	도형의 한정된 특정 부분을 다른 부분과 구별하는데 사용한다. 예를 들면 단면도의 절단된 부분을 나타낸다.
특수한 용도의 선	가는 실선	————	• 외형선 및 숨은선의 연장을 표시하는데 사용한다. • 평면이란 것을 나타내는 데 사용한다. • 위치를 명시하는 데 사용한다.
	아주 굵은 실선	━━━━	얇은 부분의 단선도시를 명시하는 데 사용한다.

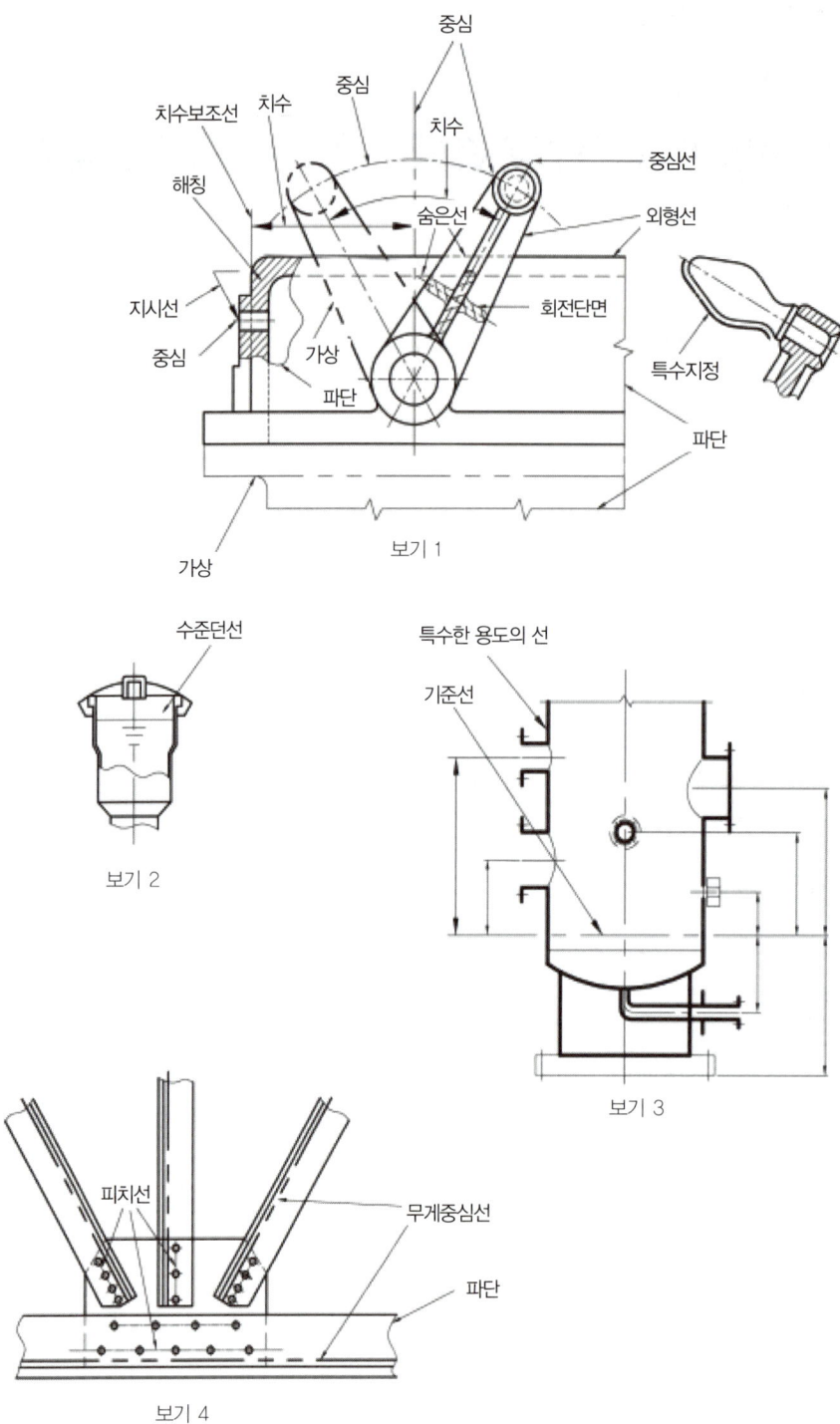

그림 2-12 선의 종류에 대한 예시

② 선 중복 시 우선 순위

도면에서 2종류 이상의 선이 같은 장소에 겹치게 될 경우, 다음과 같은 순위에 따라 우선되는 종류의 선으로 그린다.

: 외형선 → 숨은선 → 절단선 → 중심선 → 무게 중심선 → 치수 보조선

(3) 투상법

투상법은 제3각법에 따르는 것을 원칙으로 한다. 다만, 필요한 경우에는 제1각법에 따를 수도 있다. 지면의 형편 등으로 투상도를 제3각법에 의한 정확한 위치에 그리지 못하는 경우, 또는 그림의 일부가 제3각법에 의한 위치에 그리면 도리어 도형을 이해하기 곤란한 경우에는 상호관계를 화살표와 문자를 사용하여 표시하고, 그 글자는 투상의 방향과 관계없이 전부 위 방향으로 명백하게 쓴다.

| 표 2-3 | 투상법의 종류

투상법의 종류	사용하는 그림의 종류	특징	주된 용어
정투상	정투상도	모양을 엄밀, 정확하게 표시할 수 있다.	일반도면
등각투상	등각도	하나의 그림으로 정육면체의 세 면을 같은 정도로 표시할 수 있다.	설명용 도면
사투상	캐비닛도	한의 그림으로 정육면체의 세 면 중의 한 면만을 중점적으로 엄밀, 정확하게 표시할 수 있다.	

* 투시도 : 근감을 갖도록 그리는 방법으로 건축이나 토목제도에 주로 사용되는 도법이다.

① 정투상도

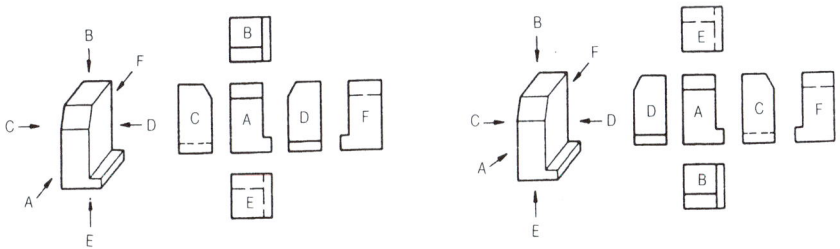

[A : 정면도, B : 평면도, C : 좌측면도, D : 우측면도, E : 저면도, F : 배면도]

(a) 제3각법의 기호   (b) 제1각법의 기호

그림 2-13 정투상도

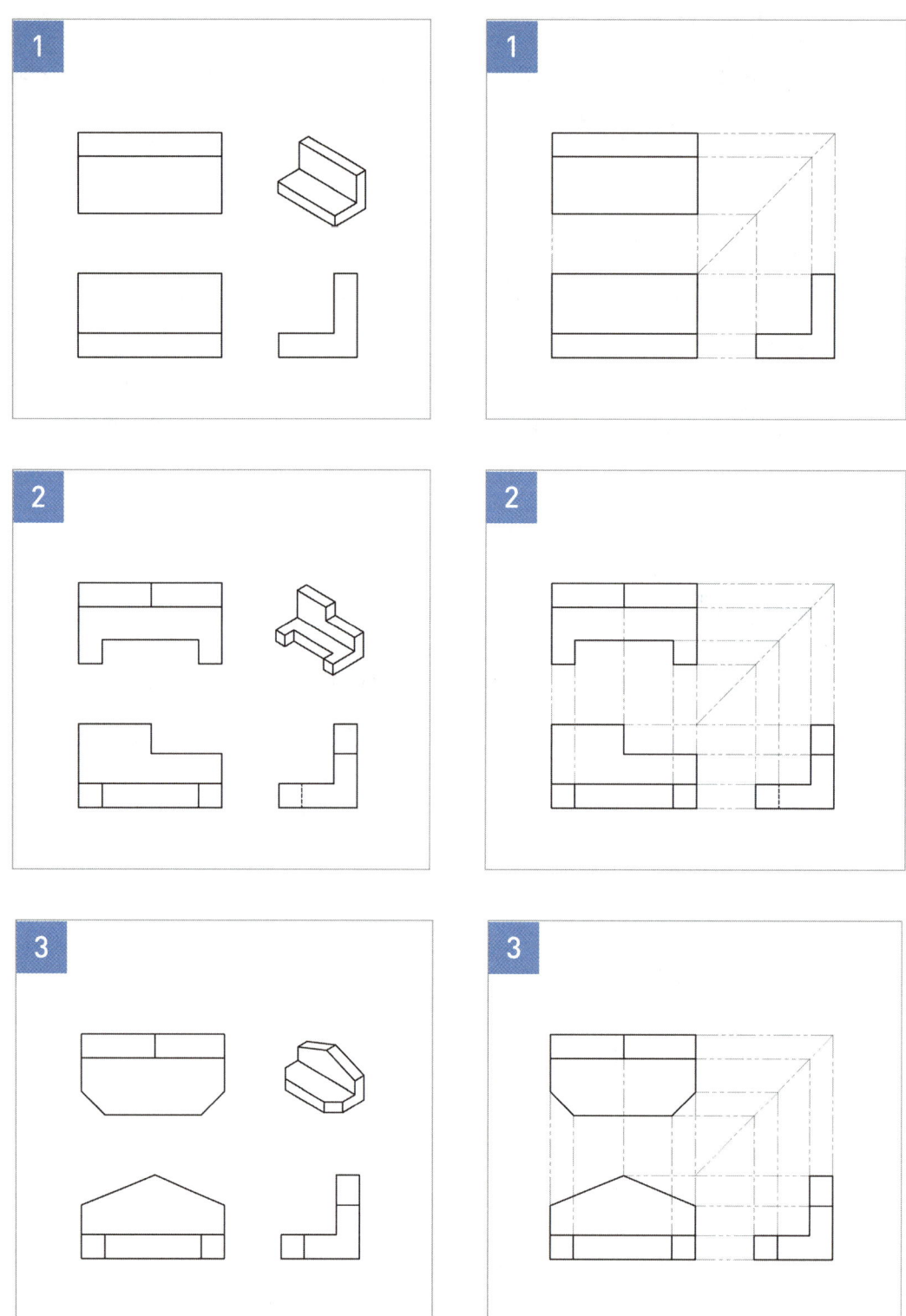

그림 2-14 3각법에 따른 정투상도 연습

② 입체투상도

㉠ 등각 투상도(isometricrojection drawing) : 정면, 평면, 측면을 하나의 투상면 위에 동시에 볼 수 있도록 두 개의 옆면 모서리가 수평선과 30°가 되게 하여 세 축이 120°의 등각이 되도록 입체도로 투상한 것을 등각 투상도라고 한다.

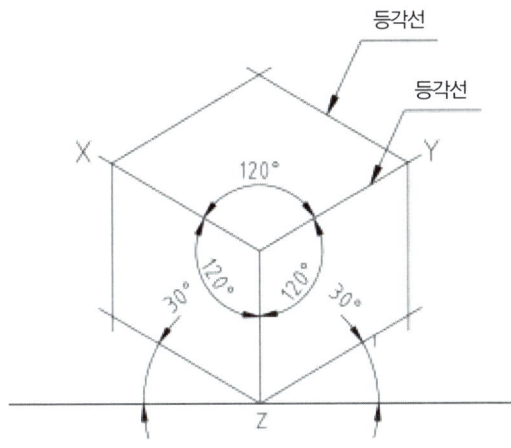

그림 2-15 등각 투상도

㉡ 사투상도(oblique projection drawing) : 투상선이 투상면을 사선으로 평행하도록 무한대의 수평 시선으로 얻은 물체의 윤곽을 그리게 되면, 육면체의 세 모서리는 경사축이 각을 이루는 입체도가 되며, 이를 그린 그림을 사투상도라고 한다. 45°의 경사축으로 그린 것을 카발리에도(cavalier projection drawing), 60°의 경사축으로 그린 것을 캐비닛도(cabinet projection drawing)라고 한다.

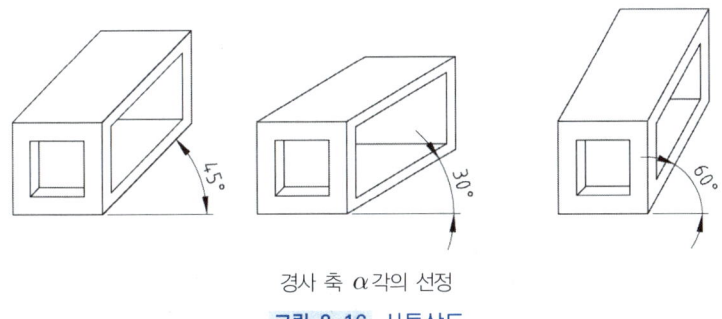

경사 축 α각의 선정

그림 2-16 사투상도

③ 보조 투상도

경사면부가 있는 대상물에서 그 경사면의 실형을 표시할 필요가 있는 경우에 보조 투상도로 표시한다.

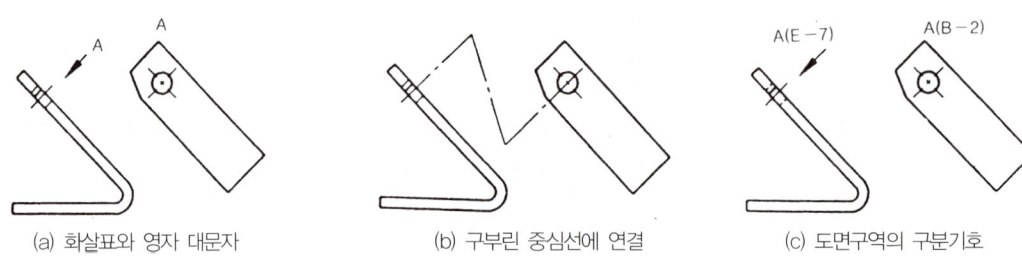

그림 2-17 보조 투상도

④ 회전 투상도

아래 그림과 같이 투상면이 어느 각도를 가지고 있기 때문에 그 실형을 표시하지 못할 때에는 그 부분을 회전해서 실형을 도시할 수 있다. 또한, 잘못 볼 우려가 있을 경우에는 작도에 사용한 선을 남긴다.

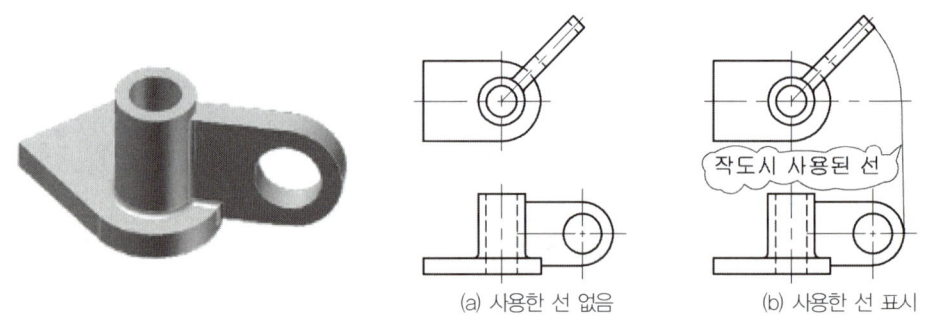

그림 2-18 회전 투상도

⑤ 부분 투상도

그림의 일부를 도시하는 것으로 충분한 경우에는 그 필요 부분만을 부분 투상도로서 표시한다. 이 경우에는 생략한 부분과의 경계를 파단선으로 나타낸다. 다만, 명확한 경우에는 파단선을 생략하여도 좋다.

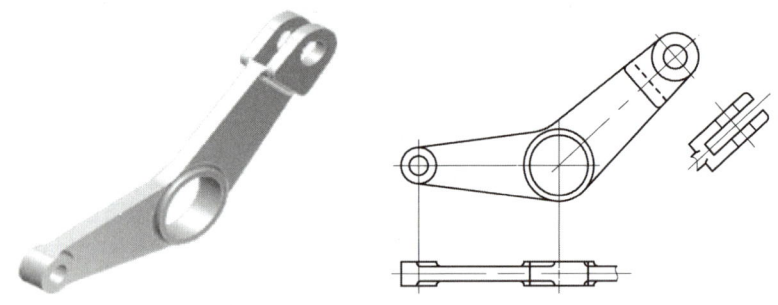

그림 2-19 부분 투상도

⑥ 국부 투상도

대상물의 구멍, 홈 등 한 국부만의 모양을 도시하는 것으로 충분한 경우에는 그 필요한 부분을 국부 투상도로서 나타낸다. 투상 관계를 나타내기 위하여 원칙적으로 주된 그림에 중심선, 기준선, 치수보조선 등으로 연결한다.

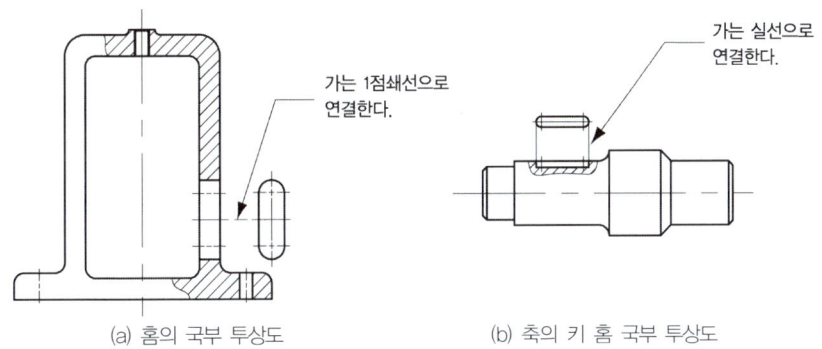

(a) 홈의 국부 투상도   (b) 축의 키 홈 국부 투상도

그림 2-20 국부 투상도

⑦ 부분 확대도

특정 부분의 도형이 작은 까닭으로 그 부분의 상세한 도시나 치수 기입을 할 수 없을 때는 그 부분을 가는 실선으로 에워싸고, 영자의 대문자로 표시함과 동시에 그 해당 부분을 다른 장소에 확대하여 그리고 표시하는 글자 및 척도를 부기한다. 다만, 확대한 그림의 척도를 나타낼 필요가 없는 경우에는 척도 대신 '확대도'라고 부기하여도 좋다.

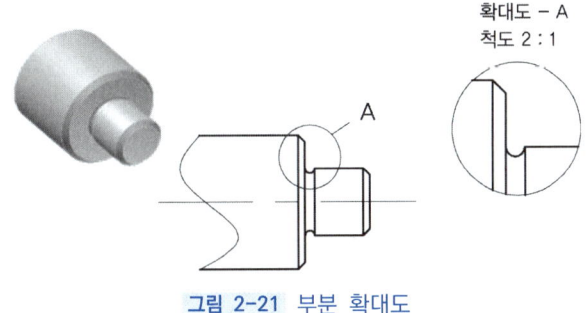

그림 2-21 부분 확대도

(4) 도형의 도시법

① 도형의 생략

　㉠ **대칭도형의 생략** : 도형이 대칭인 경우에는 대칭 중심선의 한쪽을 생략할 수 있다. 이 경우 대칭 중심선의 양 끝 부분에 짧은 두 개의 나란한 가는 실선을 그린다. 또한 대칭 중심선의 한쪽 도형을 대칭 중심선을 조금 넘은 부분까지 그릴 수 있다.

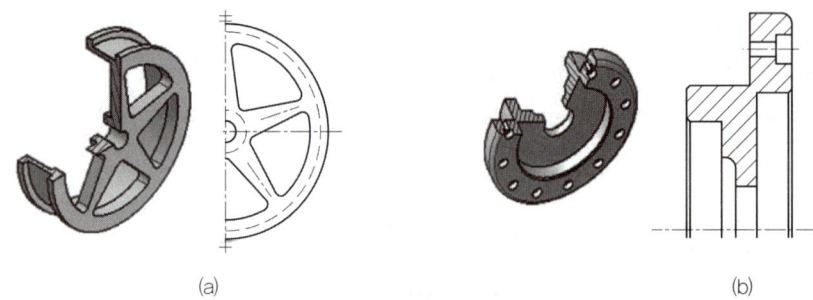

그림 2-22 대칭 도형의 생략

ⓒ 반복도형의 생략 : 같은 종류, 같은 모양의 것이 다수 줄지어 있는 경우에 반복도형을 생략할 수 있다(볼트, 볼트구멍, 관, 관구멍, 사다리의 횡목 등).

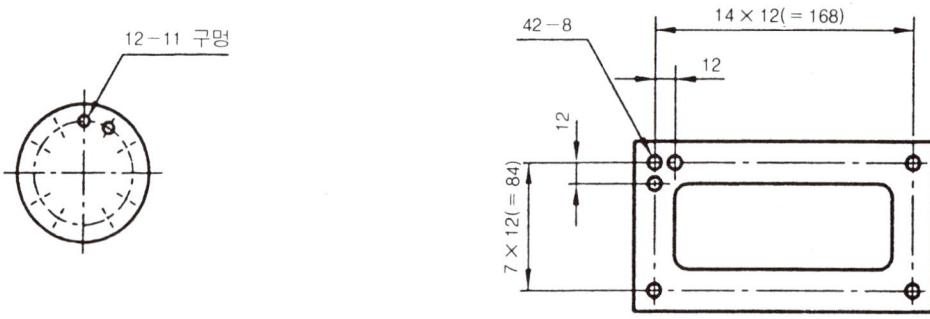

그림 2-23 반복도형의 생략

② 리브의 도시법

리브 등을 표시하는 선의 끝부분은 직선 그대로 멈추게 한다. 또한, 관련 있는 둥글기의 반지름이 현저하게 다를 경우에는 끝부분을 안쪽 또는 바깥쪽으로 구부려서 멈추게 한다.

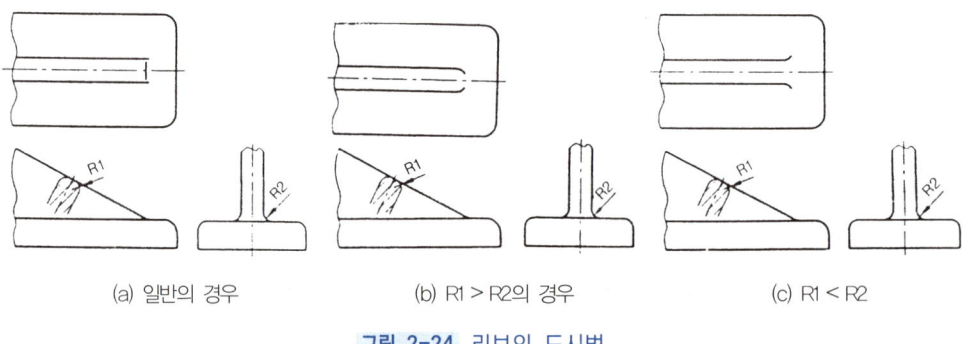

(a) 일반의 경우　　　(b) R1 > R2의 경우　　　(c) R1 < R2

그림 2-24 리브의 도시법

③ 면의 도시법

도형 내의 특정한 부분이 평면이란 것을 표시할 필요가 있을 경우에는 가는 실선으로 대각선을 기입한다.

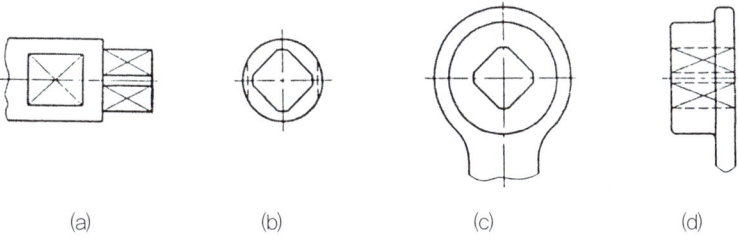

그림 2-25 면의 도시법

④ 특정한 모양을 가진 것을 도시하는 방법

그림의 위쪽에 나타나도록 그리는 것이 좋다.

예 키 홈이 있는 보스 구멍(a), 벽에 구멍 있는 홈이 있는 관(b), 쪼개짐을 가진 링(c)

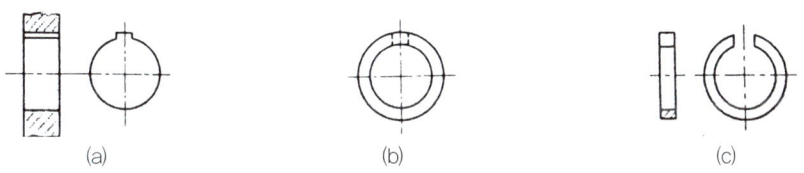

그림 2-26 특정한 모양을 가진 것을 도시하는 방법

⑤ 중간 부분의 생략에 의한 도형의 단축

축, 봉, 관, 형강, 테이퍼축 등과 같이 일정한 단면 모양의 부분 또는 테이퍼 부분이 긴 경우에는 그의 중간 부분을 절단하여 짧게 도시할 수 있다. 이때 절단한 끝 부분은 파단선으로 표시하고 필요한 경우에는 단면의 모양을 표시한다.

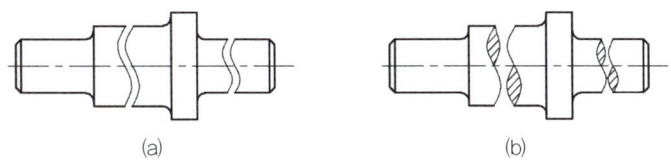

그림 2-27 중간 부분의 생략에 의한 도형의 단축

⑥ 가공 전과 후의 모양 표시방법

가공 전후 모양의 투상선은 다음 그림과 같이 가는 이점쇄선으로 가공 전후의 모양을 표시한다.

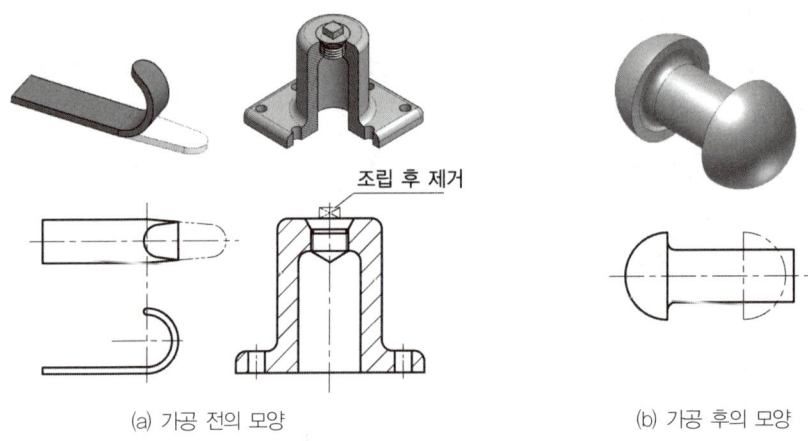

그림 2-28 가공 전과 후의 모양 표시방법

⑦ 특수 가공 부분의 표시

그림과 같이 물체의 일부분에 특수가공을 하는 경우에는 그 범위를 외형선과 평행하게 약간 떼어서 그은 굵은 1점 쇄선으로 표시한다. 이 방법은 일부분만의 치수 허용차를 다르게 하는 경우나 일부분만 열처리하는 경우에도 사용된다.

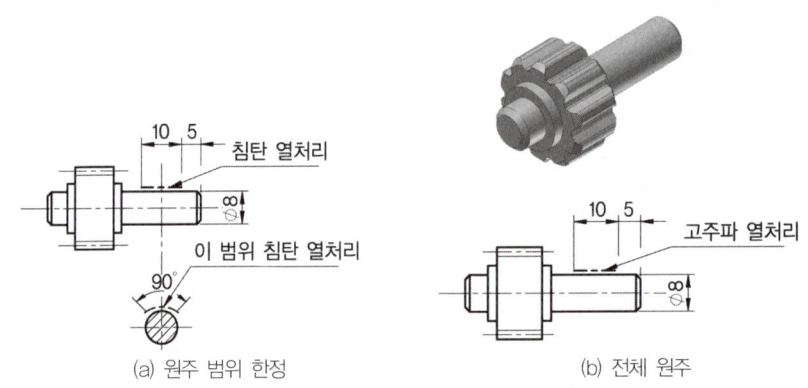

그림 2-29 특수 가공 부분의 표시

(5) 단면도의 해칭 및 종류

물체 내부의 보이지 않는 부분은 숨은선으로 표시하여도 좋으나, 구조가 복잡한 경우와 조립도 등에서는 많은 숨은선으로 인하여 오히려 도면의 이해가 어려워진다. 이와 같은 경우, 필요한 부분을 절단한 것으로 가상하여 그 단면 모양을 외형선으로 표시하면 물체의 형상을 뚜렷이 나타낼 수 있는데, 이렇게 그려진 도면을 단면도라 한다.

① 단면도의 해칭

절단면에 해칭(또는 스머징)을 할 경우에는 다음에 따른다.

- 보통 사용하는 해칭은 주된 중심선에 대하여 45°로, 가는 실선으로 등간격으로 표시한다.
- 동일 부품의 단면은 떨어져 있어도 해칭의 방향과 간격 등을 같게 한다.
- 서로 인접하는 단면의 해칭은 선의 방향 또는 각도(30°, 45°, 60° 임의의 각도) 및 그 간격을 바꾸어서 구별한다.
- 경사진 단면의 해칭선은 경사진 면에 수평이나 수직으로 그리지 않고, 재질에 관계없이 기본 중심에 대하여 45° 경사진 각도로 그린다.
- 절단 자리의 면적이 넓을 경우에는 그 외형선을 따라 적절한 범위에 해칭(또는 스머징)을 한다.
- 해칭을 하는 부분 속에 문자, 기호 등을 기입하기 위해 필요한 경우에는 해칭을 중단한다.
- 단면도에 재료 등을 표시하기 위하여 특수한 해칭(또는 스머징)을 해도 좋다.

② 전단면도(온단면도 : full section view)

그림과 같이 물체 전체를 둘로 절단해서 그림 전체를 단면으로 나타낸 것을 전단면도라 한다.

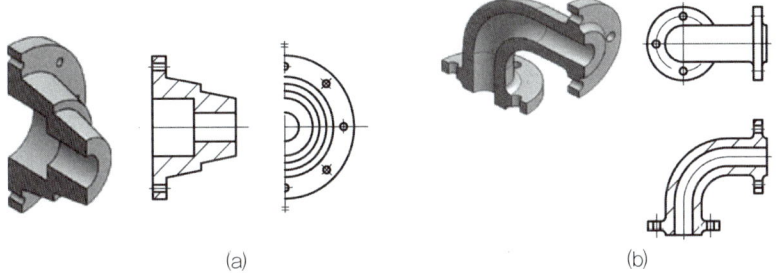

(a)　　　　　　　　　　　　(b)

그림 2-30 전단면도

③ 한쪽 단면도(반 단면도 : half section view)

그림과 같이 상하 또는 좌우 대칭인 물체는 $\frac{1}{4}$을 떼어낸 것으로 보고, 기본 중심선을 경계로 하여 $\frac{1}{2}$은 외형, $\frac{1}{2}$은 단면으로 동시에 나타낸 것으로 대칭 중심의 우측 또는 위쪽을 단면한다.

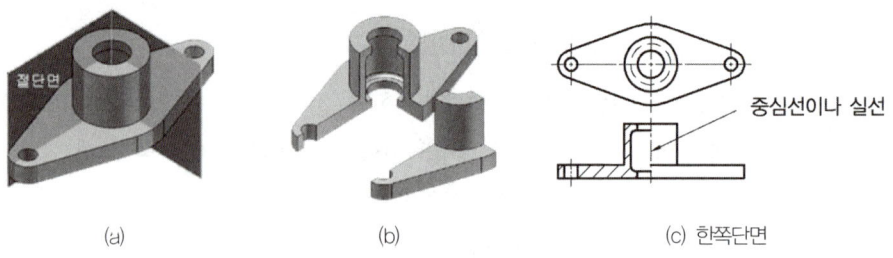

그림 2-31 한쪽 단면도

④ 부분 단면도(partial section)

아래 그림과 같이 외형도에서 필요로 하는 일부분만을 도시할 수 있다. 이 경우 파단선(가는 실선)에 의해서 경계를 나타낸다.

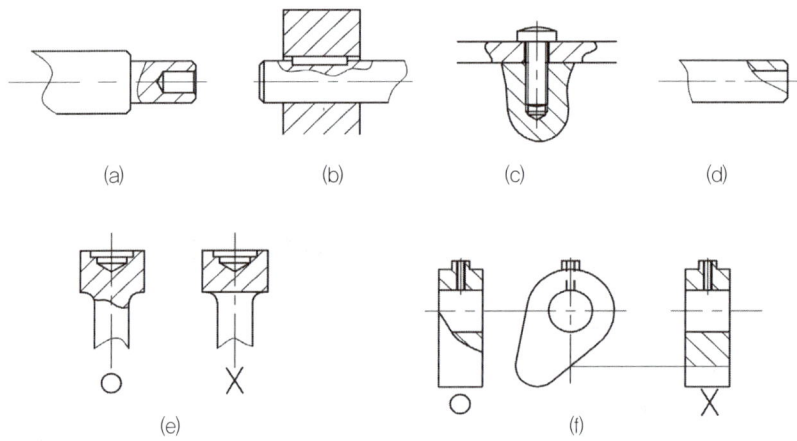

그림 2-32 부분 단면도

⑤ 회전 도시 단면도

아래 그림과 같이 핸들이나 바퀴 등의 암 및 림, 리브, 훅, 축, 구조물의 부재 등의 절단면은 90° 회전하여 표시한다.

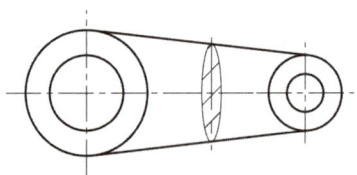

그림 2-33 회전 도시 단면도

⑥ 얇은 부분의 단면도

개스킷, 박판, 형강 등에서 절단 자리의 두께가 얇은 경우
- 절단 자리는 검게 칠한다.
- 실제의 치수에 관계없이 1개의 굵은 실선으로 표시하고, 이들의 절단 자리가 인접하고 있는 경우 틈새 0.7[mm] 이상을 둔다.

(6) 치수 기입법

① 치수의 표시방법

치수는 두 개의 점, 두 개의 선, 두 개의 평면 사이 또는 점, 직선, 평면 등 상호 간의 거리를 표시하기 위하여 사용한다. 숫자로 실제 길이를 표시하고 치수선과 치수 보조선으로 치수의 구간을 표시한다.

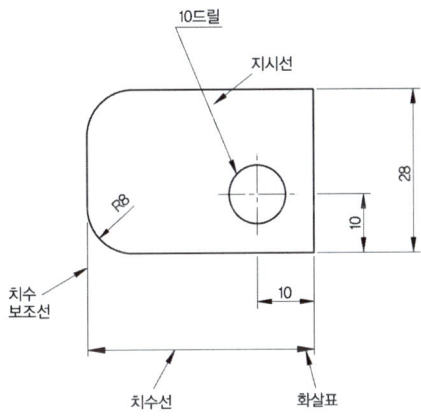

그림 2-34 치수기입 요소

② 치수기입의 원칙

㉠ 대상물의 기능, 제작, 조립 등을 고려하여 필요한 치수를 명료하게 도면에 기입한다.
㉡ 치수는 대상물의 크기, 위치 등을 가장 명확하게 표시하는데 필요하고 충분한 것을 기입한다.
㉢ 도면에 나타내는 치수는 특별히 명시하지 않는 한 도시한 대상물의 마무리 치수를 표시한다.
㉣ 치수에는 기능상 필요한 치수의 허용한계를 기입한다. 다만, 이론적인 정확한 치수는 제외한다.
㉤ 치수는 되도록이면 주투상도에 기입한다.
㉥ 치수는 되도록이면 계산할 필요가 없도록 기입하고, 중복되지 않게 기입한다.
㉦ 치수는 각 투상도간에 비교, 대조가 용이하게 기입한다.

ⓞ 치수는 필요에 따라 기준이 되는 점, 선 또는 면을 기준으로 하여 기입한다.
ⓩ 관련되는 치수는 되도록 한곳에 모아서 기입한다.
ⓒ 치수는 되도록 공정마다 배열을 분리하여 기입한다.
ⓚ 치수 중 참고 치수에 대하여는 치수 수치에 괄호를 붙인다.

③ 치수보조기호의 표시

표 2-4 | 치수보조기호(KS A 0113)

구분	기호	읽기	사용법	예
지름	φ	파이	치수보조기호는 치수 수치 앞에 붙이고, 치수 수치와 같은 크기로 쓴다.	φ5
반지름	R	아르		R10
구의 지름	Sφ	에스파이		Sφ5
구의 반지름	SR	에스아르		SR10
정사각형의 변	□	사각		□10
판의 두께	t	티		t2
45°의 모떼기	C	시		C2
실제의 반지름	실R	실아르		실R30
전개상의 반지름	전개R	전개아르		전개R10
원호의 길이	⌒	원호	치수 수치 위에 붙인다.	⌒30
이론적으로 정확한 치수	□	테두리	치수 수치를 둘러싼다.	30
참고치수	( )	괄호	치수 수치의 치수보조기호를 둘러싼다.	(30)

④ 치수의 배치

㉠ **직렬 치수기입방법** : 직렬로 나란히 연속되는 개개의 치수가 계속되어도 상관없는 경우에 쓰인다.

㉡ **병렬 치수기입방법** : 하나하나의 치수에 대한 공차에는 영향을 주지 않을 때 사용한다.

㉢ **누진 치수기입방법** : 이 방법에 따르면, 병렬 치수기입방법과 같이 치수공차에는 영향을 주지 않으며, 하나의 연속된 치수선으로 간편하게 표시할 수 있다. 이때 치수의 기점 위치는 O 기호로 표시하고, 치수선의 다른 끝은 화살표로 표시한다. 치수는 치수보조선에 나란히 기입하거나 화살표 부근 치수선의 위쪽을 따라 기입한다.

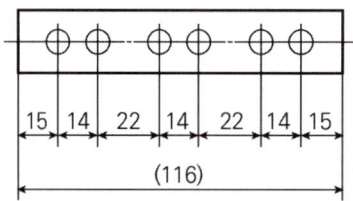

그림 2-35 직렬 치수기입방법

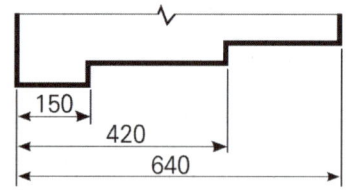

그림 2-36 병렬 치수기입방법

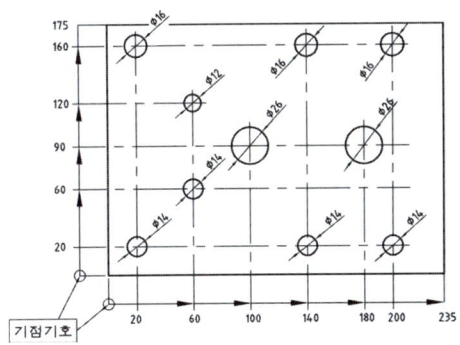

그림 2-37 누진 치수기입방법

⑤ 형강의 치수기입법

㉠ 형상 높이×넓이×두께−길이로 표시한다.

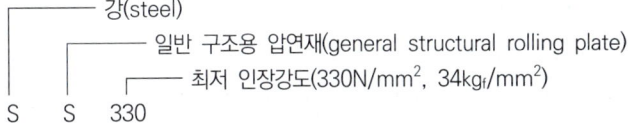

그림 2-38 형강 치수 기입 예시

⑥ 기계재료 표시법

㉠ 재료 기호의 구성 : 한국산업규격(KS)의 금속부문(D)에는 재료의 종류별로 화학성분, 기계적 성질 및 용도에 따라 재료기호를 지정해 놓았다.

- 처음부분 : 재질을 나타내는 부분
- 중간부분 : 규격명, 제품명, 형상별 종류나 용도를 나타내는 부분
- 끝부분 : 재질의 종류 번호, 최저 인장강도를 숫자나 영문자로 표시

보기 1 SS 330(일반 구조용 압연강재)

```
         ┌── 강(steel)
         │    ┌── 일반 구조용 압연재(general structural rolling plate)
         │    │    ┌── 최저 인장강도(330N/mm², 34kgf/mm²)
         S    S    330
```

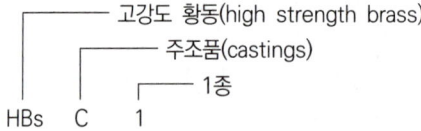

보기 2   HBsC 1(고강도 황동 주물)

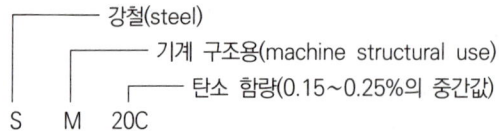

보기 3   SM 20C(기계 구조용 탄소강재)

ⓒ 재료의 종류와 기호
- SHP1~SHP3 : 열간 압연 연강판 및 강대
- SS330, SS400, SS490, SS540 : 일반구조용 압연강판
- SCP1~SCP3 : 냉간 압연강판 및 강대
- SWS400A~SWS570 : 용접구조용 압연강재
- PW1~PW3 : 피아노선
- SPS1~SPS9 : 스프링 강재
- SCr415~SCr420 : 크롬 강재
- SNC415, SNC815 : 니켈 크롬 강재
- SF340A~SF640B : 탄소강 단강품
- STC1~STC7 : 탄소공구 강재
- SM10C~SM58C, SM9CK, SM15CK, SM20CK : 기계구조용 탄소 강재
- SC360~SC480 : 탄소 주강품
- GC100~GC350 : 회주철품
- GCD370~GCD800 : 구상흑연 주철품
- BMC270~BMC360 : 흑심가단 주철품
- WMC330~WMC540 : 백심가단 주철품
- C5191B : 인청동
- BC1~BC7 : 청동주물
- ALDC1~ALDC8 : 알루미늄 합금 다이캐스팅

CHAPTER 02 실전연습문제

01 스프링의 제도방법 중 틀린 것은?

① 겹판 스프링의 모양만을 도시할 때에는 스프링의 외형을 가는 1점쇄선으로 그린다.
② 도면에서 지시가 없는 코일 스프링은 모두 오른쪽으로 감은 것을 나타낸다.
③ 코일 스프링의 간략도는 스프링재료의 중심선을 굵은 실선으로 그린다.
④ 코일 스프링은 하중이 가해지지 않은 상태에서 그리는 것을 원칙으로 한다.

> 겹판 스프링의 외형을 도시할 때에는 실선으로 그린다. 굵은 실선 또는 가는 실선으로 그린다.

02 코일 스프링 제도법의 설명으로 틀린 것은?

① 양단에 생긴 형태를 그려주고 중앙부에 1점쇄선으로 나타낼 수 있다.
② 코일 부분은 곡선이 아닌 직선으로 나타낼 수 있다.
③ 스프링은 하중상태로 나타내는 것이 원칙이다.
④ 코일 스프링은 간단히 굵은 선으로 생긴 형상을 나타낼 수도 있다.

> **코일 스프링의 제도법**
> ① 스프링은 원칙적으로 무하중인 상태로 그린다. 만약, 하중이 걸린 상태에서 그릴 때에는 선도 또는 그때의 치수와 하중을 기입한다.
> ② 하중과 높이(또는 길이) 또는 처짐과의 관계를 표시할 필요가 있을 때에는 선도 또는 요목표에 나타낸다.
> ③ 특별한 단서가 없는 한 모두 오른쪽 감기로 도시하고, 왼쪽 감기로 도시할 때에는 감긴 방향 왼쪽이라고 표시한다.
> ④ 코일 부분의 중간 부분을 생략할 때에는 생략한 부분을 1점쇄선으로 표시하거나, 또는 가는 2점쇄선으로 표시해도 좋다.
> ⑤ 스프링의 종류와 모양만을 도시할 때에는 재료의 중심선만을 굵은 실선으로 그린다.

03 하중이 걸린 상태에서 제도하는 스프링은?

① 겹판 스프링
② 압축 코일 스프링
③ 인장 코일 스프링
④ 볼류트 스프링

> • 무하중 상태에서 제도 : 코일 스프링, 볼류트 스프링, 스파이럴 스프링, 접시 스프링 등
> • 사용하중 상태에서 제도 : 겹판 스프링

정/답 01 ① 02 ③ 03 ①

04 다음 중 KS 기어의 제도방법으로 올바른 것은?

① 이끝원은 굵은 실선으로 그린다.
② 잇봉우리원은 가는 실선으로 그린다.
③ 피치선의 지름은 굵은 일점쇄선으로 그린다.
④ 베벨 기어의 이끝원은 원칙적으로 생략한다.

기어제도
① 잇봉우리원(이끝원) : 굵은 실선
② 피치원 : 가는 1점쇄선
③ 이골원(이뿌리원) : 가는 실선
(단, 정면도를 단면으로 나타낼 때에는 굵은 실선으로 그린다.)

---

05 스퍼기어의 요목표에 보통이로 표시되는 것과 관계 깊은 것은?

① 공구 치형　　② 기어 치형　　③ 공구 압력각　　④ 다듬질 방법

스퍼기어의 요목표
① 기어 치형 : 표준 또는 전위
② 공구 치형 : 보통이
③ 공구 압력각 : 20°, 14.5°
④ 다듬질 방법 : 호브 절삭

---

06 기어 부품도에서 항목표에 원칙적으로 기입하는 항만으로 되어 있는 것은?

① 기어 소재, 조립, 이절삭　　② 재료명, 열처리, 이절삭
③ 소재경도, 조립, 이절삭　　④ 이절삭, 조립, 검사

기어의 부품도
① 항목표에는 원칙적으로 이절삭, 조립, 검사 등에 필요한 사항을 기입한다.
② 재료, 열처리, 경도 등에 관한 사항은 필요에 따라 표의 비고란 또는 그림 속에 적당히 기입한다.

---

07 웜 기어의 제도 시 정면의 잇줄방향을 나타낼 때는 잇줄의 수를 몇 개의 가는 실선으로 나타내는가?

① 1줄　　② 2줄　　③ 3줄　　④ 4줄

웜기어는 나사의 형태를 가진 기어로, 제도 시에 웜의 정면도에서 잇줄 방향(나선형 치형)을 표현할 때는 다음과 같은 제도 규칙이 적용된다.
• 정면에서 웜의 잇줄 방향을 나타낼 때는 3개의 가는 실선으로 잇줄을 도시한다.
• 이는 웜의 나사산 방향과 수를 시각적으로 나타내기 위한 통상적인 기계제도 규칙이다.

정/답　04 ①　05 ①　06 ④　07 ③

08 서로 물려 있는 한 쌍의 기어 정면도를 단면으로 표시할 때 물려 있는 부분의 이끝원의 표시선은?

① 한쪽은 외형선, 다른쪽은 은선으로 그린다.
② 두 쪽 다 은선으로 그린다.
③ 두 쪽 다 외형선으로 그린다.
④ 한쪽은 외형선, 다른쪽은 일점쇄선으로 그린다.

> 두 기어가 맞물려 있는 부위는 서로 겹쳐 보이는 부분이 생기므로, 두 기어의 이끝원이 같은 위치에서 겹치게 된다. 이 경우, 보기 쉬운 쪽(앞쪽)의 기어는 외형선(굵은 실선)으로 나타내고, 겹쳐지는 뒤쪽 기어는 은선(숨은선)으로 처리한다.

09 다음 그림은 어느 기어를 도시한 것인가?

① 스퍼 기어
② 헬리컬 기어
③ 베벨 기어
④ 웜 기어

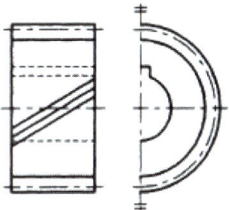

> 헬리컬 기어를 제도할 때는 정면도에서 잇줄 방향을 가는 실선 3줄로 표시하며, 나선의 감김 방향(오른나선 또는 왼나선)은 도면에 RH(오른나선), LH(왼나선)로 명시한다. 치형은 보통 생략하고 외형만 도시하며, 피치원은 1점쇄선으로 나타낸다. 또한, 모듈(m), 잇수(Z), 압력각(α), 비틀림각(β) 등의 기어 제원은 도면에 요목표에 기입한다.

10 맞물리는 1쌍의 스퍼기어에서 맞물림 부분의 측면 잇봉우리원(이끝원)은 무슨 선으로 그리는가?

① 모두 굵은 실선
② 한쪽은 굵은 실선, 다른쪽은 굵은 선
③ 모두 굵은파선
④ 한쪽은 굵은 실선, 다른 쪽은 생략한다.

> 기어의 측면도에서는 이끝원(tip circle)을 굵은 실선으로 나타낸다. 맞물리는 두 기어 모두 이 규칙이 동일하게 적용된다.

정/답 08 ① 09 ② 10 ①

11 스프로킷 휠의 도시법에 관한 설명 중 틀린 것은?

① 정면도의 모양과 치수는 관련 규정에 따른다.
② 스프로킷 부품도에는 그림 및 요목표를 병용한다.
③ 요목표에는 원칙적으로 이의 특성을 표시하는 사항을 기입한다.
④ 이끝원은 굵은 실선, 피치원은 가는 실선으로 그린다.

> 스크로킷 휠 제도법은 스퍼기어 제도와 동일하다. 이끝원은 굵은 실선, 피치원은 가는 1점쇄선, 이뿌리원은 가는 실선이다.

12 스프로킷을 축과 직각인 방향에서 단면할 때 이뿌리선은?

① 가는 실선 ② 가는 일점쇄선 ③ 숨은선 ④ 굵은 실선

> 스프로킷을 단면으로 그릴 때, 체인이 걸리는 이뿌리 부분은 외형의 일부분으로 취급되며, 잘린 단면 안에서 보이는 이뿌리선은 실제 형상이므로 굵은 실선으로 표시된다.

13 로프 휠과 체인 휠을 간략하게 도시할 때는?

① 이끝원과 피치원만 나타낸다.
② 이끝원과 이뿌리원만 나타낸다.
③ 이뿌리원과 피치원만 나타낸다.
④ 이끝원, 이뿌리원 및 피치원만 나타낸다.

> **간략 도시 방법**
> - 이끝원(Tip circle) : 톱니의 가장 바깥 원
> - 피치원(Pitch circle) : 체인 또는 로프가 실제로 맞물리는 기준 원
> - 이뿌리원(Root circle) : 톱니의 바닥 원은 간략 도시 시 생략한다.

14 벨트의 크기 "A20"은 무엇을 표시하는가?

① A는 벨트의 크기, 20은 번호
② A는 벨트의 종류, 20은 20mm인 길이
③ A는 벨트의 단면 기호, 20은 20인치인 길이
④ A는 벨트의 단면 기호, 20은 20cm인 길이

> "A20"과 같은 벨트 표기는 V-벨트(V-belt)의 규격을 나타내는 방식이다.
> - A : 벨트의 단면 형상(단면 기호)을 나타낸다.
> - 20 : 벨트의 유효 길이(effective length)를 나타내는데 단위는 인치(inch)이다.

정/답 11 ④ 12 ④ 13 ① 14 ③

15 평 벨트 풀리를 도시할 때 주의할 사항 중 틀린 것은?

① 축의 직각 방향의 투상을 정면도로 한다.
② 암은 길이 방향으로 절단하여 도시한다.
③ 대칭인 것은 그 일부만을 도시할 수 있다.
④ 암의 테이퍼 부분의 치수를 기입할 때 치수 보조선은 수평선과 60° 또는 30°로 긋는다.

> **평 벨트 풀리의 도시법**
> ① 벨트 풀리는 축 직각 방향의 투상을 정면도로 한다.
> ② 모양이 대칭형인 벨트 풀리는 그 일부분만 도시한다.
> ③ 방사형으로 되어 있는 암(arm)은 수직 중심선 또는 수평 중심선까지 회전하여 투상한다.
> ④ 암은 길이 방향으로 절단하여 단면을 도시하지 않는다.
> ⑤ 암의 단면형은 도형의 안이나 밖에 회전 단면을 도시한다.
> ⑥ 암의 테이퍼 부분 치수를 기입할 때 치수 보조선은 경사선(수평과 60° 또는 30°)으로 긋는다.

16 다음 중 V(브이) 벨트의 단면의 치수가 가장 큰 것은?

① A형   ② B형   ③ C형   ④ D형

> V벨트의 종류에는 M형 및 A, B, C, D, E형 등의 6종류가 있으며, M형이 가장 작고 E형이 가장 크다.
> (벨트의 각(θ)은 40°이다.)

17 다음 축의 제도 중 틀린 설명은?

① 축의 일부분의 평면은 대각선을 가는 실선으로 표시한다.
② 길이가 긴 축은 단축하여 그릴 수 있으나 실제 치수로 기입한다.
③ 축의 일부분을 절단하여 표시할 수 있다.
④ 축은 길이 방향으로 절단한다.

> 축은 보통 내부 구조를 나타내기 위해 단면을 그릴 때, 회전축에 수직인 방향으로 절단하여 단면도를 작성하며, '길이 방향으로 절단한다'는 표현은 일반적인 제도 원칙에 어긋난다.

정/답 15 ② 16 ④ 17 ④

18 아래와 같이 베어링 기호와 치수에 대한 설명 중 잘못된 것은?

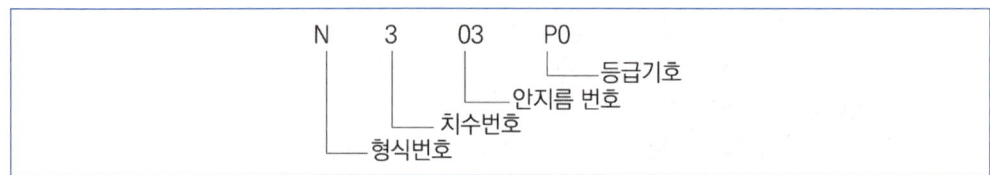

① N : 원통 롤러형
② 3 : 중간하중형
③ 03 : 안지름 15
④ P0 : 정밀급

안지름 번호(3, 4번째 자리)
- 00 : 10mm, 01 : 12mm, 02 : 15mm, 03 : 17mm,
  04 ~ 99는 5를 곱하면 된다. 〈예〉 08 ⇒ 08 × 5 = 40mm

---

19 베어링의 형식번호에서 N은 무엇을 나타내는가?

① 단열홈형
② 복열 자동 조심형
③ 단열 앵귤러 컨택트형
④ 원통 롤러형

베어링의 형식번호(첫번째 숫자)
- 1 : 복열 자동 조심형
- 2, 3 : 복열 자동 조심형(큰나비)
- 6 : 단열 홈형
- 7 : 단열 앵귤러 볼형
- N : 원통 롤러형

---

20 롤링 베어링의 호칭번호 6026 P6에서 P6가 뜻하는 것은?

① 베어링 계열기호   ② 등급기호   ③ 안지름 번호   ④ 바깥지름

```
60   26   P6
              └── 등급기호(6급)
         └── 안지름 번호(베어링 안지름 130mm)
└── 베어링 계열번호
```

정/답   18 ③   19 ④   20 ②

21 롤링 베어링의 도시법 중에서 기호도는 계통도 등에서 롤링 베어링임을 나타내는 데 쓰이는 도면이다. 축은 다음 어떤 선으로 표시하는가?

① 굵은 실선   ② 굵은 일점쇄선   ③ 파선   ④ 가는 일점쇄선

> 롤링 베어링의 기호도는 복잡한 형상을 생략하고, 계통도나 개략도 등에서 베어링의 존재와 형식을 나타내는 간략 도면 표현 방식이다. 기호도에서는 실제 형상 없이 단순한 기호로 베어링을 나타내며, 그 베어링과 연결된 축 역시 실체를 간략히 표현하는 도식 기호로 나타낸다. 이때 축은 실체 부품으로 간주되므로, 굵은 실선으로 도시하는 것이 원칙이다.

22 다음 베어링의 기호도 중에서 테이퍼 롤러 베어링은 어느 것인가?

① ② ③ ④

> ① 스러스트 볼 베어링(단열)
> ② 테이퍼 롤러 베어링
> ③ 레이디얼 볼 베어링(깊은홈)
> ④ 자동조심 롤러 베어링

23 평 벨트 풀리의 호칭법으로 맞는 것은?

① 종류, 호칭지름 × 호칭폭, 재료, 명칭
② 명칭, 종류, 호칭지름 × 호칭폭, 재료
③ 호칭지름 × 호칭폭, 명칭, 종류, 재료
④ 재료, 명칭, 종류, 호칭지름 × 호칭폭

> 평 벨트 풀리의 호칭(표준 표기) 방식 : 명칭, 종류, 호칭 지름 × 호칭 폭, 재료

정/답   21 ①   22 ②   23 ②

24 다음과 같은 용접기호 및 치수기입표시 기호에서 L은 무엇을 표시하는가?

① 루트의 간격
② 용접의 길이
③ 점용접의 수
④ 뜨임용접의 피치

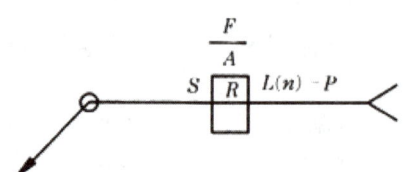

- S : 용접부의 단면치수 또는 강도
- F : 다듬질 방법
- R : 루트 간격
- A : 홈 각도
- L : 단속 필렛 용접의 용접길이
- n : 단속 필렛 용접, 점 용접 등의 수
- P : 단속 필렛 용접, 점 용접 등의 피치
- T : 특별 지시사항

25 용접 종류와 KS 용접기호가 바르게 연결된 것은?

① 점 용접
② 플러그 용접
③ 필렛 용접
④ 심 용접

점, 프로젝션, 심	✳	필렛 용접을 제외한 겹치기 이음의 전기 저항 용접, 아크 용접, 전자빔 용접에 의한 용접부를 나타낸다. 심 용접의 경우 이 기호를 나란히 기재한다. 가능한 경우 지정된 대로 기호를 그림다. ○ : 점 용접　⊖ : 심 용접
V형 양쪽 V형(X형)	∨	X형 용접의 경우 기선에 대해 대칭으로 기호를 그림다. 업셋 용접, 플래쉬 용접 및 마찰 용접이 포함된다.
I형	∥	업셋 용접, 플래쉬 용접 및 마찰 용접이 포함된다.
용접부 표면 모양	⌒ ⌣	기선에서 바깥쪽으로 블록한 기호를 그림다. 기선에서 바깥쪽으로 오목한 기호를 그림다.

정/답　24 ②　25 ③

26 다음 리벳 이음의 도시법에 관한 설명 중 틀린 것은?

① 리벳의 위치만을 표시할 경우에는 중심선만을 그린다.
② 리벳은 길이방향으로 절단하여 도시하지 않는다.
③ 얇은 판, 형강 등의 단면은 굵은선으로 도시할 수 있다.
④ 여러 장의 얇은 판이 있을 때에는 각 판의 파단선은 일직선으로 긋는다.

여러 장의 얇은 판이 겹쳐 있을 경우, 각 판의 파단선은 서로 어긋나게(계단식으로) 그리는 것이 원칙이다.

27 리벳 이음의 도면에서 피치가 표시하는 것은?

① 리벳 구멍열과 인접한 리벳 구멍열 간의 중심거리
② 같은 중심선상에 위치하고 있는 리벳 구멍과 여기에 인접한 리벳 구멍 간의 중심거리
③ 판 끝에서 여기에 인접한 리벳 구멍 간의 거리
④ 리벳의 첫 구멍에서 끝 구멍까지의 거리

리벳 이음에서 피치(pitch, P)는 같은 중심선상에 위치한 인접한 리벳 구멍들 사이의 중심 간 거리를 의미한다. 보통 가로 방향의 리벳 간격을 의미하며, 일열 리벳 이음 또는 병렬 리벳 이음에서 기준이 되는 기본 간격이다.

28 열간 둥근머리 리벳 16×20을 바르게 설명한 것은?

① 리벳 구멍수가 16개이고, 리벳 지름이 20mm이다.
② 리벳 구멍수가 20개이고, 리벳 지름이 16mm이다.
③ 리벳 지름이 16mm이고, 길이가 20mm이다.
④ 리벳 지름이 16mm이고, 리벳 머리부의 지름이 20mm이다.

• 리벳의 호칭법 : 종류, $d \times l$, 재료

29 다음 리벳 그림에서 머리부까지 포함한 길이를 호칭길이로 표시한 리벳은?

① 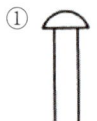　　② 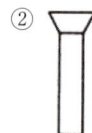　　③ 　　④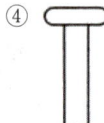

> **호칭길이(*l*)**
> • 머리부를 포함한 전체 길이 : 접시머리 리벳(②)
> • 머리부를 뺀 전체 길이 : 둥근머리 리벳(①), 납작머리 리벳(③), 얇은 납작머리 리벳(④), 냄비머리 리벳

30 다음 나사의 도시법 중 옳은 것은?

① 수나사와 암나사의 골은 굵은 실선으로 그린다.
② 암나사 탭 구멍의 드릴 자리는 60°의 굵은 실선으로 그린다.
③ 완전 나사부와 불완전 나사부의 경계선은 굵은 실선으로 그린다.
④ 가려서 보이지 않는 부분의 나사부는 가는일점쇄선으로 그린다.

> • 나사의 골(나사산의 홈 부분)은 가는 실선으로 표시
> • 탭 구멍의 드릴 자리는 일반적으로 콘 모양의 중심 표시로 나타낸다.
>   - 암나사 탭 구멍의 드릴 자리는 120°이다.
> • 가려진 나사산은 숨은선으로 표현해야 한다.
>
> **나사의 도시법**
> ① 완전 나사부와 불완전 나사부의 경계는 굵은 실선, 불완전 나사부의 골밑 표시선은 축선에 대하여 30°의 경사각을 갖는 가는 실선
> ② 수나사와 암나사에서 산마루는 굵은 실선, 골부분은 가는 실선
> ③ 암나사 드릴 구멍의 끝 부분은 굵은 실선으로 120°
> ④ 수나사와 암나사의 결합 부분은 수나사로 표시
> ⑤ 보이지 않는 부분은 은선(파선)
> ⑥ 나사를 평면도 상태에서 나타낸 나사 부분은 3/4 원호로서 긋는다.
> ⑦ 나사부의 해칭(단면표시)은 수나사는 바깥지름, 암나사는 안지름까지 해칭한다.

31 조립도에서 암나사와 수나사가 결합된 겹친 부분을 나타낼 때에는 다음 중 어느 것을 기준으로 하여 그리는가?

① 암나사　　② 수나사　　③ 암·수나사 모두　　④ 어느 것이나 임의 선택

> 조립도에서 나사산이 결합된 겹친 부분은 수나사를 기준으로 도시한다.

정/답　29 ②　30 ③　31 ②

32 나사의 표시방법 중 틀린 것은?

① S 0.5 : 미니추어 나사
② Tr 10×2 : 미터 사다리꼴 나사
③ Rc 3/4 : 관용 테이퍼 암나사
④ E10 : 미싱나사

나사기호 및 호칭법
① G 1/2 : 관용 평행나사
② BC 3/4 : 자전거나사
③ SM 1/4 : 미싱나사
④ E 10 : 전구나사
⑤ CTC 19 : 박강전선관나사
⑥ 3/8-16 UNC : 유니파이 보통나사

---

33 호칭지름 40mm, 리드 14mm, 피치 7mm 수나사의 등급이 7e인 미터 사다리꼴 나사의 표시방법으로 옳은 것은?

① Tr 40×14(P7) - 7e
② TW 40×14(P7) - 7e
③ Tr 40×7e - 14(P7)
④ TW 40×7e - 14(P7)

미터 사다리꼴 나사의 경우
① 호칭지름 40mm, 피치 7mm : Tr 40×7
② 문제에서 왼나사일 때 : Tr 40×14(P7)LH-7e(LH : 왼나사 표시기호)

---

34 나사의 종류를 표시하는 기호이다. ISO 규격의 관용 평행나사를 나타내는 기호는?

① M   ② R   ③ G   ④ E

M : 미터나사, R : 관용 테이퍼 나사(PT), G : 관용 평행나사(PF), E : 전구나사

---

35 유니파이 가는나사계 나사의 바깥지름(호칭치수)이 1/2(inch) 1인치당 산수가 20산일 때 나사구멍 드릴의 지름은?

① 9.4   ② 10.4   ③ 11.4   ④ 12.7

$d = D - p$
$= \left(\frac{1}{2} \times 25.4\right) - \left(\frac{1}{20} \times 25.4\right) = 11.4mm$

정/답   32 ④   33 ①   34 ③   35 ③

36 키(key)의 호칭이 옳게 표시된 것은? (단, A : 규격번호 또는 명칭, B : 호칭치수, C : 길이, D : 끝 모양의 특별지정, E : 재료)

① A-B × C D E
② A B × C-D-E
③ A B × C D E
④ A-B × C × D-E

예를 들어 정리하면 다음과 같다.

규격번호 또는 명칭	호칭 치수	길이	끝 모양의 지정	재료
미끄럼 키	25×8×50		양끝 둥금	SM45C

37 경사 키를 사용하는 보스(허브)의 키홈 깊이는 도면에서 어떤 기준으로 치수를 표시하는 것이 KS 기계제도 규격에 가장 적합한가?

① 키홈의 깊은 쪽에서 치수를 기입한다.
② 키홈의 얕은 쪽에서 치수를 기입한다.
③ 키홈의 중심선 위치를 기준으로 치수를 기입한다.
④ 깊은 쪽과 얕은 쪽 양쪽 모두에 치수를 기입한다.

구멍의 키홈 표시 방법
• 구멍의 키홈에 대한 치수는, 일반적으로 키홈의 너비(나비)와 깊이를 기준으로 표시한다.
• 키홈의 깊이 치수는, 원칙적으로 키홈 반대쪽의 구멍 지름면으로부터 키홈 바닥까지의 거리로 표시한다.
  단, 특별한 경우에는 키홈 중심면상에서의 구멍 지름면으로부터 키홈 바닥까지의 거리로 표시할 수도 있다.
• 경사 키를 사용하는 경우, 보스(허브)의 키홈 깊이는 깊은 쪽에서 치수를 기입하는 것이 표준이다.

38 다음의 핀에 대한 설명 중 적당하지 않은 것은?

① 테이퍼 핀 호칭은 명칭, $d \times l$, 등급, 재료 순이다.
② 슬롯 테이퍼핀 호칭은 명칭, $d \times l$, 재료, 지정사항 순이다.
③ 테이퍼 핀의 테이퍼값은 1/50이다.
④ 테이퍼 핀의 호칭지름은 가는 쪽이 지름이다.

핀의 호칭방법

명칭	호칭방법
평행 핀	규격 번호 또는 명칭, 종류, 형식, 호칭 지름 × 길이, 재료
테이퍼 핀	명칭, 등급, $d \times l$, 재료
슬롯 테이퍼 핀	명칭, $d \times l$, 재료, 지정사항
분할 핀	규격 번호 또는 명칭, 호칭, 지름 × 길이, 재료

정/답 36 ③ 37 ① 38 ①

39 그림에서 E-7과 B-2는 무엇을 나타내는가?

① 조립도의 도면의 종류와 크기
② 부품도의 부품번호 및 수량
③ 상대 도면의 비교눈금 및 척도
④ 상대방 위치의 도면구역의 구분기호

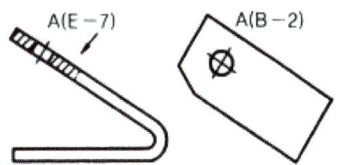

> **도면의 구역**
> 도면 중에 특정 부분의 위치를 지시할 때의 편의를 위하여 표시하는 것이다.

40 도면에 반드시 마련하는 사항이 아닌 것은?

① 윤곽선　　② 표제란　　③ 중심마크　　④ 재단마크

> 도면에 반드시 마련하는 사항 : 윤곽선(테두리선), 표제란, 중심마크

41 도면에서 물체의 크기를 나타내는 척도의 종류에 해당되지 않는 것은?

① 축척　　② 비교척　　③ 현척　　④ 배척

> **척도**
> 물체의 실제 크기와 도면에서의 크기와의 비율
> • 표시방법은 A : B이다.　A : 도면에서의 크기, B : 물체의 실제 크기
> • 종류 : 축척, 현척, 배척

42 불규칙한 파형의 가는 실선 또는 지그재그선으로 나타내는 선은?

① 무게 중심선　　　　　② 특수 지정선
③ 절단선　　　　　　　④ 파단선

> 파단선은 대상물의 일부를 파단한 경계 또는 일부를 떼어낸 경계를 표시하는 선으로 파형의 가는 실선 또는 지그재그의 가는 실선으로 나타낸다.

정/답　39 ④　40 ④　41 ②　42 ④

43 A가 지시하는 선의 용도는?

① 회전단면선
② 피치선
③ 파단선
④ 가상선

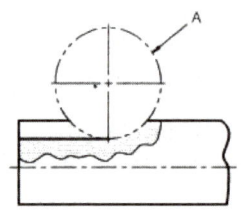

> **가상선의 용도**
> ① 인접하는 부분 또는 공구, 지그 등을 참고로 표시하는 선
> ② 가공 부분을 이동 중의 특정 위치 또는 이동한계의 위치를 나타내는 선
> ③ 가공 전 또는 가공 후의 모양을 표시하는 데 사용한다.
> ④ 되풀이 하는 것을 나타내는 데 사용한다.
> ⑤ 도시된 단면의 앞쪽에 있는 부분을 표시하는 데 사용한다.
>   - 가상선은 가는 2점쇄선을 사용한다.

44 도면에서 두 종류 이상의 선이 같은 장소에서 겹칠 경우 우선순위 순서로서 맞는 것은?

① 외형선 → 숨은선(은선) → 절단선 → 중심선
② 외형선 → 중심선 → 절단선 → 숨은선
③ 외형선 → 절단선 → 중심선 → 숨은선
④ 중심선 → 절단선 → 숨은선 → 외형선

> 선 중복 시 우선순위 : 외형선 → 숨은선 → 절단선 → 중심선 → 무게중심선 → 치수보조선

45 기계제도에서 사용하는 선의 종류와 그 용도에 대한 설명으로 틀린 것은?

① 외형선과 은선의 연장선에는 가는 실선을 사용한다.
② 회전 단면선과 지시선은 가는 실선으로 표시한다.
③ 중심선과 피치선은 가는 1점 쇄선으로 표시한다.
④ 가상선은 굵은 실선으로 표시한다.

> • 가상선(phantom line)은 일반적으로 가는 2점쇄선 또는 특수 표시선으로 그리며, 부품의 가동 위치, 교환 가능 형상, 움직이는 범위 등을 나타낼 때 사용
>
> **가는 실선의 종류 및 용도**
> ① 치수선 : 치수를 기입하기 위한 선
> ② 치수 보조선 : 치수를 기입하기 위하여 도형에서 인출한 선
> ③ 지시선 : 지시, 기호 등을 나타내기 위하여 인출한 선
> ④ 회전 단면선 : 도형 내에 그 부분의 전단면을 90° 회전시켜서 나타내는 선
> ⑤ 중심선 : 도형의 중심을 나타내는 선
> ⑥ 수준면선 : 수면, 액면 등의 위치를 나타내는 선

정/답 43 ④ 44 ① 45 ④

46 기계제도 부품란에는 다음의 항목을 기입한다. 틀린 것은 어느 것인가?

① 품명과 재질　　② 예산과 기사　　③ 품번과 수량　　④ 공정과 중량

부품표에는 품번, 품명, 재질, 수량, 무게(중량), 공정, 비고 등이 들어간다.

47 스케치할 물체의 표면에 기름이나 광명단을 얇게 칠하고 그 위에 종이를 대고 눌러 실제 모양을 뜨는 스케치 방법은?

① 모양뜨기법　　② 프린트법　　③ 프리 핸드법　　④ 사진법

스케치 방법
① 프리 핸드법 : 프리 핸드로 스케치할 때에는 정투상도, 등각투상도, 캐비닛도(사투상도), 투시도로 그린다.
② 프린트법 : 스케치할 물체의 표면에 기름이나 광명단을 얇게 칠하고, 그 위에 종이를 대고 눌러서 실제의 모양을 뜨는 방법이다.
③ 모양뜨기 방법 : 종이 위에 물체를 놓고 그 둘레를 연필로 모양을 뜨는 직접 모양뜨기 방법과 부품의 곡면에 따라 납선을 대고 그것을 연필로 모양을 뜨는 간접 모양뜨기 방법이다.
④ 사진촬영법 : 복잡한 기계의 조립상태는 미리 사진을 찍어둔다.

48 투상법에 관한 KS B 기계제도 규정 설명 중 틀린 것은?

① ⊕⊏ 은 제1각법의 표시 기호이다.
② 제3각법에 따르는 것이 원칙이다.
③ 필요한 경우에는 제1각법을 따를 수 있다.
④ 투상법의 기호를 표제란 또는 그 근처에 나타낸다.

투상법
① 1각법
　㉠ 눈 → 물체 → 투상으로 선박제도에 사용
　㉡ 평면도는 정면도 아래에 배치된다.
　㉢ 좌측면도는 정면도의 우측에, 우측면도는 좌측에 배치한다.
② 3각법
　㉠ 눈 → 투상 → 물체로 기계제도에 사용
　㉡ 평면도는 정면도 위에 배치된다.
　㉢ 측면도는 정면도를 중심으로 좌·우측에 배치한다.

정/답　46 ②　47 ②　48 ①

49 투상면에 수직인 직선은 무엇으로 나타나는가?

① 직선으로 나타난다.　　　　　② 단축된 평면으로 나타난다.
③ 진정한 평면으로 나타난다.　　④ 점으로 나타낸다.

선과 면의 분석(투상법칙)
투상도를 보고 물체의 형을 판단하려면 도면 속의 면이 진정한 길이인가 또는 어느 면이 진정한 형을 나타내는가를 알아보아야 한다.
① 직선
　㉠ 투상면에 평행한 직선은 진정한 길이를 나타낸다.
　㉡ 투상면에 수직인 직선은 점이 된다.
　㉢ 투상면에 경사진 직선은 진정한 길이보다 짧게 나타난다.
② 평면
　㉠ 투상면에 평행한 평면은 진정한 형을 나타낸다.
　㉡ 투상면에 수직인 평면은 직선이 된다.
　㉢ 투상면에 경사진 평면은 단축되어 나타난다.

---

50 특정 부분의 도형을 크게 하여 다른 장소에 그릴 때 표시하는 영자의 대문자를 쓰고 (　) 안에 척도를 기입하는데, 척도를 나타낼 필요가 없을 때 척도 대신 무엇이라 부기하는가?

① 실척 아님　　② 확대도　　③ 상세도 NS　　④ 상세 투상도

- 도면에서 특정 부분의 형상을 확대하여 다른 위치에 상세하게 그릴 때, 다음과 같은 방식으로 표시
  - 해당 도형 부위에 영문 대문자(예 : A, B 등)를 쓰고, 괄호 안에 척도(예 : (2 : 1), (5 : 1) 등)를 기입한다.
  - 척도를 굳이 나타낼 필요가 없을 정도로 단순하거나 확대 비율이 명확하지 않은 경우에는 척도 대신 "NS"를 사용한다.

---

51 국부 투상도를 그릴 때 투상 관계를 나타내기 위하여 원칙으로 주된 그림에 어떤 선으로 연결하는데 이때 사용할 수 있는 선이 아닌 것은?

① 가상선　　② 중심선　　③ 기준선　　④ 치수보조선

대상물의 구멍, 홈 등 한 국부만의 모양을 도시하는 것으로 충분한 경우에는 그 필요한 부분을 국부 투상도로서 나타낸다. 투상 관계를 나타내기 위하여 원칙적으로 주된 그림에 중심선, 기준선, 치수보조선 등으로 연결한다.

---

52 투상법의 종류 중 경사면 투상에 가장 적합한 것은?

① 투시법　　② 요점 투상도　　③ 정투상법　　④ 보조 투상도

보조 투상도
물체에 따라서 그 일부에 경사면이 있어 투상을 시키면 경사면인 경우에는 길이와 모양이 축소 및 변형이 되어 실제 길이나 모양이 그대로 나타나지 않으므로 경사면에 별도의 투상면을 설정하고 이 면에 투상하면 실제 모양이 그려진다.

정/답　49 ④　50 ②　51 ①　52 ④

53 투상도 중 회전 투상도는 어느 것인가?

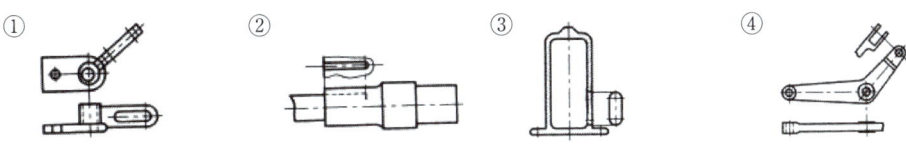

① 회전 투상도, ② 국부 투상도, ③ 국부 투상도, ④ 부분 투상도
• 회전 투상도 : 투상면이 어느 각도를 가지고 있기 때문에 그 실형을 표시하지 못할 때에는 그 부분을 회전해서 그 실형을 도시하는 것

54 수평선과 30°의 각을 이룬 두 축과 90°를 이룬 수직축의 세 축이 투상면 위에서 120°의 등각이 되도록 물체를 놓고 투상한 것은?

① 부등각 투상   ② 등각 투상   ③ 사투상   ④ 삼점 투상

투상법의 종류	사용하는 그림의 종류	특징	주된 용도
정투상	정투상도	모양을 엄밀, 정확하게 표시할 수 있다.	일반 도면
등각투상	등각도	하나의 그림으로 정육면체의 세 면을 같은 정도로 표시할 수 있다. ($\alpha = \beta = \gamma = 120°$)	설명용 도면
사투상	캐비닛도	하나의 그림으로 정육면체의 세 면 중의 한 면만을 중점적으로 엄밀, 정확하게 표시할 수 있다. ($\alpha = \beta = \gamma = 120°$)	

55 다음 투상도를 보고 평면도로 알맞은 것은?

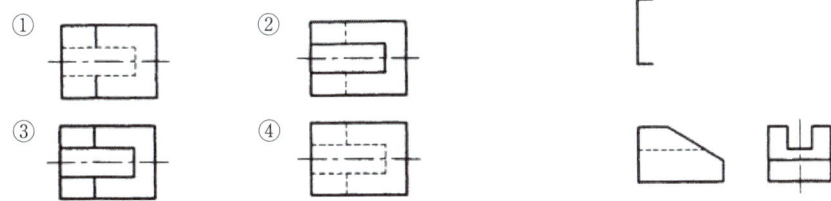

정/답   53 ①   54 ②   55 ①

56 다음 그림의 화살표 방향을 정면도로 3각법으로 투상하였다. 옳은 것은?

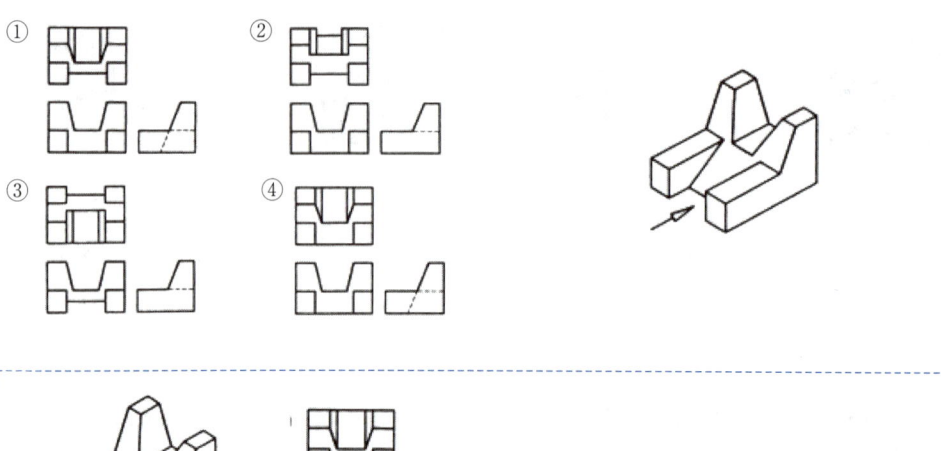

57 다음 평면도와 정면도에 알맞는 우측면도는?

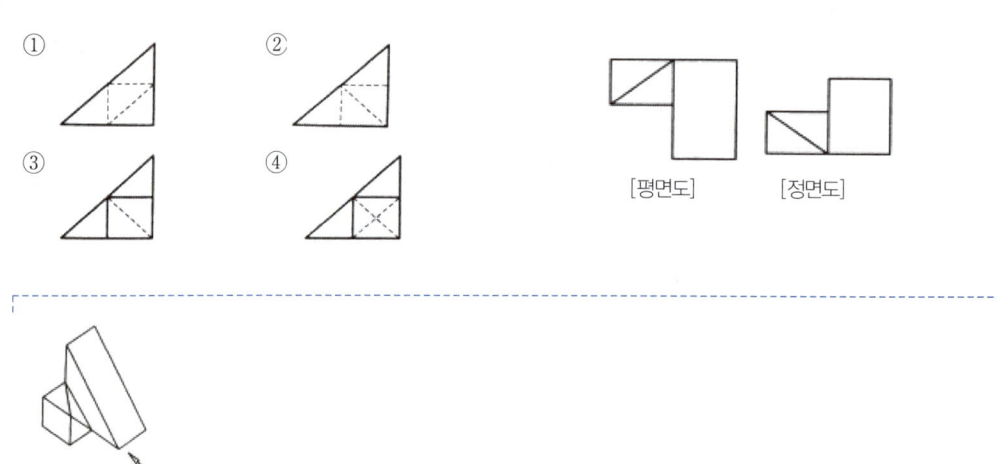

정/답   56 ①   57 ①

58 다음 정면도와 좌측면도에 가장 적합한 평면도는?

① 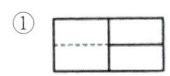 ②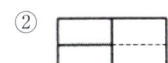

③ 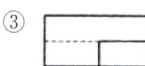 ④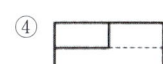

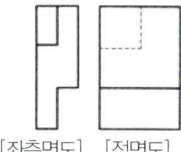
[좌측면도] [정면도]

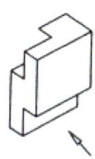

59 다음과 같은 정면도를 보고 옳게 표시한 평면도는 어느 것인가?

① 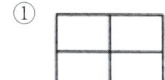 ②

③  ④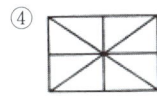

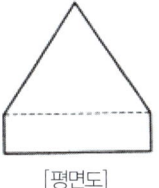
[평면도]

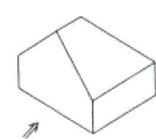

60 축의 도시법의 설명 중 옳은 것은?

① 길이 방향으로 절단하여 단면도시를 할 수 있다.
② 긴축은 중간을 파단하여 짧게 그릴 수 없다.
③ 길이 방향으로 절단하여 부분단면을 그릴 수 있다.
④ 일부 면이 평면일지라도 축에는 평면 표시를 할 수 없다.

부분 단면(partial section)은 특정 부위의 내부 형상을 도시할 때 매우 유용하며, 축의 길이 방향으로 절단하여 일부를 나타내는 것은 실무에서도 자주 사용되는 표현 방식이다.

정/답   58 ④   59 ②   60 ③

61 단면도를 나타낼 때 긴쪽 방향으로 절단하여 도시할 수 있는 것은?

① 볼트, 너트 와셔
② 축, 핀, 리브
③ 리벳, 강구, 키
④ 기어의 보스

단면으로 표시하지 않는 부품
① 길이 방향으로 절단하지 않는 부품
  - 축, 스핀들 종류
  - 볼트, 너트, 와셔 종류
  - 작은 나사(machine screw), 세트 스크루 종류
  - 키, 핀, 코터, 리벳 종류
② 세로 방향으로 절단하지 않는 부품 : 리브, 바퀴의 암, 기어의 이(치), 핸들 등
③ 얇은 부분 : 리브, 웨브
④ 베어링의 볼, 롤러 등

---

62 단면도에서 해칭에 관한 설명 중 틀린 것은?

① 해칭은 주된 중심선에 대하여 45°로 하는 것이 좋다.
② 인접단면의 해칭은 선의 방향이나 각도를 변경한다.
③ 해칭선의 간격이나 해칭선의 굵기로 단면을 구분할 수 있다.
④ 해칭을 하는 부분 안에 글자, 기호를 기입하기 위해 해칭을 중단할 수 있다.

단면도의 해칭
① 해칭은 주된 중심선에 대하여 45°로, 가는 실선으로 등간격으로 표시한다.
② 동일 부품의 단면은 떨어져 있어도 해칭의 방향과 간격 등을 같게 한다.
③ 서로 인접하는 단면의 해칭은 선의 방향 또는 각도(30°, 45°, 60° 임의의 각도) 및 그 간격을 바꿔서 구별한다.
④ 경사진 단면의 해칭선은 경사진 면에 수평이나 수직으로 그리지 않고, 재질에 관계없이 기본 중심에 대하여 45° 경사진 각도로 그린다.
⑤ 절단 자리의 면적이 넓을 경우에는 그 외형선을 따라 적절한 범위에 해칭을 한다.
⑥ 해칭을 하는 부분 속에 문자, 기호 등을 기입하기 위해 필요할 경우에는 해칭을 중단한다.
⑦ 단면도에 재료 등을 표시하기 위하여 특수한 해칭을 해도 좋다.

---

63 암, 림, 리브 등의 단면형을 도형 내에 그릴 때의 선의 종류는?

① 가는 실선   ② 가상선   ③ 파선   ④ 굵은 실선

암(arm), 림(rim), 리브(rib) 등 단면형을 도형 내에 도시할 때 사용하는 해칭선은 가늘고 일정 간격의 가는 실선으로 그린다.

정/답   61 ④   62 ③   63 ①

64 다음 중 전체 투상도를 절단하여 내부 형상을 명확히 나타내기 위해 온단면도(전단면도)로 나타내는 것이 가장 적합한 경우는?

① 단면 표현이 필요한 국부만 강조해야 할 경우
② 원칙적으로 절단하지 않는 축 등을 특별히 나타내야 할 경우
③ 단면 경계가 복잡하거나 모호한 경우
④ 투상도 전체를 절단하여 내부 형상을 나타내야 할 경우

- 온단면도(또는 전단면도, full section)는 물체를 절반으로 완전히 절단한 것처럼 도식하여, 전체 내부 구조를 한 눈에 파악할 수 있게 표현하는 방법, 주로 대칭 구조이거나 내부 형상이 전체적으로 복잡한 경우 사용된다.
- 부분 표현이 필요한 경우에는 부분단면도, 특정 구역만 절단할 경우에는 파단단면도 또는 국부단면도 등을 사용한다.
- 한쪽 단면도(반 단면도 : half section view) : 상하 또는 좌우 대칭인 물체는 1/4를 떼어낸 것으로 보고, 기본 중 심선을 경계로 하여 1/2는 외형, 1/2는 단면으로 동시에 나타낸 것으로 대칭 중심의 우측 또는 위쪽을 단면한다.

65 단면도의 표시 방법 중 조합에 의한 단면도를 옳게 설명한 것은?

① 절단선의 연장선 위에 그린다.
② 절단할 곳의 전후를 끊어서 그 사이에 그린다.
③ 도형 내의 절단할 곳에 겹쳐서 가는 실선을 사용한다.
④ 구부러진 중심선에 따라 절단하고 투상하여 그린다.

조합 단면도(조합에 의한 단면도)란?
물체의 구부러진 형태나 비직선 형태의 중심선을 따라 연속적으로 절단한 것처럼 표현하는 방식으로 보통 하나의 평면으로는 표현이 어려운 경우에 사용하며, 여러 절단면을 하나로 조합하여 한 투상도로 나타내는 기법이다.

66 도면에서 구면을 나타낼 때 표시하는 방법은?

① Sϕ50　　② 구ϕ50　　③ Cϕ50　　④ 구면ϕ50

구분	기호	예
지름	ϕ	ϕ5
반지름	R	R10
구의 지름	Sϕ	Sϕ5
구의 반지름	SR	SR10
정사각형의 변	□	□10
판의 두께	t	t2
45°의 모따기	C	C2
실제의 반지름	실R	실R30
전개상의 잠지름	전개R	전개R10
원호의 길이	⌒	⌒30
이론적으로 정확한 치수	□	30
참고치수	( )	(30)

정/답　64 ④　65 ④　66 ①

67 치수배치방법이 아닌 것은?

① 직선 치수 기입법 ② 병렬 치수 기입법
③ 누진 치수 기입법 ④ 공간 치수 기입법

- 치수의 배치 : 직렬(직선) 치수 기입방법, 병렬 치수 기입방법, 누진 치수 기입방법(기점 위치는 O 기호로 표시)

68 치수 기입에 있어서 참고 치수를 나타내는 것은?

① 치수 밑에 줄을 긋는다. ② 치수 앞에 □를 한다.
③ 치수에 ( )를 한다. ④ 치수 앞에 ※표를 한다.

- 치수 밑에 줄 : 비례척이 아님, 치수 앞에 □ : 정사각형의 변, 치수 앞에 ※표 : 참조치수 표시
- 참조치수 : 실제 가공이나 검사에 사용되지 않는 치수로서, 기준이 되는 정보를 보조적으로 이해하기 위해 제공되는 치수이다.

69 다음 기호 설명 중 틀린 것은?

① Sφ : 면 ② R : 반지름 ③ □ : 정사각형 ④ t : 두께

- Sφ : 구의 지름

70 다음 보기에서 치수 기입이 틀린 것은?

① 10
② 18
③ φ15
④ φ23

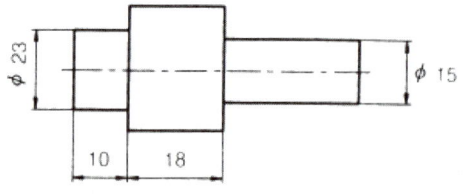

- φ23처럼 치수선 왼쪽에 위치해야 함.

치수기입의 원칙
① 대상물의 기능, 제작, 조립 등을 고려하여, 필요하다고 생각되는 치수를 명료하게 도면에 기입
② 치수는 대상물의 크기, 자세 및 위치를 가장 명확하게 표시하는 데 필요하고도 충분한 것을 기입
③ 치수는 되도록 정면도에 집중하여 기입
④ 치수는 중복 기입을 피한다.
⑤ 치수는 선에 겹치게 기입해서는 안 된다.
⑥ 치수는 되도록 계산하여 구할 필요가 없도록 기입
⑦ 치수는 치수선이 서로 만나는 곳에 기입하면 안 된다.
⑧ 치수는 필요에 따라 기준으로 하는 점, 선 또는 면을 기초로 한다.
⑨ 현의 길이 표시방법은 현에 수직으로 치수 보조선을 긋고 현에 평행한 치수선을 사용하여 표시
⑩ 참고치수에 대해서는 치수문자에 괄호를 붙인다.

정/답   67 ④   68 ③   69 ①   70 ③

71 현의 길이를 바르게 표시한 것은?

① 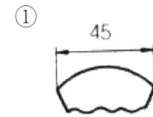 ② 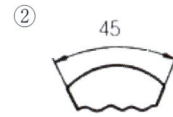 ③ 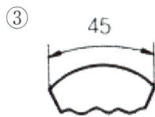 ④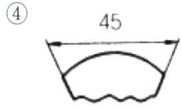

①: 현의 길이, ②: 각도 기입, ③: 호의 길이

72 그림과 같은 부등변 ㄱ형강의 표시가 바르게 된 것은?

① $LA \times B \times t \times L$
② $LA \times B \times t - L$
③ $LA \times B - t - L$
④ $LA - B - t - L$

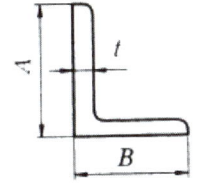

형강의 표시방법 : 형상높이 × 나비 × 두께-길이

73 다음 도면에서 A의 길이는?

① A = 2000
② A = 4100
③ A = 4200
④ A = 4500

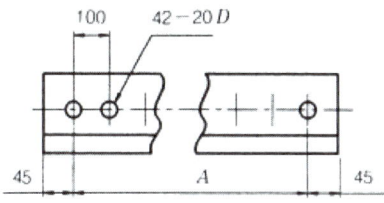

합계치수(A) = (구멍수 − 1) × 같은 간격 치수, A = (42 − 1) × 100 = 4100

74 KS 재료 표시기호가 SF 50으로 표시되는 것은?

① 탄소강 단강품　② 고속도 공구강　③ 합금 구강　④ 소결 합금강

KS재료 표시기호
① SF50 : 탄소강 단강품
② SKH2 : 고속도 공구강
③ STS1 : 합금 공구강
④ SWS400 : 용접구조용 압연강재
⑤ SM45C : 기계구조용 탄소강재
⑥ SBB : 보일러용 압연강재
⑦ SBC : 냉간 압연강판
⑧ BMC : 흑심가단주철
⑨ SF340 : 탄소강 단강품
⑩ SC360 : 탄소 주강품
⑪ SNC415 : 니켈 크롬강

정/답　71 ①　72 ②　73 ②　74 ①

조립도면해독

Industrial Engineer Automatic Equipment

01 치수공차

(1) 치수공차의 용어

① 구멍 : 주로 원통형 부분의 내측 부분
② 축 : 주로 원통형 부분의 외측 부분
③ 실치수 : 두 점 사이의 거리를 실제로 측정한 치수
④ 허용한계치수 : 실치수가 그 사이에 들어가도록 정한 대·소의 허용치수이다.(예 $30^{+0.2}_{-0.1}$) 예의 의미는 최대허용치수가 30.2, 최소허용치수가 29.9이라는 뜻이다.
⑤ 기준치수 : 치수허용한계의 기준이 되는 치수
⑥ 기준선 : 허용한계치수 또는 끼워맞춤을 도시할 때 치수허용차의 기준이 되는 선으로, 치수허용차가 0인 직선으로 기준치수를 나타낼 때에 사용한다.
⑦ 치수허용차 : 허용한계치수에서 그 기준치수를 뺀 값으로, 위치수 허용차와 아래치수 허용차가 있다.
⑧ 치수공차 : 최대허용 한계치수와 최소허용 한계치수의 차이다. 또는 위치수 허용차와 아래치수 허용차의 차를 의미하기도 하며, 공차라고도 한다.

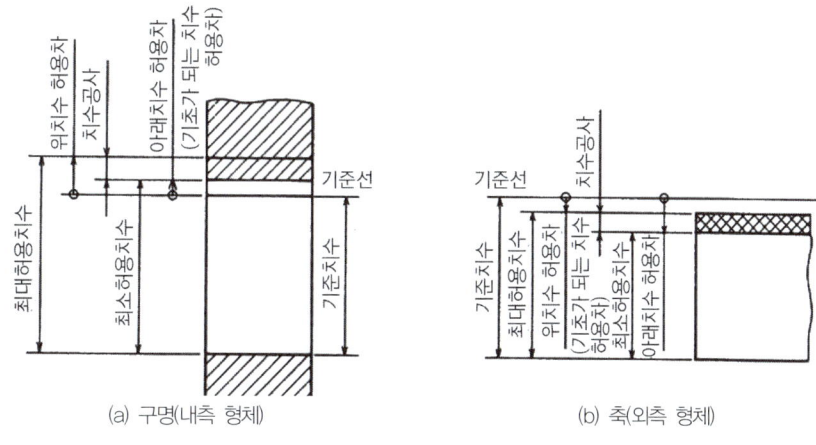

그림 3-1 치수공차의 용어

> ▶ $30^{+0.05}_{-0.02}$ 에서 최대허용치수와 최소허용치수는?
> ① 최대허용치수 = 기준치수 + 위치수 허용차 = 30 + 0.05 = 30.05mm
> ② 최소허용치수 = 기준치수 + 아래치수 허용차 = 30 + (−0.02) = 29.98mm
> ③ 치수공차 = 최대허용치수 − 최소허용치수 = 30.05 − 29.98 = 0.07mm

(2) 기본공차

IT 기본공차는 치수공차와 끼워맞춤에 있어서 정해진 모든 치수공차를 의미하는 것으로, 국제표준화기구(ISO) 공차 방식에 따라 분류하며, IT 01부터 IT 18까지 20등급으로 구분하여 KS B 0401에 규정되어 있다.

① 기본공차의 적용 : IT공차 적용 예는 아래 표와 같다.

구분	초정밀 그룹 게이지제작 공차 또는 이에 준하는 제품	정밀 그룹 기계가공품 등의 끼워 맞춤부분의 공차	일반 그룹 일반 공차로 끼워 맞춤과 무관한 부분의 공차
구멍	IT1~IT5	IT6~IT10	IT11~IT18
축	IT1~IT4	IT5~IT9	IT10~IT18
가공 방법	래핑, 호닝, 초정밀 연삭	연삭, 리밍, 정밀선삭, 인발, 밀링, 세이퍼 가공	압연, 압출, 프레스, 단조, 주조
공차 범위	$\frac{1}{1000}$mm	$\frac{1}{100}$mm	$\frac{1}{10}$mm

② IT 공차의 수치기준치수가 500 이하인 경우와 500을 초과하여 3150까지 기본공차의 치수를 나타낸다.

(3) 끼워맞춤

끼워맞춤의 종류로는 헐거운 끼워맞춤, 중심 끼워맞춤, 억지 끼워맞춤 등이 있다.

  ㉠ 틈새 : 구멍의 치수가 축의 치수보다 클 때의 치수차(헐거움 끼워맞춤)
  ㉡ 죔새 : 구멍의 치수가 축의 치수보다 작을 때의 치수차(억지 끼워맞춤)

① 헐거움 끼워맞춤

구멍의 최소 치수가 축의 최대 치수보다 큰 경우의 끼워맞춤으로 미끄럼운동이나 회전운동이 필요한 기계부품 조립에 적용한다.

 예 40H7은 $40^{+0.025}_{0}$ 또는 $\dfrac{40.025}{40.000}$

  40g6은 $40^{-0.009}_{-0.025}$ 또는 $\dfrac{39.991}{39.975}$

 ∴ 최소 틈새=구멍의 최소 허용치수 – 축의 최대 허용치수
     =40.000 – 39.991=0.009
  최대 틈새=구멍의 최대 허용치수 – 축의 최소 허용치수
     =40.025 – 39.975=0.050

② 중간 끼워맞춤(정밀 끼워맞춤)

구멍과 축의 실제 치수에 따라 죔새와 틈새가 생기는 끼워맞춤으로 베어링 조립에 주로 쓰인다.

 예 40H7은 $40^{+0.025}_{0}$ 또는 $\dfrac{40.025}{40.000}$

  40n6은 $40^{+0.033}_{+0.017}$ 또는 $\dfrac{40.033}{40.017}$

 ∴ 최대 죔새=축의 최대 허용치수 – 구멍의 최소 허용치수
     =40.033 – 40.000=0.033
  최대 틈새=구멍의 최대 허용치수 – 축의 최소 허용치수
     =40.025 – 40.017=0.008

③ 억지 끼워맞춤

구멍의 최대 치수가 축의 최소 치수보다 작은 경우이며, 항상 죔새가 생기는 끼워맞춤으로 동력전달장치의 분해조립의 반영구적인 곳에 적용된다.

(4) 끼워맞춤 방식

① 구멍기준식 끼워맞춤 : H6 ~ H10(아래치수 허용차가 0인 H 기호 구멍)

② 축기준식 끼워맞춤 h5 ~ h9(위치수 허용차가 0인 h 기호 축)

자주 사용하는 구멍 기준 끼워맞춤

기준 구멍	축의 공차 범위 클래스													
	헐거운 끼워맞춤						중간 끼워맞춤			억지 끼워맞춤				
H6					g5	h5	js5	k5	m5					
				f6	g6	h6	js6	k6	m6	n6	p6			
H7				f6	g6	h6	js6	k6	m6	n6	p6	r6	s6	t6	u6	x6
			e7	f7		h7	js7							
H8					f7		h7							
			e8	f8		h8								
			d9	c9										
H9			d8	e8			h8							
		c9	d9	e9			h9							
H10	b9	e9	d9											

- φ50H7 g6 : 구멍기준식 헐거운 끼워맞춤
- φ40H7 p6 : 구멍기준식 억지 끼워맞춤
- φ30G7 h5 : 축기준식 헐거운 끼워맞춤

02 표면거칠기·열처리기호 및 가공기호

표면거칠기는 작은 간격으로 나타나는 기계 부품 표면의 오목 볼록한 기복의 차이를 말한다. 표면거칠기의 표시 방법으로는, 중심선 평균 거칠기(R_a), 최대 높이(R_{max}) 및 10점 평균 거칠기 (R_z)의 세 가지 표시법이 KS B 0161에 규정되어 있으며, 측정값은 μm으로 표시한다.

(1) 중심선 평균 거칠기(Ra)

그림과 같이 거칠기 곡선에서 산을 깎아 골을 메웠을 때 생기는 직선을 중심선이라 하며, 그 중심선의 방향으로 측정 길이 'L'의 부분을 채취하고, 중심선으로부터 아래쪽에 있는 부분을 위쪽으로 접어서 얻은 윗부분인 빗금친 부분의 면적을 측정 길이로 나눌 때 얻게 되는 값을 미크론 단위 m로 나타낸 것을 말한다.

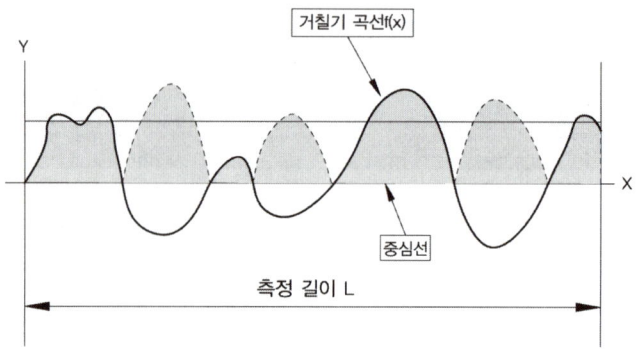

그림 3-2 중심선 평균거칠기

(2) 최대 높이 거칠기(R_{max})

다음 그림과 같이 단면 곡선에서 기준 길이를 채취하여 그 부분의 가장 높은 곳과 가장 깊은 골과의 높이차를 단면 곡선의 세로 배율의 방향으로 측정하고, 그 값을 미크론 단위 μm로 나타낸 것을 최대 높이라 한다. L_1, L_2 및 L_3는 기준 길이이고, 이에 따른 최대 높이는 R_{max1}, R_{max2}, R_{max3}이다.

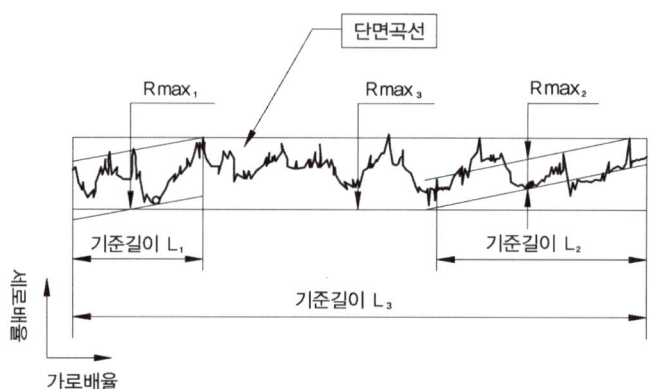

그림 3-3 최대 높이 거칠기

(3) 10점 평균 거칠기(R_z)

아래 그림과 같이 단면 곡선에서 기준 길이 L을 채취하여 이 부분 중 가장 높은 쪽에서 다섯 번째 봉우리까지의 표고 평균값과 깊은 쪽에서 다섯 번째까지의 골 밑 표고 평균값과의 차를 미크론 단위 μm로 나타낸 것을 10점 평균 거칠기라 하며, 값의 다음에 "Z"를 같이 기입한다.

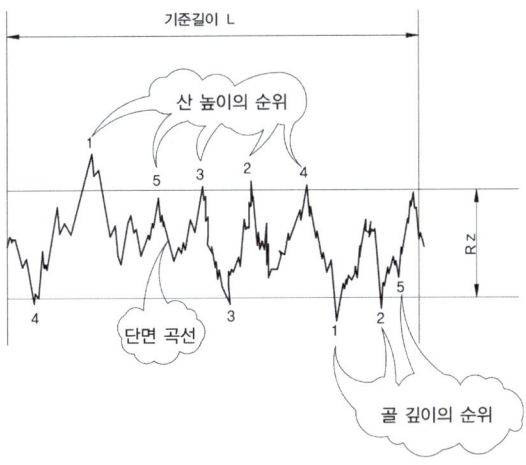

그림 3-4 10점 평균 거칠기

(4) 대상면을 지시하는 기호

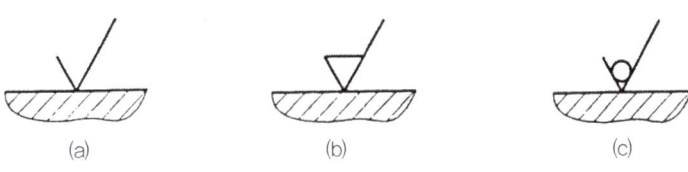

그림 3-5 면의 지시 기호

(5) 다듬질 기호 및 표면거칠기의 표준값

다듬질 기호		정도(精度)	사용보기	분류	Rmax	Rz	Ra
∇	▨	일체의 가공이 없는 자연면	압력에 견뎌야 하는 곳	자연면	특히 규정 않음		
	⌒	고운 자연면을 그대로 두고 아주 거친 곳만 조금 가공	스패너 자루, 핸들, 휠의 바퀴	주조면, 단조면			
W∇	▽	가공 흔적이 남을 정도의 막다듬질	드릴 가공면, 샤프트의 끝면	거친 다듬면	100S	100Z	25a
X∇	▽▽	가공 흔적이 거의 없는 중다듬질	기어와 크랭크의 측면	보통 (중간) 다듬면	25S	25Z	6.3a
Y∇	▽▽▽	가공 흔적이 전혀 없는 상다듬질	게이지의 측정면, 공작기계의 미끄럼면	고운 다듬면	6.3S	6.3Z	1.6a
Z∇	▽▽▽▽	광택이 나는 고급 다듬질	래핑, 버핑에 의한 특수 용도의 고급 플랜지면	정밀 다듬면	0.8S	0.8Z	0.2a

(6) 면의 지시 기호에 대한 각 지시 사항의 기입 위치

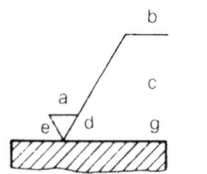 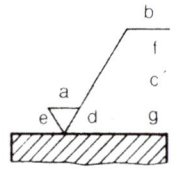

a : 중심선 평균 거칠기 값
b : 가공 방법
c : 컷오프 값
c' : 기준 길이
d : 줄무늬 방향 기호
e : 다듬질 여유 기입
f : 중심선 평균 거칠기 이외의 표면 거칠기 값
g : 표면 파상도

그림 3-6 면의 지시 기호 기입 위치

① 줄무늬 방향의 기호(가공모양의 기호)

기호	설명도	의미	보기
=		가공으로 생긴 줄무늬 방향이 기호를 기입한 그림의 투상면에 평행	셰이핑면
⊥		가공으로 생긴 줄무늬 방향이 기호를 기입한 그림의 투상면에 직각	셰이핑면 (옆으로 보는 상태) 선삭·원통 연삭면
X		가공으로 생긴 선이 2방향으로 교차	호닝 다듬질면
M		가공으로 생긴 선이 여러 방면으로 교차 또는 방향이 없음	래핑 다듬질면 슈퍼 피니싱 가로이송을 준 정면밀링 또는 엔드밀 절삭면
C		가공으로 생긴 선이 거의 동심원	끝면 절삭면(선반)
R		가공으로 생긴 선이 거의 방사선	밀링
P		미립자 모양이나 무방향 또는 돌기모양	

② 가공방법의 기호

가공방법	약호 I	약호 II	가공방법	약호 I	약호 II
선반가공	L	선반	호닝 가공	GH	호닝
드릴 가공	D	드릴	액체 호닝 다듬질	SPL	액체 호닝
보링 머신 가공	B	보링	배럴연마 가공	SPBR	배럴
밀링 가공	M	밀링	버프 다듬질	FB	버프
플레이닝 가공	P	평삭	브러스트 다듬질	SB	브러스트
세이핑 가공	SH	형삭	래핑 다듬질	FL	래핑
브로치 가공	BR	브로칭	줄 다듬질	FF	줄
리머 가공	FR	리머	스크레이퍼 다듬질	FS	스크레이퍼
연삭 가공	G	연삭	페이퍼 다듬질	FCA	페이퍼
벨트 샌드 가공	GB	포연	주조	C	주조

③ 열처리 기호

열처리 가공방법과 분류	열처리 기호	열처리 영문표기
노멀라이징	HNR	Normalizing
어닐링	HA	Annealing
완전 어닐링	HAF	Full Annealing
연화 어닐링	HASF	Softening
응력제거 어닐링	HAR	Stress Relieving
확산 어닐링	HAH	Homogenizing
구상화 어닐링	HAS	Spherodizing
등온 어닐링	HAI	Isothermal Annealing
테이스 어닐링	HAC	Box Annealing Case Annealing
광택 어닐링	HAB	Bright Annealing
가단화 어닐링	HAM	Malleablizing
담금질	HQ	Quenching
프레스 담금질	HQP	Press Quenching
마르템퍼링(마르쿠엔칭)	HQM	Martempering
오스템퍼	HQA	Austemper
광택 담금질	HQB	Bright Quenching
고주파 담금질	HQI	Induction Hardening
화염 경화	HQF	Fanme Hardening
전해 담금질	HQE	Electrolytic Quenching

열처리 가공방법과 분류	열처리 기호	열처리 영문표기
고용화 열처리	HQST	Solution Treatment
워터 터프닝	HQW	Water Toughening
템퍼링	HT	Tempering
프레스 템퍼링	HTP	Press Tempering
광택 템퍼링	HTB	Bright Tempering
시효	HG	Agening
서브제로 처리	HSZ	Subzero Treatment
침탄	HC	Carburizing
침탄 질화	HCN	Carbo-Nitriding
질화	HNT	Nitriding
연질화	HBTS	Soft Nitriding
침황	HSL	Sulphurizing
침황 질화	HSLN	Nitrosulphurizing

03 기하공차 종류 및 해석

기하공차(geometrical tolerancing)는 기계 부품의 치수 공차에 형상 및 위치 공차를 주어 제품을 정밀하고 효율적으로 생산하여 경제성을 추구하는 데 있다.

(1) 기하공차의 종류와 기호

적용하는 형체	구분	공차의 종류	기호	적용하는 형체	구분	공차의 종류	기호
단독 형체	모양 공차	진직도	—	관련 형체	자세공차	평행도	//
		평면도	⌷			직각도	⊥
		진원도	○			경사도	∠
		원통도	⌭		위치공차	위치도	⊕
단독 형체 또는 관련 형체		선의 윤곽도	⌒			동축도 공차 또는 동심도	◎
						대칭도	⩵
		면의 윤곽도	⌓		흔들림공차	원주 흔들림	╱
						온 흔들림	╱╱

(2) 단독 형체로 적용되는 기하공차

① 진직도

공차지시 및 공차 적용 범위	해석
	해당 모양에서 기하학적으로 정확한 직선을 기준으로 설정하고 이 직선으로부터 벗어나는 어긋남의 크기를 측정한다. 공차값(한 방향의 진직도)은 그림에서 2개의 평행 평면의 간격이 최소가 되는 경우의 간격(f)으로 표시한다.

② 평면도

공차지시 및 공차 적용 범위	해석
	해당 모양에서 기하학적으로 정확한 평면을 기준으로 설정하고 이 평면으로부터 벗어나는 어긋남의 크기를 측정한다. 공차값은 그림에서와 같이 공차를 주는 평면모양(p)을 평행한 2개의 평면 사이에 끼웠을 때 그 평행 평면의 간격이 최소가 되는 경우의 간격(f)으로 표시한다.

③ 진원도

공차지시 및 공차 적용 범위	해석
	해당 모양에서 기하학적으로 정확한 원을 기준으로 설정하고 이 원으로부터 벗어나는 어긋남의 크기를 측정한다. 공차값은 그림에서와 같이 공차를 주는 원형모양(C)을 동심인 2개의 원 사이에 끼웠을 때 원 사이의 간격이 최소가 되는 경우, 그 동심원의 반지름의 차(f)로 표시한다.

④ 원통도

공차지시 및 공차 적용 범위	해석
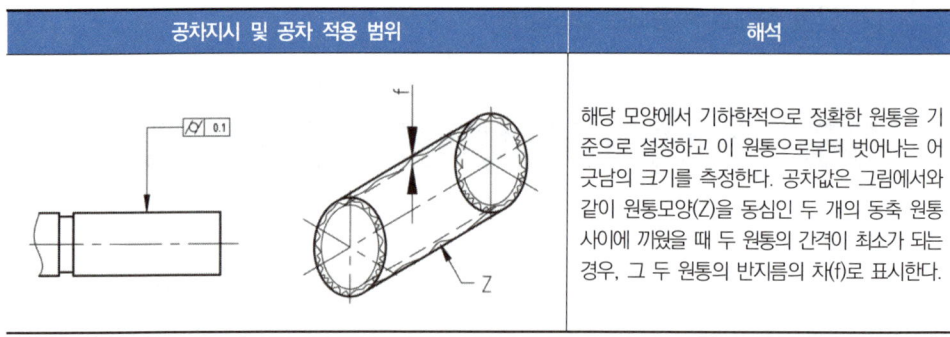	해당 모양에서 기하학적으로 정확한 원통을 기준으로 설정하고 이 원통으로부터 벗어나는 어긋남의 크기를 측정한다. 공차값은 그림에서와 같이 원통모양(Z)을 동심인 두 개의 동축 원통 사이에 끼웠을 때 두 원통의 간격이 최소가 되는 경우, 그 두 원통의 반지름의 차(f)로 표시한다.

(3) 단독 형체 또는 관련 형체로 적용되는 기하공차

① 선의 윤곽도

공차지시 및 공차 적용 범위	해석
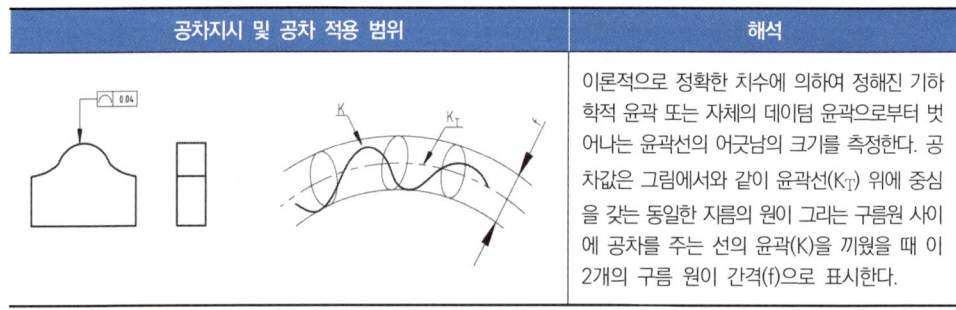	이론적으로 정확한 치수에 의하여 정해진 기하학적 윤곽 또는 자체의 데이텀 윤곽으로부터 벗어나는 윤곽선의 어긋남의 크기를 측정한다. 공차값은 그림에서와 같이 윤곽선(K_T) 위에 중심을 갖는 동일한 지름의 원이 그리는 구름원 사이에 공차를 주는 선의 윤곽(K)을 끼웠을 때 이 2개의 구름 원이 간격(f)으로 표시한다.

② 면의 윤곽도

공차지시 및 공차 적용 범위	해석
	이론적으로 정확한 치수에 의하여 정해진 기하학적 면의 윤곽 또는 자체의 데이텀 면의 윤곽으로부터 벗어나는 윤곽 면의 어긋남의 크기를 측정한다. 공차값은 그림에서와 같이 이론적으로 정확한 치수에 의하여 정해진 윤곽면(Fr) 위에 중심을 갖는 동일한 지름의 정확한 구가 그리는 구름 면 사이에 공차를 주는 면의 윤곽(F)을 끼웠을 때 2개의 구름 면의 간격(f)으로 표시한다.

(4) 관련 형체에 적용되는 기하공차

① 평행도

공차지시 및 공차 적용 범위	해석
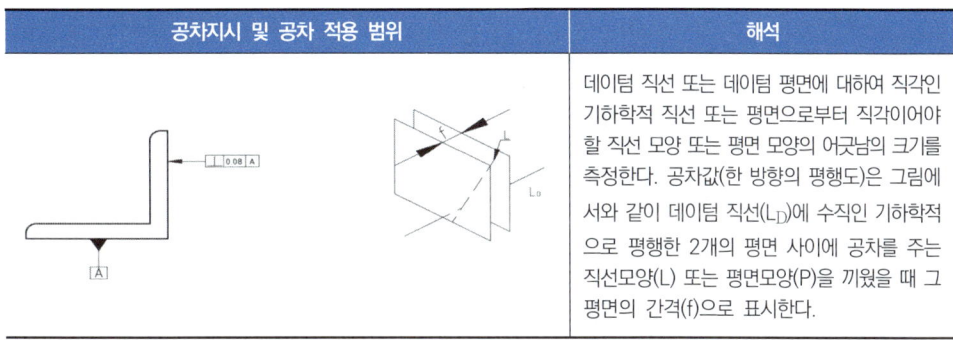	데이텀 직선 또는 데이텀 평면에 대하여 평행인 기하학적 정확한 직선 또는 평면으로부터 평행이어야 할 직선 모양 또는 평면 모양의 어긋남의 크기를 측정한다. 공차값(한 방향의 평행도)은 그림에서와 같이 데이텀 직선(L_D)에 평행인 기하학적으로 평행한 2개의 평면 사이에 공차를 주는 직선모양을 끼웠을 때 그 평면의 간격(f)으로 표시한다.

② 직각도

공차지시 및 공차 적용 범위	해석
	데이텀 직선 또는 데이텀 평면에 대하여 직각인 기하학적 직선 또는 평면으로부터 직각이어야 할 직선 모양 또는 평면 모양의 어긋남의 크기를 측정한다. 공차값(한 방향의 평행도)은 그림에서와 같이 데이텀 직선(L_D)에 수직인 기하학적으로 평행한 2개의 평면 사이에 공차를 주는 직선모양(L) 또는 평면모양(P)을 끼웠을 때 그 평면의 간격(f)으로 표시한다.

③ 경사도

공차지시 및 공차 적용 범위	해석
	데이텀 직선 또는 데이텀 평면에 대하여 직각인 기하학적 직선 또는 평면으로부터 정확한 각도를 가져야 할 직선 모양 또는 평면의 어긋남의 크기를 측정한다. 공차값은 그림에서와 같이 데이텀 직선(L_D), 또는 데이텀 평면(P_D)에 대하여 이론적으로 정확한 각도(α)를 이루는 기하학적으로 평행한 2개의 평면 사이에 공차를 주는 직선모양(L)을 끼웠을 때 그 평면의 간격(f)으로 표시한다.

④ 위치도

공차지시 및 공차 적용 범위	해석
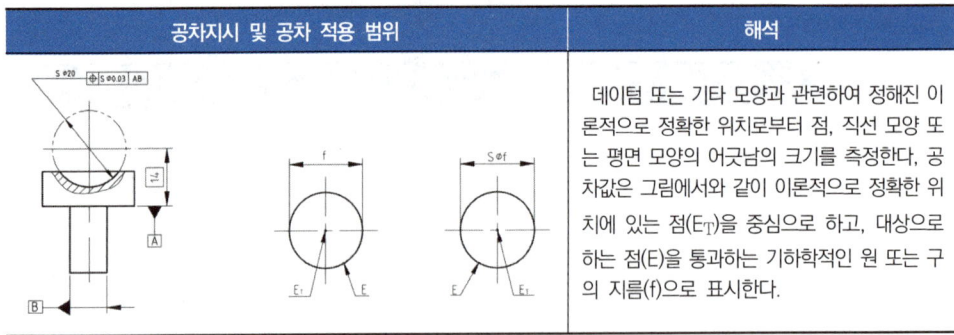	데이텀 또는 기타 모양과 관련하여 정해진 이론적으로 정확한 위치로부터 점, 직선 모양 또는 평면 모양의 어긋남의 크기를 측정한다. 공차값은 그림에서와 같이 이론적으로 정확한 위치에 있는 점(E_T)을 중심으로 하고, 대상으로 하는 점(E)을 통과하는 기하학적인 원 또는 구의 지름(f)으로 표시한다.

⑤ 동축도 및 동심도

공차지시 및 공차 적용 범위	해석
동축도	지시선의 화살표로 나타낸 축선은 데이텀 축직선 A-B를 축선으로 하는 지름 0.09mm인 원통 안에 있어야 한다.
동심도	지시선의 화살표로 나타낸 원의 중심은 데이텀 점 A를 중심으로 하는 지름 0.02mm인 원 안에 있어야 한다.

⑥ 대칭도

공차지시 및 공차 적용 범위	해석
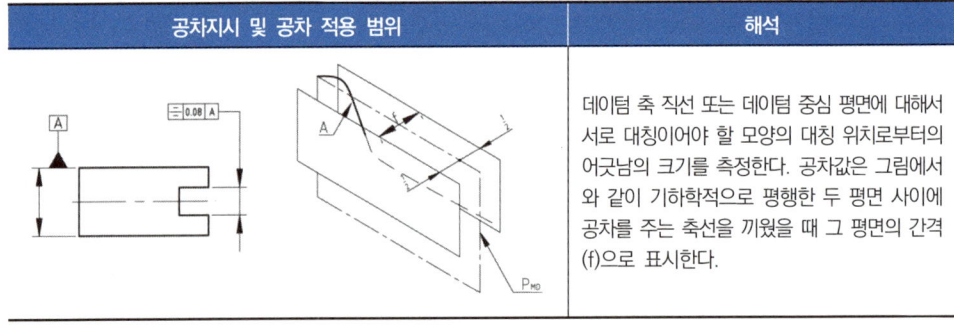	데이텀 축 직선 또는 데이텀 중심 평면에 대해서 서로 대칭이어야 할 모양의 대칭 위치로부터의 어긋남의 크기를 측정한다. 공차값은 그림에서와 같이 기하학적으로 평행한 두 평면 사이에 공차를 주는 축선을 끼웠을 때 그 평면의 간격(f)으로 표시한다.

⑦ 원주 흔들림

공차지시 및 공차 적용 범위	해석
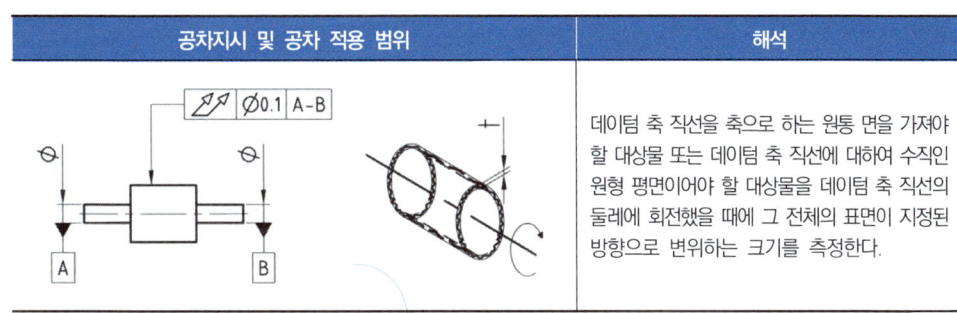	데이텀 축 직선을 축으로 하는 회전면을 가져야 할 대상물 또는 데이텀 축 직선에 대하여 수직인 원형 평면이어야 할 대상물을 데이텀 축 직선의 둘레에 회전했을 때에 그 표면이 지정된 위치 또는 임의의 위치에서 지정된 방향으로 변위하는 크기를 측정한다. 그림과 같이 원주 흔들림은 대상물의 표면상의 각 위치에 있어서의 흔들림 중에서 그 최대치로 표시하는 것을 원칙으로 한다.

⑧ 온 흔들림

공차지시 및 공차 적용 범위	해석
	데이텀 축 직선을 축으로 하는 원통 면을 가져야 할 대상물 또는 데이텀 축 직선에 대하여 수직인 원형 평면이어야 할 대상물을 데이텀 축 직선의 둘레에 회전했을 때에 그 전체의 표면이 지정된 방향으로 변위하는 크기를 측정한다.

CHAPTER 03 실전연습문제

01 KS B 0161에 규정하는 표면거칠기(surface roughness)에서 기준 길이의 5번째의 높은 산과 낮은 골을 지나는 두 직선의 간격을 측정하여 평균의 차를 미크론(μm) 단위로 나타낸 것은?

① 최대 높이(R_{max})
② 10점 평균거칠기(R_z)
③ 중심선 평균거칠기(R_a)
④ 기준길이 평균거칠기(R_l)

표면거칠기의 표시방법(단위 : μm)
① 최높이(R_{max}) : S
② 10점 평균거칠기(R_z) : Z
③ 중심선 평균거칠기(R_a) : a

---

02 다음 거칠기를 표시한 것 중에서 표면이 가장 매끄러운 것은?

① 25Z ② 12.5a ③ 1.6S ④ 0.1S

03 중심선 평균거칠기로 표면거칠기의 지시값의 상한과 하한을 기입하는 방법으로 올바른 것은?

① 상한은 좌측에 하한은 우측에 기입한다.
② 상한은 우측에 하한은 좌측에 기입한다.
③ 상한은 위로 하한은 아래로 나란히 기입한다.
④ 상한은 아래로 하한은 위로 나란히 기입한다.

정/답 01 ② 02 ④ 03 ③

04 다음 표면거칠기 표시방법에서 C가 의미하는 것은?

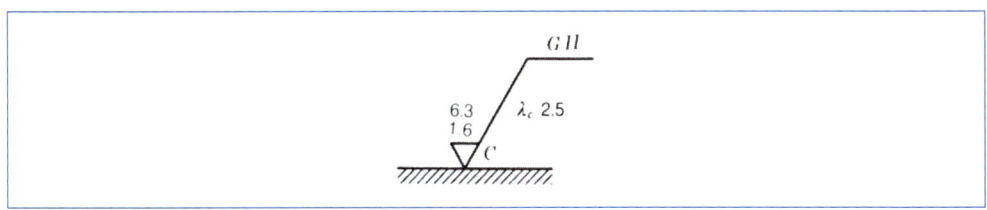

① 가공으로 생긴선이 거의 방사상이다.
② 가공으로 생긴선이 다방면 또는 무방향이다.
③ 가공으로 생긴선이 거의 동심원이다.
④ 가공으로 생긴선이 두 방향으로 교차를 이룬다.

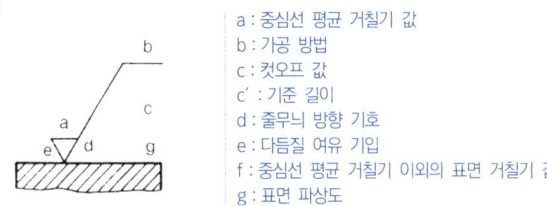

a	중심선 평균 거칠기 값
b	가공 방법
c	컷오프 값
c'	기준 길이
d	줄무늬 방향 기호
e	다듬질 여유 기입
f	중심선 평균 거칠기 이외의 표면 거칠기 값
g	표면 파상도

• 가공모양의 기호(줄무늬 방향기호)
  = : 평행, ⊥ : 수직, × : 교차, M : 무방향, C : 동심원, R : 방사항(레이디얼형)

05 그림과 같은 표면거칠기의 표면기호를 각각 설명한 것이다. 틀린 것은?

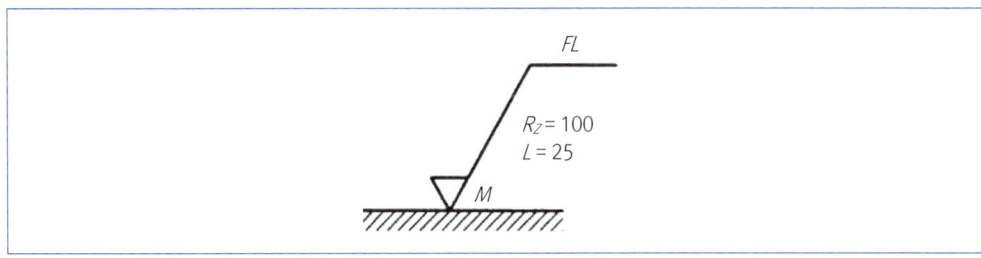

① FL(래핑) : 가공방법
② R_z=100 : 10점 평균 거칠기 값
③ L = 25 : 지시값에 대한 기준길이
④ M : 밀링 가공에 의한 절삭

06 다음 표면거칠기의 지시방법에 관한 설명 중 올바르게 설명한 것은?

① 전면의 거칠기 정도가 같을 때에는 부품번호 옆에 표시한다.
② 제거 가공을 허용하지 않을 때는 면 지시기호에 가로선을 부가한다.
③ 단면했을 때에는 표면거칠기를 지시하지 아니하고 형상공차를 표시한다.
④ 특별히 가공방법을 지시할 필요가 있을 때에는 별도의 지시선에 표시한다.

07 다음 공차에 관한 용어 설명 중 옳은 것은?

① 치수허용차란 최대 허용치수에서 기준치수를 뺀 값이다.
② 위 치수허용차란 최대 허용치수에서 기준치수를 뺀 값이다.
③ 아래 치수허용차란 기준치수에서 최소 허용치수를 뺀 값이다.
④ 최대 허용치수란 기준치수에서 최소 허용치수를 더한 값이다

- 치수허용차 = 허용 한계치수 – 기준치수
- 위 치수허용차 = 최대 허용치수 – 기준치수
- 아래 치수허용차 = 최소 허용치수 – 기준치수

08 기준치수에 대한 설명 중 옳은 것은?

① 최대 허용치수와 최소 허용치수의 차
② 실제로 가공된 기계부품의 치수
③ 실제 치수에 대해 허용되는 한계치수
④ 허용 한계치수의 기준이 되며 호칭치수라고도 한다.

09 게이지 제작공차에 사용되는 축의 IT의 공차의 급수에 해당되는 것은?

① IT 1~IT 4 ② IT 5~IT 8 ③ IT 8~IT 12 ④ IT 13~IT16

게이지 제작 공차 : 구멍- IT 1~IT 5, 축- IT 1~IT 4

10 기본공차는 몇 등급으로 구분되는가?

① 12 ② 15 ③ 18 ④ 20

IT 기본공차는 IT 01~IT 18까지 20등급으로 구분되어 있다.

정/답 06 ① 07 ② 08 ④ 09 ① 10 ④

11 50H7이 나타내는 것은?

① 기준치수　　② 한계치수　　③ 공차의 등급　　④ 구멍의 크기

12 기준치수가 30, 최대 허용치수가 29.96, 최소 허용치수가 29.94일 때 아래치수허용차는?

① -0.06　　② +0.06　　③ -0.04　　④ +0.04

> 치수허용차 = 허용한계치수 - 기준치수
> ① 위치수허용차 = 최대허용치수 - 기준치수 = 29.96 - 30 = -0.04
> ② 아래치수허용차 = 최소허용치수 - 기준치수 = 29.94 - 30 = -0.06

13 다음 중 KS "치수공차와 끼워맞춤"의 기준치수 적용범위는 몇 mm 이하인가?

① 1000　　② 2500　　③ 3000　　④ 3150

14 아래치수허용차가 "0"이 되는 기준 구멍은?

① M7　　② K7　　③ J7　　④ H7

15 다음 표는 IT 기본공차 등급이다. 40H7, 40h6의 끼워맞춤에서 최대틈새는 얼마인가?

기준치수 mm	공차등급 및 기본공차 수치(μm)				
	IT 4	IT 5	IT 6	IT 7	IT8
18~30	6	9	13	21	33
30~50	7	11	16	25	39

① 0.009　　② 0.034　　③ 0.041　　④ 0.049

> $\phi 40H7 = \phi 40_0^{+0.025}$ … (구멍공차)
> $\phi 40h6 = \phi 40_{-0.016}^{0}$ … (축공차)
> • 최대틈새 = 구멍의 최대허용치수 - 축의 최소허용치수 = 40.025 - 39.984 = 0.041

정/답　11 ③　12 ①　13 ④　14 ④　15 ③

16 KS 규격 끼워맞춤에서 50H7m6은 어떤 끼워맞춤을 의미하는가?

① 구멍 기준식 중간 끼워맞춤 ② 구멍 기준식 억지 끼워맞춤
③ 구멍 기준식 헐거움 끼워맞춤 ④ 축 기준식 억지 끼워맞춤

- 구멍 기준식 : H6~H10
- 축 기준식 : h5~h9
  - 헐거운 끼워맞춤 : a~h(구멍기준), A~H(축기준)
  - 중간 끼워맞춤 : j~m(구멍기준), J~M(축기준)
  - 억지 끼워맞춤 : n~zc(구멍기준), N~ZC(축기준)

17 구멍의 최소허용치수보다 축의 최대허용치수가 작은 끼워맞춤은?

① 헐거운 끼워맞춤 ② 주간 끼워맞춤 ③ 억지 끼워맞춤 ④ 구멍 끼워맞춤

18 공차 끼워맞춤에서 구멍의 최대허용치수 50.025mm, 최소허용치수 50.000mm, 축의 최대허용치수 50.050mm, 최소허용치수 50.034mm일 때 최소죔새는 얼마인가?

① 0.009 ② 0.005 ③ 0.025 ④ 0.034

최소죔새 = 축의 최소허용치수 − 구멍의 최대허용치수 = 50.034 − 50.025 = 0.009

19 구멍의 치수는 $80^{+0.025}_{0}$, 축의 치수가 $80^{-0.025}_{-0.050}$이라면 무슨 끼워맞춤인가?

① 억지 끼워맞춤 ② 중간 기워맞춤 ③ 헐거운 끼워맞춤 ④ 열간 끼워맞춤

최대틈새 = 80.025 − 79.950 = 0.075mm
최소틈새 = 80.0 − 79.975 = 0.025mm
∴ 항상 틈새가 존재하므로 헐거운 끼워맞춤이다.

20 상용하는 끼워맞춤 중 위치수허용차와 아래치수허용차의 절대값은 같고, 양과 음의 부호로만 구분되는 것은?

① H ② js ③ h ④ e

JS 또는 js 공차는

치수허용차 = $\pm \dfrac{n}{2}$

예 30js6 = 30 ± 0.08

정/답 16 ① 17 ① 18 ① 19 ③ 20 ②

21 구멍이 $50^{+0.25}_{\ 0}$이고, 축이 $50^{+0.033}_{\ 0.017}$인 중간 끼워맞춤에서 최대죔새를 계산한 것은?

① 0.008 ② 0.017 ③ 0.025 ④ 0.033

최대죔새 = 50.033 − 50.0 = 0.033mm

22 다음의 치수허용차 중에서 가장 틈새가 큰 끼워맞춤은?

① H7e7 ② H7f7 ③ H7h7 ④ H7u7

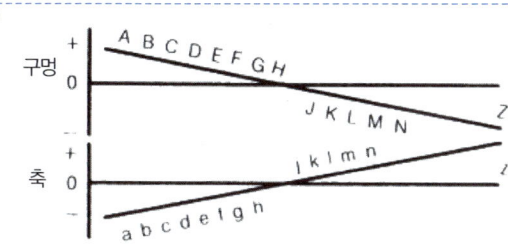

23 구멍치수가 $\phi 40^{+0.005}_{\ 0}$, 축의 치수 $\phi 40^{\ 0}_{-0.004}$의 최대틈새는?

① 0.004 ② 0.005 ③ 0.011 ④ 0.009

24 다음 중 억지 끼워맞춤에 해당되는 것은?

① 구멍 $70^{+0.019}_{\ 0}$ / 축 $70^{+0.035}_{+0.025}$

② 구멍 $70^{+0.019}_{\ 0}$ / 축 $70^{-0.030}_{-0.049}$

③ 구멍 $70^{+0.009}_{\ 0}$ / 축 70 ± 0.015

④ 구멍 $70^{+0.019}_{\ 0}$ / 축 $70^{+0.021}_{+0.002}$

① 최대죔새 : 0.035, 최소죔새 : 0.006 → 억지 끼워맞춤
② 최대틈새 : 0.068, 최소틈새 : 0.030 → 헐거운 끼워맞춤
③, ④ 중간 끼워맞춤

정/답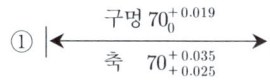

25 형상공차를 두는 이유가 아닌 것은?

① 대량생산으로 원가를 절감키 위하여
② 고도의 정밀도를 갖는 제품을 만들기 위하여
③ 종래의 치수공차만으로는 제품 간의 호환성을 주기 어렵기 때문에
④ 고정도의 생산제품을 설계하기 위하여

26 형상공차를 나타내는 기호 중 서로 잘못 짝지워진 것은?

① ▱ 평면도   ② ⌖ 위치도   ③ ◎ 동축도   ④ ○ 원통도

27 다음 기하공차의 종류 중 단독 형체 또는 관련 형체에 적용되는 것은?

① 원통도   ② 선의 윤곽도   ③ 위치도   ④ 원주 흔들림

기차공차의 종류와 기호

적용하는 형체	구분	공차의 종류	기호	적용하는 형체	구분	공차의 종류	기호
단독 형체	모양 공차	진직도	─	관련형체	자세공차	평행도	//
		평면도	▱			직각도	⊥
		진원도	○			경사도	∠
		원통도	⌭		위치공차	위치도	⌖
단독 형체 또는 관련 형체		선의 윤곽도	⌒			동축도 공차 또는 동심도	◎
		면의 윤곽도	⌓			대칭도	⌯
					흔들림공차	원주 흔들림	↗
						온 흔들림	⌮

28 기하공차 종류의 적용되는 형체 중 단독 형체에 해당되지 않는 것은?

① ▱   ② ○   ③ ⌭   ④ ↗

29 기하공차의 종류에서 위치 공차에 해당되는 것은?

① 원통도 공차   ② 면의 윤곽도 공차   ③ 대칭도 공차   ④ 온 흔들림 공차

정/답 25 ① 26 ④ 27 ② 28 ④ 29 ③

30 온 흔들림 공차 표시가 맞는 것은?

① ∠　　② //　　③ ↗　　④ ↗↗

31 도면에 표시된 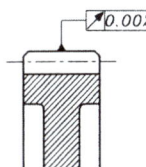 에서 의 기호는?

① 진원도　② 원통도　③ 동축도　④ 위치도

32 다음은 기하공차를 표시한 것이다. 기하공차가 맞는 것은?

① 흔들림공차
② 경사도공차
③ 위치도공차
④ 대칭도공차

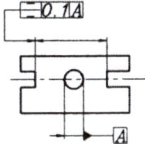

33 그림의 기하공차의 기호 ═ 가 나타내는 것은?

① 진직도　② 원통도
③ 동심도　④ 대칭도

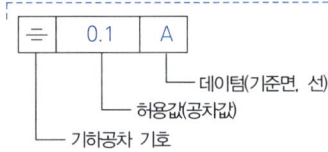

| ═ | 0.1 | A |

- 데이텀(기준면, 선)
- 허용값(공차값)
- 기하공차 기호

34 | // | 0.01 |
　　　| | 0.006/200 | 로 표시된 것의 뜻은?

① 소정의 길이 200mm에 대하여 0.006mm, 전체길이에 대하여 0.01mm의 대칭도
② 소정의 길이 200mm에 대하여 0.006mm, 전체길이에 대하여 0.01mm의 평행도
③ 소정의 길이 200mm에 대하여 0.006mm, 전체길이에 대하여 0.06mm의 직각도
④ 소정의 길이 200mm에 대하여 0.006mm, 전체길이에 대하여 0.01mm의 평면도

정/답　30 ④　31 ②　32 ①　33 ④　34 ②

35 다음과 같은 기하공차 도시방법에 관한 설명 중 올바른 것은?

① KS에는 없는 방법이다.
② 한 개 형체에 두개의 공차를 지시하는 경우이다.
③ 진원도의 데이텀은 B이다.
④ 단독 형체에는 적용되지 않은 공차들이다.

36 ISO 형상공차에서 표시된 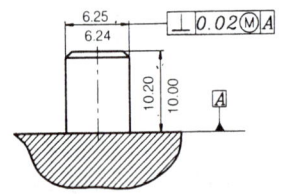 에서 A가 표시하는 것은?

① 가공방법   ② 기준형상   ③ 정도등급   ④ 대칭표시

37 다음 도면을 보고 해석한 것 중 잘못된 내용은?

① 형상의 축은 규정위치 공차 내에 있어야 한다.
② 형상이 MMC(6.25)일 때, 최대허용 직각도 공차는 0.02이다.
③ 형체가 규정된 치수에 관계없이 직각도 공차의 영역은 0.02이다.
④ 형체가 규정된 최소 크기보다 클 때, 직각도 공차의 증가는 허용된다.

> 치수공차는 6.25−6.24=0.01mm이고, 직각도 공차는 데이텀 A를 기준으로 0.02의 공차가 주어졌다. 최대로 허용되는 직각도 공차는 0.03mm(0.01+0.02)이다.

38 KS 규격에서 규정된 표면거칠기 표시법이 아닌 것은?

① 최대 높이 거칠기   ② 중심선 평균 거칠기
③ 10점 평균 거칠기   ④ 자승 평균 거칠기

39 다음 가공방법 약호 도시법 중 리머(reamer) 가공은?

① FL   ② FR   ③ FS   ④ FB

정/답   35 ②   36 ②   37 ③   38 ④   39 ②

PART 03

Industrial Engineer
Automatic Equipment

공유압

- 01. 공·유압 기초이론
- 02. 공·유압 회로 기호
- 03. 유압 작동유
- 04. 유압 펌프
- 05. 공압 발생 장치
- 06. 공·유압 제어 밸브
- 07. 공·유압 작동기
- 08. 공·유압장치의 구성과 부속기기
- 09. 공·유압 제어회로 및 응용

공·유압 기초이론

Industrial Engineer Automatic Equipment

01 유압기기

유압유를 유압 펌프에 의해 압력 에너지로 변환시키고 배관을 지나는 동안 압력, 유량, 방향의 기본적인 제어를 함으로써 유압 모터나 유압 실린더로 유도한 후 다시 기계적인 일로 바꾸는 일련의 기기 및 결합체를 유압기기 또는 유압장치라 한다.

1 유압장치의 구성요소

유압장치란 유압유에 압력 에너지를 주어, 그 압력 에너지로 하여금 기계적 일을 하도록 한 시스템이다.

(1) Power unit(동력장치)

동력원-펌프, 기름 탱크, 여과기, 전동기로 구성된다.

(2) 제어 밸브류

압력 에너지를 전달·조정하는 유압 요소로 압력제어 밸브, 유량제어 밸브, 방향제어 밸브 등이 있다.

① 압력제어 밸브 : 힘의 크기를 제어한다.
② 유량제어 밸브 : 속도를 제어한다.
③ 방향제어 밸브 : 방향을 제어한다.

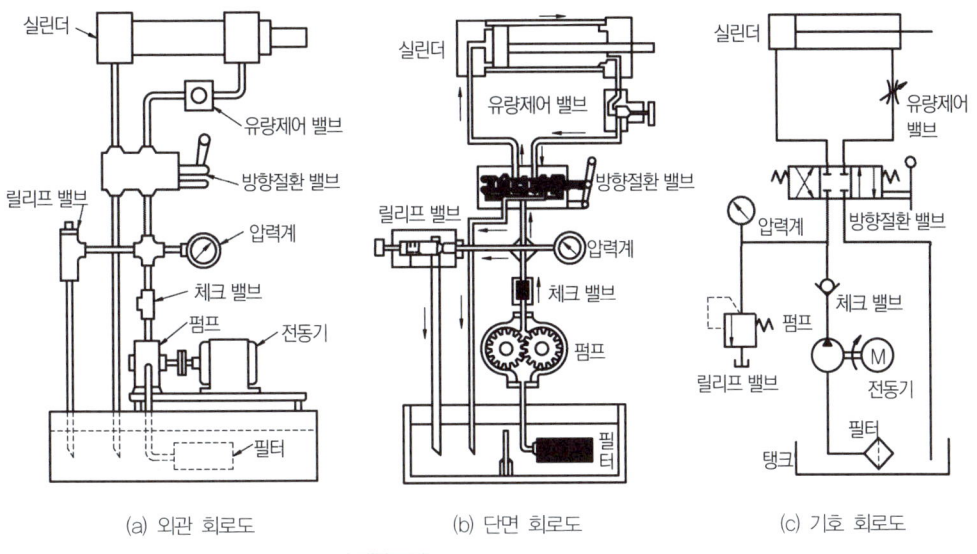

(a) 외관 회로도　　(b) 단면 회로도　　(c) 기호 회로도

그림 1-1 드릴 머신의 유압장치

(3) 액추에이터(작동기)

압력 에너지를 기계적 에너지로 변환시키는 유압 요소로 유압 실린더와 유압 모터가 있다.

(4) 파이프류

유압기기 요소들을 연결하여 작동유를 수송하는 역할, 동관, 고무호스, 알루미늄관 등이 있다.

(5) 기타 부속품

압력 게이지, 축압기(accumulator), 필터, 여과기 등이 있다.

2 유압장치의 특징

(1) 장점

① 동작속도를 자유로이 바꿀 수 있다.
② 커다란 조작력을 간단히 얻으며 그 조절도 용이하다.
③ 전기적 조작과 조합이 간단하게 된다.
④ 원격조작(remote control)이 된다.
⑤ 과부하에 대해서 안전장치로 만드는 것이 용이하다.
⑥ 입력에 대한 출력의 응답이 빠르다.

⑦ 무단변속이 가능하다.
⑧ 충격이나 진동을 용이하게 감쇄시킨다.
⑨ 공기압에 비하여 조작이 안전하고 응답이 빠르다.

02 공압기기의 구성

1 공압발생장치

공압발생장치는 공기 압축기와 공기 탱크로 구성된다. 공기 압축기는 대기의 저압을 고압으로 만드는 역할을 담당하고, 압축된 공기는 냉각에 따라 수분을 응축해 배출시키거나 건조시켜 수분을 제거해야 한다. 공기 탱크는 일정한 압력의 공기를 항상 사용할 수 있도록 저장하는 역할을 한다. 압축공기는 수분이나 먼지 등이 없어야 공압기기의 고장이 발생하지 않는다.

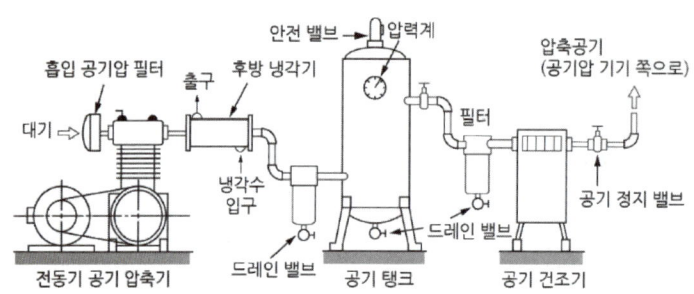

그림 1-2 공압발생장치

2 공·유압장치 구성의 차이

공·유압장치 구성의 가장 다른 점은 유압장치에는 기름 탱크로의 귀환 배관이 필수적으로 있어야 하는 반면, 공압장치에서는 귀환되는 공기는 대기 중에 방출하면 되므로 별도의 귀환 배관이 요구되지 않는다는 것이다.

3 공압장치의 특징

(1) 공압장치의 장단점

① 대기 중의 공기를 이용하므로 용이하고, 사용 후 대기 중에 방출하므로 주변 환경오염의 염려가 없다.
② 공기는 압축성 유체이며 완충효과가 있다.
③ 속도가 빨라 원거리 이송에 유리하다.
④ 인화나 발화의 위험이 없다.
⑤ 공기는 압축성이라 위치제어의 정확성과 응답성이 떨어진다.

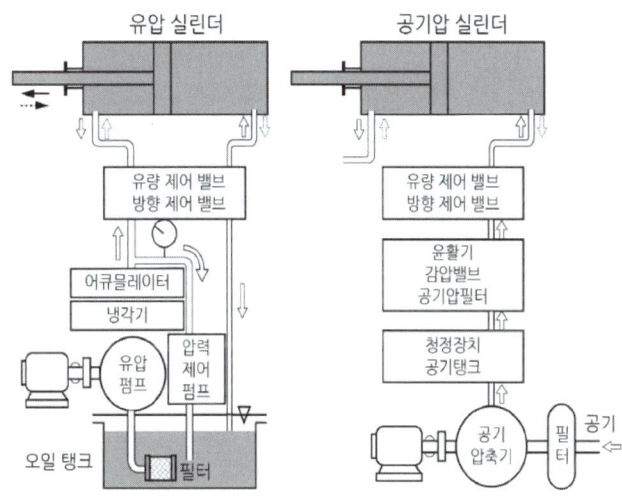

그림 1-3 유공압장치의 구성도

⑥ 일반적으로 1MPa 이상의 큰 힘이 요구되는 경우 사용이 어렵다.
⑦ 수분함량이 높은 여름과 겨울에는 별도의 수분제거 장치가 필요하다.
⑧ 공기 방출 시에는 소음이 발생한다.

4 유공압장치의 예

(1) 토크 컨버터(Torque Converter)

토크 컨버터는 유체 동력 전달 장치로서, 기계적인 접촉 없이 오일의 흐름과 압력을 이용해 동력을 전달하는 유압 시스템의 대표적인 예이다. 공유압 시스템에서 핵심 원리인 유체의 흐름, 압력 변화, 운동 에너지 변환을 적용하여 부드러운 동력 전달을 가능하게 한다.

① 토크 컨버터의 구성 요소

구성 요소	역할 및 설명
펌프(Pump, 임펠러)	원동기에 연결되어 유체(오일)를 가속하여 터빈으로 보냄(원심력 활용)
터빈(Turbine)	펌프에서 보낸 유체의 흐름을 받아 회전하며 출력축으로 동력을 전달
스테이터(Stator, 반작용 기구)	오일의 흐름 방향을 변경하여 토크를 증대시키고 효율 향상(한 방향 회전)
유체(오일, Working Fluid)	동력을 전달하는 매개체로, 점도가 중요하며 압력 변화에 따라 동력 전달 조절

② 토크 컨버터의 원리

원동기가 회전하면 펌프가 원심력을 이용해 오일을 가속시키고, 이 가속된 오일이 터빈을 회전시켜 출력축으로 동력을 전달하며, 스테이터는 오일의 흐름을 최적화하여 효율을 높이고 토크를 증대시킨다.

(2) 쇼크 업소버(Shock Absorber)

쇼크 업소버는 유압 오일의 흐름과 압력 변화를 이용해 차량의 충격을 효과적으로 흡수하는 공유압 장치이고, 실린더, 피스톤, 오일, 밸브, 가스 챔버 등이 핵심 구성요소이다.

CHAPTER 01 실전연습문제

01 입력축과 출력축의 토크를 변화시키기 위하여 펌프 회전차와 터빈 회전차 중간에 스테이터를 설치한 유체전동기구는?

① 유체 커플링 ② 축압기 ③ 토크 컨버터 ④ 방향 전환 밸브

> 유체 커플링(fluid coupling, hydraulic coupling) : 원축과 종축을 일직선상에 놓고 각 축에 펌프와 수차의 깃차를 직결하여 이것을 원축의 펌프로 일정한 물을 수차에 보내어 종축을 회전시키는 커플링이다.

02 그림에서 피스톤의 지름을 각각 50[mm], 60[mm]로 하고 작은 피스톤에 400N]의 힘을 가한 경우 큰 피스톤을 10[mm] 움직이면 작은 피스톤은 얼마나 움직이는가?

① 11.4[mm]
② 12.0[mm]
③ 13.2[mm]
④ 14.4[mm]

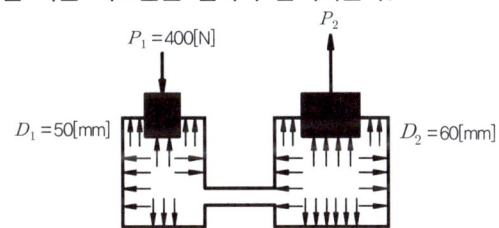

> $V_1 = V_2, \ \dfrac{\pi}{4}D_1^2 \times S_1 = \dfrac{\pi}{4}D_2^2 \times S_2$
> $50^2 \times S_1 = 60^2 \times 10, \ S_1 = 14.4[mm]$

03 다음 중 유체 토크 컨버터의 구성요소와 거리가 가장 먼 것은?

① 릴리프 밸브 ② 스테이터 ③ 펌프 회전차 ④ 터빈 회전차

04 유압 시스템이 갖고 있는 장점을 기술한 것 중 맞는 것은?

① 무단변속이 가능하다.
② 먼 거리까지 쉽게 에너지를 전달할 수 있다.
③ 에너지의 저장성이 좋다.
④ 작업요소의 운동속도가 빠르다.

정/답 01 ③ 02 ④ 03 ① 04 ①

05 유압 구동의 특징을 설명한 것이다. 틀린 것은?

① 원격 조작 및 자동조작이 용이하다.
② 주기적인 운동을 간단한 장치로 할 수 있다.
③ 열변형 또는 온도 변화에도 공작 정밀도가 저하하지 않는다.
④ 무단변속이 가능하다.

06 유압 프레스의 작동원리는 다음 어느 이론에 바탕을 둔 것인가?

① 파스칼의 원리
② 보일의 법칙
③ 아르키메데스의 원리
④ 토리체리의 원리

07 그림에서 W = 300kgf의 물체를 피스톤 ①로 작동시켜서 들어 올리려고 한다. 유압 피스톤 ①을 10[kgf]의 힘으로 밀 때 그 지름 은 몇 [cm]로 할 것인가?

① 5.42
② 6.39
③ 7.22
④ 8.36

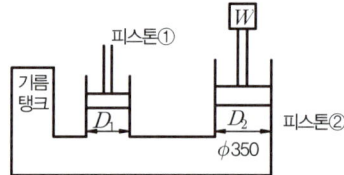

$$P_1 = P_2, \quad \frac{W_1}{A_1} = \frac{W_2}{A_2}$$

$$\frac{10}{D_1^2} = \frac{300}{35^2}$$

$$D_1 = 6.39[cm]$$

08 다음 중 유압 잭(jack)은 어느 것을 이용하는가?

① 베르누이 정리   ② 보일 샤를의 법칙   ③ 레이놀즈의 이론   ④ 파스칼의 원리

09 다음 중 유압장치의 주요 구성요소가 아닌 것은?

① 동력원(power unit)
② 연결부(connection unit)
③ 제어부(control unit)
④ 구동부(actuator)

정/답   05 ③   06 ①   07 ②   08 ④   09 ②

10 다음의 유압 시스템 구성요소 중 유압 에너지를 생성하거나 이용하는 것이 아닌 것은?

① 작업요소　　② 최종제어요소　　③ 신호처리요소　　④ 동력공급장치

11 그림에서 실린더 B의 반지름은 실린더 A의 반지름의 2배이다. 힘 F_1과 F_2 사이의 관계는?

① $F_2 = 4F_1$
② $F_2 = 2F_1$
③ $F_1 = F_2$
④ $F_1 = 4F_2$

$$P_A = P_B, \quad \frac{F_1}{A_A} = \frac{F_2}{A_B}$$
$$F_1 = \frac{F_2}{4}, \quad F_2 = 4F_1$$

12 A-6-6-2040 유압 브레이크 장치의 주요 구성 부분에 해당되지 않는 것은?

① 브레이크 슈　　② 브레이크 드럼　　③ 휠 실린더　　④ 피트먼 암

- 유압 브레이크 장치는 브레이크 슈, 브레이크 드럼, 휠 실린더 등으로 구성된다.
- 피트먼 암(Pitman Arm) : 조향 장치(스티어링 시스템)의 부품이다.

13 유압장치에서의 설명으로 올바른 것은?

① 힘의 크기를 유량제어 밸브, 속도를 압력제어 밸브, 일의 방향을 방향제어 밸브로 제어한다.
② 힘의 크기를 압력제어 밸브, 속도를 유량제어 밸브, 일의 방향을 방향제어 밸브로 제어한다.
③ 힘의 크기를 유압 액츄에이터, 속도를 유량제어 밸브, 일의 방향을 방향제어 밸브로 제어한다.
④ 힘의 크기를 유량제어 밸브, 속도를 유압 액츄에이터, 일의 방향을 방향제어 밸브로 제어한다.

14 다음 설명 중 유압장치의 장점이 아닌 것은?

① 작동체의 속도를 무단 변속시킬 수 있다.
② 에너지의 축적이 가능하다.
③ 소형의 장치로서 큰 힘을 낼 수 있다.
④ 기름의 유속에 제한이 있으므로 작동체의 속도에도 제한이 있다.

정/답　10 ④　11 ①　12 ④　13 ②　14 ④

15 유압 가동의 장점이 아닌 것은?

① 원격조작 및 무단변속이 가능하다.
② 과부하에 대한 안전장치의 조합이 간단하다.
③ 전기회로에 비하여 유압회로의 구성 작업이 간단하다.
④ 에너지의 축적이 가능하다.

16 다음 그림에서 2개의 피스톤이 균형하게 유지하기 위한 피스톤의 단면적비(A_1/A_2)는 얼마인가?

① $\dfrac{1}{10}$
② $\dfrac{1}{20}$
③ $\dfrac{1}{30}$
④ $\dfrac{1}{400}$

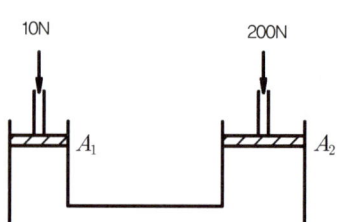

$P = \dfrac{F_1}{A_1} = \dfrac{F_2}{A_2}, \ \dfrac{A_1}{A_2} = \dfrac{F_1}{F_2} = \dfrac{10}{200} = \dfrac{1}{20}$

17 유압 및 공기압에 관한 설명으로 적절하지 않은 것은?

① 유압은 위치 제어성이 우수하고, 이송 속도도 매우 빠르다.
② 공기압은 공기탱크에 에너지를 저장할 수 있다.
③ 유압은 가스나 스프링 등을 이용한 축압기에 소량의 에너지 저장이 가능하다.
④ 공기압은 인화나 폭발의 위험이 없다.

유압의 특징
- 작은 장치로도 큰 힘을 낼 수 있다.
- 제어의 용이성과 정확도가 좋다.
- 응답이 빠르다.
- 윤활성, 방청성, 내열성 등이 우수하며, 보수가 용이하다.
- 비압축성에 의해 액추에이터 속도의 한계가 있고 누유로 인해 시스템이 불결하다.

공압의 특징
- 유압기기에 비해 가격이 저렴하며 유지 보수가 용이하다.
- 저압을 사용하므로 기기 파손의 위험이 적다
- 화재의 위험이 적다.
- 시스템이 청결하다.
- 공기의 압축성에 의해 정밀 제어가 곤란하다.

정/답   15 ③   16 ②   17 ①

공·유압 회로 기호

Industrial Engineer Automatic Equipment

유압회로도는 유압장치를 도면으로 나타내기 위한 것으로 외관회로도, 단면회로도, 기호회로도 등이 있다. 보통은 기호회로도를 사용하므로 유압기기의 구성요소들의 기호를 알아두어야 한다. 유압기기를 기호 [KS B 0007 또는 ISO 1219-1 규격]로 표시하면 다음과 같다.

01 관로 및 접속

번호	명칭	기호	비고
1.1	주 관로		
1.2	파일럿 관로		
1.3	드레인 관로		
1.4	관로의 접속		
1.5	휨 관로		
1.6	관로의 교차		
1.8 1.8.1 1.8.1(1) 1.8.2(2)	급속이음 분리된 상태 체크 밸브 없음 체크 밸브 있음 (셀프 실 이음)		급속이음 : 호스의 접속용 이음으로서 신속하게 착탈이 가능한 것.

02 펌프 및 모터

번호	명칭	기호		비고
2.1	일정용량형 유압 펌프	(1)	(2)	(1) 한 방향 흐름 (2) 양 방향 흐름
2.2	가변용량형 유압 펌프	(1)	(2)	
2.3	일정용량형 유압 모터	(1)	(2)	
2.4	가변용량형 유압 모터	(1)	(2)	
2.5	일정용량형 유압 펌프·모터			
2.6	가변용량형 유압 펌프·모터	(3)		

03 실린더

번호	명칭	기호		비고
3.1	단동실린더	상세기호	간략기호	• 공기압 • 압출형 • 핀로드형 • 대기 중의 배기(유압의 경우는 드레인)
3.2	복동실린더	(1) (2)		(1) • 편로드 　　• 공기압 (2) • 양 로드 　　• 공기압
3.3	단동 텔레스코프형 실린더			공기압
3.4	복동 텔레스코프형 실린더			유압

04 제어방식

번호	명칭	기호	비고
4.1	스프링 방식		
4.2 4.2.1	인력 방식 인력 방식(기본 기호)		
4.2.2	레버 방식		
4.2.3	누름단추 방식		
4.2.4	페달 방식		
4.3 4.3.1	전자(電磁)방식 단일 코일형		Solenoid 방식 - 전자조작 방식 - 전자파일럿조작 방식
4.3.2	복수 코일형		

번호	명칭	기호	비고
4.4	압력을 가하여 조작하는 방식		
4.4.1	공기압 파일럿		• 내부 파일럿 • 1차 조작 없음
4.4.2	유압 파일럿		• 외부 파일럿 • 1차 조작 없음
4.4.3	유압 2단 파일럿		• 내부 파일럿, 내부 드레인 • 1차 조작 없음
4.4.4	공기압·유압 파일럿		• 외부 공기압 파일럿, 내부 유압 파일럿, 외부 드레인 • 1차 조작 없음
4.4.5	전자·공기압 파일럿		• 단동솔레노이드에 의한 1차 조작붙이 • 내부 파일럿
4.4.6	전자·유압 파일럿		• 단동솔레노이드에 의한 1차 조작붙이 • 외부 공기압 파일럿, 내부·외부 드레인

05 압력제어 밸브

번호	명칭	기호	비고
5.1	릴리프 밸브 및 안전 밸브 내부	(1)　　(2)	
5.2	언로드 밸브		무부하 밸브
5.3 5.3.1 5.3.2	시퀀스 밸브 내부 파일럿 방식 외부 파일럿 방식		

번호	명칭	기호	비고
5.4	감압 밸브		일정비율 감압 밸브
5.5	카운터밸런스 밸브		

06 유량제어 밸브

번호	명칭	기호	비고
6.1	교축 밸브		
6.2	스톱 밸브		
6.3	감압 밸브		• 기계조작 가변 교축 밸브 • 롤러에 의한 기계조작
6.4	속도제어 밸브		• 1방향 교축 밸브 • 가변 교축 장착 • 공기압
6.5	유량조정 밸브		
6.5.1	직렬형 유량조정 밸브 (온조보상 붙이)		
6.5.2	바이패스형 유량조정 밸브	상세기호 간략기호	
6.5.3	체크밸브 붙이 유량조정 밸브		

07 방향제어 밸브

번호	명칭	기호	비고
7.1	기본 표시 2포트 2위치 변환 밸브		펌프를 무부하로 운전 텐덤 센터 : 센터 바이패스형
	4포트 3위치 변환 밸브		크로우즈드 센터
			오픈센터
			조리개 붙이 오픈센터
			조리개 붙이 ABR 접속
7.2	전기, 유압식 서보 밸브		

08 체크 밸브

번호	명칭	기호	비고
8.1	체크 밸브		
8.2	파일럿 조작 체크 밸브	(1) (2)	

09 부속기기

번호	명칭	기호	비고
9.1	압력 스위치		리밋 스위치
9.2	어큐뮬레이터 (축압기)		기체식　중량식　스프링식
9.3	필터	일반기호	드레인 배출기 붙이 필터 수동배출　자동배출
9.4	소음기		아날로그 변환기
9.5	압력계		
9.6	온도계		토크계
9.7 9.7.1	유량계 순간지시방식		
9.7.2	적산		

10 기타 공·유압기호

번호	명칭	기호	비고
10.1 10.1.1 10.1.2	기능요소 흑 백	▶ ▷	유압 공기압 또는 기타의 기체압 • 유체 에너지의 방향 • 유체의 종류 • 에너지원의 표시 • 대기중에의 배출을 포함
10.2 10.2.1 10.2.2	배기구		• 공기압 전용 • 접속구가 없는 것 • 접속구가 있는 것
10.3. 10.3.1 10.3.2	급속이음	접속상태 떨어진 상태	• 체크 밸브 없음 • 체크 밸브붙이(셀프실 이음)
10.4	펌프 및 모터	유압 펌프 공기압 모터	• 일반기호
10.5	공기압 모터		• 2방향 유동 • 정용량형 • 2방향 회전형
10.6	요동형 액추에이터		• 공기압 • 정각도 • 2방향 요동형 • 축의 회전방향과 유동 방향과의 관계를 나타내는 화살표의 기입인 임의 (부속서 참조)
10.7	공기유압 변환기	단동형 연속형	
10.8	증압기	단동형 연속형	• 압력비 1 : 2 • 2종 유체용

번호	명칭	기호		비고
10.9	공기탱크			
10.10	고압 우선형 셔틀 밸브	상세기호	간략기호	고압쪽측의 입구가 출구에 접속되고, 저압쪽측의 입구가 폐쇄된다.
10.11	급속배기 밸브	상세기호	간략기호	온도계
10.12	유면계			평행선은 수평으로 표시

CHAPTER 02 실전연습문제

01 다음 그림은 어떤 유압 표시기호인가?

① 파일럿 조작 체크 밸브
② 셔틀 밸브
③ 급속배기 밸브
④ 압력원

02 다음 그림은 무슨 기호인가?

① 일정량 용량형 유압 펌프 모터
② 공기압 모터
③ 가변 용량형 유압 펌프 모터
④ 진공 펌프

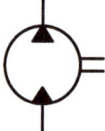

03 다음 그림은 KS 유압 도면 기호에서 무엇을 나타낸 것인가?

① 기름 탱크
② 어큐뮬레이터
③ 압력 스위치
④ 급속 배기 밸브

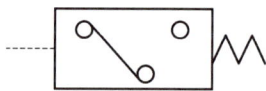

04 다음 그림의 기호는 무슨 유압기호인가?

① 무부하 릴리프 밸브
② 가변 교축 밸브
③ 직렬형 유량조절 밸브
④ 바이패스형 유량조정 밸브

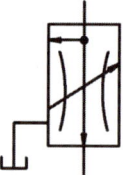

정/답   01 ①   02 ①   03 ③   04 ④

05 다음 그림의 기호는 어떤 밸브를 나타내는 기호인가?

① 시퀀스 밸브
② 카운터 밸런스 밸브
③ 무부하 밸브
④ 일정비율 감압 밸브

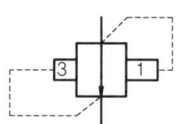

일정비율 감압 밸브
출구쪽 압력을 입구쪽 압력에 대하여 소정의 차이만큼 감압시켜 주는 밸브

06 다음 기호가 나타내는 명칭은?

① 리밋 스위치
② 아날로그 변환기
③ 압력 스위치
④ 전자 변환기

07 다음 기호는 무슨 밸브의 명칭인가?

① 바이패스형 유량조절 밸브
② 직렬형 유량조절 밸브
③ 체크 밸브 유량조절 밸브
④ 기계조작형 감압 밸브

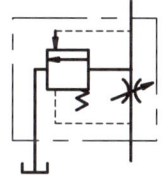

유량조절 밸브
배압 또는 부압에 따라서 생긴 압력의 변화에 관계없이 유량을 설정된 값으로 유지시켜 주는 유량제어 밸브이다.

08 다음 기호 중 회로의 교차를 표시하는 것은?

① 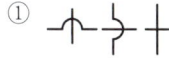   ②    ③    ④

정/답   05 ④   06 ①   07 ①   08 ①

09 다음 기호는 무슨 밸브인가?

① 저압 우선형 셔틀 밸브
② 급속 배기 밸브
③ 파일럿 조작 체크 밸브
④ 서보 밸브

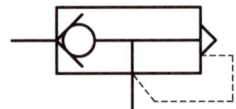

10 다음 그림은 어떤 유압 기호인가?

① 비기구
② 급속이음
③ 회전이음
④ 공기구멍

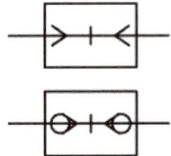

> 호스의 접속용 이음으로서 신속하게 착탈이 가능한 것이 급속이음(quick disconnet coupling)이다.

11 다음 그림은 어떤 유압기호인가?

① 처짐관로   ② 접속관로
③ 교차관로   ④ 통기관로

12 다음 그림은 어떤 접속구인가?

① 배기구   ② 공기구멍
③ 회전이음   ④ 급속이음

13 보기와 같은 유압도시기호의 명칭으로 가장 적합한 것은?

① 다이어프램형 실린더
② 쿠션 장착 실린더
③ 단동 실린더
④ 복동 실린더

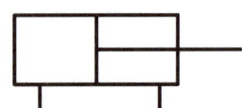

정/답   09 ②   10 ②   11 ①   12 ②   13 ④

14 다음 그림의 기호는 무슨 방식의 조직 기호인가?

① 누름 버튼
② 누름-당김 버튼
③ 당김 버튼
④ 레버 버튼

15 유압기기의 기호표시로서 맞는 것은?

① 2포트 수동 전환 밸브
② 2포트 전자 변환 밸브
③ 3포트 수동 전환 밸브
④ 3포트 전자 변환 밸브

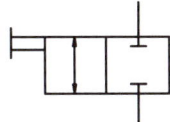

16 다음 그림은 무엇을 나타내는가?

① 스톱 밸브
② 언로드 밸브
③ 체크 밸브
④ 릴리브 밸브

17 다음 회로도는 무엇을 나타내는 기호인가?

① 냉각기 ② 여과기
③ 가열기 ④ 온도조절기

> **냉각기(Cooler)**
> 유압유의 온도를 낮추기 위해 사용되는 장치. 유압 시스템에서는 압력과 마찰로 인해 유압유가 가열되는데, 온도가 지나치게 높아지면 시스템의 성능이 저하되거나 부품이 손상될 수 있다. 이를 방지하기 위해 냉각기를 사용하여 적정 온도를 유지해야 한다.

정/답   14 ③   15 ①   16 ①   17 ①

18 다음 기호는 무슨 조작방식의 명칭인가?

① 인력
② 버튼
③ 레버
④ 페달

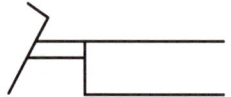

19 다음 그림은 무엇을 나타내는 기호인가?

① 압력계   ② 온도계
③ 유량계   ④ 유속계

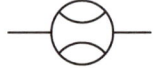

20 유압회로에서 다음 그림의 기호는 무엇을 표시하는가?

① 유속 조정 밸브이다.
② 유량 조정 밸브이다.
③ 방향 조정 밸브이다.
④ 압력 조정 밸브이다.

21 다음의 기호 중에서 고정형 조정 밸브는 어느 것인가?

22 다음 중 방향제어 밸브의 조작 방식 기호 중 기계적 방식이 아닌 것은?

① 스프링
② 직동형(전자조작)
③ 롤러(기계조작)
④ 플런저 방식(기계조작)

정/답 18 ④ 19 ③ 20 ② 21 ④ 22 ②

유압 작동유

Industrial Engineer Automatic Equipment

01 유압유

(1) 유압유의 구비조건

① 동력을 확실히 전달시키기 위하여 비압축성이어야 한다.
② 동력 손실을 최소화하기 위하여 장치의 오일 온도 범위에서 회로 내를 유연하게 유동할 수 있는 점도가 유지되어야 한다.
③ 운동부의 마모를 방지하고 실(seal) 부분에서의 오일 누설을 방지할 수 있는 정도의 점도를 가져야 한다.
④ 장시간 사용하여도 화학적으로 안정하여야 한다.
⑤ 녹이나 부식 등의 발생을 방지하여야 한다.
⑥ 외부로부터 침입한 먼지나 오일 속에 혼입한 공기 등의 분리를 신속히 할 수 있어야 한다.
⑦ 증기압을 낮추어야 한다.
⑧ 비열, 열전달이 커야 한다.
⑨ 내화성이 커야 한다.
⑩ 체적탄성계수와 비등점이 높아야 한다.

02 유압유와 공기의 비교

(1) 오일의 성질

① **우수한 윤활성** : 기계 부품 간 마찰을 줄여 마모를 방지하고 시스템의 내구성을 향상시킨다.
② **부식 및 녹 방지 기능** : 첨가제를 통해 금속 표면의 산화를 방지하여 시스템을 보호한다.

③ 높은 증발점과 열 안정성 : 포화 온도가 높아 고온에서도 안정적인 성능을 유지한다.
④ 화재 위험성 고려 : 일부 유압유는 열에 민감하여 높은 온도에서 화재 위험이 존재한다.
⑤ 환경 영향 요인 : 누출 시 토양 및 수질 오염을 유발할 가능성이 있어 적절한 관리가 필요하다.
⑥ 긴 수명 : 적절한 유지보수 및 오염 방지를 통해 오랜 기간 안정적으로 사용된다.

(2) 공기의 성질

① 높은 압축성 : 공기는 압축성이 크므로 탄성체처럼 작용하며, 이에 따라 에너지를 저장하고 방출하는 특성이 있다.
② 유량 조절의 어려움 : 압축성으로 인해 유량을 정밀하게 제어하기 어렵고, 부하 변화에 따라 속도가 불균일하다.
③ 고압 사용 시 안전성 고려 : 일반적으로 10kgf/cm^2 이하에서 사용하며, 그 이상에서는 체적 증가로 인해 폭발 위험이 존재한다.
④ 간편한 취급과 배관 구성 : 공기는 무해하고, 배출 후 회수할 필요가 없어 배관이 단순하며 유지보수가 용이하다.

(3) 오일과 공기의 성질 비교

구분	유압(오일)	공압(공기)
압축성	비압축성 (거의 없음) → 정밀한 힘 제어 가능	압축성이 높음 → 반응 속도가 빠르지만 힘 제어가 어려움
전달 속도	상대적으로 느림	매우 빠름
출력 및 힘	높은 힘(고출력) 가능	비교적 작은 힘(저출력)
안전성	고온에서 화재 위험 존재	폭발 위험은 낮지만 고압 시 안전 고려 필요
배관 시스템	귀환 배관 필요 → 복잡한 설비	배출 후 회수 필요 없음 → 단순한 설비

03 작동유에 공기가 혼입된 경우

(1) 특성

① 압축성이 증대하여 유압기기의 작동이 불규칙적으로 움직인다.
② 캐비테이션이 발생한다.
③ 윤활작용이 저하한다.
④ 산화촉진이 증가한다.

(2) 캐비테이션(Cavitation)

유압유에 공기가 혼합되면 유압 회로 내 압력 변화로 인해 저압 영역에서 기포가 포화 상태에 이르고, 결국 유체 내에 공동이 형성되는 공동 현상(Cavitation)을 의미한다. 발생 원인은 다음과 같다.

① 흡입 압력 저하 : 펌프의 흡입 측 압력이 너무 낮아 유체가 기화되어 발생
② 유압유 내 공기 혼입 : 유압유에 공기가 혼합되면서 저압에서 기포가 형성됨으로써 발생
③ 과도한 유속 증가 : 유속이 너무 빠르면 유체 압력이 급격히 낮아져 기포 형성으로 발생
④ 배관 설계 불량 : 배관이 너무 좁거나 굴곡이 많으면 국부적인 압력 저하로 공동부 발생
⑤ 유압유 온도 상승 : 온도가 높아지면 유압유의 증기압이 낮아져 기화가 일어나 공동부 발생

(3) 캐비테이션 방지책

① 흡입 압력 유지 및 증가
  ㉠ 펌프의 흡입 압력을 충분히 유지하여 유체가 증기압 이하로 떨어지지 않도록 해야 한다.
  ㉡ 흡입 배관의 길이를 최소화하고, 흡입 손실을 줄이기 위해 배관 직경을 증가시키는 것이 효과적이다.

② 펌프 설치 위치 조정
  ㉠ 펌프를 가능한 한 유체의 저수면과 가까운 위치(낮은 높이)에 배치하여 흡입 정압을 높인다.

③ 유체 온도 조절
  ㉠ 유체 온도가 상승하면 증기압이 증가하여 캐비테이션 위험이 커지므로, 가능한 한 유체의 온도를 낮추는 것이 중요하다.

④ 흡입 배관 설계 최적화
  ㉠ 배관 내 마찰 손실을 줄이기 위해 불필요한 밸브, 필터, 급격한 곡관 등을 최소화한다.
  ㉡ 배관 내 공기 또는 가스가 혼입되지 않도록 설계하고, 적절한 에어벤트를 설치하여 공기 제거를 수행하도록 한다.

⑤ 적절한 펌프 선택 및 운전 조건 최적화
  ㉠ 사용 조건에 맞는 적절한 펌프를 선정한다.
  ㉡ 펌프의 운전 속도를 최적화하고, 필요시 임펠러 크기를 조정하여 캐비테이션 발생 가능성을 줄인다.
  ㉢ 유압유에 흡입관 내의 평균유속의 3.5m/sec 이하가 되도록 한다.

04 유압유의 종류

(1) 석유계 유압유

파라핀계 원유를 정제한 윤활유로 화재의 위험이 크다.

① 산업기계용 : 내마모성 작동유
② 차량용, 건설기계용 : 가솔린 엔진유, 디젤 엔진유

(2) 난연성 작동유-내화성 작동유

① 합성형 유압유
　　인산 에스테르계, 인산 에스테르계+염화탄화수소, 염화탄화수소, 지방산 에스테르계 등
② 수성형 유압유
　　㉠ 물-글리콜계, 유화계 - W/O(유중수형 유화액) : 기름 속에 물을 넣는 경우
　　㉡ O/W형(수중유형 유화액) : 물속에 기름을 넣는 경우

(3) 인산에스테르계 유압유 장점

① 유동성이 우수하다.
② 윤활성이 상대적으로 낮다.
③ 저온에서는 점도 변화가 적고, 고온에서는 점도 변화가 크다.
④ 항착화성이 우수하여 마찰 및 마모 방지 성능이 좋다.

05 작동유 첨가제

(1) 산화방지제

① 황 화합물, 인산 화합물, 아민 및 페놀 화합물 등을 사용한다.

(2) 방청제

① 유기산 에스테르, 지방산염, 유기린 화합물, 아민 화합물-부식방지제이다.

(3) 소포제

① 실리콘유, 실리콘의 유기화합물-거품 없애는 첨가제이다.

(4) 점도지수향상제

① 고분자 중합체의 탄화수소-고분자 화합물 : 기름의 유동성을 유지하는 작용을 한다.

(5) 유성향상제

① 유기린 화합물이나 유기 에스테르와 같은 극성화합물-마찰방지제이다.
② 융착방지제라고도 하며 시이저(scizure)라는 눌어 붙음 현상도 있다.

(6) 청정제

(7) 유동점강하제

① 파라핀은 저온에서 결정을 만든다. 저온에서 이 결정을 방지하고 흐름을 용이하게 하기 위해 사용하는 첨가제이다.

06 작동유의 물리적 성질

(1) 점도

작동유는 작동 부품 사이를 적당히 차폐(seal)하는 데 충분한 점도를 가져야 한다.

① 점도가 너무 큰 경우
  ㉠ 펌프 효율의 저하, 공동현상 발생, 소음 발생, 유동저항을 초래하고 밸브의 응답속도가 늦어진다.

② 점도가 작을 때 나타나는 현상
  ㉠ 내부·외부 기름 누출이 증대된다.
  ㉡ 마모의 증대와 압력 유지가 곤란하다.
  ㉢ 펌프의 용적효율이 저하한다.

(2) 유동점

① 유동점은 동계 운전에서 고려하여야 하며, 원유의 종류, 정제법, 첨가제의 유무에 따라

차이가 있다.

② 유압유를 냉각하였을 때 고체가 석출 또는 분리되기 시작하는 온도를 의미한다.

(3) 발화점이나 인화점은 높을 것

① 인화점 : 170~220[℃]

07 점도지수(VI : Viscosity Index)

온도 변화에 대한 점도 변화의 정도를 표시하는 척도이다.

$$VI = \frac{L-U}{L-H} \times 100(\%)$$

U : oil의 100[℉]에서 세이볼트 점도
L : $VI=0$인 오일의 100[℉]에서 세이볼트 점도
H : $VI=100$인 오일의 100[℉]에서 세이볼트 점도

점도지수가 작을수록 온도 변화에 대한 점도변화가 크다. 이것이 미치는 영향은 다음과 같다.

① 낮은 온도에서도 점도가 증가하여 펌프의 시동이 곤란하다.
② 펌프 흡입 쪽에서 공동현상이 발생한다.
③ 마찰 손실에 대한 압력 손실이 크다.
  그러므로, 유압유를 선택할 때는 점도지수가 될수록 높은 것을 선택하여야 한다.

08 플래싱(Flushing)

유압기기를 처음 운전할 때 또는 장치 내의 슬러지를 용해하기 위한 작업이다.
① 유압 시스템 내부의 이물질(금속 입자, 오염물, 공기, 수분 등)을 제거하여 장비의 정상적인 작동과 수명을 보장하는 과정을 의미한다.
② 유압 장치는 미세한 오염에도 성능 저하, 마모, 고장이 발생할 수 있기 때문에, 새 장비 설치 시 또는 유지보수 후 필수적으로 플래싱 작업이 수행된다.

CHAPTER 03 실전연습문제

01 유압장치에 사용하는 기름이 가져야 할 조건을 설명한 것 중 타당하다고 생각되는 것은?

① 유압장치에 사용하는 펌프는 용적형 펌프이므로 불의의 충격에 견디게끔 하기 위하여 기름은 압축성이 큰 액체이어야 한다.
② 운동부에 유막이 두껍게 형성되어 마모를 방지하고 밀봉부에서 기름의 누출을 막기 위하여 점도가 가급적 커야 한다.
③ 기름은 장시간 사용하면 불순물이 많이 혼재하게 되므로 이 불순물을 산화시키기 위하여 실(seal)제와의 적합성이 좋지 않아야 한다.
④ 동력을 정확히 전달하기 위하여 비압축성이어야 하고 열을 잘 반출할 수 있어야 한다.

02 다음 중 작동유의 산화 방지제로서 적당한 것은?

① 아민 및 페놀 화합물　　② 탄화수소 화합물
③ 실리콘의 유기 화합물　　④ 유기연 화합물

> 아민, 페놀, 황 계열 등, 금속 억제제, 유기인산염

03 금속의 고체마찰이나 늘어붙음을 방지하기 위한 유압유의 첨가제는?

① 점도지수향상제　② 산화방지제　③ 유성향상제　④ 유동점강화제

04 다음의 유압작동 유체에서 요구되는 성질이 아닌 것은?

① 증기압이 높을 것　　② 비열과 열전달율이 클 것
③ 체적탄성계수와 비등점이 높을 것　　④ 내화성이 클 것

> 기체와 접하고 있을 때 모든 액체는 경계면을 통하여 증발하려 한다. 증발된 증기분자는 액체 표면의 상부공간 속에서 분압을 형성한다. 이때의 분압을 증기압이라 한다. 증기압이 높은 액체일수록 증발이 쉽다.

정/답　01 ④　02 ①　03 ③　04 ①

05 유압유의 물리적 성질 중에서 동계운전시에 가장 고려해야 할 성질은?

① 압축성　　② 유동점　　③ 인화점　　④ 비중과 밀도

06 다음 중 유압유의 점도가 낮을 때 유압장치에 미치는 영향 중에서 틀린 것은?

① 내부 및 외부의 기름 누출 증대　　② 마모의 증대와 압력 유지 곤란
③ 펌프의 용적효율 저하　　④ 기계효율의 저하(동력 손실 증가)

07 유압유를 냉각하였을 때 파라핀 또는 그 밖의 고체가 석출 또는 분리되기 시작하는 온도는?

① 유동점　　② 응고점　　③ 흐린점　　④ 전환온도

08 유압유 속에 공기가 혼입되어 있을 때 펌프나 밸브를 통과하는 유압회로에 압력변화가 생겨 저압부에서 기포가 포화상태로 되어 혼합되어 있던 기포가 분리하여 기름속에 공동부가 생기는 현상을 무엇이라 하는가?

① 캐비테이션 현상　　② 서징 현상　　③ 채터링 현상　　④ 역류 현상

- 서징 현상 : 펌프나 컴프레서의 작동 임계점에서 압력과 유량이 급격히 변동하여 시스템의 안정성을 해치는 현상
- 채터링 현상 : 유공압 시스템 내 제어 밸브 등에서 고주파 진동이 반복적으로 발생해 소음과 부품 마모를 초래하는 현상

09 유압작동유가 압축되었을 때 미치는 영향이 아닌 것은?

① 점도가 감소한다.　　② 효율이 나빠진다.
③ 기름의 온도가 상승한다.　　④ 압력 손실이 커진다.

점도는 압력이 올라가면 지수함수적으로 증가한다.

10 유압유의 사용 온도 범위는 다음 중 어느 경우가 가장 적합한가?

① 10~50[℃]　　② 50~80[℃]　　③ -10~20[℃]　　④ 0~80[℃]

정/답　05 ②　06 ④　07 ①　08 ①　09 ①　10 ①

11 작동유의 산성을 나타내는 척도로 보통 사용하는 것은?

① 탄화수소(산의 양)　② 소포성　③ 중화수(알칼리 양)　④ 산화 안정성

> 산화 안정성 : 유압유의 산성을 나타내는 척도로 유압유의 수명을 예측하는 수단으로 사용된다.

12 다음 중 작동유의 방청제(傍聽劑 ; anticovrosiv)로 가장 적당한 것은?

① 이온 화합물　② 인산 화합물　③ 유기산 에스텔　④ 실리콘 유

13 유압유(油壓油)가 갖추어야 할 조건을 나열한 것 중 옳지 않은 것은?

① 유동성, 윤활성이 좋을 것
② 산화에 안정할 것
③ 점도지수가 낮을 것
④ 소포성(消泡性)이 좋을 것

> 유압유를 선택할 때는 점도지수가 높은 것을 선택한다.

14 유압유의 구비조건이 아닌 것은?

① 유체 마찰 저항이 적을 것
② 압축성 유체일 것
③ 화학적, 물리적 변화가 적을 것
④ 녹이나 부식의 발생을 방지할 수 있을 것

15 작동유의 점도가 너무 높은 경우의 영향과 먼 항목은 다음 중 어느 것인가?

① 기계 효율의 저하
② 내부마찰의 증대에 의한 온도 상승
③ 소음이나 공동 현상의 원인
④ 유압 펌프, 모터 등의 용적 효율의 저하

> 점도가 너무 크면 효율이 떨어지고 소음이 발생하며, 마찰저항이 증가하여 펌프의 송출 압력이 증가하고 밸브의 응답속도가 늦어진다. 또한 펌프 입구에서 캐비테이션이 일어날 수 있다.

16 다음 중 윤활유의 성질에 포함되지 않는 것은?

① 산화성이 많고 착화점이 낮을 것
② 강인한 유막을 형성할 것
③ 인화점, 발화점이 높을 것
④ 점도의 변화가 적을 것

정/답　11 ④　12 ③　13 ③　14 ②　15 ④　16 ①

17 유압기기에서 다음 유압유가 구비해야 할 조건 중 옳지 않은 것은?

① 넓은 온도 변화에 걸쳐 점도 변화가 작을 것
② 기체 및 증기의 상태에서 독성이 적을 것
③ 압력의 변화 및 전단에 의한 점도 변화가 작을 것
④ 증기압이 높고, 비등점이 낮을 것

18 유압 작동유의 필요 성질을 열거한 것 중 틀린 것은?

① 점도지수가 높을 것
② 유동점이 높을 것
③ 방청성 및 소포성이 좋을 것
④ 산화 안정성이 좋을 것

19 다음 중 고속회전에 가장 알맞은 윤활유의 종류는?

① 고점도의 윤활유
② 고온도의 윤활유
③ 저점도의 윤활유
④ 저비중의 윤활유

20 다음 중 유압유의 구비 조건이 아닌 것은?

① 장시간 사용하여도 화학적으로 안정되어야 한다.
② 압축성이 있어야 한다.
③ 열을 방출시킬 수 있어야 한다.
④ 산화 안정성이 있어야 한다.

21 자동차의 파워 스티어링에 유압을 적용한 경우 핸들의 복귀가 좌우 모두 나쁘게 느껴질 때 그 원인에 대한 설명으로 가장 적당한 것은?

① 탱크 내의 유량 부족에 의한 공기의 흡입
② 필터가 막혔음
③ 배관의 찌그러짐이나 이물질의 혼입
④ 오일의 점도가 높고, 베인이 나오지 않음

정/답 17 ④ 18 ② 19 ③ 20 ② 21 ④

22 다음 중 작동유의 방청제로서 적당한 것은?

① 이온 화합물　② 인산 화합물　③ 유기산에스테르　④ 실리콘유

23 다음 중 유압유의 점도가 낮을 때 유압장치에 미치는 영향 중에서 틀린 것은?

① 내부 및 외부의 기름 누출 증대
② 마모의 증대와 압력 유지 곤란
③ 펌프의 용적 효율 저하
④ 기계 효율의 저하(동력 손실 증가)

> 유압 펌프의 동력손실은 유압유의 점도가 높을 때 크게 증가한다.

24 윤활유 중에 발생하는 기포를 파괴하는 작용을 하는 첨가재를 무엇이라고 하는가?

① 청정제　② 소포제　③ 유동점강하제　④ 유성 향상제

25 작동유의 일반적인 성질 중 좋지 않은 것은?

① 오랫동안 사용할 수 있을 것
② 적당한 점도가 있을 것
③ 윤활성이 있고 유막이 약할 것
④ 운전온도 범위 내에 있어서 적당한 유동성이 있을 것

> 완전윤활을 위해서는 유막이 깨지지 않고 견딜 수 있을 정도가 되어야 한다.

26 다음 중에서 유압유의 첨가제가 아닌 것은?

① 점도지수 향상제　② 인화점 향상제　③ 소포제　④ 유성 향상제

> **인화점(flash point)**
> 인화성 물질이 일정 조건하에서 가열되어 불꽃 또는 화염 등으로 연소될 수 있을 정도의 가스를 발생시킬 수 있는 온도를 인하점이라 한다.

정/답　22 ③　23 ④　24 ②　25 ③　26 ②

27 다음 중 유압 작동유가 구비하여야 할 조건이 되지 못하는 것은?

① 넓은 온도 변화에 대하여 점도 변화가 작을 것
② 적당한 유막 강도가 있고 윤활성이 좋을 것
③ 투명도가 높고 독특한 색을 가질 것
④ 공기의 흡수도가 많을 것

> 유압유 속의 공기는 유압유와 분리가 잘 될 수 있어야 하고 유압유 속으로 공기가 혼입되지 않도록 하는 것이 좋다.

28 유압기기의 작동 유체로서 물과 기름을 설명한 것으로 틀린 것은?

① 기름은 윤활성이 있어 수명이 길다.
② 물은 녹이 잘 슬고, 고압에서 누설이 쉽다.
③ 물은 점성이 적고, 마모도 촉진하게 되므로 특별한 재료를 사용해야 한다.
④ 기름은 열에 민감하나 녹이 잘 슬고 마모의 촉진이 쉽다.

29 작동유의 산성을 나타내는 척도로 보통 사용되는 것은?

① 산화 안전성   ② 중화수   ③ 항 유화성   ④ 소포성

30 유압 작동유가 갖추어야 할 성질 중 아닌 것은?

① 유동성   ② 윤활성   ③ 압축성   ④ 산화 안정성

31 다음 중 작동유에 수분이 혼입되었을 때 나타나는 현상이 아닌 것은?

① 윤활 능력 저하   ② 기기의 작동 불량
③ 작동유의 산화 촉진   ④ 작동유의 흑화 현상 발생

32 다음 중 작동유의 점도가 너무 낮을 때 나타나는 현상이 아닌 것은?

① 펌프 효율 저하   ② 기기의 마모 증가
③ 시동 저항 증가   ④ 누설 손실 증가

정/답 27 ④ 28 ④ 29 ① 30 ③ 31 ④ 32 ③

33 기름 속에 용해되는 가스는 일정 온도하에서 액체에 흡수된다. 이때 흡수되는 가스의 체적비율은?

① 가스의 압력에 비례한다.
② 가스의 압력에 반비례한다.
③ 가스의 압력의 제곱에 비례한다.
④ 가스의 압력의 제곱에 반비례한다.

> 체적비율은 원래 체적에 대한 체적 변화량이다. 기본적으로 일정 온도 하에서 압력과 체적도 반비례한다.

34 작동유의 구비조건 중 옳지 않은 것은?

① 인화점이 높을 것
② 화학적으로 안정되어 있을 것
③ 소포성이 적을 것
④ 윤활성, 방청성이 좋을 것

> **소포성**
> 거품의 발생이 적을 것

35 유압장치의 흡입측에서 작동유의 온도로 가장 적당한 것은?

① 약 55[℃] 이하   ② 약 105[℃] 이하   ③ 약 125[℃] 이하   ④ 약 150[℃] 이하

> 유압장치의 최적온도는 45~55[℃]이다. 유압유가 50[℃] 이하에서는 산화속도가 완만하지만 70[℃] 이상에서는 그 속도가 급속히 진행된다.

36 작동유로 인하여 기계효율, 누설, 공동현상, 마모, 압력손실 등에 큰 영향을 주는 것은?

① 온도   ② 점도   ③ 습도   ④ 비중

37 유압유의 점도에 가장 큰 영향을 미치는 것은?

① 하중   ② 속도   ③ 압력   ④ 온도

38 유압유(油壓油)의 구비 조건이 아닌 것은?

① 비압축성 유체에 가까울 것
② 압축성 유체일 것
③ 유체의 마찰저항이 적을 것
④ 녹이나 부식 발생을 방지할 수 있을 것

정/답   33 ②   34 ③   35 ①   36 ②   37 ④   38 ②

39 유압유의 점도가 지나치게 클 때 발생하는 원인 중 잘못된 사항은?

① 펌프의 용적효율이 떨어진다.
② 내부마찰이 증가하고 유압이 상승한다.
③ 유동저항이 증대하고 압력손실이 증가한다.
④ 동력 손실이 증가하므로 기계효율이 떨어진다.

> 유압유의 점도가 낮을 때 유압유의 누설이 증가하게 되어 펌프의 용적효율이 감소하게 된다.

40 작동유 속에 용입된 용해 공기가 기포로 분리되는 상태를 무엇이라 하는가?

① 노킹(knocking) 현상
② 서징(surging) 현상
③ 수격작용(water hammering)
④ 공동 현상(cavitation)

> **공동 현상(cavitation)**
> 유동하고 있는 액체의 압력이 국부적으로 저하되어 포화증기압 또는 용해 공기 등이 분리되어 기포를 일으키는 현상. 이것들이 흐르면서 퍼지게 되면 국부적으로 초고압이 생겨, 소음 등을 발생시킨다.

41 유압기기의 늘어붙어 마모, 부식 등의 현상을 일으키는 원인이 아닌 것은?

① 점도가 불량한 작동유 사용
② 불순물이 혼입된 작동유 사용
③ 투명하나 색이 엷은 작동유 사용
④ 산화에 의해서 인화된 작동유 사용

42 다음은 작동유의 성질에 관한 설명이다. 맞는 것은 어느 것인가?

① 작동유로서는 점도지수가 낮을수록 좋다.
② 작동유로서는 소포성이 높을수록 좋다.
③ 작동유로서는 항유화성이 낮을수록 좋다.
④ 작동유로서는 산가가 높을수록 좋다.

정/답 39 ① 40 ④ 41 ③ 42 ②

CHAPTER 04 유압 펌프

유압 펌프는 유압유에 압력 에너지를 주는 요소로 용적형 펌프와 비용적형 펌프 중 용적형 펌프가 주로 사용되고 있다.
① 용적형 펌프 : 부하 압력이 변동하여도 토출량이 일정한 펌프이다.
② 비용적형 펌프 : 부하 압력에 따라 토출량이 변화하는 펌프이다

01 펌프 동력과 제효율

(1) 펌프 동력

실제 펌프 토출 출력은 다음과 같이 구한다.

$$L_p = FV = PAV = PQ [\text{N} \cdot \text{m/sec}]$$

$$Q = Q_{th} - \Delta Q$$

P : 송출압력[N/m^2, Pa]
Q_{th} : 이론유량
Q : 송출량[m^3/sec]
ΔQ : 손실량

$$L_P = \frac{PQ}{735} [\text{PS}] = \frac{PQ}{1,000} [\text{kW}]$$

(2) 펌프 축동력과 효율

펌프가 갖고 있는 이론 소요동력이다.

$$L_s = \frac{L_p}{\eta}$$

η : 펌프 효율(펌프의 전효율)

(3) 체적효율

이론 송출량(Q_i)에 대한 실제 송출량(Q_0)

$$\eta_V = \frac{Q_o}{Q_i} = \frac{Q_i - \Delta Q}{Q_i} = 1 - \frac{\Delta Q}{Q_i} = \frac{Q_0}{q \cdot N}$$

- q : 유압 펌프의 1회전당 배제용량[cc/rev]
- N : 펌프의 회전수[rev/sec]

(4) 토크효율

$$\eta_t = \frac{T_{th}}{T_{th} + \Delta T}$$

- ΔT : 회전 토크 손실
- T_{th} : 이론 토크
- $T_{th} + \Delta T$: 실제 토크

(5) 전효율(펌프 효율)

$$\eta = \eta_V \times \eta_T$$

(6) 이론 토크

$$L = PQ = PqN$$

$$Q = q \cdot N [\text{cc/min},\ \text{m}^3/\text{sec}]$$

- q : 회전당 토출량[cc/rev]

$$L = T\omega = T2\pi N$$

$$T = \frac{Pq}{2\pi}$$

여기서, T는 이론 토크이다.

02 펌프의 종류

(1) 토출량에 따른 분류

① 정용량형 펌프 토출량의 변화가 없는 펌프이다.
② 가변용량형 펌프 토출량의 변화가 존재하는 펌프이다.

(2) 기구에 따른 분류(용적형 펌프)

① 회전형

　㉠ 기어 펌프 : 내접 기어형과 외접 기어형이 있다.
　㉡ 베인 펌프 : 압력 평형형 펌프와 압력 불평형형 펌프가 있다.

② 왕복형

　㉠ 피스톤형 펌프(플런저펌프) : 액셜형(축류)과 레이디얼형(반경류)이 있다.

> ▶ **터보형 펌프(비용적형 펌프)**
> - 원심 펌프
> - 축류 펌프
> - 사류 펌프

03 기어 펌프

케이싱 속에서 두 개의 기어가 맞물려 회전하면서 펌핑 작용을 한다. 용적형 펌프와 비용적형 펌프가 있는데, 용적형 펌프는 부하 압력이 변동하여도 토출량이 일정하고, 비용적형 펌프는 부하 압력에 따라 토출량이 변화하는 펌프이다.

(1) 기어 펌프의 특징

① 구조가 간단하고 운전 및 보수가 용이하다.
② 가격이 싸고 신뢰도가 높다.
③ 산업용 유압 펌프로 이용된다.
④ 정용량형 펌프로 가능하나 가변용량형 펌프로는 불가능하다.
⑤ 누설량이 많으며 효율이 낮고 소음이 크다.
⑥ 폐입현상이 발생한다. 폐입현상이란 토출측까지 운반된 오일의 일부는 기어의 맞물림에 의해 두 기어의 틈새에 폐쇄되어 다시 원래의 흡입측으로 되돌려지는 현상을 폐입현상이라 한다. 폐입현상을 방지하기 위해서는 릴리프 홈이 적용된 기어를 사용한다.

> ▶ 내접 기어는 외접 기어 펌프에 비해 진동이 작고 이의 마멸도 낮으며 고속회전, 저 토크에 적합하다.

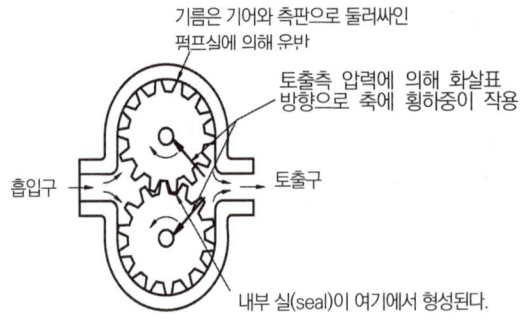

그림 4-1 외접 기어 펌프

04 베인 펌프

로터의 베인이 반지름 방향으로 홈 속에 끼여 있어서 캠링의 내면과 로터와 함께 회전하면서 오일을 토출한다.

(1) 베인 펌프의 특징

① 로터와 캠링을 사용하므로 송출 압력에 비해 맥동이 작다.
② 구조가 간단하며 형상이 작다.
③ 고장이 적고, 수리 및 관리가 용이하다.
④ 깃의 마모에 의한 압력 저하가 발생하지 않으므로 기밀이 유지된다.
⑤ 오일의 점성을 유지하기 위한 청결도에 주의를 요한다.
⑥ 높은 공작정밀도를 요구한다.

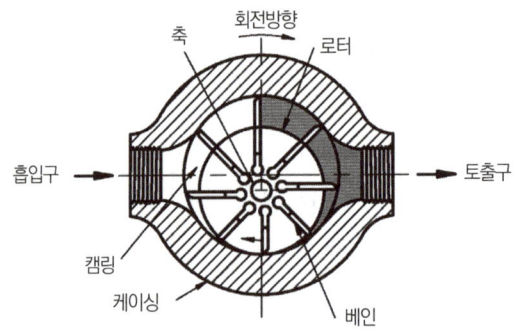

그림 4-2 압력 불평형형 베인 펌프

(2) 베인 펌프의 종류 및 특징

① 1단(단단) 베인 펌프(single-stage vane pump)
㉠ 베인 펌프의 기본형이다.
㉡ 최고 토출압력이 0.34~0.69MPa, 최고 토출유량이 300[L/min]이다.
㉢ 카트리지-2장의 부시, 캠링, 로터, 베인으로 구성되어 있다.
㉣ 축과 베어링에 편심하중이 걸리지 않고 수명이 길다.

② 2단 베인 펌프(two-stage vane pump)
㉠ 최고압력이 13.72~20.58MPa이다.
㉡ 부하분배 밸브(load dividing valve)가 부착되어 있다.
㉢ 1개의 본체, 내부에 2개의 카트리지를 직렬로 연결하여 2배의 압력을 낼 수 있는 펌프이다.

③ 이중(이연) 베인 펌프(double vane pump)
㉠ 설비비가 저렴하다.
㉡ 1개의 펌프 유닛을 가지고 2개의 유압 펌프를 얻을 수 있다.
㉢ 1개의 본체 내의 2개의 카트리지를 병렬로 연결하여 1개의 원동기로 구동되는 펌프이다.

05 피스톤 펌프(Piston pump)

실린더 내부에서 피스톤 왕복운동에 의한 용적 변화를 이용하여 펌프 작용을 한다. 압력이 210[kg/cm^2, 20.58MPa] 이상으로 초고압 펌프라고 한다.

(1) 피스톤 펌프의 특징
① 가변 용량형 펌프로 많이 사용한다.
② 구조가 복잡하고 가격이 비싸다.
③ 흡입 능력이 가장 낮다.
④ 고속, 고압의 유압장치에 적합하다.
⑤ 다른 유압 펌프에 비해 체적효율이 좋다.
⑥ 면적이 적다.

(2) 피스톤 펌프의 종류 및 특징

① 축방향 피스톤 펌프(axial piston pump)

구동축, 실린더 블록, 밸브 플레이트로 구성되어 피스톤의 운동방향이 실린더 블록의 중심과 같은 방향의 펌프로 사축식과 사판식이 있다.

- ㉠ 사축식은 실린더 블록축과 구동축의 각도를 바꾸는 방식이고 사판식은 실린더 블록축과 구동축을 동일 축상에 배치하고 경사판의 각도를 바꾸어서 피스톤의 행정을 조정하는 방식이다.
- ㉡ 실린더 블록축과 구동축 사이의 각이 일정하면 정용량형 펌프, 변화하면 가변용량형 펌프라고 한다.
- ㉢ 가변 용량형 제어방법에는 레버 제어방식, 핸들 제어방식, 서보 제어방식 등이 있다.
- ㉣ 특징으로는 구조가 간단하고 유동저항이 적으며 진동에 대한 안전성이 좋다.

② 반경방향 피스톤 펌프(radial piston pump)

- ㉠ 피스톤의 운동방향이 실린더 블록의 중심선에 직각인 평면내에 방사성으로 나열되어 있는 펌프이다. 압력이 커지면 다른 펌프보다 소음이 크지만 효율이 좋다.
- ㉡ 슬라이더 블록을 반대 방향으로 옮기면 구동축의 회전방향을 변화시키지 않고도 기름의 송출 방향을 바꿀 수 있다는 장점이 있다. 회전 캠형과 회전 피스톤형 두 가지가 있다.

▶ 펌프 소음의 원인
① 펌프의 상부 커버(top cover)를 고정시킬 볼트가 헐겁다.
② 원동기와 펌프의 센터(center) 축이 맞지 않다.
③ 공기가 유입되어 있다.
④ 회전이 너무 빠르거나 점도가 큰 경우 소음이 발생한다.

CHAPTER 04 실전연습문제

01 압력 686[N/cm²]에서 토출량이 50[L/min], 회전수 1200[rpm]인 유압 펌프가 있는데 소비동력이 7[kW]일 때 펌프의 전효율은?

① 61[%] ② 71[%] ③ 82[%] ④ 92[%]

$$\eta = \frac{L_p}{L_s} = \frac{P \cdot Q}{1000 \times L_s} = \frac{686 \times 50 \times 10^4 \times 10^{-3} \times 100}{1,000 \times 60 \times 7} = 82[\%]$$

02 유압 펌프의 송출압력을 저압, 중압, 중고압, 고압, 초고압으로 분류한다. 다음 중 고압에 해당하는 압력 범위로 가장 적당한 것은?

① 75~140[kg/cm²] ② 210~350[kg/cm²] ③ 84~210[kg/cm²] ④ 35~84[kg/cm²]

03 압력 686[N/cm²], 토출량 50[L/mi]n, 회전수 1500[rpm]인 유압 펌프의 소비동력이 7.5[kW]이다. 이 펌프의 전효율은?

① 72.75[%] ② 76.25[%] ③ 82.75[%] ④ 86.25[%]

$$\eta = \frac{L_p}{L_s} = \frac{P \cdot Q}{1000 \times L_s} = \frac{686 \times 10^4 \times 50 \times 10^{-3}}{1,000 \times 60 \times 7.5} \times 100 - 76.25[\%]$$

04 유압기기에 쓰여지는 펌프는 다음과 같은 것들이 많이 쓰여지고 있다. 이 중 가장 관계가 적은 것은?

① 왕복식 펌프 ② 회전식 펌프 ③ 터보형 펌프 ④ 기어식 펌프

05 유압 펌프를 운전하는데 적당한 온도 범위는 다음 중 어느 것이 최적인가?

① 30~50[℃] ② 10~25[℃] ③ 70~80[℃] ④ 180~200[℃]

정/답 01 ③ 02 ③ 03 ② 04 ③ 05 ①

06 공작기계에서 작업시 유온상승을 예방할 수 있는 방법을 열거한 것 중 맞는 것은?

① 관내의 유속을 빠르게 한다.
② 가변 용량형 펌프 회로를 이용한다.
③ 관의 길이를 길게 하여 열발산이 쉽도록 한다.
④ 탱크의 용량을 크게 한다.

가변 용량형 펌프 : 1회전마다의 이론 토출량이 변화되지 않는 펌프이다.

07 압력 6.86[MPa], 유량 40[L/min]로 작동하고 있는 유압 펌프의 소요 동력은 얼마인가? (단, 펌프 효율은 85[%]이다.)

① 4.6[kW]   ② 5.4[kW]   ③ 6.4[kW]   ④ 7.3[kW]

$$\eta = \frac{P \cdot Q}{L_S}$$

$$L_S = \frac{6.86 \times 10^6 \times 40 \times 10^{-3}}{0.85 \times 60} = 5.4 \times 10^3 \, W = 5.4 [kW]$$

08 펌프 토출압 686[N/cm²], 토출량 30[L/min]인 유압 펌프의 동력은?

① 3.74[PS]   ② 4.67[PS]   ③ 5.84[PS]   ④ 7.30[PS]

$$L_P = \frac{P \cdot Q}{735} = \frac{686 \times 10^4 \times 30 \times 10^{-3}}{735 \times 60} = 4.67 [PS]$$

09 펌프의 무부하 운전에 대한 장점이 아닌 것은?

① 구동 동력 경감   ② 유압유의 점도 저하 방지
③ 작업시간 단축   ④ 고장방지 및 수명연장

10 다음 펌프 중 구동축의 회전 방향을 변화시키지 않고 기름의 송출 방향을 바꿀 수 있는 펌프는?

① 외접 기어 펌프   ② 레이디얼 플런저 펌프
③ 복합 베인 펌프   ④ 내접 기어 펌프

정/답   06 ②   07 ②   08 ②   09 ③   10 ②

11 지름이 50[mm]인 유압 실린더를 이용하여 9,800[N]의 물체를 50[mm/sec]의 속도로 밀어 올리려고 할 때, 다음 중 가장 적합한 유압 펌프의 펌프 동력은 몇 [kW]인가? (단, 유압 시스템의 모든 손실은 무시한다.)

① 0.1   ② 0.5   ③ 1   ④ 2

$$H_{kw} = \frac{9,800 \times 0.05}{1,000} = 0.5[kW]$$

12 다음 중 유압 펌프로 사용되지 않는 것은?

① 기어 펌프   ② 플런저 펌프   ③ 베인 펌프   ④ 터빈 펌프

터빈 펌프(turbine pump)
물의 속도를 서서히 저하시키므로서 효율을 좋게 하기 위하여 안내 깃을 갖는 원심 펌프

13 회전수 n[rpm], 압력 P[kg/cm²], 기어 펌프의 누설량 q[l/min], 펌프 1회전당 송출량 D[l/rev]일 때 실제 송출량 Q[l/min]는?

① $Q = nD - q$ ② $Q = nq - D$ ③ $Q = \pi nD - q$ ④ $Q = n\pi - qD$

- 이론 유량 : $Q_{th} = D \cdot n$[ℓ/min]
- 실제 유량 : $Q = Q_{th} - q = D \cdot n - q$

14 기어 펌프에서 이론 송출량이 65.5[l/min], 체적효율이 0.9일 때 실제 송출량은?

① 58.95[L/min]   ② 72.22[L/min]   ③ 54.75[L/min]   ④ 60.45[L/min]

$$\eta_V = \frac{\text{실제송출량}}{\text{이론송출량}}$$

$0.9 = \frac{Q}{65.5}$, $Q = 58.95$[l/min]

15 유압 펌프 중 초고압(210[kgf/cm²] 이상)에 적합한 펌프는?

① 기어 펌프(gear pump)   ② 베인 펌프(vane pump)
③ 2단 베인 펌프   ④ 회전 피스톤 펌프(rotary piston pump)

정/답   11 ②   12 ④   13 ①   14 ①   15 ④

16 기어 펌프의 결점에 대한 설명 중 잘못된 것은?

① 효율이 타 펌프에 비해 낮다. ② 소음과 진동이 심하다.
③ 기름 속에 기포가 발생한다. ④ 고점액의 수송 성능이 우수하다.

17 베인 펌프에서 사용하는 압유의 적정 점도는 몇 centistokes인가?

① 0.25 ② 20 ③ 35 ④ 250

> 가장 이상적인 작동 점도는 일반적으로 25 ~ 40cSt 정도로 권장

18 원심 펌프에서 유체의 비중량을 r[N/m³], 유량을 Q[m³/s], 수(水) 동력을 L[PS]라 할 때, 전(全) 양정 H[m]를 구하는 식은?

① $H = \dfrac{735L}{rQ}$ ② $H = \dfrac{rQ}{735}L$ ③ $H = \dfrac{1,000L}{rQ}$ ④ $H = \dfrac{rQ}{1,000L}$

19 다음 펌프 중 토출압력이 최대인 유압 펌프는?

① 기어 펌프 ② 원심 펌프
③ 플런저 펌프 ④ 베인 펌프

20 비평형 베인 펌프의 케이싱 안지름이 50[mm], 로터의 폭이 20[mm], 베인의 수가 10개, 베인 1매당 두께가 2[mm], 편심량이 3.5[mm]이며, 1500rpm으로 운전할 때에 이론 송출량은 얼마인가?

① 239.9[cm³/sec] ② 959.6[cm³/sec] ③ 479.8[cm³/sec] ④ 1919.1[cm³/sec]

> $Q = 2beN(\pi D - zt) = \dfrac{2 \times 2 \times 0.35 \times 1500 \times (\pi \times 5 - 10 \times 0.2)}{60} = 479.8[\text{cm}^3/\text{sec}]$

정/답 16 ④ 17 ③ 18 ③ 19 ③ 20 ③

21 가변용량 베인 펌프에서 캠링의 안지름 $d_2 = 70$[mm], 로터의 바깥지름 $d_1 = 65$[mm], 로터의 폭 20[mm], 그 편심량 $e = 4.5$[mm]일 경우 회전수 $N = 2000$rpm에서의 무부하 유량은 얼마인가?

① 79.17[l/min]   ② 77.51[l/min]   ③ 74.98[l/min]   ④ 72.45[l/min]

$Q = 2\pi DebNz = 2\pi \times 7 \times 0.45 \times 2 \times 2000 = 79.168$[l/min]

22 터보(비용적)형 펌프(pump)의 종류에 해당되지 않는 것은?

① 벌류트 펌프   ② 축류 펌프   ③ 경사류 펌프   ④ 플런저 펌프

플런저 펌프, 피스톤 펌프
피스톤 또는 플런저를 경사판, 캠, 크랭크 등으로 왕복운동시켜서 액체를 흡입 쪽으로부터 토출쪽으로 밀어내는 형식의 펌프

23 나사 펌프에 대한 설명 중 가장 거리가 먼 항목은?

① 연속적 체적 이동이 발생하므로 진동이나 소음이 작다.
② 1축, 2축, 3축식이 있다.
③ 고점도액 수송에 적합하다.
④ 터보형으로 효율이 좋다.

나사 펌프
케이싱 내에 나사가 달린 로터를 회전시켜 액체를 흡입 쪽에서 토출 쪽으로 밀어내는 형식의 펌프이다.

24 운전이 조용하며 고속회전이 가능하고 폐입현상이 없으며 맥동이 없는 일정량의 거품을 토출하는 펌프는?

① 피스턴 펌프   ② 외접 기어 펌프
③ 나사 펌프   ④ 내접 기어 펌프

폐입현상을 일으키는 펌프는 기어 펌프이고, 맥동이 작은 펌프는 피스톤 펌프이다.

정/답   21 ①   22 ④   23 ④   24 ③

25 다음은 공유압 기기에 관한 설명으로 틀린 것은?

① 압력스위치 : 공기 압력신호를 전기신호로 변환한다.
② 셔틀밸브 : 안전장치, 검사기능, 연동제어에 사용된다.
③ 시퀀스밸브 : 액추에이터의 동작을 정해진 순서에 따라 작동시킨다.
④ 감압밸브 : 2차 측의 압력을 일정하게 한다.

셔틀밸브
출구가 최고 압력의 입구를 선택하는 기능을 가진 밸브로서, OR제어에 사용된다.

26 다음 밸브 중 압축 공기가 2개의 입구에 모두 작용할 때만 출구에 압축 공기가 나오는 동작을 하는 밸브는?

① 2압 밸브   ② 분류 밸브   ③ OR 밸브   ④ 감압 밸브

- OR 밸브 : 두 개의 개별 유체 입력을 단일 출력으로 흐르게 하는 밸브
- 감압 밸브 : 밸브로 유입된 유체의 압력을 낮춰 토출하는 밸브
- 분류 밸브 : 압력이 다른 2개의 유압 관로에 각각의 관로의 압력에는 관계없이 항상 일정한 관계를 가진 유량으로 분할하는 밸브

정/답   25 ②   26 ①

공압 발생 장치

Industrial Engineer Automatic Equipment

공압 발생 장치의 구성은 공기 압축기, 냉각기, 공기탱크, 건조기 등으로 구성된다.

01 공기 압축기(Air compressor)

공기를 압축하여 공압 에너지를 발생시키는 방치로 대기 중의 공기를 흡입하여 100kPa 이상의 압력을 만들어 내는 공압기기의 심장이다. 압축기의 형식으로는 체적변화의 원리를 이용(용적형)한 왕복식 압축기와 회전식 압축기 그리고 공기의 유동 원리를 이용(비용적형, 터보형)한 터빈 압축기가 있다. 왕복식 압축기의 종류로는 피스톤 압축기와 격판 압축기(다이어프램식 압축기)가 있으며 회전식 압축기에는 미끄럼 날개 회전 압축기, 스크루 압축기, 루트 블로어(Root blower) 등이 있다. 터빈 압축기(유량 압축기)에는 축류형과 반경류형이 있다

(1) 왕복 피스톤 압축기

실린더 내 피스톤의 왕복운동으로 공기를 압축하는 기계로 흡입, 압축, 토출이 피스톤의 직선 왕복운동에 의해 이루어지고 저압에서 고압까지 사용 가능하며 산업용으로 가장 널리 사용되고 있다. 1단, 2단, 3단 압축이 있으며 냉각방법에 따라서는 수냉식과 공랭식이 있고 공랭식은 소형, 수냉식은 대형으로 이용되고 있다. 다이어프램식은 급유가 필요 없는 방식이다.

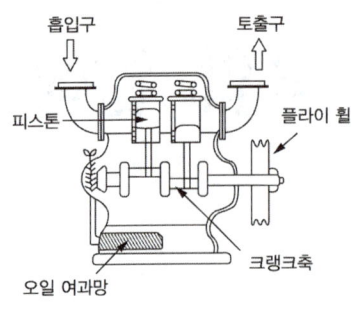
그림 5-1 피스톤 압축기

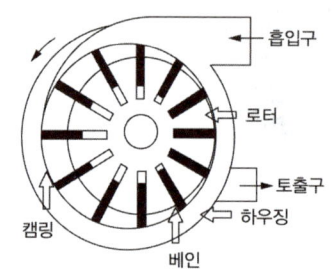
그림 5-2 미끄럼 날개 회전식 압축기

(2) 미끄럼 날개 회전식 압축기

하우징(housing) 내에 로터가 회전하면 베인에 의해 흡입된 공기가 토출구 쪽으로 이동하게 된다. 공기를 안정된 상태에서 압축할 수 있고 일정하게 공급이 가능하며 치수의 정밀도가 높아 조용한 운전이 가능하다. 베인식 압축기라고도 하며 압축공기를 부드럽게 연속적으로 공급할 수 있으며 맥동과 소음이 적고, 소형으로 공기압 모터로도 사용되고 있다.

(3) 스크루 압축기

암수 한 쌍의 스크루가 맞물려 하우징에 둘러싸인 공간 내에서 스크루의 회전으로 흡입된 공기가 축 방향으로 압축되어 토출된다. 특징은 다음과 같다.

① 회전축이 평행하므로 고속회전이 가능하다.
② 진동이 적으며 저주파로 소음이 적고 발생된 소음은 제거가 용이하다.
③ 압축기 실내의 섭동 부분이 적어 급유가 필요치 않다.
④ 연속적으로 압축된 공기의 토출이 가능하여 맥동이 없고 큰 공기탱크가 불필요하다.

(4) 터빈 압축기

날개의 회전운동만으로 진동이 적고 고속회전이 가능하고 공기 토출시 압력에 의한 맥동이 없다. 또한 흡인밸브와 토출밸브가 없어 고장이 적고, 압축 부분에 윤활이 필요 없어 급유할 필요가 없고 대 유량용으로 사용하기에 적당하다. 축류형과 반경류형이 있다.

(5) 루츠 블로어

90° 위상차를 갖는 두 회전자를 서로 반대방향으로 회전시켜 압축하는 방식으로 비접촉형이며 급유가 필요 없고 소형이며 고압 송풍이 가능한 반면, 토크 변동이 커 큰 소음이 발생하는 형식이다.

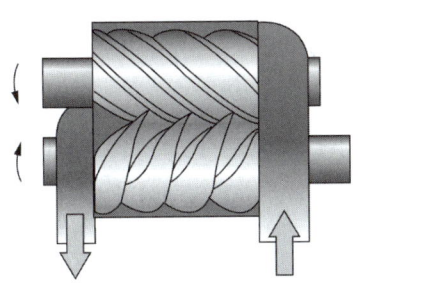
그림 5-3 스크루 압축기

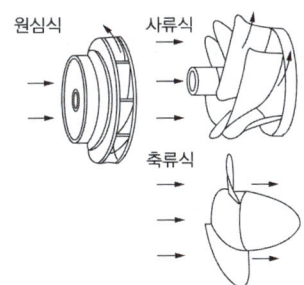
그림 5-4 흐름의 방향에 따른 회전체의 분류

02 공기탱크

압축된 공기를 저장하는 역할을 한다. 압축기로부터 공급받은 압축공기의 공급 및 압력의 변화를 안정되게 한다. 즉, 맥동 방지, 압력강하 방지, 정전과 같은 비상시 운전 유지, 공기 내 응축수 분리 등의 역할을 하고 있고 압력용기로 법적 제한을 받는다.

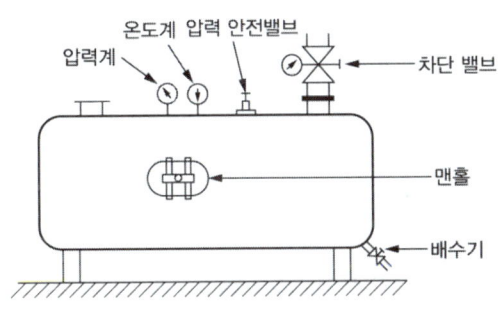
그림 5-5 공기탱크

03 에프터 쿨러(After cooler ; 냉각기)

압축된 공기를 냉각하여 수분을 제거하는 장치이다. 설치 위치는 공기 압축기의 바로 다음이나 에어 드라이어 앞에 둔다. 냉각하는 방식으로는 수냉식과 공랭식이 있다.

04 에어 드라이어(Air dryer ; 건조기)

압축된 공기를 건조시키는 장치이다. 건조 방식으로는 냉동식, 흡수식, 흡착식 등이 있다. 냉동식 에어 드라이어는 압축공기를 냉동기로 수분을 응축시켜 제거하는 방식으로 보수비, 설비비, 운전비가 저렴하며 널리 사용되고 있다. 이슬점 온도를 0.5[℃] 이상 유지시켜 열교환기에 얼음이 얼어 막히지 않도록 해야 한다.

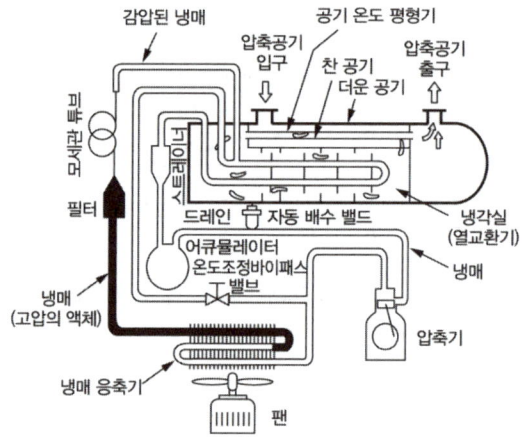

그림 5-6 에어 드라이어

CHAPTER 05 실전연습문제

01 다음 중 공기탱크의 역할로 적당하지 않은 것은?

① 공기 압축기로부터 토출된 공기의 맥동을 방지한다.
② 다량의 공기 소비 시 급격한 압력 강하를 방지한다.
③ 정전과 같은 비상시에도 안정된 공기를 공급할 수 없어 운전이 불가능하다.
④ 주위의 영향으로 발생된 응축수를 분리시킨다.

공기탱크의 역할
- 공기 압축기로부터 토출된 공기의 맥동을 방지한다.
- 다량의 공기 소비 시 급격한 압력 강하를 방지한다.
- 정전과 같은 비상시에도 안정된 공기를 공급하여 운전을 유지시킨다.
- 주위의 영향으로 발생된 응축수를 분리시킨다.

02 다음 중 공기탱크의 크기에 영향을 주는 인자로 맞지 않은 것은?

① 압축기의 공급 체적
② 공기 압축기의 형식
③ 공기 분배망
④ 조절 방법

공기탱크의 크기 결정에 영향을 주는 인자
- 압축기의 공급 체적
- 공기 소비량
- 공기 분배망
- 조절 방법
- 허용 가능한 압력 강하

03 나사형 회전자의 회전운동을 이용하여 고속회전이 가능하고, 소음이 적으며, 맥동 현상이 발생되지 않고 큰 용량의 공기탱크가 필요 없는 압축기는?

① 피스톤 압축기   ② 스크류 압축기   ③ 터보 압축기   ④ 베인 압축기

- 베인 압축기 : 날개 형상의 금속제 판을 사용한 압축기로 용기 내부에서 편심 로터의 회전에 따라 흡입과 배출 구멍이 있는 실린더 형태의 하우징 내에서 압축공기를 발생시키는 종류로 소음과 진동이 적은 편이다.
- 피스톤 압축기 : 피스톤의 왕복운동에 의해서 공기를 압축하는 용적형 압축기로서 고압을 얻을 수 있는 특징이 있다. 2단 피스톤 압축기는 왕복동식에서 2개의 실린더를 병렬로 배열하여 초단은 중압으로 압축하여, 이것을 다시 다음 실린더에 넣어 고압으로 압축하는 방식의 압축기도 있다.

정/답 01 ③ 02 ② 03 ②

04 다음 중 공기 냉각기(after cooler)에 관한 설명으로 틀린 것은?

① 압축기에서 나온 뜨거운 압축공기를 냉각함으로써 수증기의 약 60[%] 정도를 제거한다.
② 공랭식은 냉각효과를 높이기 위해 방열판을 설치하며, 수랭식에 비해 교환 열량이 크다.
③ 공랭식을 사용하면 냉각수를 사용하지 않아도 되므로 보수가 쉽고 유지비가 적게 든다.
④ 공기 압축기 후단, 에어 드라이어 앞단에 설치한다.

교환 열량은 공랭식보다 수랭식이 더 크다.

05 일반적인 공압 발생장치의 기기순서로 옳은 것은?

① 공기 압축기 → 공압 조정 유닛 → 에어드라이어 → 공기탱크 → 후부 냉각기 → 배관
② 공기 압축기 → 냉각기 → 공기탱크 → 에어드라이어 → 공압 조정 유닛
③ 공기 압축기 → 공기탱크 → 에어드라이어 → 후부 냉각기 → 배관 및 공압 조정 유닛
④ 공기 압축기 → 에어드라이어 → 공기탱크 → 후부 냉각기 → 배관 및 공압 조정 유닛

- 공기 압축기 : 외부의 공기를 흡입하여 압축기에 의해 공압을 발생시키는 장치
- 냉각기 : 생성된 공압은 높은 열을 가지고 있으므로 냉각기를 통해 온도를 낮추어 시스템에 공급해야 열화가 발생하지 않는다.
- 공기탱크 : 생성된 공압을 저장하는 장치로 저장탱크라고도 한다.
- 에어드라이어 : 생성된 공압에 있는 수분을 제거하는 장치로 수분이 함유된 공압이 밸브나 실린더로 전달될 경우 녹과 같은 열화가 발생한다.
- 공압 조정 유닛 : 보통 서비스 유닛이라 부르며, 시스템으로 공급되기 전 필터, 압력조절밸브, 윤활기를 통해 사용자가 원하는 압력으로 시스템에 공급하도록 해주는 장치

06 압축공기 저장탱크의 구성요소가 아닌 것은?

① 배수기   ② 압력계   ③ 유량계   ④ 압력 안전밸브

압축공기 저장탱크 구성 : 압력안전밸브, 온도계, 압력계, 차단밸브, 맨홀, 배수기 등

07 다음 중 공기압축기의 기본 역할과 거리가 먼 것은?

① 대기 중의 공기를 흡입하여 압축하는 기능
② 공압 회로에 일정 압력의 공기를 공급하는 기능
③ 압축공기 중의 수분과 오일을 제거하는 기능
④ 산업용 공압기기에 동력을 공급하는 기본원 역할

공기압축기는 공기를 압축하여 에너지를 저장하는 장치이다. 수분 및 오일 제거는 필터나 드라이어, 워터세퍼레이터 등의 역할이다.

정/답   04 ②   05 ②   06 ③   07 ③

08 다음 중 왕복동식 공기압축기의 특징에 해당하지 않는 것은?

① 저속 회전으로 고압 압축이 가능하다.
② 다단 압축 방식이 가능하다.
③ 토출량이 크고 연속 운전이 적합하다.
④ 실린더와 피스톤 구조를 이용하여 압축한다.

> 토출량이 크고 연속 운전에 적합한 것은 스크류식이나 루츠식과 같은 회전식 압축기의 특징이고 왕복동식은 구조상 진동이 크고 간헐 운전에 적합한 구조이다.

09 다음 중 수분분리기(Water Separator)의 설치 목적은?

① 압축공기의 온도를 낮추기 위해
② 압축공기 내 응축된 수분을 제거하여 기기 부식을 방지하기 위해
③ 공기 흐름을 제어하기 위해
④ 공기압력을 일정하게 유지하기 위해

> 수분분리기는 냉각된 압축공기 내 응축된 수분을 제거하여, 공압기기의 부식과 오작동을 예방을 위한 것.

10 다음 중 윤활기(Lubricator)에 관한 설명으로 옳은 것은?

① 수분을 제거하여 기기 부식을 방지한다.
② 공기 중의 먼지를 제거하는 장치이다.
③ 공기 흐름을 막아 시스템을 차단한다.
④ 미세한 오일을 포함시켜 기기의 마찰을 줄이고 수명을 연장한다.

> 윤활기는 공기 흐름에 소량의 오일을 분무하여 실린더, 밸브 등 구동부의 마모를 방지하는 역할을 한다.

정/답 08 ③ 09 ② 10 ④

공·유압 제어 밸브

01 공·유압 제어 밸브의 종류

(1) 압력제어 밸브

압력에 의한 힘을 이용하여 일의 크기를 결정하는 밸브이다.

$$F = P \times A$$

- F : 힘[N]
- P : 압력[N/m², Pa]
- A : 면적[m²]

$$W = F \times S$$

- W : 일량[N·m]
- F : 힘[N]
- S : 변위[m]

$$L = F \times V$$

- L : 동력[W, kW, PS]
- F : 힘[N]
- V : 유속[m/s]

(2) 유량제어 밸브

단면적의 가감으로 유속을 적절하게 조절할 수 있는 밸브이다.

$$Q = A \times V$$

- Q : 유량[m³/s],
- A : 면적[m²],
- V : 유속[m/s]

(3) 방향제어 밸브

유압유 흐름의 정지, 방향변환을 조절하기 위한 밸브이다.

02 압력제어 밸브

파일럿 압력에 의한 방법(파일럿 작동식)과 출구쪽 압력에 의하여 제어하는 방법(직동식)이 있다.

(1) 릴리프 밸브(Relief Valve)

회로 내 유체 압력이 설정값을 초과할 경우, 초과된 유체를 배출하여 시스템 압력을 설정값 이하로 유지하는 역할을 하는 밸브이다.

> **➡ 크래킹 압력(Cracking Pressure)**
> 릴리프 밸브 또는 압력 제어 밸브가 처음 열려 유체가 배출구를 통해 흐르기 시작하는 최소 압력을 의미한다.

(2) 감압 밸브(Reducing Valve)

고압의 압축 유체를 낮춰 설정된 압력으로 조정하며, 사용 조건이 변동되더라도 공급 압력을 일정하게 유지하는 역할을 하는 밸브이다.

(3) 시퀀스 밸브(Sequence Valve)

유압 회로에서 실린더 등의 구동기가 순차적으로 작동하도록 압력을 이용해 작동 순서를 제어하는 밸브이다.

(4) 카운터 밸런스 밸브(Counter Balance Valve)

부하가 갑자기 제거되었을 때, 자중이나 관성력으로 인해 발생하는 불안정한 움직임을 방지하고, 램(Ram)의 자유 낙하를 억제하며, 귀환유의 유량 변화와 관계없이 일정한 배압을 유지하는 역할을 하는 밸브이다. 주로 배압 제어용으로 사용된다.

(5) 무부하 밸브(Unloading Valve)

작동 압력이 설정된 규정 압력을 초과하면 유체를 배출하여 무부하 운전을 수행하고, 압력이 설정값 이하로 떨어지면 다시 밸브를 닫아 정상 작동을 재개하는 밸브이다. 이를 통해 시스템의 열화를 방지하고, 에너지 절감 효과를 제공한다.

(6) 기타

① 안전 밸브(Safety Valve) : 회로 내 압력이 설정된 최고 압력을 초과하지 않도록 제한하여 기기나 배관의 손상과 파괴를 방지하는 밸브이다.
② 압력 스위치(Pressure Switch) : 회로 내 압력이 설정값에 도달하면 내장된 마이크로 스위치를 작동시켜 전기 회로를 개폐하는 장치이다. 유체 압력의 상승 또는 하강을 감지하여 자동으로 작동하며, 시스템 보호 및 제어 기능을 수행한다.
③ 유체 퓨즈(Fluid Fuse) : 유압 회로에서 압력이 설정된 한계를 초과할 경우, 융막이 파열되어 과압을 감지하고 유체의 흐름을 차단하거나 경고 신호를 제공하는 보호 장치이다. 이를 통해 회로 내 과도한 압력으로 인한 장비 손상과 안전사고를 방지하는 역할을 한다.

> **채터링(Chattering) 현상**
> 감압 밸브, 체크 밸브, 릴리프 밸브 등에서 밸브 시트가 빠르게 반복적으로 개폐되며 발생하는 자력 진동으로, 높은 소음과 함께 시스템 성능 저하 및 부품 손상을 유발하는 현상이다. 이는 유량 변화, 압력 불안정, 스프링 강성 부족, 밸브의 응답 지연 등으로 인해 발생할 수 있으며, 장기간 지속되면 시스템의 내구성 저하와 고장을 초래할 수 있다.

03 유량제어 밸브

유량의 흐름을 제어하는 밸브로 주로 실린더의 속도를 제어하는데 사용한다.

(1) 교축 밸브(Throttle Valve)

유로의 단면적을 조절하여 유체의 유량을 제한하는 밸브로, 공압 및 유압 시스템에서 유량을 제어하며, 연료와 공기의 혼합량 조절에도 사용된다.

(2) 속도제어 밸브(Speed Control Valve)

유압 또는 공압 시스템에서 유체의 흐름을 조절하여 액추에이터(실린더, 모터 등)의 속도를 제어하는 밸브이다.

(3) 스톱 밸브(Stop Valve)

단일 유로의 유체 흐름을 개폐하여 흐름을 완전히 차단하거나 허용하는 역할을 하는 밸브이다.

04 방향제어 밸브

유체의 흐름 방향을 제어하는 밸브로, 포트 수와 작동 방식에 따라 다양한 종류가 있다.

05 기타 제어 밸브

(1) 체크 밸브(Check Valve)

유체가 한 방향으로만 흐를 수 있도록 허용하고, 역방향 흐름을 완전히 차단하는 밸브로, 역지 밸브라고도 한다.

(2) 감속 밸브(Deceleration Valve)

유압 모터나 유압 실린더의 속도를 점진적으로 감속하거나 가속할 때 사용되는 밸브로, 충격을 완화하고 부드러운 동작을 유도하는 역할을 한다.

(3) 서보 밸브(Servo Valve)

입력 신호에 따라 유체의 유량과 압력을 정밀하게 제어하는 고응답 밸브로, 토크 모터, 유압 증폭부, 안내 밸브 등으로 구성되며, 주로 정밀한 위치, 속도, 힘 제어가 필요한 시스템에 사용된다.

(4) 포핏 밸브(Poppet Valve)

밸브 몸체(포핏)가 밸브 시트에 대해 직각 방향으로 이동하여 유체의 흐름을 개폐하는 방식의 밸브로, 빠른 응답성과 높은 밀폐성을 제공한다.

(5) 셔틀 밸브(Shuttle Valve)

두 개 이상의 입구와 하나의 공통 출구를 가지며, 출구는 가장 높은 압력을 가진 입구와 자동적으로 연결되는 밸브로, 주로 유압 및 공압 회로에서 우선 압력 선택 용도로 사용된다.

(6) 적층 밸브(Stacking Valve)

두 개의 유입 관로에서 들어오는 압력과 관계없이, 설정된 출구 유량을 일정하게 유지하도록 유체를 합류시키는 기능을 하는 밸브이다.

(7) 2압 밸브(Two Pressure Valve)

두 개의 입력 압력 중 높은 압력을 선택하여 출력하는 밸브로, 주로 우선 제어 또는 안전 기능을 위해 사용된다.

(8) 비례 제어 밸브(Proportional Valve)

입력 신호의 크기에 비례하여 유체의 유량이나 압력을 연속적으로 제어하는 밸브로, 정밀한 제어가 필요한 유압 및 공압 시스템에서 사용된다.

(9) 논리 제어 밸브

OR 밸브와 AND 밸브가 있다.

① 셔틀 밸브(shuttle valve) : OR 밸브 또는 3방향 체크 밸브라고도 한다.
② 2압 밸브(two pressure valve) : AND 밸브

[용어 설명]

- 인터플로(Interflow)
  밸브가 전환되는 과정에서 일시적으로 발생하는 포트 간 유체의 흐름을 의미하는 유압 용어로, 압력 변동 및 유량 손실에 영향을 줄 수 있다.

- 언더랩(Underlap)과 오버랩(Overlap)
  유압 또는 공압 밸브의 스풀 위치에 따라 포트가 조기에 개방되는 경우(언더랩)와 지연 개방되는 경우(오버랩)를 의미하며, 시스템의 응답 속도와 유량 특성에 영향을 미친다.

- 드레인(Drain)
  유압 또는 공압 시스템에서 누설되거나 불필요하게 남은 유체를 배출하여 압력 균형을 유지하고 부품 손상을 방지하는 기능을 하는 배출 경로 또는 장치이다.

06 밸브의 연결구 표시 방법

밸브 연결구 표시법으로 숫자 표시법과 문자 표시법이 있다. 숫자 표시법과 문자 표시법을 혼용하여 사용해도 된다.

(1) 숫자 표시법

① 그룹 번호 표시법
　㉠ 그룹 0 : 에너지 공급 요소(압축기)
　㉡ 그룹 1, 2, 3 : 각 제어 시스템을 표시(실린더의 개수와 그룹의 숫자는 일치)

② 그룹 내에서의 일련번호 체계
　㉠ .0 : 구동요소
　㉡ .1 : 최종 제어요소
　㉢ .2, .4, .6(짝수) : 구동요소의 전진운동에 영향을 미치는 모든 요소
　㉣ .3, .5, .7(홀수) : 구동요소의 후진운동에 영향을 미치는 모든 요소
　㉤ .01, .02 : 유량제어 밸브와 같이 제어요소와 구동요소 사이에 모든 요소

| 표 6-1 | 밸브 연결구 표시법

	ISO-1218(유압)	ISO-5599/11(공기압)
작업 포트	A, B, C, ⋯	2, 4, 6, ⋯
압축공기 공급 포트	P	1
배기 포트	R, S, T, ⋯	3, 5, 7, ⋯
제어 포트	Z, Y, X, ⋯	10, 12, 14, ⋯

(2) 문자 표시법

구동요소는 영문자의 대문자로 표시하고 리밋 스위치는 소문자로 표시한다.

① A, B, C, ⋯ : 작업요소인 실린더의 수
② $a_0, b_0, c_0, \cdots$: 각 실린더의 후진된 위치를 확인해 주는 리밋 스위치의 표시
③ $a_1, b_1, c_1, \cdots$: 각 실린더의 전진된 위치를 확인해 주는 리밋 스위치의 표시

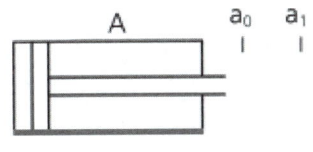

그림 6-1 문자 표시법

CHAPTER 06 실전연습문제

01 안지름 45[mm]의 단로드 실린더에서 588[N/cm]²의 유압으로 피스톤을 일정 속도로 작동시켰다. 이때 로드에 걸리는 부하가 8330[N]이었다. 귀환유압(반대측 압력)을 0이라고 할 때 마찰저항은 얼마인가?

① 1,021.75[N] ② 2,905.7[N] ③ 5,688.17[N] ④ 7,742[N]

> 마찰저항
> $W = PA - R = 588 \times \dfrac{\pi}{4} \times 4.5^2 - 8,330 = 1,021.75[N]$

02 한쪽 방향으로의 흐름은 자유로우나 역방향의 흐름을 허용하지 않는 밸브는?

① 체크 밸브 ② 셔틀 밸브 ③ 언로드 밸브 ④ 카운터 밸런스 밸브

> - 체크 밸브(check valve) : 한쪽 방향으로만 유체의 흐름을 가능하도록 하고 반대방향으로는 흐름을 저지시키는 밸브
> - 카운터 밸런스 밸브(counter balance valve) : 추의 낙하를 방지하기 위하여 배압을 유지시켜 주는 압력제어 밸브
> - 언로드 밸브(unloading pressure valve) : 일정한 조건으로 펌프를 무부하로 하여 주기 위하여 사용하는 밸브
> - 셔틀 밸브(shuttle valve) : 1개의 출구와 2개 이상의 입구가 있고 출구가 최고 압력쪽 입구를 선택하는 기능을 가진 밸브

03 회로 내의 압력이 규정 압력에 도달하면 펌프의 전유량을 직접 탱크로 되돌려 보냄으로써 펌프를 무부하로 하여 동력을 절약할 수 있는 자동제어 밸브의 명칭은?

① 니들 밸브(needle valve)
③ 체크 밸브(check valve)
② 교축 밸브(restricting valve)
④ 언로딩 밸브(unloading valve)

> - 니들 밸브 : 노즐 또는 관내에 있어 물의 유량을 적절하게 조절하는 밸브이다.
> - 교축 밸브 : 원판의 회전에 의하여 관로의 열림을 축소하고 마찰에 의하여 압력을 감소시키는데 사용하는 밸브이다.

정/답 01 ① 02 ① 03 ④

04 두 개 이상의 분기회로(分岐回路)를 갖는 회로 중에서 그 작동 순서를 회로의 압력 또는 유압 실린더 등의 운동에 의해서 규제하는 자동 밸브는?

① 릴리프 밸브(relief valve)
② 카운터 밸런스 밸브(counter balance valve)
③ 언로딩 밸브(unloading valve)
④ 시퀀스 밸브(sequence valve)

05 회로압의 과부하를 막고 회로 압력을 일정값 이하로 유지함과 동시에 유압 모터의 회전력과 유압실린더의 추력을 제한하는 밸브는?

① 무부하 밸브(unloading valve)   ② 방향전환 밸브
③ 릴리프 밸브(relief valve)   ④ 시퀀스 밸브(sequence valve)

06 다음 중 서보 밸브의 구성요소로서 가장 적합한 것은?

① 유압 증압부, 안내 밸브, 스트레이너, 탱크
② 토크 모터, 유압 증압부, 안내 밸브, 변환 밸브
③ 토크 모터, 유압 증압부, 피스톤, 안내 밸브
④ 토크 모터, 유압 증압부, 릴리프 밸브, 피스톤

> **서보 밸브**
> 전기 그 밖의 입력 신호에 따라 유량 또는 압력을 제어할 수 있는 밸브이다.

07 유압회로 내의 압력을 일정하게 유지하든가 적당한 압력으로 감압(減壓)하든가 회로의 압력을 설정한 작동순서에 따라 변화시키는 등 압력에 관해서 제어하는 밸브(valve)를 무슨 밸브라고 하는가?

① 압력제어 밸브(pressure control valve)
② 감압 밸브(pressure reducing valve)
③ 유체 퓨즈(hydraulic fuse)
④ 압력 스위치(pressure switch)

> 압력제어 밸브의 종류 : 릴리프 밸브, 감압 밸브, 시퀀스 밸브, 무부하 밸브, 카운터 밸런스 밸브

정/답   04 ④   05 ③   06 ②   07 ①

08 서보 밸브(servo valve)는 어떤 작용을 하는가?

① 작동유의 유량을 조절하여 전기적 신호로 변환시키는 밸브이다.
② 유압을 전기적 신호로 만드는 밸브이다.
③ 미약한 전기압력 신호를 유압으로 변환시키는 밸브이다.
④ 작동유의 유속을 조절하여 전기적 신호로 변화시키는 밸브이다.

09 방향전환 밸브에서 밸브와 주 관로와의 접속구 수를 무엇이라고 하는가?

① 방 수(mumber of way)
② 포트 수(numbecr of port)
③ 위치 수(number of position)
④ 스풀 수(number of spool)

10 절삭과 급속 귀환 공정을 하는 공작기계에서 절삭 시 사용할 고압 펌프와 귀환 시 사용할 저압 대용량 펌프를 병행해서 사용할 때 동력을 최대로 절감하려면 어떤 밸브를 사용하는 것이 좋은가?

① 감압 밸브(reducing valve)
② 시퀀스 밸브(sequence valve)
③ 무부하 밸브(unloading valve)
④ 릴리프 밸브(relif valve)

11 미끄럼 밸브에서 랜드 부분과 포트 부분 사이에 중복된 상태 또는 그 양을 무엇이라고 하는가?

① 초크(choke)
② 벤트 포트(vent port)
③ 랩(lap)
④ 공동현상(cavitation)

> 랩(lap) : 몸체와 스풀이 겹치는 정도를 말하며, 언더랩과 오버랩이 있다.

12 방향제어 밸브 내에서 스풀의 동작 시 발생되는 오버랩 중 네거티브 오버랩(negative over lap)의 설명으로 올바른 것은?

① 밸브의 동작 시 압력의 작용으로 열리지 않는다.
② 밸브의 전환 시 피크 압력이 발생한다.
③ 일반적으로 서보 밸브에 적용된다.
④ 밸브의 전환 시 밸브 내 모든 유로가 연결된다.

> 언더랩(under lap) : 미끄럼 밸브 등에서 밸브가 중립점에 있을 때 포트가 열려 있어 유체가 흐르도록 되어 있는 상태를 의미하는 것으로 네거티브 오버랩도 이와 유사한 의미이다.

정/답 08 ③ 09 ② 10 ③ 11 ③ 12 ④

13 유압 실린더의 부하가 갑자기 감소하여 피스톤이 급진하는 것을 방지하거나, 피스톤이나 램의 자유 낙하를 방지하기 위한 밸브는?

① 시퀀스 밸브　　　　　　　　② 카운터 밸런스 밸브
③ 파일럿 조작 방향제어 밸브　　④ 압력 보상형 유량제어 밸브

14 4/3-way 방향제어 밸브를 이용하여 무부하 회로를 구성하려 한다. 중립 위치의 형태로 가장 적당한 것은?

① 탠덤 센터　　② 오픈 센터　　③ 클로즈드 센터　　④ 스콜 센터

15 한쪽 방향의 흐름에는 설정된 배압을 부여하고 반대방향의 흐름에는 자유흐름이 되는 밸브는?

① 릴리프 밸브　　② 시퀀스 밸브　　③ 언로드 밸브　　④ 카운터 밸런스 밸브

16 다음 그림과 같은 밸브의 명칭으로 가장 적합한 것은?

① 3포트 2위치 전환 밸브
② 2포트 3위치 전환 밸브
③ 6포트 2위치 전환 밸브
④ 2포트 6위치 전환 밸브

17 다음 중 압력제어 밸브가 아닌 것은?

① 릴리프 밸브　　② 시퀀스 밸브　　③ 스로틀 밸브　　④ 카운터 밸런스 밸브

> 스로틀 밸브 : 원판의 회전에 의하여 관로의 열림을 축소하고 마찰에 의하여 압력을 내리는데 사용하는 밸브이다.

18 유압장치에서 장치의 최대 사용압력을 결정하려고 한다. 다음 중 어느 밸브를 사용하여야 하는가?

① 압력 릴리프 밸브　　② 3방향 감압 밸브　　③ 방향 제어 밸브　　④ 압력 보상형 밸브

정/답　13 ②　14 ①　15 ④　16 ①　17 ③　18 ①

19 다음 그림은 무슨 전환 밸브의 기호인가?

① 5포트 교축
② 4포트 파일럿
③ 5포트 파일럿
④ 4포트 교축

20 릴리프 밸브는?

① 압력제어 밸브이다.
② 유량조절 밸브이다.
③ 방향제어 밸브이다.
④ 속도제어 밸브이다.

21 회로압력을 일정하게 하거나 최고압력을 규제하여 장치를 보호하는 역할을 하는 유압 밸브는?

① 감압 밸브   ② 릴리프 밸브   ③ 시퀀스 밸브   ④ 언로드 밸브

22 다음 그림은 어떤 기호 표시인가?

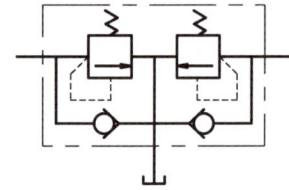

① 브레이크 밸브
② 양방향 릴리프 밸브
③ 카운터 밸런스 밸브
④ 일정비율 감압 밸브

23 유압기기에서 포트(port)수를 가장 잘 설명한 것은?

① 관로와 접촉하는 유량 밸브 접촉구의 개수
② 관로와 접촉하는 전환 밸브 접촉구의 개수
③ 관로와 접촉하는 교축 밸브 접촉구의 개수
④ 관로와 접촉하는 체크 밸브 접촉구의 개수

포트(Port)
유압기기에서 유체가 출입하는 통로를 의미한다. 포트의 개수는 밸브와 외부 관로가 연결되는 입출구의 수를 가리키며, 주로 전환 밸브(Directional Control Valve)에서 사용된다. 전환 밸브는 유체의 흐름을 변경하므로 포트 수가 중요하다.

정/답   19 ③   20 ①   21 ②   22 ①   23 ②

24 유압 펌프의 크기를 표시하는 방법 중 옳은 것은?

① 압력과 그때의 속도로 표시한다.
② 압력과 그때의 토출력으로 표시한다.
③ 압력과 그때의 힘으로 표시한다.
④ 압력과 그때의 토출량으로 표시한다.

25 회로의 압력이 밸브의 설정값에 달하였을 때 유체의 일부 또는 전량을 빼돌려서 회로 내의 압력을 설정값으로 유지시키는 압력 제어 밸브는?

① 릴리프 밸브(relief valve)
② 무부하 밸브(unloading valve)
③ 시퀀스 밸브(sequence valve)
④ 카운터 밸런스 밸브(counter balance valve)

26 펌프의 압력 $P=1,960[N/cm^2]$, 토출량 $Q=20[\ell/min]$, 용적효율 $\eta_v=0.95$일 때 누설손실은 약 얼마인가?

① 0.25[l/min]　② 0.5[l/min]　③ 0.75[l/min]　④ 1.05[l/min]

$$\eta_v = \frac{Q_{th} - \triangle Q}{Q_{th}}$$

$0.95 = \dfrac{20}{Q_{th}}$, $Q_{th} = 21.05[l/min]$

$\Delta Q = 21.05 - 20 = 1.05[l/min]$

27 다음 밸브 중 유압 실린더, 유압 모터의 감속 및 정지를 하게 하는 밸브로서 감속 밸브라고 하는 것은?

① 솔레노이드 밸브(solenoid valve)
② 슬리브 밸브(sleeve valve)
③ 파일럿 밸브(pilot valve)
④ 디셀러레이션 밸브(deceleration valve)

디셀러레이션 밸브 : 액추에이터를 감속시켜 주기 위하여 캠 조작 등으로 유량을 서서히 감소시켜 주는 밸브이다.

28 릴리프 밸브에 관한 설명 중에서 가장 적합하지 않은 것은 어느 것인가?

① 회로의 파괴를 방지한다.
② 압력을 일정하게 유지한다.
③ 회로 내의 압력을 설정값 이하로 제한한다.
④ 토출량을 저압인 채로 탱크로 되돌아가게 한다.

정/답　24 ④　25 ①　26 ④　27 ④　28 ④

29 유압 밸브의 3대 목적에 들지 않는 것은?

① 유량조정 ② 유온(油溫) 조절 ③ 압력제어 ④ 흐름의 방향 전환

30 작동유의 점성에 관계없이 유량을 조절할 수 있으며, 조정범위가 크고 미세량도 조정 가능한 밸브는?

① 서보 밸브 ② 체크 밸브 ③ 교축 밸브 ④ 안전 밸브

31 유압 회로 내의 압력이 설정압을 넣으면 유압에 의하여 막이 파열되어 유압유를 탱크로 귀환시키며, 압력 상승을 막아 기기를 보호하는 역할을 하는 유압 요소는?

① 압력 스위치 ② 유체 퓨즈 ③ 언로드 밸브 ④ 포핏 센서

32 공압 밸브의 선정 기준으로 적합하지 않은 것은?

① 공압 실린더의 속도와 체적
② 요구되는 스위칭 횟수
③ 허용할 수 있는 압력 강하
④ 액추에이터의 종류

밸브의 선정 기준
- 공압 실린더의 속도와 체적
- 요구되는 스위칭 횟수
- 허용할 수 있는 압력 강하
---

33 다음 보기 중 공기압 유량제어 밸브에 대한 설명으로 틀린 것은?

① 공기압 실린더의 속도제어를 위해 방향제어 밸브와 실린더의 중간에 설치하는 것은 속도제어 밸브이다.
② 공기압의 속도제어는 배기 교축에 의한 속도제어 회로를 주로 채택한다.
③ 공기압 실린더의 배기 유량을 감소시켜 실린더의 속도를 증가시키는 것은 급속 배기 밸브이다.
④ 공기압 회로의 유량을 조정하고자 할 때 사용하는 것은 교축 밸브이다.

급속배기밸브는 공압실린더에서 배기되는 유량을 순간적으로 단면적이 넓은 배기구로 토출시켜 순간적으로 속도를 증진시키는 밸브이다.

정/답 29 ② 30 ③ 31 ② 32 ④ 33 ③

34 방향제어 밸브의 구조 중 스풀 방식의 밸브에 대한 설명으로 맞는 것은?

① 다양한 조작 방식을 쉽게 적용할 수 없다.
② 전환밸브에서 가장 널리 사용되지 않는 형식이다.
③ 다양한 유압 흐름의 형식을 쉽게 설계할 수 없다.
④ 밸브 습동 부분에서의 내부 누설이 발생하고 조작이 불확실하다.

포핏 밸브의 특징	스풀 밸브의 특징
• 디지털 제어에 적합 • 밀봉성이 우수 • 작동유의 오염에 강함 • 큰 조작력이 필요 • 시트 표면 마모가 쉽게 일어남 • 압력제어 밸브로 많이 사용됨	• 포트부의 개구면적을 연속적으로 변화 가능함 • 높은 가공 정밀도 요구됨 • 작동유 오염에 취약 • 스풀과 슬리브 사이의 틈새에 누설 가능함 • 방향제어 밸브로 주로 사용됨

35 다음 중 밸브의 오버랩에 대한 설명으로 옳은 것은?

① 포지티브 오버랩에서 밸브의 전환시 액추에이터는 부하에 종속된 움직임을 갖는다.
② 밸브의 작동 시 포지티브 오버랩 밸브는 서지압력이 발생할 수 있다.
③ 방향제어 밸브는 일반적으로 제로 오버랩을 갖는다.
④ 밸브의 전환 시 모든 연결구가 순간적으로 연결되는 형태가 제로 오버랩이다.

오버랩의 종류
• 포지티브 오버랩
  - 밸브 전환 시, 잠시 동안 밸브의 연결구가 모두 차단
  - 압력이 떨어지지 않음
  - 잠시 동안 펌프로부터 토출된 유압유가 갈 곳이 없음
  - 압력 릴리프 밸브를 동작시키는데 필요한 시간보다 적은 경우 사용으로 서지압력 발생
• 네거티브 오버랩
  - 밸브 전환 시, 잠시 동안 밸브의 연결구가 모두 차단 연결
  - 잠시 동안 압력이 붕괴되어 액추에이터가 표류될 수 있음
  - 유량이 차단되지 않아 서지 압력이 없고, 부드럽고 조용한 밸브 전환이 가능
  - 서지 압력으로 인한 유압시스템과 유압 부품의 손상을 방지함
• 제로 오버랩
  - 밸브 전환 시 포지티브 오버랩과 네거티브 오버랩 사이에 존재하는 경계 영역
  - 주로 서보밸브를 사용하여 유량이 개폐되는 정도를 동일하게 해줌
  - 오버랩을 구현하기 위해 높은 정도의 가공이 필요하며, 가공비가 매우 비쌈

정/답 34 ④ 35 ②

공·유압 작동기 (Actuator)

Industrial Engineer Automatic Equipment

01 작동기(Actuator; 액추에이터)

유체의 압력 에너지를 이용하여 기계적인 에너지로 변환하는 유압기기 요소로 유압 실린더와 유압 모터 등이 있다.

(1) 액추에이터의 분류

① 유압 실린더 : 직선운동
② 유압 모터 : 회전운동
③ 요동 모터 : 각운동 또는 요동운동

02 플런저 모터

(1) Radial Piston Motor

① 구조가 복잡하다.
② 값이 비싸다.
③ 누설이 적다.
④ 회전속도 범위가 넓다.
⑤ 가동 특성이 양호하다.

(2) Axial Piston Motor

Radial Piston Motor보다 용적효율이 크고, 고속에 적당하다.

> ➡ 기어 모터와 베인 모터의 작동 원리는 기어 펌프와 베인 펌프의 작동 원리와 반대이며, 구조와 특징은 유사한 특성을 가진다.

03 유압 실린더

(1) 유압 실린더의 구조

① 실린더 튜브(Cylinder Tube) : 유압유(작동유)를 가두어 피스톤이 왕복 운동할 수 있도록 하는 튜브
② 피스톤(Piston) : 유압 압력을 받아 직선 운동을 수행하는 핵심 부품
③ 피스톤 로드(Piston Rod) : 피스톤과 연결되어 외부로 힘을 전달하는 축(rod)
④ 로드 엔드(Rod End) : 피스톤 로드의 끝부분으로, 작업 대상(기계 장치 등)과 연결
⑤ 실린더 헤드(Cylinder Head) : 실린더 양쪽 끝을 막으며 피스톤 로드가 통과하는 부분
⑥ 실린더 캡(Cylinder Cap) : 반대쪽 끝을 막아 내부 유압을 유지
⑦ 시일 및 패킹(Seals & Packing) : 유압유가 새지 않도록 밀봉하는 부품
⑧ 포트(Port) : 유압유가 출입하는 입구와 출구

(2) 유압 실린더의 분류

① 작동 방식에 따른 분류
  ㉠ 단동식(Single-Acting Cylinder) : 한 방향으로만 유압을 사용, 스프링이나 외부 힘에 의해 복귀
  ㉡ 복동식(Double-Acting Cylinder) : 양쪽으로 유압을 공급하여 전진 및 후진 모두 유압으로 작동

② 구조에 따른 분류
  ㉠ 타이로드형(Tie-Rod Cylinder) : 실린더를 타이로드(보강봉)로 고정하여 내구성을 높인 구조

ⓛ 용접형(Welded Cylinder) : 실린더 튜브와 엔드캡을 용접하여 튼튼하고 컴팩트한 구조
ⓒ 텔레스코픽형(Telescopic Cylinder) : 다단(多段) 구조로 되어 있어 긴 스트로크가 가능함

③ 운동 방식에 따른 분류
㉠ 직선 왕복형(Linearly Moving Cylinder) : 일반적인 직선 왕복 운동을 수행
ⓛ 회전형(Rotary Cylinder) : 유압 압력을 이용하여 회전 운동을 생성

04 유압 모터의 이론

압유가 가진 압력을 출력축의 회전력으로 변환하는 기기이다. 에너지 변환 관계에서 보면 유압 펌프의 반대 개념이다.

(1) 이론 토크

$$T_{th} = \frac{Pq}{2\pi} = \frac{PQ}{2\pi N}$$

T_{th} : 이론 토크[N·m]
p : 압력차[N/m²]
Q : 유량[m³/sec], $Q = q \cdot N$
q : 모터 1회전당 배제용량[m³/rev]
N : 회전수(rps, rpm)

(2) 동력과 효율

$$L_m = \frac{PQ}{1,000}[\text{kW}] = \frac{PQ}{735}[\text{PS}], \ \eta = \frac{L_s}{L_m}$$

P : 모터의 공급유와 배유의 압력차[N/m²]
Q : 모터에 공급되는 유량[m³/s]
η : 모터 효율
L_m : 모터의 유동력(유압 모터에 공급되는 압유가 단위시간당 가지고 들어가는 에너지)
L_s : 축동력

(3) 체적효율

$$\eta_v = \frac{\text{이론유량}(Q)}{\text{실제유량}(Q+\Delta Q)}$$

Q : 유출 유량

(4) 토크 효율

$$\eta_T = \frac{\text{실제 토크}(T-\Delta T)}{\text{이론 토크}(T)}, \quad \eta_T = \eta_m$$

$$\eta = \eta_T \eta_v = \eta_m \eta_v$$

η_T : 토크 효율
η : 전효율

05 공압 액추에이터

(1) 공압 실린더

공기는 압축성 유체로 정확한 속도제어와 위치제어가 다소 어렵고 부하의 크기에 영향을 받기 쉽다.

① 공압 실린더의 기본 구조는 피스톤, 피스톤 로드, 실린더 튜브, 헤드 커버, 체결 로드, 로드 부싱, 실(seal) 등으로 되어 있다.
② 공압 실린더의 종류는 구조 및 작동 방식, 쿠션의 유무, 지지 형식, 크기 등에 따라 분류된다.

(2) 요동 액추에이터

한정된 각도 내에서 반복 회전운동을 하는 작동기로 종류로는 다음과 같은 것들이 있다.

① **베인형**
   ㉠ 회전각도 : 싱글 베인형 270~300°
   ㉡ 회전각도 : 더블 베인형 90~120°
   ㉢ 회전각도 : 3중 베인형 60°

② **피스톤형**
   ㉠ 래크 피니언형 : 공기쿠션을 이용, 형상은 크고 복잡, 고효율(80~90[%]), 수명과 감도는

다른 방식에 비해 우수
- ⓒ 스크루형 : 요동 각도 360° 이상 가능(100~370° 사용), 외형이 크고 마찰은 큰 단점, 80[%] 효율
- ⓒ 크랭크형 : 요동 각도 110° 이내
- ⓒ 요크형 : 출력 토크가 요동 각도에 따라 다소 변동됨

(3) 공압 모터

① 특징
- ㉠ 균일한 속도를 얻는 게 불가능하며 저속에서는 속도가 아주 불안정하다.
- ㉡ 회전속도가 빨라지면 에너지 소비량이 증가한다.
- ㉢ 고가의 운전 비용이 소요되기 때문에 비경제적이다.
- ㉣ 회전수와 토크를 자유로이 조정할 수 있고 과부하 시 위험성이 없다.
- ㉤ 기동, 정지, 역전 등 가능
- ㉥ 회전수 변동이 크고 일정 회전수를 고정도로 유지하기 힘들다.
- ㉦ 폭발의 위험성이 낮고 정전 시 사용 가능하다.
- ㉧ 에너지 변환 효율이 낮고 배기 시 소음이 큰 단점이 있다.

② 종류
- ㉠ 베인형 : 고속회전 저토크형
- ㉡ 피스톤형 : 중저속회전 고토크형
- ㉢ 기어형 : 고속회전 고토크형
- ㉣ 터빈형 : 초고속회전 미소토크형

CHAPTER 07 실전연습문제

01 다음 중 유압 모터의 효율을 잘못 설명한 것은?

① 체적효율 = 이론유량/실제공급유량
② 토크효율 = 제동 토크/이론 토크
③ 토크효율 = 이론 토크/제동 토크
④ 전효율 = 체적효율×토크효율

유압 펌프의 토크효율 = 이론 토크/실제 토크(제동 토크)

02 유압 실린더에서 피스톤 로드가 부하를 미는 힘이 49[kN], 피스톤 속도가 3.8[m/min]인 경우 실린더 안지름이 8[cm]라면 소요동력은 얼마인가? (단, 단일 로드를 갖는 실린더이다.)

① 2.40kW ② 3.1kW ③ 4.35kW ④ 4.60kW

$L = F \cdot V = 49 \times \dfrac{3.8}{60} = 3.1 kW$

03 그림과 같은 실린더 내에 피스톤에서 $F = 500[N]$의 힘이 발생했을 때 얼마의 유압이 필요한가? (단, 실린더의 안지름은 40[mm]로 한다.)

① 0.398[MPa] ② 0.577[MPa]
③ 0.79[MPa]   ④ 0.64[MPa]

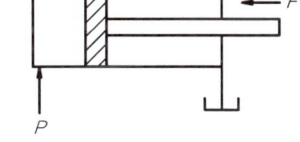

$P = \dfrac{F}{A} = \dfrac{500}{\dfrac{\pi}{4} \times 0.04^2} \times 10^{-6} = 0.398[MPa]$

04 구조가 복잡하고 값이 비싸나 누설이 작고 회전속도 범위가 넓으며 기동특성이 양호한 유압 모터는?

① 기어 모터
② 베인 모터
③ 레이디얼 피스톤 모터
④ 액셜 피스톤 모터

정/답 01 ③ 02 ② 03 ① 04 ③

05 유압 실린더의 작동이 불확실한 이유로서 적당하지 않은 것은?

① 실린더 내의 기름이 충만되어 있다.   ② 패킹이 손상되어 있다.
③ 작동유의 온도 상승이 지나치게 크다.   ④ 작동유에 이물이 혼입되어 있다.

06 압력이 686[N/cm]², 유량이 30[l/min]인 유압 모터에서 1분간의 회전수는 몇 [rpm]인가? (단, 유량(qn) = 20[cc/rev]이다.)

① 500   ② 1000   ③ 1500   ④ 2000

$Q = q \cdot N$

$N = \dfrac{30 \times 10^3}{20} = 1500 \text{[rpm]}$

07 유압 액추에이터(actuator) 중 직선 왕복운동을 하는 것은?

① 유압 모터   ② 유압 실린더
③ 요동형 액추에이터   ④ 피스톤형 요동 모터

작동기(actuator)는 직선 왕복운동, 회전운동, 요동운동 등을 하는 작업 요소이다. 회전운동하는 액추에이터는 유압 모터이다.

08 유압 실린더의 작동이 불확실한 이유로서 적당하지 않는 것은?

① 작동유의 온도 상승이 지나치게 크다.   ② 실린더 내의 기름이 충만되어 있다.
③ 작동유에 이물이 혼입되어 있다.   ④ 패킹이 손실되어 있다.

09 출력 토크 54.88[N·m], 회전수 30[rpm]으로 하는 회전 피스톤 모터를 설계하려고 한다. 모터의 크기를 210[cm³/rev]로 할 때 필요한 압유의 압력을 구하면? (단, 모터의 토크효율 및 용적효율을 각각 90[%]라고 가정한다.)

① 170.52[N/cm²]   ② 182.45[N/cm²]   ③ 190.12[N/cm²]   ④ 201.88[N/cm²]

$\eta_T = \dfrac{T}{T_{th}}, \quad T_{th} = \dfrac{T}{\eta_T} = \dfrac{p \cdot q}{2\pi}$

$\dfrac{54.88}{0.9} = \dfrac{P \times 210 \times 10^{-6}}{2\pi}, \quad P = 182.45 \text{[N/cm}^2\text{]}$

정/답   05 ①   06 ③   07 ②   08 ④   09 ②

10 유압장치에서 부하에 전달되는 동력을 100[kW], 피스톤 속도를 10[m/min]로 할 때 피스톤에 발생하는 힘은?

① 600[kN]　　② 6,000[kN]　　③ 60,000[kN]　　④ 600,000[kN]

$L = \dfrac{F \times V}{1,000}$

$100 = \dfrac{F \times 10}{1,000 \times 60}$, $F = 600[\text{kN}]$

11 램의 지름이 150[mm], 추력 $F=5$[ton], 피스톤 속도 $v=4$[m/min]일 때 1분당 필요한 유량은?

① 약 50.7[L/min]　　② 약 60.7[L/min]　　③ 약 70.7[L/min]　　④ 약 80.0[L/min]

$Q = AV = \dfrac{\pi d^2}{4} \cdot V = \dfrac{\pi \times 0.15^2}{4} \times 4 = 70.7[\text{L/min}]$

12 모터의 출력축 회전수 N[rpm], 이론적 회전수 No[rpm]일 때 N/No는?

① 항상 1보다 크다.　　② 항상 1보다 작다.
③ 항상 1과 같다.　　④ 항상 1보다 조금 클 수 있다.

일반적으로 $N < N_0$이다.

13 다음 중 전진과 후진 시 추력이 같은 장점을 갖는 실린더는?

① 텔레스코프형 실린더　　② 양 로드 실린더
③ 탠덤 실린더　　④ 다위치형 실린더

- 탠덤 실린더 : 꼬치 모양으로 연결된 복수의 피스톤을 n개 연결시켜 n배의 출력을 얻을 수 있도록 한 실린더이다.
- 다위치형 실린더 : 복수의 실린더를 직결시켜 여러 방향의 위치를 결정할 수 있게 한 실린더이다.
- 텔레스코프형 실린더 : 긴 행정을 지탱할 수 있는 다단 튜브형 로드를 갖춘 다단형 실린더이다. 또한 튜브형의 실린더가 두 개 이상 서로 맞물려 있는 것으로서 높이에 제한이 있는 경우에 사용 가능하다.

정/답　10 ①　11 ③　12 ②　13 ②

14 다음 중 공기압 작업요소의 설명이 틀린 것은?

① 격판 실린더는 격판에 부착된 피스톤 로드가 미끄럼 실링되어 있다.
② 다위치제어 실린더는 2개 또는 그 이상의 복동 실린더로 구성된다.
③ 회전 실린더는 피니언과 랙 등의 구조를 이용하여 회전 운동을 할 수 있다.
④ 탠덤 실린더는 2개의 복동 실린더가 1개의 실린더 형태로 된 것이다.

격판 실린더
내장된 격판은 피스톤의 기능을 대신하며 피스톤 로드가 격판의 중앙에 부착되어 있다. 여기서는 미끄럼 밀봉이 필요 없고 단지 재료가 늘어남에 따라 발생하는 마찰만이 있다.

15 다음 중 공기압 실린더의 설치형식이 아닌 것은?

① 풋 형   ② 트러니언 형   ③ 타이로드 형   ④ 플랜지 형

- 풋 형 : 부하가 작으며 단순한 직선운동을 한다.
- 플랜지 형 : 견고한 지지가 필요한 형식으로 부하의 운동방향과 축의 중심을 일치시켜 지지할 때에 사용한다.
- 타이로드 형 : 유압실린더에서 사용하는 실린더의 유형으로 양쪽 커버를 타이로드로 고정시킨 방식이다. 래크 엔드 피니언의 래크와 로크 암 사이가 타이로드이다.

16 다음 중 공기압 모터의 특징으로 맞는 것은?

① 폭발 및 과부하에 불안전하다.
② 회전 방향을 쉽게 바꿀 수 없다.
③ 속도를 무단으로 조절하는 것은 불가능하다.
④ 구동 초기에 최고 회전속도를 얻을 수는 없다.

공기압 모터의 특징
- 전동기에 비하여 관성과 출력의 비가 결정가보다 작으므로 시동과 정지가 쇼트발생 없이 자연스럽게 실행할 수 있다.
- 폭발의 위험성이 있는 환경에서도 안전하며 주위 온도, 습도 등의 영향이 다른 원동기에 비하여 적은 편이다.
- 가격이 저렴한 제어 밸브만으로 회전수, 토크를 자유롭게 조절할 수 있다.
- 속도 제어 및 역 회전 기구가 간단한 편이다.
- 모터 자체의 발열이 적어 섭동부의 마찰열은 압축 공기의 단열 팽창으로 냉각된다.
- 에너지의 축적이 행해져 정전시의 비상용 동력원으로 유효하다.
- 부하에 의한 회전수 변동이 크고, 일정 회전수를 고저로 유지하는 것이 어렵다.
- 에너지 변화 효율이 낮으며 공기의 압축성에 의해 제어성이 좋지 않은 편이다.
- 회전 날개형 공기압 모터 등은 배기 소음이 크다.

정/답   14 ①   15 ③   16 ④

공·유압장치의 구성과 부속기기

CHAPTER 08

Industrial Engineer Automatic Equipment

01 유압장치의 구성

유압회로의 구성을 블록선도라 표현하면 아래 그림과 같고, 에너지 변환 흐름은 전동기 → 펌프 → 제어 밸브 → 액츄에이터 → 부하 순이다.

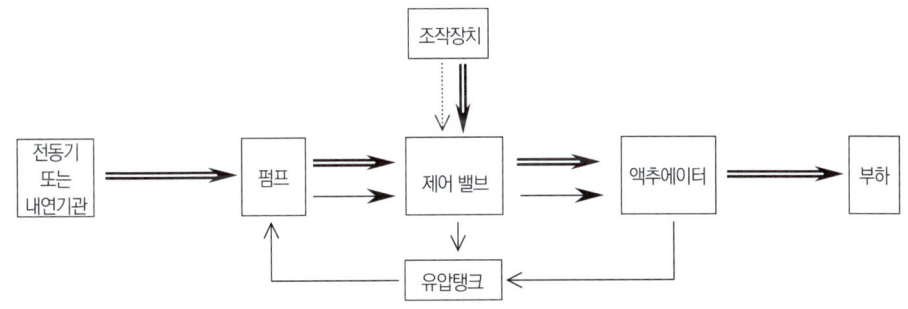

⇒ : 동력전달방향
→ : 유압유의 흐름 방향
→ : 전기신호 흐름 방향

그림 8-1 유압회로의 구성

02 배관

에너지를 저장하고 있는 작동 유체를 수송하는 역할을 한다.

(1) 관로의 종류

① 주 관로 : 흡입 관로, 압력 관로 및 배기 관로를 포함하는 주가 되는 관로이다.
② 파일럿 관로 : 파일럿 방식에서 작동시키기 위한 작동유를 유도하는 관로이다.
③ 플렉시블 관로 : 고무 호스와 같이 유연성이 있는 관로이다.
④ 바이패스 관로 : 필요에 따라서 작동유체의 전량 또는 그 일부를 갈라져 나가게 하는 통로이다.

(2) 고무호스를 사용하는 목적

① 금속관으로는 배관이 곤란한 곳의 연결에 사용한다.
② 두 금속관의 중심선이 일치하지 않을 때의 관 연결에 사용한다.
③ 이동하는 배관과 고정 배관과의 연결에 사용한다.
④ 진동을 흡수하여 진동체와 격리하고자 할 경우 사용할 수 있다.
⑤ 유압회로의 서지압력 흡수를 위해 사용한다.
　㉠ 서지 압력 : 과도적으로 상승한 압력의 최대값
　㉡ 파일럿 압력(pilot pressure) : 파일럿 관로로 들어오는 작동유에 의해 발생하는 압력

(3) 관 이음

① 플레어 이음(filar fitting) : 본체, 너트, 슬리브로 구성
　㉠ 플레어 작업 : 관의 선단부를 원추형의 펀치로 나팔형으로 펴는 작업

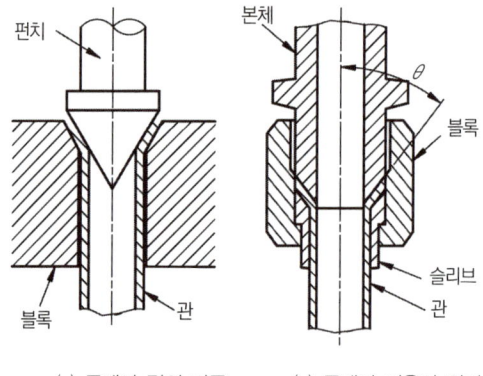

(a) 플레어 링의 가공　(b) 플레어 이음의 정지

그림 8-2 플레어 이음

② 플레어리스 이음(flareless fitting)
  ㉠ 커넥터, 슬리브, 너트로 구성되고 고압의 유압 배관용으로 사용되며 플레어 작업이 필요 없다.
  ㉡ 배관 끝을 확장하지 않고, 링이나 압축 너트를 사용하여 밀봉하는 방식
  ㉢ 배관 가공이 필요 없어 조립이 간단, 높은 진동 및 충격 환경에서도 안정적, 유압, 공압, 고압 배관 등에 주로 사용

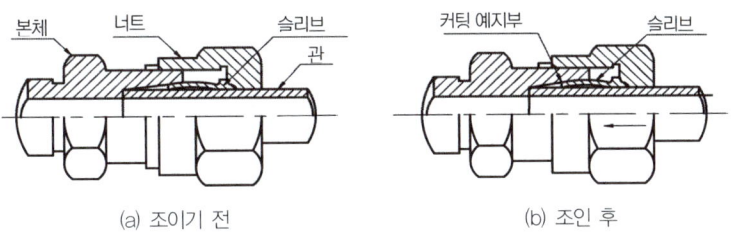

그림 8-3 플레어리스 이음

③ **용접 이음** : 영구적인 이음방법
④ **나사 이음** : 소형관 이음에 주로 사용
⑤ **플랜지 이음** : 여러 개의 볼트로 사용하며 대형관 이음에 주로 사용하는 방법

03 실(seal)

기름의 누설과 외부에서의 이물질 침입을 방지하기 위한 장치로 고정부분에 사용하는 가스켓(gasket)이 있고 운동 부분에 사용하는 패킹(packing)이 있다.

(1) 실의 구비 조건(packing의 구비 조건)

① 양호한 유연성을 갖고 있어야 한다.
② 내유성이 양호해야 한다.
③ 내열·내한성이 좋아야 한다.
④ 기계적 강도를 갖고 있어야 한다.
⑤ 유동에 대한 저항이 커야 한다.

(2) 실의 재료

① 마·무명, 피혁, 천연고무 등을 사용한다.
② 합성고무와 합성수지는 고압, 고온, 특수 유압유 등에 사용한다.
③ 연강, 스테인리스강, 세라믹, 카본 등도 사용한다.

(3) 시일의 종류

① O링 ; 가장 널리 사용하며 재료는 니트릴 고무이다.

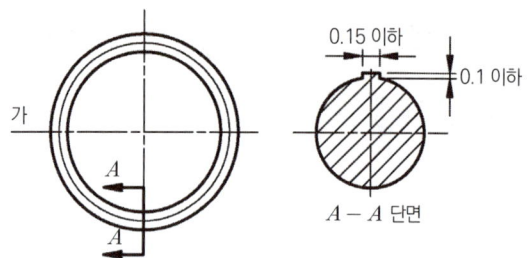

그림 8-4 O-링의 형상

② 성형 패킹 : V형, L형, J형, U형 등이 있다.

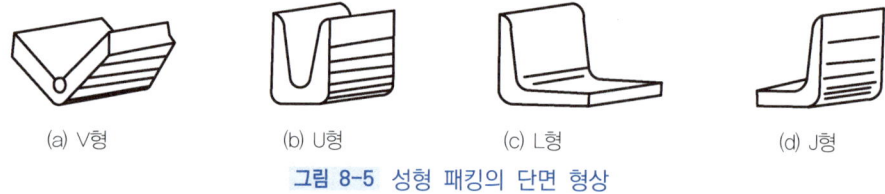

그림 8-5 성형 패킹의 단면 형상

③ 기계식 실(mechanical seal) : 펌프와 연결된 전동축 둘레의 기름 누설을 방지하는 실
④ 오일 실(oil seal) : 유압 펌프의 회전축, 변환 밸브의 왕복축 등의 실 장치로 합성고무 재료를 사용
⑤ 그랜드 패킹(gland packings) : 축을 둘러싸고 있는 패킹을 그랜드로 눌러 누설을 방지, 마찰로 인한 기계적 손실로 효율은 낮다.
⑥ 래비린스 패킹(labyrinth packing) : 회전체와 고정체 사이에 미로(래비린스) 형태의 좁은 틈을 만들어 유체 또는 가스의 누설을 단계적으로 감소시키는 비접촉식 밀봉 방식

04 오일 탱크 및 여과기

(1) 압유 탱크

① 유압유의 저장을 위한 오일탱크(oil tank)이다.
② 배플판(baffle plate) : 유압 작동유가 탱크의 벽면을 타고 흐르도록 하여 유압 작동유에 혼입되어 기포와 수분을 제거하고자 하는 판 구조이다.
③ 에어 브리더(air breather) : 압유 탱크나 기계 내부의 공기 압력을 조절하고 외부 오염물의 유입을 방지하는 환기 필터 역할을 하는 장치이다.

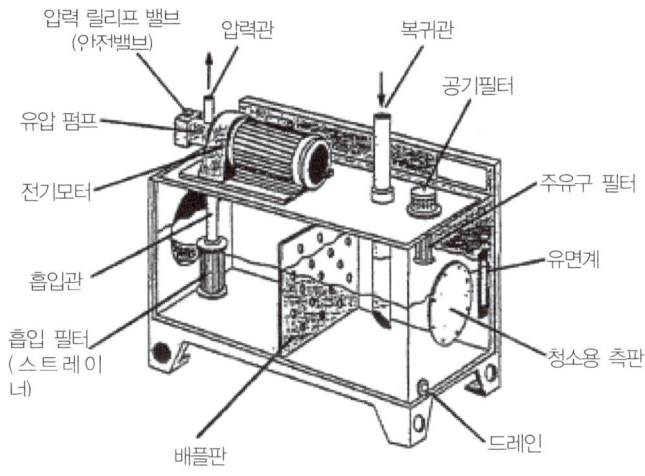

그림 8-6 오일탱크

(2) 여과기

압유 청정을 위한 요소로 필터와 스트레이너가 있다. 필터(filter)는 미세한 불순물을 제거하고 스트레이너(strainer)는 비교적 큰 불순물을 제거한다. 필터의 종류로는 다음과 같다.

① 표면식 필터 : 다공성 종이 또는 직물을 고온 성형하여 제작된 필터로, 주로 바이패스 회로에서 사용됨
② 적층식 필터 : 철망, 종이, 금속 등의 얇은 여과층을 여러 겹 쌓아 제작하며, 높은 압력 환경에서도 효과적으로 작동하여 주로 고압 시스템에서 활용됨
③ 다공체식 필터 : 스테인리스나 청동 등의 미세 입자를 다공질로 소결하여 제작된 필터로, 내구성이 높고 미세 이물질 제거에 적합함

④ 흡착식 필터 : 활성백토나 알루미나를 흡착제로 사용하여 고무질, 아교질 등 산화물 성분을 효과적으로 제거하는 필터
⑤ 자기식 필터 : 영구자석을 이용하여 철분이나 자성을 띠는 불순물을 여과하며, 금속성 이물질 제거에 효과적임

05 축압기(accumulator)

(1) 용도

① 압력 에너지 저장 : 유압 회로 내에서 일정한 압력을 유지하고, 필요한 순간에 안정적인 압력을 공급하는 역할을 수행함
② 맥동 및 충격 완화 : 밸브, 배관, 계기류 등의 손상을 방지하기 위해 유압 시스템에서 발생하는 맥동과 충격을 흡수하여 시스템을 보호함
③ 유체 수송 보조 : 압력을 이용하여 유체를 일정한 흐름으로 이동시키는 데 도움을 주며, 순간적인 유량 부족 시 보완 역할을 함

(2) 종류

① 중량식 축압기 : 무거운 중량을 이용하여 압력을 유지하는 방식으로, 저압 및 대용량 시스템에서 주로 사용됨
② 스프링식 축압기 : 내부에 스프링을 장착하여 압력을 조절하는 방식으로, 소형 시스템 및 중·저압 환경에서 활용됨
③ 공기압식 축압기 : 공기를 압축하여 압력을 유지하는 방식이며, 작동유가 물인 경우나 대형 시스템에서 주로 사용됨
④ 실린더식 축압기 : 실린더 내부에서 유체와 공기를 분리하여 압력을 유지하는 방식으로, 안정적인 유압 유지가 필요한 시스템에 적합함
⑤ 블래더식 축압기 : 고무 블래더(Bladder) 내부에 압축가스를 주입하여 압력을 유지하는 방식으로, 빠른 응답성과 안정적인 압력 유지가 필요한 유압 시스템에서 사용됨

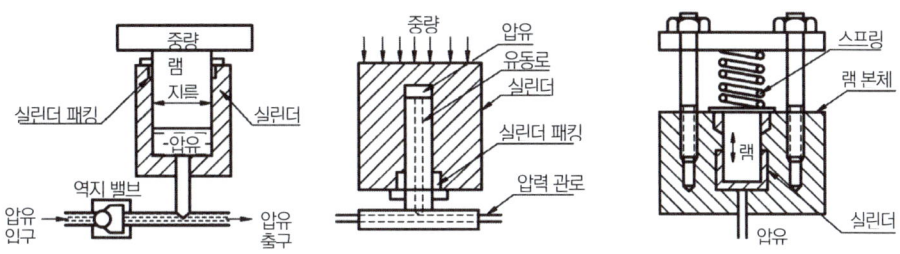

그림 8-7 중량식 및 스프링식 축압기

(3) 용량선정-압력에너지 축적용

$$P_0 V_0 = PV$$

- P_0 : 기체의 봉입 압력[N/m²]
- V_0 : 축압기 용적[m³]

① 축압기 내에서 압유가 압축되었을 때 체적의 변화량을 구하는 공식

$$\Delta V = V_2 - V_1 = P_0 V_0 \left(\frac{1}{P_2} - \frac{1}{P_1} \right)$$

- P : 축압기내에서 압유가 압축되었을 때 압력
- V : 축압기내에서 압유가 압축되었을 때 체적

(4) 축압기 장착과 취급에 관한 주의 사항

① 진동 방지 및 고정 : 축압기는 진동에 민감하므로 충분한 지지대와 고정 장치를 이용하여 단단히 고정해야 한다.

② 직접적인 가공 금지 : 용접, 구멍 뚫기, 절단, 개조 등의 작업은 절대 금지되며, 구조 변경 시 축압기의 성능 저하 및 파손 위험이 있다.

③ 역류 방지 장치 설치 : 펌프와 축압기 사이에는 역지 밸브(체크 밸브)를 설치하여 유압이 펌프 방향으로 역류하지 않도록 해야 한다.

④ 정기적인 점검 및 유지보수 : 축압기의 내부 가스 압력, 실 및 밸브 상태를 정기적으로 점검하여 정상적인 작동을 유지해야 한다.

⑤ 최대 허용 압력 준수 : 제조사에서 규정한 최대 허용 압력을 초과하지 않도록 설정하며, 과압 상태가 지속되면 안전밸브 등을 이용하여 압력을 조절해야 한다.

⑥ 주변 환경 고려 : 축압기를 고온, 고습, 부식성이 강한 환경에서 사용하지 않도록 주의하며, 직사광선이나 극한 온도에 노출되지 않도록 보호해야 한다.

⑦ 올바른 가스 충전 및 누출 점검 : 블래더식 및 공기압식 축압기의 경우, 규정된 질소(N_2) 가스를 충전해야 하며, 산소(O_2)나 인화성 가스는 절대 사용 금지한다. 그리고 가스 누출 여부를 정기적으로 검사하고, 필요시 보충해야 한다.

06 공압장치의 부속기기

(1) 공압 진공 발생기

① 벤튜리 원리를 이용한다.
② 대기압 이하 53.33[kPa]~80[kPa] 정도의 진공압 사용
③ 사용하는 진공 패드는 니트릴 고무, 우레탄 고무 또는 실리콘 고무 등이다.

(2) 공유압 변환기

공기 압력을 동일 압력의 유압으로 변환시키는 기기이다. 기본적인 구조는 출입구에 설치되어 있는 위 커버와 오일 출입구가 설치되어 있는 아래 커버 및 실린더로 구성되어 있다.

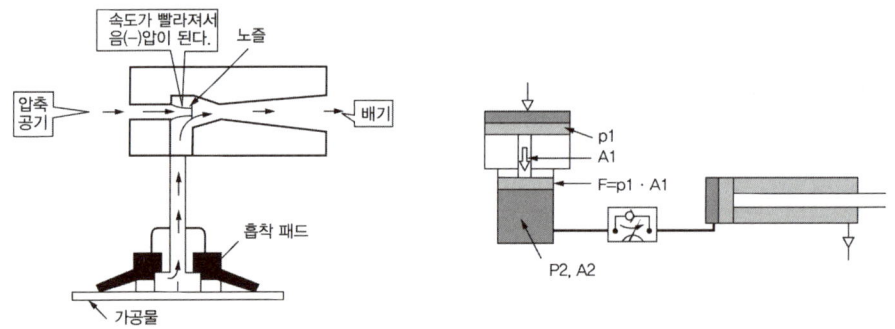

그림 8-8 공압 진공 발생기의 원리   그림 8-9 공유압 변환기

(3) 공기 여과기(air filter)

① 공기에 있는 수분, 먼지 등의 이물질이 공압기기에 들어가지 않게 한다.
② 설치 위치 : 공압기기의 입구부에 둔다.

(4) 윤활기(lubricator)

공압기기 내의 섭동이 일어나는 부분에 급유를 하기 위한 장치이다. 공압기기의 작동을 원활하게 하며 내구성을 향상시키는데 도움이 된다.

(5) 공기 조정 유닛(air control unit, service unit)

① 공기 필터, 압축공기 조정기, 윤활기, 압력계가 1개조로 되어 있는 부분이다.
② 공압기기의 윤활과 이물질 제거, 압력조정, 드레인 제거 등을 할 수 있다.

(6) 증압기(intensifier)

공압 회로 내에서 고압을 발생시키는 데 사용하는 기기이다.

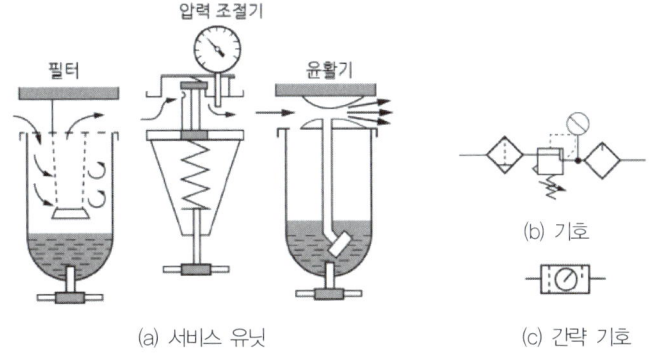

그림 8-10 공기 조정 유닛

CHAPTER 08 실전연습문제

01 유압호스(hose)의 사용 목적이 아닌 것은?

① 유압회로의 서지압력 흡수
② 결합부의 상대위치가 변하는 경우
③ 진동흡수
④ 고압회로

> 서지압력(surge pressure) : 과도적으로 상승한 압력의 최대값

02 비교적 큰 불순물을 제거할 목적으로 사용되는 여과기는?

① 필터　　② 스트레이너　　③ 유압부스터　　④ 가스켓

> 유압 부스터 : 낮은 압력의 유체동력을 높은 압력의 유체동력으로 변환하는 장치로 증압기라고도 한다.

03 패킹의 종류가 아닌 것은?

① V형　　② L형　　③ U형　　④ C형

04 어큐뮬레이터(accumulator)의 장점을 설명한 것으로 맞지 않는 것은?

① 기름의 누출시 보충을 해준다.
② 갑작스런 충격압력을 막아주는 역할을 한다.
③ 펌프의 대용으로도 사용되며 안전장치 역할도 한다.
④ 축적된 압력 에너지의 방출 사이클 시간을 연장한다.

> 축압기는 압력 방출이 지속적으로 이루어지는 것이 아니라, 순간적으로 보충하는 역할을 하기 때문에 사이클 시간을 연장한다고 보기 어렵다.

05 다음 필터 중 유압유 중에 용입되어 있는 고무질, 아교질 등의 산화 주성분을 주로 여과하는 것은?

① 표면식 필터　　② 적층식 필터　　③ 다공체식 필터　　④ 흡착식 필터

정/답　01 ④　02 ②　03 ④　04 ④　05 ④

06 축압기는 고압용기이므로 장착과 취급에 각별한 주의사항이 요망된다. 이에 맞지 않는 항은?

① 점검보수에 편리하고 진동이 심한 곳에서는 충분한 지지구로 충분히 고정할 것
② 축압기에 용접, 가공, 구멍뚫기 등은 절대 금물이다.
③ 기체의 예압력은 밸브가 열려 유속이 최소로 되었을 때의 걸리는 정적 압력
④ 펌프와 축압기와의 사이에는 역지 밸브를 설치하여 압유가 펌프 쪽으로 역류를 방지할 것

07 다음 중 고정부분에 사용하는 실(seal) 장치는?

① 그랜드 패킹(grand packing)　　② 가스켓(gasket)
③ 미캐니컬 패킹(mechancial packing)　　④ 칸막이(weir)

08 엷은 여과면을 다수 겹쳐 쌓아서 사용하는 필터는?

① 표면식 필터　　② 다공체식 필터　　③ 적층식 필터　　④ 흡착식 필터

09 다음 중 필요에 따라 유체의 일부 또는 전량을 분기시키는 관로는?

① 바이패스 관로　　② 드레인 관로　　③ 통기 관로　　④ 주 관로

- 드레인 관로 : 드레인이란 기기의 통로나 관로에서 탱크나 매니폴드 등으로 돌아오는 액체 또는 액체가 돌아오는 현상이다. 드레인을 귀환 관로 또는 탱크 등으로 연결하는 관로를 드레인관로라 한다.

10 축압기의 용량이 5[l], 기체의 봉입압력이 250[kPa]일 때 작동유압이 $P_1 = 700$[kPa]로부터 $P_2 = 400$[kPa]까지 변화할 때 방출 유량은 몇 [l]인가?

① 약 1.01　　② 약 1.34　　③ 약 1.48　　④ 약 1.73

$$\Delta V = V_2 - V_1 = P_0 V_0 \left(\frac{1}{P_2} - \frac{1}{P_1} \right) = 250 \times 10^3 \times 5 \times 10^{-3} \times \left(\frac{1}{400 \times 10^3} - \frac{1}{700 \times 10^3} \right) = 1.34$$

11 서지압을 방지하여 배관, 밸브, 계기류를 보호하기 위해 설치된 것은?

① 어큐뮬레이터　　② 액추에이터　　③ 스로틀　　④ 디퓨저

정/답　06 ③　07 ②　08 ③　09 ①　10 ②　11 ①

12 패킹의 재료로는 다음의 성능이 요망된다고 한다. 이에 맞지 않는 것은?

① 금속에 밀착하고 기름이 새는 것을 막기 위해서는 유연성이 있을 것
② 동력을 받는 실인 경우는 내마모성이 요망된다.
③ 패킹이 유체와 접하므로 그 유체에 의해 연화되는 재질일 것
④ 사용하는 유체에 대해서 저항성이 있을 것

> 패킹은 유체로부터 받는 힘이 있으므로 이 힘에 저항할 수 있는 강도를 갖고 있어야 한다.

13 다음 중 필요에 따라 유체의 일부 또는 전량을 분기시키는 관로는?

① 바이패스 관로   ② 드레인 관로   ③ 통기 관로   ④ 주 관로

> 통기 관로 : 대기로 언제나 개방되어 있는 회로

14 고압용이고 영구적으로 분리할 필요가 없는 조인트에 적합한 것은?

① 용접 조인트   ② 나사 조인트   ③ 플레어 조인트   ④ 플랜지 조인트

15 가스켓(gasket)의 용어 설명으로 알맞은 것은?

① 고정 부분에 사용되는 실(seal)
② 운동 부분에 사용되는 실(seal)
③ 대기로 개방되어 있는 구멍
④ 흐름의 단면적을 감소시켜 관로내 저항을 갖게 하는 기구

16 오일 탱크(oil tank)의 용량은 펌프 토출량의 몇 배 정도의 크기가 가장 적당한가?

① 3배 이하   ② 3~6배 정도   ③ 12~15배 정도   ④ 16~20배 정도

정/답 12 ③ 13 ① 14 ① 15 ① 16 ②

17 유체의 흐름이 없을 때에도 일정 압력을 유지하는데 사용하는 유압 부품은?

① 오일 탱크　　② 가변 용량 탱크　　③ 어큐뮬레이터　　④ 스트레이너

> 어큐뮬레이터(accumulator) : 유체를 에너지원으로 사용하기 위하여 가압상태로 저축하는 용기

18 호스를 사용하는 목적 중 가장 거리가 먼 것은?

① 두 금속관의 중심선이 일치하지 않을 때 관의 연결에 사용
② 사용 압력이 저압일 때만 사용
③ 이동하는 배관과 고정 배관의 연결에 사용
④ 진동을 흡수하여 격리하고자 할 경우에 사용

> 두 금속관의 중심선이 일치하지 않을 때 관의 연결에 사용할 수 있는 것으로 호스를 사용할 수도 있을 것이다. 그러나 플렉시블관도 사용할 수 있다.

19 다음의 기술 사항은 유압계통에 사용되는 어느 기기의 사용 조건을 표시한 것인가?

- 동력원인 유압 펌프가 작동되고 있지 않을 때 또는 언로딩 밸브의 작동에 의하여 유압이 발생하지 않는 상태에 있을 때 사용한다.
- 유압계통에 고장이 생겼을 때 비상용 유압원으로 사용한다.
- 압력원인 유압 펌프 용량 이상 많은 유량이 필요할 때 유압계통의 보조유압원으로 사용한다.
- 유압 펌프 및 작업에서 발생하는 유압과의 완충제로서 사용한다.

① 쇽크업 소버　　② 공기 분리 탱크　　③ 기름 보조 탱크　　④ 축압기

20 다음 중 축압기를 유압장치에 사용하는 목적은 어느 것인가?

① 압력이 있는 유압유의 축적용　　② 유압유의 감속용
③ 유압유의 증속용　　　　　　　　④ 여러 밸브의 자동 조절용

21 본체, 슬리브, 너트의 3가지 부품으로 형성되어 있으며, 너트의 조임에 높은 접촉면을 얻을 수 있으므로 고압에 적당한 조인트는?

① 나사 조인트　　② 용접 조인트　　③ 플랜지 조인트　　④ 플레어 조인트

정/답　17 ③　18 ①　19 ④　20 ①　21 ④

22 배관 내의 유로의 모양(방향 변환과 단면의 변화)에 따른 압력 손실에 관한 설명 중 틀린 것은?

① 긴 엘보가 짧은 엘보보다 작다.
② 단면의 축소시가 확대시보다 적다.
③ 전개시에는 글로브 밸브가 게이트 밸브보다 적다.
④ 45°밴드가 45°엘보보다 적다.

> 압력손실은 관의 길이에 비례하므로 엘보 길이가 길면 마찰에 의한 압력손실은 증가할 것이다.

23 축압기의 용도가 아닌 것은?

① 유압 에너지의 축적
② 맥동 제거
③ 유속의 증가
④ 2차 회로의 구동

24 오일 실(seal)의 가장 큰 목적은?

① 브레이크에 사용한다.
② 밸브와 같은 목적에 쓰인다.
③ 기름 누설, 토사와 먼지 침입을 방지한다.
④ 유압장치의 커버로 사용한다.

25 공압 배관의 선정 기준으로 볼 수 없는 것은?

① 파이프 단면의 모양
② 파이프의 길이
③ 허용 가능한 압력 강하
④ 작업 압력

> **공압 배관의 선정 기준**
> • 유량
> • 파이프의 길이
> • 허용 가능한 압력 강하
> • 작업 압력
> • 파이프라인 내의 교축 효과를 주는 부속 요소의 양

정/답 22 ① 23 ③ 24 ③ 25 ①

공·유압 제어회로 및 응용

Industrial Engineer Automatic Equipment

01 조합회로(최대압력 제한회로)

릴리프 밸브 2개를 사용하여 다른 2종류의 회로 압력을 설정하는 회로로 동력의 소비 및 유온의 상승이 적고 기기의 보수가 유리하며 프레스 등에 사용한다.

> **속도제어회로의 종류**
> 미터 인 회로, 미터 아웃 회로, 블리드 오프 회로, 차동회로 등

02 미터 인 회로(meter in circuit)

실린더의 입구측에 장치하여 유압 유량을 조정하여 실린더의 속도를 제어한다.

03 미터 아웃 회로

실린더 출구측에 설치한 회로로 실린더로부터 유출되는 유량을 제어한다.

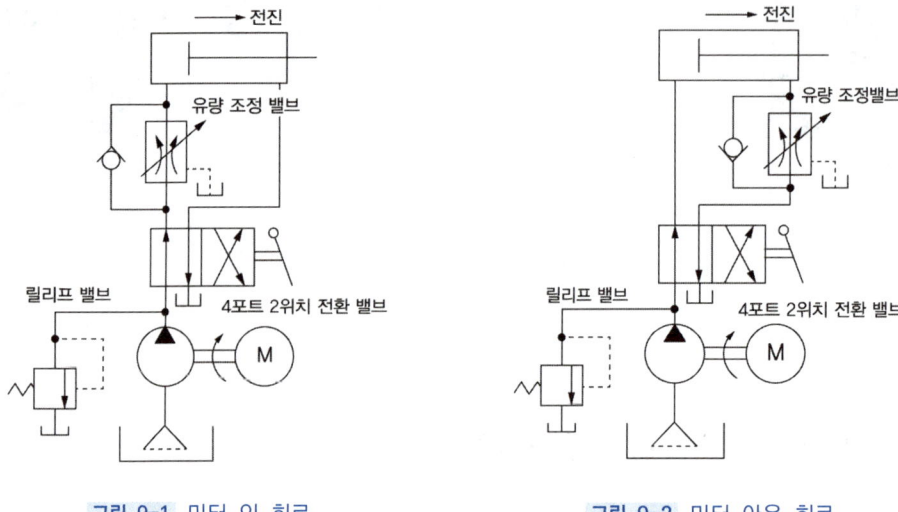

그림 9-1 미터 인 회로   그림 9-2 미터 아웃 회로

04 카운터 밸런스회로

부하가 급격히 감소되더라도 피스톤이 급진되지 않도록 제어하는 회로이다.

05 감압회로

주 조작회로압(1차압)의 변화에도 불구하고 회로의 일부를 그것보다 낮은 2차압으로 유지하는 회로이다.

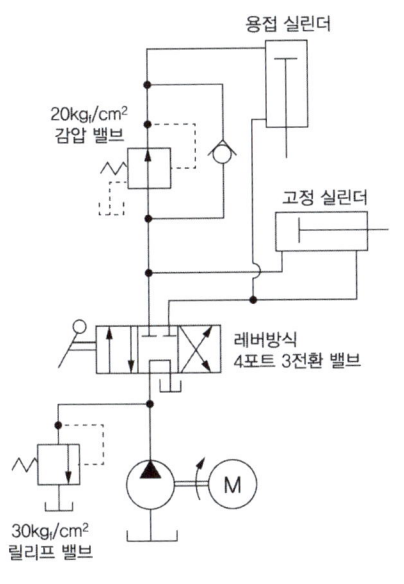

그림 9-3 감압회로

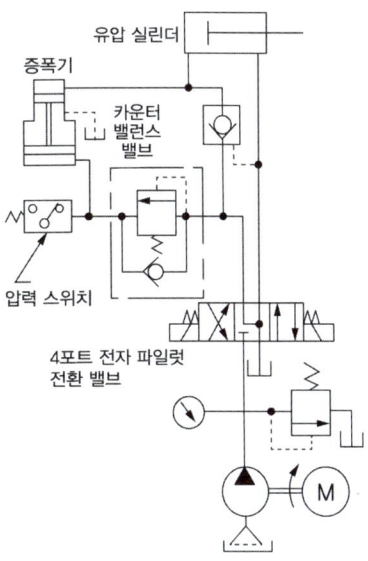

그림 9-4 증압회로

06 증압회로

순간적으로 고압을 필요로 할 때, 공기압을 유압으로 변환하여 큰 힘을 얻고자 할 때 사용한다.

07 블리드 오프회로(blead off circuit)

실린더 입구측의 분기회로에 유량제어 밸브를 설치하여 실린더 입구측의 불필요한 압유를 배출시켜 작동 효율을 증진시킨 회로이다.

08 차동회로

펌프 토출량과 로드측에서 귀환하는 압유를 합류시켜 실린더 입구로 공급하여 속도 증대를 도모한 회로이다.

09 로킹회로

실린더 행정 중 임의의 위치에서 또는 행정단에 실린더를 고정시켜 놓을 필요가 있을 때라 할지라도 부하가 클 때 또는 장치 내의 압력 저하에 의하여 실린더의 피스톤이 이동되는 경우가 발생할 때 이 피스톤의 이동을 방지하는 회로이다.
즉, 고정시켜 놓은 실린더를 움직이지 못하도록 하는 방향제어회로이다.

10 공압 제어회로

(1) 방향제어회로

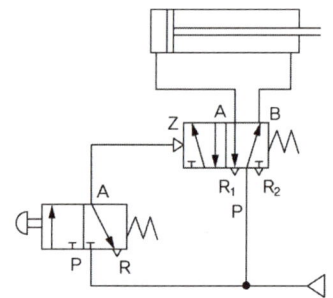

그림 9-5 복동 실린더의 방향제어회로

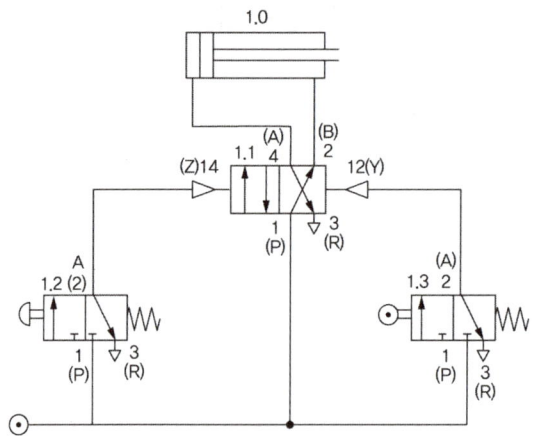

그림 9-6 실린더의 자동복귀회로

(2) 속도제어회로

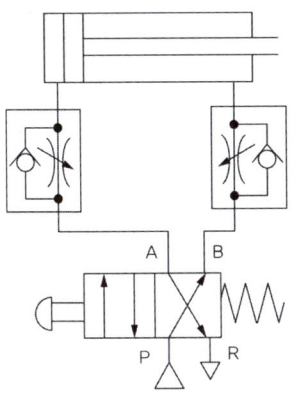

그림 9-7 미터 인 회로

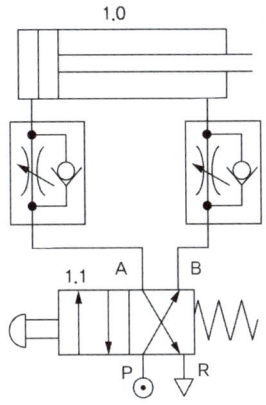

그림 9-8 미터 아웃 회로

(3) 논리회로

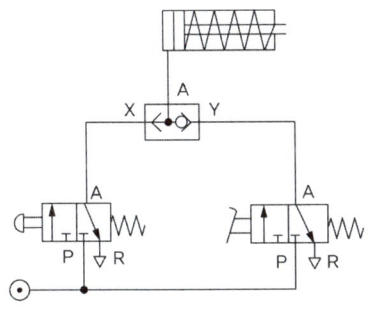

그림 9-9 OR 회로

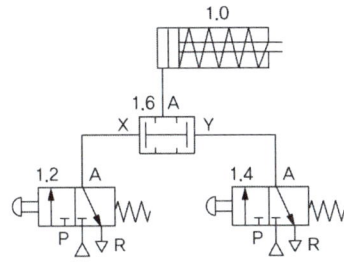

그림 9-10 AND 회로

CHAPTER 09 실전연습문제

01 다음은 유압회로의 기호 규약이다. 틀린 것은?

① 기호는 흐름의 유로와 그 접속부품의 기능 조작을 표시한다.
② 기호는 액압과 공기압과의 회로도에 사용되는 도시 기호를 정한 것이며, 동력의 전달과 제어를 포함한 회로를 표시하여야 한다.
③ 기호에서는 밸브의 포트나 스풀의 구조 위치를 표시하여야 한다.
④ 기호는 기름 탱크와 그 접속 및 벨트의 배관을 제외하고 회전하거나 뒤집어도 된다.

- 포트(port) : 작동유체 통로의 열린 부분
- 스풀(spool) : 원통형 미끄럼면에 내접하여 축방향으로 이동하여 유로를 개폐하는 꼬챙이 모양의 구성 부품

02 다음 중 유압회로의 기호에 나타내지 않는 것은?

① 유로   ② 제어방법   ③ 스풀의 구조   ④ 제어 위치 수

03 유압회로에 대한 소음을 줄이기 위하여 주의하여야 할 사항에 속하지 않는 것은?

① 공동현상을 방지할 것
② 긴 관로의 변환 밸브는 천천히 작동시킬 것
③ 오일 댐퍼를 사용하지 말 것
④ 펌프의 흡입 압력에 제한을 둘 것

댐퍼(damper) : 운동하고 있는 물체나 진동하고 있는 물체를 정지시키기 위하여 운동 에너지의 일부 또는 전부를 흡수하는 장치이다.

04 유압 펌프로부터의 토출유의 일부를 바이패스시켜 오일탱크에 되돌리고 그 복귀 유량을 제어하는 방법의 회로는?

① 차동회로   ② 블리드 오프회로   ③ 배압회로   ④ 가변 펌프회로

블리드 오프회로 : 액추에이터로 흐르는 유량의 일부를 탱크로 분기시켜 작동 속도를 조절하는 방식

정/답 01 ③ 02 ③ 03 ③ 04 ②

05 다음은 유량조정 밸브에 의한 제어회로를 나타낸 것이다. 옳지 않은 것은?

① 미터 인 회로(metter-in-circuit)
② 미터 아웃 회로(metter-out-circuit)
③ 카운터 밸런스회로(counter balance circuit)
④ 블리드 오프회로(bleed-off-circuit)

> 속도제어 회로에는 미터 인 회로, 미터 아웃 회로, 블리드 오프회로, 차동회로 등이 있다.

06 부하가 급격히 제거되었을 때 관성력 때문에 소정의 제어를 못할 경우 삽입되는 회로는?

① 카운터 밸런스회로 ② 시퀀스회로 ③ 언로드회로 ④ 감압회로

07 그림은 피스톤이 어느 일정한 힘으로 장시간 무부하를 걸고 있는 동안 펌프를 무부하로 운전시키기 위하여 구성한 무부하회로이다. A의 위치에 어느 종류의 절환 밸브(direction control valve)를 사용하면 좋은가?

① 클로스트센터형 사접속 삼위치 밸브
  (closed center type 4 port 3 positiion)
② 센터바이패스형 사접속 삼위치 밸브
  (center bypass type 4 port 3 position)
③ 오픈센터형 사접속 삼위치 밸브
  (open center type 4 port 3 position)
④ 삼접속 2위치 밸브(3 port 2 position)

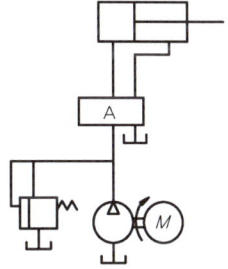

> • 클로즈드 센터 : 변환 밸브의 중립 위치에서 모든 포트가 닫혀 있는 흐름의 형태의 절환 밸브
> • 오픈 센터 : 변환 밸브의 중립위치에서 모든 포트가 서로 통하고 있는 흐름의 형태의 절환 밸브

08 미터 아웃 회로(meter-out circuit)를 가장 옳게 설명한 것은?

① 유량제어 밸브를 실린더의 입구측에 설치한 회로
② 유량제어 밸브를 실린더의 출구측에 설치한 회로
③ 압력유지 밸브를 실린더의 입구측에 설치한 회로
④ 속도조정 밸브를 실린더의 출구측에 설치한 회로

> 미터 아웃 회로는 속도제어회로이다. 유량제어 밸브는 유량을 제어하는 밸브의 총칭적 표현이다.

정/답 05 ③ 06 ① 07 ② 08 ④

09 다음 유압회로는 펌프 출구 직후에 릴리프 밸브를 설치하여 최대 압력을 제한하려는 것이다. 이에 맞는 회로의 명칭은?

① 카운터 밸런스회로
② 조합회로
③ 시퀀스회로
④ 감압회로

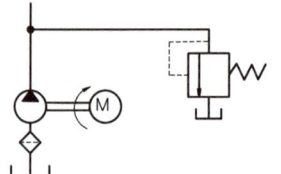

조합회로
릴리프 밸브를 기본으로 한 것으로 회로 압력을 미리 설정하여 회로 내부에 정상 압력보다 큰 압력이 작용하게 되면 작동유의 일부가 릴리프 밸브를 통하여 탱크로 되돌아가게 하는 회로이다.

10 그림과 같이 제시된 회로는 다음 중 어느 것인가?

① 미터 인 회로
② 미터 아웃 회로
③ 블리드 오프회로
④ 차동회로

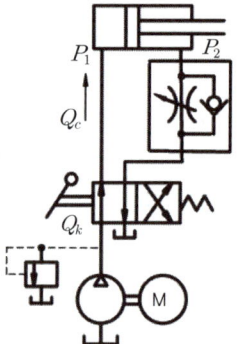

11 다음 중 실린더에서 유출하는 유량을 복귀측에 직렬로 유량 체크 밸브를 설치하여 유량을 제어하는 것은?

① 전자회로
② 미터 인 회로(meter in circuit)
③ 미터 아웃회로(meter out circuit)
④ 언로드회로

12 유압장치에서 조직 사이클 고정부에서 짧은 행정 또는 순간적으로 고압을 필요로 할 경우에 사용하는 회로는?

① 감압회로   ② 로킹회로   ③ 증압회로   ④ 통기회로

정/답   09 ②   10 ②   11 ③   12 ③

13 부하가 급격히 제거되었을 때 관성력 때문에 소정의 제어를 못할 경우 삽입되는 회로는?

① 카운터 밸런스회로 ② 시퀀스회로
③ 언로드회로 ④ 감압회로

14 유압회로 중 실린더의 부하 변동에 관계없이 임의의 위치에 고정시킬 수 있는 회로의 명칭은?

① 부스터회로 ② 언로드회로 ③ 로킹회로 ④ 시퀀스회로

15 유압기본회로에서 폐회로의 특성 설명으로 틀린 것은?

① 동력 손실이 적어 열 발생이 적다.
② 회로 내의 압력은 부하에 의해 발생한다.
③ 펌프 한 대에 대하여 유압 모터 여러 대를 사용하는 것이 원칙이다.
④ 액추에이터의 속도제어는 가변 펌프의 토출량의 변화로 된다.

기본적으로 작동기의 속도제어에는 유량제어 밸브를 이용한다.

16 그림과 같은 유압 기본 로직회로에서 A와 B의 입력이 만족할 때 출력 C가 되는 회로는?

① AND 회로
② OR 회로
③ NOT 회로
④ NOR 회로

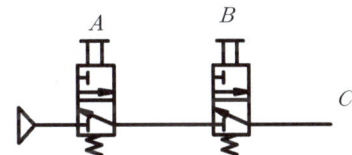

- OR 회로 : A와 B의 입력 중 하나만 만족할 때 출력 C가 되는 회로
- NOR 회로 : A와 B의 입력이 off일 때 출력 C가 되는 회로
- NOR 회로 : A와 B의 입력 중 하나만 만족할 때 출력 C가 off되는 회로

17 보기와 같은 유압 회로의 명칭으로 적합한 것은?

① 재생회로(regenerative circuit)
② 카운터 밸런스회로(counter valance circuit)
③ 감속회로(deceleration circuit)
④ 제동회로(brake circuit)

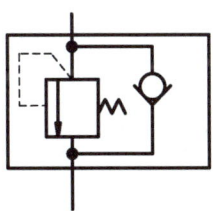

정/답 13 ① 14 ③ 15 ④ 16 ① 17 ②

18 유압회로를 설계하는 착안 사항에 속하지 않는 것은?

① 간단한 회로 구성일 것 ② 방열 관계에서 열 발생이 클 것
③ 유압기기의 목적에 맞는 회로일 것 ④ 표준품일 것

19 구멍뚫기가 끝나고 갑자기 무부하가 되었을 경우 피스톤 마개가 튀어나오는 것을 방지하는데 사용되는 회로는 다음 중 어느 것인가?

① 미터 아웃회로 ② 감속회로 ③ 차동회로 ④ 블리드 오프회로

20 다음 그림은 A, B 두 실린더가 순차적으로 작동이 행하여지는 회로이다. 무슨 회로인가?

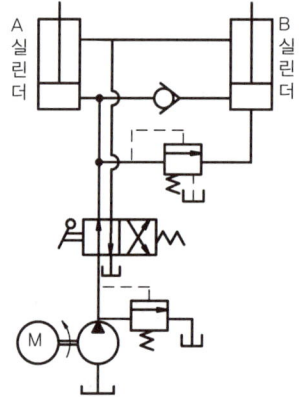

① 언로더회로(unloader circuit) ② 시퀀스회로(sequence circuit)
③ 카운터 밸런스회로(counterbalance circuit) ④ 디컴프레션회로(decompression circuit)

> **디컴프레션(decompression)**
> 프레스 등으로 유압실린더의 압력을 천천히 빼어 기계손상의 원인이 되는 회로의 충격을 작게 하는 것

21 전기 신호에 의하여 전기회로의 개폐를 절환하는 기기로서 전기회로의 보호 또는 제어의 목적으로 사용되는 스위치는 다음 중 어느 것인가?

① 릴레이(relay) 스위치 ② 마이크로(micro) 스위치
③ 토글(toggle) 스위치 ④ 서멀(thermal) 스위치

정/답 18 ② 19 ④ 20 ② 21 ①

22 다음의 유압회로에서 릴리프 밸브는 어느 것인가?

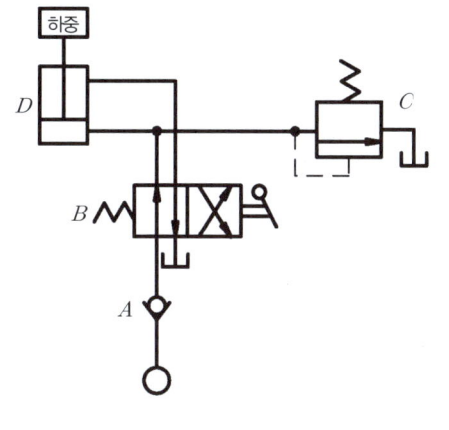

① A ② B ③ C ④ D

- A : 체크 밸브
- B : 레버 스프링식 2포트 2위치 변환 밸브
- D : 유압 실린더

23 다음의 유압회로도는 어느 부분에 사용되고 있는가?

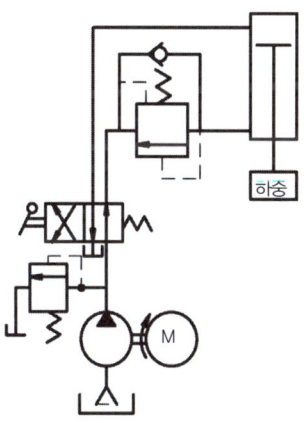

① 자중낙하 방지회로
② 시퀀스 밸브의 응용회로
③ 압력유지회로
④ 미터 인 회로

정/답 22 ③ 23 ①

24 다음 회로 중 유압모터의 관성력으로 인한 펌프작용을 방지하기 위해 필요한 보상회로의 명칭은?

① 일정토크 구동회로 ② 유압모터 직렬회로
③ 유압모터 병렬회로 ④ 브레이크회로

- 브레이크회로 : 유압 장치 시동시의 서지압의 방지나 또는 정지시키고자 할 경우, 유압으로 제동을 부여하는 회로로서 카운터 밸런스 밸브 혹은 압력 릴리프 밸브가 사용된다.
- 유압모터 병렬회로 : 병렬배치 미터 인 회로와 병렬배치 미터 아웃 회로가 있다. 미터 인 회로는 유압모터를 독립적으로 구동, 정지, 속도제어가 되는 이점이 있다. 미터 아웃 회로는 각 유압모터의 속도를 제어하고, 유압모터의 부하변동에 따라, 다른 유압모터의 회전속도에 영향을 주기 쉽다.
- 유압모터 직렬회로 : 유압모터를 직렬로 배치하면 펌프의 용량을 작게 할 수 있고, 또 유량분배장치도 생략가능하다. 회로의 일부의 관 지름은 병렬배치의 경우보다 작아지고, 압력관과 귀환관은 각 한 개의 관으로 충분하며 펌프 송출압력은 각 유압모터의 압력강하를 유발시켜 증가하게 된다.
- 일정 토크 구동회로 : 유압모터 축의 최대토크를 전속도 범위에 걸쳐 일정하게 할 수 있으므로 인쇄기계, 제지기계, 고무나 직물기계 등의 구동에 적합한 회로이다.

정/답 24 ④

PART 04

Industrial Engineer
Automatic Equipment

CBT 실전모의고사

※ 필기과목의 변경과 CBT 시험 실시에 따른 기출문제는 더 이상 수록할 수 없는 관계로 복원문제 및 출제예상 모의고사로 대체합니다.

CBT 실전모의고사

GENERAL MECHANICAL ENGINEER

제1과목 | 자동제어

01 다음 중 자동제어에 관한 정의로 틀린 것은?

① 작은 에너지로 큰 에너지를 조절하기 위한 시스템을 말한다.
② 기계의 재료나 에너지의 유동을 중계하는 것으로 수동인 것이다.
③ 사람이 직접 개입하지 않고 어떤 작업을 수행시키는 것을 말한다.
④ 기계나 설비의 작동을 자동으로 변화시키는 구성 성분의 전체를 의미한다.

제어란 기계의 재료나 에너지의 유동을 중계하는 것으로써 수동이 아닌 것을 의미한다.

02 다음 중 비접촉식 검출 센서(스위치)가 아닌 것은?

① 리밋 스위치　② 광전 스위치　③ 유도형 센서　④ 용량형 센서

- 광전 스위치: 빛을 발광부와 수광부를 통해 근접한 물체를 검출하는 센서
- 유도형 센서: 자기장에 의해 유도된 전류를 사용하여 근접한 금속 물체를 검출하는 센서
- 용량형 센서: 전기력을 이용하여 근접한 비금속과 금속 물체 모두 검출하는 센서

03 다음 중 전기의 기본이 되는 전하량의 단위로 맞는 것은?

① 줄[J]　② 암페어[A]　③ 볼트[V]　④ 쿨롱[C]

- 줄[J]: 에너지의 단위이며, 1[J]은 1[A]의 전류가 1초 동안 흘렀을 때의 에너지이다.
- 볼트[V]: 전위차 및 기전력의 단위이다.
- 암페어[A]: 전류의 단위이다.

정/답　01 ②　02 ①　03 ④

04 조작하고 있는 동안만 열리는 접점으로 조작 전에는 항상 닫혀있는 접점 상태는?

① A접점　　　② D접점　　　③ B접점　　　④ C접점

- A접점: 조작하고 있는 동안만 닫혀있고, 조작 전에는 항상 열려있는 접점
- C접점: 2개의 고정 접점과 1개의 가동 접점을 가지며, 여자 코일에 의해 한쪽 접점을 열고 다른 쪽 접점을 닫도록 동작하는 것

05 미분조절기로서 제어편차의 증가율이 제어변수의 값이 되는 제어 방법으로 맞는 것은?

① P 동작　　　② K 동작　　　③ I 동작　　　④ D 동작

- D 동작(미분제어): 진동을 제거, 출력이 제어편차의 시간변화에 비례, 단독사용이 없고 P 동작이나 PI 동작과 결합하여 사용, 응답초과량(Over Shoot)이 감소
- I 동작(적분동작): off-set 제거(잔류편차 제거), 진동이 발생, 제어 안전성 낮음
- P 동작: off-set 생성(잔류편차 생성), 부하변동이 적은 제어에 사용, 프로세스의 반응속도가 빠른 편이 아님
- K(비례상수): 두 변수의 비가 일정할 때, 그 일정한 값

06 다음 중 스테핑 모터의 일반적인 특징으로 맞는 것은?

① 진동 및 공진의 문제가 없다.　　　② 대용량의 기기를 만들 수 있다.
③ 회전각도의 오차가 적다.　　　　④ 관성이 큰 부하에 적합하다.

스테핑 모터의 특징
- 브러시가 없고 부하와 독립적이다.
- 오픈루프 제어가 가능하다.
- 홀딩토크 특성과 뛰어난 응답특성을 갖는다.
- 저속에서 DC 모터보다 상대적으로 토크 특성이 좋다.
- 구조가 간단하며 신뢰성이 높다.
- 펄스 수에 비례하는 회전각도를 얻을 수 있어 정확한 각도제어를 할 수 있다.

정/답　04 ③　05 ④　06 ③

07 입력이 어떤 정상 상태에서 다른 상태로 변화했을 때, 출력이 정상 상태에 도달할 때까지의 응답을 무엇이라 하는가?

① 과도 응답   ② 스텝 응답   ③ 램프 응답   ④ 임펄스 응답

- 스텝 응답: 제어 시스템이나 신호 처리에서 시스템이 스텝 입력(갑자기 변하는 입력)에 어떻게 반응하는지를 나타내는 것으로 이는 시스템의 동적 특성을 이해하는 데 중요하다. 또한 시스템 출력의 가장 기본적인 종류의 하나로서 입력이 0에서 1의 계단모양(반드시 1이 아니어도 됨)으로 갑자기 바뀔 때 나타나는 시스템의 출력이라 할 수 있다.
- 램프 응답: 어떤 시각까지는 일정하고, 그 이후는 일정 속도로 계속 변화하는 입력 신호에 대한 응답이다. 단위 램프 입력과 같은 함수이며 스텝 입력의 적분 형태로 시간과 비례한다. 이러한 입력을 주었을 때 시스템의 응답을 측정하면 램프 응답이 된다.
- 임펄스 응답: 시스템이 임펄스 입력에 대해 어떻게 반응하는지를 나타내는 함수이다. 이것은 시스템의 특성을 이해하는 데 사용한다. 임펄스 응답은 스텝 입력을 미분한 형태로서 실제로는 존재하지 않으나 시스템을 분석하는데 편리하기 때문에 사용된다.

08 $F(t) = \mathcal{L}^{-1}\left[\dfrac{1}{(s^2+6s+10)}\right]$의 값은?

① $e^{-3t}\cos\omega t$ ② $e^{-3t}\sin t$ ③ $e^{-t}\sin 5t$ ④ $e^{-t}\sin 5\omega t$

공식 $\mathcal{L}^{-1}\left[\dfrac{\omega}{(s+a)^2+\omega^2}\right] = e^{-at}\sin\omega t$

$\dfrac{1}{s^2+6s+10} = \dfrac{1}{(s+3)^2+1}$, $a=3$, $\omega=1$, $\mathcal{L}^{-1}\left[\dfrac{1}{(s+3)^2+1}\right] = e^{-3t}\sin t$

09 다음 그림과 같은 회로에서 V(s)을 구하시오.

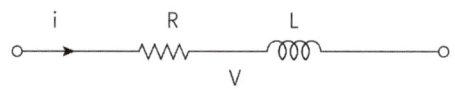

① V(s) = RI(s) + sLI(s)
② V(s) = (1/R)I(s) + sLI(s)
③ V(s) = RI(s) + (1/sL)I(s)
④ V(s) = RI(s) + (1/L)I(s)

$V(t) = Ri(t) + L\dfrac{di}{dt}$, $i \Rightarrow I(s)$, $\dfrac{di}{dt} \Rightarrow sI(s)$

$V(s) = RI(s) + LsI(s)$

10 다음 진리표는 어떤 논리동작을 나타내는가?

A	B	X
0	0	0
0	1	1
1	0	1
1	1	1

① 논리곱(AND동작)　　　　　　② 논리합(OR동작)
③ 부정논리합(NAND동작)　　　　④ 부정(NOT동작)

- 논리곱: 두 명제가 모두 참일 때만 결과가 참이 되는 연산
- 논리합: 입력된 값 중 적어도 하나가 참일 때 결과값이 참이 되는 연산
- 부정논리곱
  - 모든 입력이 참일 때만 거짓(0)을 출력
  - 그 외의 경우에는 참(1)을 출력하는 논리 게이트
- 부정 게이트
  - 입력된 신호를 반전시키는 기능
  - 입력이 1(높은 전압)일 경우 출력은 0(낮은 전압)이 되고, 입력이 0일 경우 출력은 1이 된다.

11 다음 중 무접점 시퀀스를 구성하는 요소가 아닌 것은?

① 논리회로　　② 공기압회로　　③ 출력회로　　④ 입력회로

- 공기압회로는 기계식이나 유공압식 제어 시스템에 속한다.
- 무접점 시퀀스는 전자식 제어 방식으로, 릴레이나 접점을 사용하지 않고 트랜지스터, 다이오드, IC 등 반도체 소자를 이용하여 제어 신호를 처리하는 시퀀스 제어이다. 구성 요소는 보통 다음과 같다.
  - 입력회로: 센서, 스위치 등에서 신호를 받아들임
  - 논리회로: 입력 신호를 논리적으로 연산하여 제어 신호 생성
  - 출력회로: 릴레이 드라이버, SSR, 트랜지스터 등으로 부하를 구동

12 다음 중 주파수 응답에 주로 사용되는 입력은 무엇인가?

① 램프 입력　　② 정현파 입력　　③ 임펄스 입력　　④ 계단 입력

- 주파수 응답(Frequency Response) 분석은 시스템에 대한 주파수 특성(진폭비, 위상각 등)을 알아보기 위해 수행된다. 이때 시스템에 정현파(sine wave) 신호를 다양한 주파수로 입력하고, 출력의 크기와 위상 변화를 측정한다.
- 램프 입력, 임펄스 입력, 계단 입력은 각각 시간 응답 분석(과도응답, 전달함수 추정 등)에 더 많이 사용되고 있다.

정/답　　10 ②　11 ②　12 ②

13 다음 중 시퀀스제어와 비교한 PLC제어의 특징으로 잘못 설명된 것은?

① 제어방식은 소프트 로직방식이다.
② 소형화가 가능하여 시스템 확장이 용이하다.
③ 시스템 특징이 독립된 제어장치이다.
④ 프로그램 변경만으로 제어내용의 변경이 가능하다.

- PLC(Programmable Logic Controller)는 프로그램으로 제어 내용을 정의하는 소프트 로직 방식이다.
  - 모듈화·소형화가 가능하고, 입출력 모듈 추가로 시스템 확장이 용이하다.
  - 제어 내용을 바꾸려면 배선 변경 없이 프로그램만 수정하면 되므로 유지보수성이 뛰어나다.
  - PLC는 보통 중앙집중식 제어 장치이며, 여러 입출력 장치를 하나의 CPU가 관리한다.
- 독립된 제어장치라는 표현은 시퀀스제어(릴레이 방식)와의 비교에서 부적절하다.

14 다음 중 단위 계단 함수 u(t)의 라플라스 변환으로 옳은 것은?

① 1   ② s   ③ $\dfrac{1}{s}$ ④ u(s)

단위 계단함수(스텝함수)

$\mathcal{L}[a] = \displaystyle\int_0^\infty ae^{-st}dt = -a\left[\dfrac{e^{-st}}{s}\right]_0^\infty = -\dfrac{a}{s}(0-1) = \dfrac{a}{s}$, a=1이면 $\dfrac{1}{s}$

$f(t) = \begin{cases} 0, & t < 0 \\ a, & t > 0 \end{cases}$

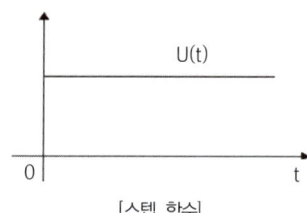

[스텝 함수]

15 제어계에 대한 설명 중 잘못 설명하고 있는 것은?

① 아날로그 제어계는 증폭, 미분, 적분, 특성이 일정값으로 고정되어 있으므로 제어기구의 특성을 바꾸기 어렵다.
② 제어대상을 디지털 제어기에 연결하려면 A/D변환기와 D/A변환기가 필요하다.
③ 아날로그 제어계는 아날로그 형태의 입력과 피드백 신호가 연속적으로 주어진다.
④ 컴퓨터 제어계에서 샘플링 주기가 길어질수록 정밀한 제어가 가능하다.

컴퓨터 제어계(디지털 제어계)에서는 샘플링 주기가 짧을수록(즉, 샘플링 주파수가 높을수록) 제어 정밀도가 향상된다. 샘플링 주기가 너무 길면 입력 신호의 변화를 제때 반영하지 못해 지연, 오차, 불안정이 발생할 수 있다.

정/답   13 ③   14 ③   15 ④

16 다음 중 정성적 제어 장치에 해당되는 것은 무엇인가?

① 전자 계전기　　　　　　　② 서보 모터
③ 추적용 레이더　　　　　　④ 자동전원 조정장치

- 정성적 제어 장치(qualitative control device): 출력값이 연속적으로 변화하지 않고, 미리 정해진 상태(ON/OFF 등)로만 제어하는 장치. Ex) 전자 계전기, 온도 조절기의 단순 ON/OFF 제어 등
- 정량적 제어 장치(quantitative control device): 출력이 연속적으로 변하면서 목표값을 정밀하게 따라가는 제어 장치. Ex) 서보 모터, 추적용 레이더, 자동전원 조정장치

---

17 다음 중 PLC의 출력에 해당하지 않는 것은 무엇인가?

① lamp　　　　　　　　　　② sensor
③ motor　　　　　　　　　　④ solenoid valve

- PLC의 출력 장치: PLC의 출력 신호를 받아 동작하는 장치.
  - 램프(lamp), 모터(motor), 솔레노이드 밸브(solenoid valve) 등
- 센서(sensor): 신호를 PLC 입력부로 보내는 장치. 입력 장치에 해당한다.

---

18 다음 중 제어량 종류(성질)에 따른 분류로 해당하지 않는 것은?

① 공정제어　　　　　　　　② 장치제어
③ 자동조절　　　　　　　　④ 서보기구

- 장치제어는 제어 방식 또는 적용 분야에 따른 분류이다.
- 제어량의 성질에 따른 분류
  - 공정제어(Process Control): 온도, 압력, 유량, 농도 등 연속적으로 변화하는 물리·화학적 변수 제어
  - 자동조절(Automatic Regulation): 목표값을 유지하기 위한 자동 제어
  - 서보기구(Servo Mechanism): 위치, 속도, 각도 등 목표 궤적을 따라가는 정밀 제어

정/답　16 ①　17 ②　18 ②

19 다음은 전달함수의 성질에 대한 설명이다. 잘못 설명된 것은?

① 전달함수는 비선형 제어계에서만 정의된다.
② 전달함수는 제어계의 입력과는 무관하다.
③ 전달함수를 구할 때 제어계의 모든 초기조건을 0으로 한다.
④ 전달함수는 임펄스 응답의 라플라스 변환으로 정의되며, 제어계의 입력 및 출력 함수의 라플라스 변환에 대한 비가 된다.

- 전달함수(Transfer Function)는 선형 시불변(Linear Time-Invariant, LTI) 제어계에서 주로 정의된다. 비선형 제어계에서는 전달함수를 일반적으로 정의할 수 없다.
- 전달함수의 주요 성질
  - 입력의 종류와 무관하게 시스템의 고유 특성을 나타낸다.
  - 초기 조건은 모두 0으로 놓고 계산한다.
  - 임펄스 응답의 라플라스 변환이며, $G(s) = \dfrac{X(s)}{Y(s)}$ 형태로 표현된다.

20 제어 대상의 제어량을 제어하기 위하여 제어 요소를 만들어내는 회전력, 열, 수증기, 빛 등과 같은 것으로 제어요소가 제어대상에 주는 신호는?

① 목표값　　　② 제어량　　　③ 동작신호　　　④ 조작량

- 제어요소는 제어기의 출력 신호를 받아 이를 물리적 형태로 변환하여 제어대상에 전달하며, 이 값이 조작량이다.
- 조작량(Manipulated Variable): 제어 요소(밸브, 모터, 히터 등)가 제어 대상에 실제로 가하는 물리적 작용을 의미한다. (Ex: 회전력, 열, 압력, 수증기, 빛 등)
- 목표값(Set Point): 제어하고자 하는 목표치
- 제어량(Control Variable): 제어 대상의 실제 측정값
- 동작신호(Actuating Signal): 제어기에서 제어요소로 전달되는 전기적·기계적 신호

정/답　19 ①　20 ④

제2과목 | 기계요소설계

21. 기준치수가 φ50인 구멍기준식 끼워맞춤에서 구멍과 축의 공차값이 다음과 같을 때 틀린 것은?

> 점구멍: 위 치수 허용차 +0.025, 아래 치수 허용차 0.000
> 축: 위 치수 허용차 -0.025, 아래 치수 허용차 -0.050

① 축의 최대 허용치수: 49.975
② 구멍의 최소허용치수: 50.000
③ 최소틈새: 0.025
④ 최대틈새: 0.050

> 최대틈새 = 구멍의 위 치수 허용차-축의 아래 치수 허용차
>   = 0.025-(-0.050)=0.075

22. 다음 기하공차 중 평면도를 나타내는 기호는?

① ▱   ② //   ③ ○   ④ ⊠

> // : 평행도, ○ : 진원도, ⊠ : 평면을 나타내는 기호

23. 다음 제3각법으로 투상된 도면 중 잘못된 투상도가 있는 것은?

보기의 각 투상도에 대한 입체도

①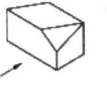
②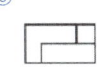
③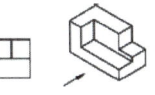
④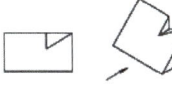

정/답   21 ④   22 ①   23 ③

24 다음 도면에서 A의 길이는 얼마인가?

① 144mm
② 96mm
③ 80mm
④ 44mm

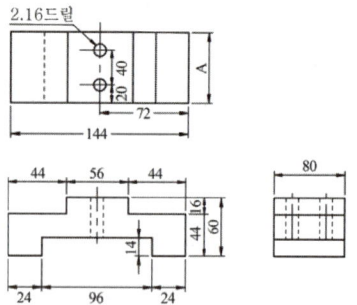

> 평면도와 우측면도의 matching line을 확인하면 80mm이다.

25 마이터기어(miter gear)의 모듈이 4, 잇수가 20일 때 바깥지름은 약 몇 mm인가?

① 96.5 ② 85.7 ③ 78.3 ④ 62.8

> 마이터 기어는 축각이 90°에 속도비가 1인 베벨기어이다.
> $D_o = m(Z + 2\cos\gamma) = 4 \times (20 + 2 \times \cos 45°) = 85.66 mm$

26 사각나사에서 리드각 3.0° 마찰계수 0.2일 때, 이 나사의 효율을 구하면?

① 35.55% ② 30.55% ③ 25.55% ④ 20.55%

> 마찰각 $\rho = \tan^{-1}(0.2) = 11.31°$
> $\eta = \dfrac{\tan\alpha}{\tan(\alpha+\rho)} = \dfrac{\tan(3.0)}{\tan(3.0+11.31)} \times 100 = 20.55\%$

27 다음 중 미끄럼베어링 재료의 요구조건으로 틀린 것은?

① 열전도율이 낮을 것
② 주조와 다듬질 등의 공작이 용이할 것
③ 내부식성이 강할 것
④ 유막의 형성이 용이할 것

> 완전윤활 상태에서 베어링과 축의 저널 사이의 마찰에 의해 발생한 열은 외부로 전달되어 빠져나가도록 하는 것이 베어링의 열화에 의한 손상을 감쇠시킬 수 있으므로 열전도율이 높은 것을 사용하는 것이 유리하다.

정/답 24 ③ 25 ② 26 ④ 27 ①

28 웜을 구동축으로 할 때 웜의 줄 수를 3, 웜 휠의 잇수를 60이라고 하면 이 웜기어 장치의 감속 비율은?

① 1/60
② 1/30
③ 1/20
④ 1/10

$$i = \frac{Z_w}{Z_g} = \frac{3}{60} = \frac{1}{20}$$

29 키 재료의 허용전단응력 60N/mm, 키의 폭×높이가 16mm×10mm인 성크키를 지름이 50mm 인 축에 사용하여 250rpm으로 40kW를 전달시킬 때, 성크키의 길이는 몇 mm 이상이어야 하는가?

① 93
② 78
③ 64
④ 51

$$T = 9.55 \times 10^6 \times \frac{H}{n}$$
$$= \frac{9.55 \times 10^6 \times 40}{250} = 1,528,000 [N \cdot m]$$
$$T = bl\tau \cdot \frac{d}{2}$$
$$\therefore l = \frac{2T}{b\pi d} = \frac{2 \times 1,528,000}{16 \times 60 \times 50} \fallingdotseq 64mm$$

30 평벨트 전동에서 유효장력이란 무엇인가?

① 벨트 긴장측 장력과 이완측 장력을 평균한 값이다.
② 벨트 긴장측 장력과 이완측 장력과의 비를 말한다.
③ 벨트 긴장측 장력과 이완측 장력과의 차를 말한다.
④ 벨트 긴장측 장력과 이완측 장력의 합을 말한다.

벨트에 걸린 장력 중에서 긴장측과 이완측의 차이가 회전축에 토크를 전달하는 유효장력이다.

정/답 28 ③ 29 ③ 30 ③

31 볼나사(ball screw)의 장점에 해당되지 않는 것은?

① 시동 토크, 또는 작동 토크의 변동이 적다.
② 예압에 의하여 치면놀이(backlash)를 작게 할 수 있다.
③ 마찰이 매우 적고, 기계효율이 높다.
④ 미끄럼 나사보다 내충격성 및 감쇠성이 우수하다.

볼나사(Ball Screw)의 장점
- 구름 접촉 방식이라 시동 토크·작동 토크 변동이 적다.
- 예압(preload)으로 백래시(backlash)를 줄일 수 있다.
- 마찰 계수가 작아 기계 효율(90% 이상)이 매우 높다.

볼나사의 단점
- 구름 접촉 구조라 내충격성 및 감쇠성은 미끄럼 나사보다 떨어진다.
- 윤활과 오염 방지 관리가 필요하다.

---

32 공기 스프링에 대한 설명으로 거리가 먼 것은?

① 공기량에 따라 스프링 계수의 크기를 조절할 수 있다.
② 측면방향으로의 강성도 좋은 편이다.
③ 감쇠특성이 크므로 작은 진동을 흡수할 수 있다.
④ 구조가 복잡하고 제작비가 비싸다.

공기 스프링(Air Spring) 특징
- 내부 공기량 조절로 스프링 계수(강성)를 쉽게 변경 가능하다.
- 공기 압축과 마찰 등에 의한 감쇠 특성이 커서 작은 진동 흡수에 유리하다.
- 구조가 복잡하고 제작비가 높다.

---

33 미끄럼을 방지하기 위하여 접촉면에 치형을 붙여 맞물림에 의하여 전동하도록 조합한 벨트는?

① 평 벨트　　② V 벨트　　③ 타이밍 벨트　　④ 가는너비 V 벨트

- 타이밍 벨트(Timing Belt): 벨트 안쪽에 치형(톱니 모양)을 부여하여 풀리의 치형과 맞물리도록 설계된 벨트이다. 장점은 다음과 같다.
  - 미끄럼(slippage)이 발생하지 않아 정확한 동기 전달이 가능하다.
  - 속도비 일정 유지가 가능하다.
  - 윤활이 불필요하다.
- 평 벨트와 V 벨트는 마찰력으로 동력을 전달하므로 장력 변화나 부하에 따라 미끄럼이 발생할 수 있다.

정/답　31 ④　32 ②　33 ③

34 볼 베어링에서 수명에 대한 설명 중 맞는 것은?

① 베어링에 작용하는 하중의 3제곱에 반비례한다.
② 베어링에 작용하는 하중의 3제곱에 비례한다.
③ 베어링에 작용하는 하중의 10/3제곱에 비례한다.
④ 베어링에 작용하는 하중의 10/3제곱에 반비례한다.

구름베어링의 수명 공식

$L_n = \left(\dfrac{C}{P}\right)^r \times 10^6 \ (rev)$

C: 기본 동정격하중(N), P: 실제 베어링하중(N), r: 스프링 지수

볼베어링 $r = 3$, 롤러베어링 $r = \dfrac{10}{3}$

---

35 다음 중 자동하중 브레이크가 아닌 것은?

① 웜 브레이크　　　② 원통 브레이크
③ 나사 브레이크　　④ 캠 브레이크

• 자동하중 브레이크(Self-locking Brake): 기구의 자체 구조나 마찰 특성으로 외부 힘이 제거되어도 하중이 스스로 유지되는 브레이크이다.
Ex: 웜 브레이크, 나사 브레이크, 캠 브레이크

---

36 리드각이 α, 마찰계수 $\mu(=\tan\rho)$인 나사의 자립 조건으로 옳은 것은? (단, ρ는 마찰각이다.)

① $\alpha < \rho$　② $2\alpha < \rho$　③ $\alpha < 2\rho$　④ $\alpha > \rho$

나사의 자립 조건(Self-locking Condition): $\alpha < \rho$
외부 하중이 걸려도 나사가 스스로 풀리지 않고 정지 상태를 유지하는 조건

---

37 다음의 가공방법과 기호의 연결이 맞게 연결된 것은?

① 래핑 - MSL　　② 스크레이핑 - SB
③ 브로칭 - BR　　④ 평면 연삭 - GBS

가공방법의 약호(기호) 표기
• 래핑(Lapping): LP, 스크레이핑(Scraping): SC, 브로칭(Broaching): BR, 평면 연삭(Surface Grinding): G 또는 GS

정/답　34 ①　35 ②　36 ①　37 ③

38 나사는 단독으로 나타내거나 조합하여 표시하기도 한다. 다음 중 그 표시 방법으로 잘못된 것은?

① UNC No.4-40-6H/g
② M50×2-6H
③ Rp 1/2, R 1/2
④ G 1/2 A

- UNC No.4-40-6H/g: 잘못된 표기로 UNC 나사에는 6H/g 등급 표기 사용하지 않는다.
- M50×2-6H: ISO 미터 나사 표기, 외경 50mm, 피치 2mm, 등급 6H
- Rp 1/2, R 1/2: 파이프 나사 표기, Rp: 평행 내부 나사, R: 원뿔 외부 나사
- G 1/2 A: 평행 파이프 나사 표기, G: 평행, A: 정밀 등급

39 다음 중 그림의 투상도와 같이 경사부가 있는 대상물에서 그 경사면에 있는 구멍의 실형을 표시할 필요가 있는 경우에 나타내는 투상도로 맞는 것은?

① 가상도
② 회전 투상도
③ 부분 확대도
④ 국부 투상도

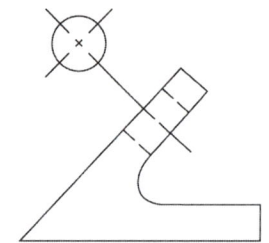

- 회전 투상도: 중심선을 기준으로 단면을 90° 회전하여 그림
- 부분 확대도: 도면의 일부를 확대하여 따로 그린 것, 원이나 타원으로 확대 부위를 표시 후, 확대 비율을 표기
- 국부 투상도: 전체 도형을 그리지 않고 필요한 부분만 그림

40 다음 중 기어를 도시할 때 선을 나타내는 방법으로 맞지 않는 것은?

① 피치원은 가는 1점 쇄선으로 표시한다.
② 잇봉우리원은 가는 실선으로 표시한다.
③ 잇줄 방향은 일반적으로 3개의 가는 실선으로 표시한다.
④ 이골원은 가는 실선으로 표시한다. 단, 축에 직각인 방향에서 본 그림을 단면으로 도시할 때 이골의 선은 굵은 실선으로 표시한다.

잇봉우리원은 이끝원으로 굵은 실선인 외형선으로 그려야 한다.

정/답 38 ① 39 ④ 40 ②

제3과목 | 공유압

41 오리피스에 관한 설명으로 다음 중 맞는 것은?

① 유체의 압력강하는 교축부를 통과하는 유체점도의 영향을 거의 받지 않는다.
② 길이가 단면치수에 비해 비교적 긴 교축이다.
③ 유체의 압력강하는 교축부를 통과하는 유체점도에 따라 크게 영향을 받는다.
④ 유체의 압력강하는 교축부를 통과하는 유체온도에 따라 크게 영향을 받는다.

- 오리피스는 파이프의 단면을 좁혀 국부적인 유동 저항으로 쓰이는데, 단면 병목 구간의 길이가 매우 짧기 때문에 점도가 아니라 차압에 의해서만 유량이 조절된다.

42 다음 중 유압실린더가 불규칙적으로 작동할 때, 그 원인으로 적절한 것은?

① 솔레노이드 소손
② 모터 고장
③ 펌프 케이싱의 지나친 조임
④ 작동유의 점도변화

- 유압실린더의 불규칙적 작동은 유압실린더로 공급되는 유체가 균일하게 공급되지 않아 발생하는 현상이므로, 공급하는 유체의 점도가 높아지면 유압실린더의 속도가 감소하여 불규칙적으로 작동할 수 있다. ①, ②, ③번은 유압실린더로 전달되는 유체의 문제가 아닌 동작신호체계 혹은 구조상 문제의 원인이다.

43 나사형 회전자의 회전운동을 이용하여 고속회전이 가능하고, 소음이 적으며, 맥동 현상이 발생되지 않고 큰 용량의 공기탱크가 필요 없는 압축기의 종류로 맞는 것은?

① 터빈 압축기   ② 피스톤 압축기   ③ 스크루 압축기   ④ 베인 압축기

- 베인 압축기: 날개 형상의 금속제 판을 사용한 압축기로서 케이싱 내의 편심 로터가 흡입과 배출 구멍이 있는 실린더 형태의 하우징 내에서 회전하여 압축공기를 생성하는 형태로 소음과 진동이 적다.
- 피스톤 압축기: 피스톤의 왕복운동에 의해서 기체를 압축하는 용적형 압축기로서 고압을 얻을 수 있다.
- 터빈 압축기: 날개의 회전운동만으로 진동이 적고 고속회전이 가능하고 공기 토출 시 압력에 의한 맥동이 없다.

정답 41 ① 42 ④ 43 ③

44 다음 중 유압 시스템에서 사용하는 압력제어 밸브가 아닌 것은?

① 언로딩 밸브   ② 디셀러레이션   ③ 리듀싱 밸브   ④ 시퀀스 밸브

- 압력제어 밸브의 종류: 릴리프 밸브, 리듀싱 밸브, 언로딩 밸브, 시퀀스 밸브, 카운터 밸런스 밸브 등

45 다음 중 실린더 입구의 분기회로에 유량제어 밸브를 설치하여 실린더 입구측의 불필요한 압유를 배출시켜 작동효율을 증진시킨 속도제어회로의 종류로 맞는 것은?

① 블리드오프 회로   ② 미터 아웃 회로   ③ 미터 인 회로   ④ 로크 회로

- 로크(Lock) 회로: 부하가 클 때 또는 장치 내의 압력저하에 의하여 실린더 피스톤이 이동되는 경우 피스톤의 이동을 방지하는 회로
- 미터 인 회로: 액추에이터로 유입하는 유량을 제어하여 액추에이터의 속도를 조절하는 회로
- 미터 아웃 회로: 액추에이터에서 유출하는 유량을 제어하여 액추에이터의 속도를 조절하는 회로
- 블리드 오프 회로: 액추에이터로 유입하는 유량을 바이패스시켜 액추에이터의 속도를 제어하는 회로

46 다음 중 일반적인 유압 발생장치에서 기름 탱크의 용량을 결정하는 기준으로 적절한 것은?

① 스트레이너 유량의 3배 이상   ② 펌프 토출량의 3배 이상
③ 공기 청정기 통기용량의 3배 이상   ④ 펌프의 토출량과 같은 크기

- ※ 유압 작동유의 탱크 선정: 오일의 양은 실린더의 직경과 길이를 가지고 산출한다.
- 사용 오일량(L)=실린더의 단면적(m^2)×실린더의 길이(m)÷1000
  - 1000을 나누는 것은 리터단위로 환산하기 위함
- 기본 필요량: 실린더와 펌프가 잠겨 있어야 하는 양
- 오일 필요량= 사용 오일량+기본 필요량
- 탱크의 크기: 최소 필요량과 기본 필요량을 계산하여 크기를 선정한다.

47 다음 중 전진과 후진 시 추력이 같은 장점을 갖고 있는 실린더로 맞는 것은?

① 텔레스코프형 실린더   ② 탠덤 실린더
③ 양 로드 실린더   ④ 다위치형 실린더

- 탠덤 실린더: 꼬치 모양으로 연결된 복수의 피스톤을 n개 연결시켜 n배의 출력을 얻을 수 있도록 한 실린더
- 다위치형 실린더: 복수의 실린더를 직결, 여러 방향의 위치를 결정하는 실린더
- 텔레스코프형 실린더: 긴 행정을 지탱할 수 있는 다단튜브형 로드를 갖췄으며, 튜브형의 실린더가 두 개 이상 서로 맞물려 있는 것으로서 높이에 제한이 있는 경우에 사용한다.

정/답   44 ②   45 ①   46 ②   47 ③

48 다음은 공기압 유량제어 밸브에 대한 설명이다. 올바른 설명이 아닌 것은?

① 공기압실린더의 배기유량을 감소시켜 실린더의 속도를 증진시키는 것은 급속배기밸브이다.
② 공기압 회로의 유량을 조정하고자 할 때 사용하는 것은 교축밸브이다.
③ 공기압실린더의 속도제어를 위해 방향제어 밸브와 실린더의 중간에 설치하는 것은 속도제어 밸브이다.
④ 공기압의 속도제어는 배기 교축에 의한 속도제어회로를 주로 채택한다.

- 급속배기밸브는 공압실린더에서 배기되는 유량을 순간적으로 단면적이 넓은 배기구로 배출하여 순간적으로 속도를 증진시키는 밸브이다.

49 다음 중 유압실린더를 선정할 때 주요 고려사항으로 적당하지 않은 것은?

① 실린더의 작동속도
② 부하를 제어하는데 필요한 힘
③ 스트로크
④ 유압 펌프의 종류

- 유압실린더 선정 시 고려사항
  - 동작방향, 동작형태, 필요한 힘, 이동거리(스트로크), 쿠션종류, 패킹재질, 방진커버, 부식우려

50 다음 중 공압 및 유압에 관한 설명으로 적절하지 않은 것은?

① 공압은 인화나 폭발의 위험이 없다.
② 유압은 위치 제어성이 우수하고, 이송 속도도 매우 빠르다.
③ 공압은 공기탱크에 에너지를 저장할 수 있다.
④ 유압은 가스나 스프링 등을 이용한 축압기에 소량의 에너지 저장이 가능하다.

공압의 특징
- 유압기기에 비해 가격이 저렴하며 유지보수가 용이하다.
- 저압을 사용하므로 기기파손의 위험이 적다.
- 화재의 위험이 적다.
- 시스템이 청결하다.
- 공기의 압축성에 의해 정밀제어가 곤란하다.

유압의 특징
- 작은 장치로도 큰 힘을 낼 수 있다.
- 제어의 용이성과 정확도가 좋다.
- 응답이 빠르다.
- 윤활성, 방청성, 내열성이 우수하며, 보수가 용이하다.
- 비압축성에 의해 액추에이터 속도의 한계가 있다.
- 누유로 인해 시스템이 불결하다.

정/답 48 ① 49 ④ 50 ②

51 유압 실린더의 속도제어 회로에 해당하는 것으로 묶어 놓은 것은?

① 미터인 회로, 미터아웃 회로, 블리드 오프 회로
② 미터아웃 회로, 로킹 회로, 카운터 밸런스 회로
③ 언로드 회로, 플립플롭 회로, 카운터 밸런스 회로
④ 미터인 회로, 블리드 오프 회로, 플립플롭 회로

유압 실린더 속도제어 회로
- 미터인 회로: 유입측 유량 제어, 속도 제어는 가능하지만 외부 힘(부하)이 크면 제어 불안정함
- 미터아웃 회로: 배출 측 유량 제어, 안정적 속도 제어, 부하 중량 하강에도 적합함
- 블리드 오프 회로: 펌프 유량 일부를 탱크로 흘려보내 속도 조절이 가능, 에너지 손실이 큼

52 회로 중의 압력이 최고 사용 압력의 한계를 초과하지 않도록 하는 목적으로 사용되며, 압력 상승에 의한 회로 중의 기기 파손 방지, 과다 출력을 방지하는 안전 밸브의 역할을 하는 압력제어 밸브는?

① 셔틀 밸브   ② 릴리프 밸브   ③ 체크 밸브   ④ 급속배기 밸브

- 릴리프 밸브(Relief Valve): 유압 회로의 압력이 설정 압력 이상으로 상승했을 때 개방되어, 기름을 탱크로 되돌려 보냄으로써 과압을 방지하는 압력제어 밸브의 종류이다. 따라서 회로 중 기기의 파손이나 불필요한 과다 출력 발생을 막아주는, 일종의 안전 밸브 역할을 한다.
- 셔틀 밸브: 두 유로 중 높은 압력을 선택해 전달하는 밸브
- 체크 밸브: 유체의 역류 방지용
- 급속배기 밸브: 실린더 배기 속도를 빠르게 하여 응답성을 높이는 밸브

53 다음 중 유압 시스템에서 유압유를 선택할 때 요구조건으로 적합하지 않은 것은?

① 동력을 전달하기 위해 압축성일 것
② 녹이나 부식 발생이 없을 것
③ 수분을 쉽게 분리시킬 수 있을 것
④ 화재의 위험이 없을 것

- 유압유는 비압축성이어야 한다. 압축성이 커지면 스펀지처럼 눌렸다가 복원되는 특성이 나타나, 회로 응답이 느려지고 출력이 불안정해진다.

정/답   51 ①   52 ②   53 ①

54 다음 방향제어 밸브 기호의 포트와 위치가 맞는 것은?

① 3포트 3위치
② 3포트 4위치
③ 4포트 3위치
④ 4포트 2위치

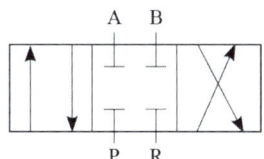

- 4포트 3위치 밸브: 압력·리턴·작동기 연결 4개 포트를 가지고, 3가지 절환 상태를 제공하는 방향제어 밸브
- 포트 수(Ports: 4): P(압력포트), R(탱크/리턴포트), A·B(작동기 포트, 실린더 또는 모터 연결)
- 위치 수(Position: 3): 스풀(spool)의 절환 위치가 3가지, 각 위치에 따라 유압유(또는 공기)의 흐름 경로가 달라짐

55 다음 설명에 해당되는 원리는?

"정지된 유체 내에서 압력을 가하면 이 압력은 유체를 통하여 모든 방향으로 일정하게 전달된다."

① 연속의 법칙   ② 베르누이의 정리   ③ 파스칼의 원리   ④ 벤츄리관의 원리

파스칼의 원리는 유압기계(프레스, 잭, 브레이크 등)의 기본 원리로, 작은 힘으로도 큰 힘을 얻을 수 있는 근거가 된다.

56 다음 공기압 회로도의 기기 순서로 맞는 것은?

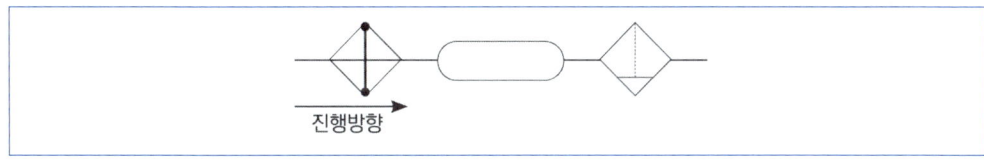

① 루브리케이터 → 공기 탱크 → 에어드라이어
② 냉각기 → 공기 탱크 → 드레인 배출구 붙이 필터
③ 에어드라이어 → 공기 탱크 → 루브리케이터
④ 드레인 배출구 붙이 필터 → 공기 탱크 → 냉각기

압축공기 발생장치의 기본 흐름
- 냉각기: 압축공기 온도 낮춰 수분 응축
- 공기탱크: 압력을 안정시키고 응축수 일시 저장
- 필터(드레인 포함): 잔류 수분·이물질 제거

정/답 54 ③ 55 ③ 56 ②

57 바다 속 10m에 있는 물체에 가해지는 바닷물의 압력(게이지 수압)은 약 얼마인가? (단, 바닷물의 밀도는 1.03g/cm³이다.)

① 121kPa ② 110kPa ③ 111kPa ④ 101kPa

$1.03 g/cm^3 = 1.03 \times 10^3 kg/m^3$
$P_g = \rho g h = 1.03 \times 10^3 \times 9.8 \times 10 \times 10^{-3} = 100.94 kPa$

58 공기압 발생장치에서 보내온 공기 중에는 먼지 및 이물질 등이 포함되어 있다. 이러한 것을 막아 공압기기를 보호하기 위해 설치하는 것으로 맞는 것은?

① 압축공기 드라이어 ② 압축공기 조절기
③ 압축공기 증폭기   ④ 압축공기 필터

- 압축공기 드라이어(Dryer): 압축공기 속 수분 제거 장치
- 압축공기 조절기(Regulator): 압력을 일정하게 조절하는 장치
- 압축공기 증폭기(Booster): 압축공기 압력을 높이는 장치
- 압축공기 필터(Filter): 먼지·이물질 제거, 공압기기 보호

59 배관 내에서 유체의 흐름은 층류와 난류로 구분한다. 다음 중 난류가 일어나는 조건으로 맞는 것은?

① 배관 내의 흘러가는 유체의 점도가 작다.
② 배관 내의 유속이 비교적 작다.
③ 배관 내의 유체의 동점도가 크다.
④ 레이놀즈수가 1000이다.

- 난류는 레이놀즈수가 클 때 발생하며, 이는 유속이 빠르고, 배관 지름이 크며, 점도가 작을수록 난류가 쉽게 일어난다.

정/답 57 ④ 58 ④ 59 ①

60 다음 중 공압장치의 구성기기에 해당하지 않는 것은?

① 어큐뮬레이터　　② 서비스 유닛　　③ 애프터 쿨러　　④ 공기 탱크

- 서비스 유닛(Service Unit, FRL 유닛)
  - 필터(Filter), 레귤레이터(Regulator), 루브리케이터(Lubricator)로 구성
- 애프터 쿨러(After Cooler)
  - 압축기에서 나온 고온 공기를 냉각하여 수분 응축
- 공기 탱크(Air Receiver Tank)
  - 압축공기 저장, 맥동 억제, 압력 안정화 기능
- 공압장치 기본 구성: 압축기, 애프터쿨러, 공기탱크, 드레인·필터·레귤레이터 등
- 어큐뮬레이터는 유압장치 전용 기기로 공압장치 구성기기에는 포함되지 않는다.

정/답　60 ①

CBT 실전모의고사

GENERAL MECHANICAL ENGINEER

> 제1과목 | **자동제어**

01 미리 정해 놓은 순서 또는 일정한 논리에 의하여 정해진 순서에 따라 제어의 각 단계를 순차적으로 진행하는 제어로 맞는 것은?

① 동기 제어   ② 비동기 제어   ③ 시퀀스 제어   ④ ON-OFF 제어

- 동기 제어: 실제의 시간과 관계된 신호에 의하여 제어가 행해지는 제어
- 비동기 제어: 시간과는 관계없이 입력 신호의 변화에 의해서만 이루어지는 제어
- ON-OFF 제어: 제어할 양을 목표값으로 유지하기 위해 조작량 또는 조작량을 지배하는 신호가 두 개의 정해진 값의 어느 쪽을 취하는가를 반복하는 방식

02 다음 중 유도형 센서의 특징이 아닌 것은?

① 전력 소모가 적다.
② 비금속재료 감지용으로 사용한다.
③ 자석 효과가 없다.
④ 감지 물체 안에 온도 상승이 없다.

- 유도형 센서는 금속재료만 감지한다.

정/답 01 ③ 02 ②

03 다음 중 변압기에 대한 설명으로 틀린 것은?

① 정격 2차 전압에 권수비를 곱한 것을 정격 1차 전압이라 한다.
② 변압기는 전압과 전류를 바꾸고 있지만 전력으로서는 바뀌지 않는다.
③ 입력에 대한 출력량의 비를 변압기 효율이라 하며, 출력이 클수록 효율이 좋다.
④ 변압기는 전압과 전류를 바꾸고 있지만 유도 저항에 비례한다.

변압기는 전압에 비례, 전류는 반비례, 유도저항에는 직접 비례하지 않는다.
※ 참고
- 변압기는 전압과 전류를 권수비에 따라 변환하는 장치이며, 이상적으로 입력전력과 출력전력은 같다.
- 변압기는 전압은 권수비에 비례하고, 전류는 반비례하며, 동손(전력손실)은 전류의 제곱에 비례한다.

04 제어 동작이 출력 상태와 무관하게 이루어지는 제어시스템으로서 제어 장치로 구성된 각 기기들은 자기에게 정해진 작업만을 수행하며 외란에 의한 오차에 대처할 능력이 없는 제어 방식은 어느 것인가?

① 디지털 제어   ② 오픈 루프 제어   ③ 아날로그 제어   ④ 클로즈 루프 제어

- 디지털 제어: 정보의 범위를 여러 단계로 등분하여 각각의 단계에 하나의 값을 부여한 디지털 제어 신호에 의하여 제어되는 시스템
- 아날로그 제어: 연속적 물리량의 온도, 속도, 길이, 조도, 질량 등의 정보를 아날로그 신호로 처리되는 시스템
- 클로즈 루프 제어(폐회로 제어시스템): 제어하고자 하는 하나의 변수가 계속 측정되어서 다른 변수, 즉 지령치와 비교되며 그 결과가 첫 번째의 변수를 지령치에 맞추도록 수정을 가하는 시스템

05 다음 중 PID 고전 제어에 있어서 에러를 없애주는 제어장치로 맞는 것은?

① 적분제어기   ② 증폭기   ③ 미분제어기   ④ 비례제어기

- 증폭기: 입력신호의 에너지를 증가시켜 출력측에 큰 에너지의 변화로 출력하는 장치
- 미분제어기: 출력이 입력 신호나 입력 신호에 의한 최초의 제어 동작과 비례하는 제어기
- 비례제어기: 조작량이 동작 신호의 현재값에 비례하는 제어기
- 적분제어기: 제어동작 신호의 시간 적분값에 비례하는 조작량을 내는 제어기
- PID제어: 피드백 제어의 일종으로 P제어(비례)는 기준 신호와 현재 신호 사이의 오차 신호에 적당한 비례 상수 이득을 곱해서 제어 신호를 만들며(제어(비례 적분)는 오차 신호를 적분하여 제어 신호를 만드는 적분제어를 비례 제어 병렬로 연결해 사용하고, D제어(비례 미분)는 오차 신호를 미분하여 제어 신호를 만드는 미분 제어를 비례제어로 병렬로 연결하여 사용한다.

정/답   03 ④   04 ②   05 ①

06 다음 그림의 전달함수의 값은?

① 0.6
② 0.7
③ 0.8
④ 0.9

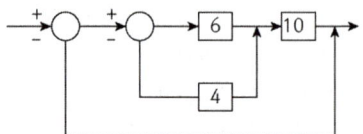

- 안쪽 페로의 전달함수 값을 구하면
$$G_1 = \frac{6}{1+6 \cdot 4} = \frac{6}{25}$$
- 전체 개루프 전달함수값은
$$H = \frac{6}{25} \cdot 10 = \frac{12}{5}$$
- 전체 폐루프 전달함수값은
$$G_2 = \frac{H}{1+H} = \frac{\frac{12}{5}}{1+\frac{12}{5}} = \frac{12}{17} = 0.7$$

07 다음 중 폐루프 시스템의 기본 구성이 아닌 것은?

① 제어장치 ② 구동기 ③ 신호발생기 ④ 센서

- 제어기(Controller): 시스템의 출력을 조정
- 센서(Sensor): 현재 출력값을 측정
- 비교기(Comparator): 설정값과 실제 출력값을 비교
- 조정기(Actuator): 제어기의 지시에 따라 시스템을 조정
- 제어 대상(Process): 조정되어야 할 시스템

08 $f(t) = e^{-at}$의 라플라스 변환은?

① $\dfrac{1}{s-a}$ ② $\dfrac{1}{s+a}$ ③ $\dfrac{1}{(s-a)^2}$ ④ $\dfrac{1}{(s+a)^2}$

지수 감쇠 함수: $f(t) = e^{-at}$, $F(s) = \dfrac{1}{s+a}$

정/답 06 ② 07 ③ 08 ②

09 되먹임 제어계의 장점이 아닌 것은?

① 전체 제어계는 항상 안정하다.
② 목표값에 정확히 도달할 수 있다.
③ 제어계의 특성을 향상시킬 수 있다.
④ 외부 조건 변화에 대한 영향을 줄일 수 있다.

되먹임 제어계(feedback control system)의 장점
- 되먹임은 시스템의 안정성을 향상시킬 수 있다.
- 외부 변화나 내부 오차에도 불구하고, 목표값에 더 정확하게 도달할 수 있게 한다.
- 다양한 조건에서도 잘 작동할 수 있도록 시스템을 적응시킬 수 있다.

10 제어동작 결과 정상오차를 발생시킬 수 있는 제어는?

① 비례제어
② 적분제어
③ 비례적분제어
④ 비례적분미분제어

비례제어(Proportional Control)는 시스템의 정상상태 오차(Steady-State Error)를 발생시킬 수 있다. 비례제어기는 오차에 비례하여 제어 신호를 생성하지만, 오차가 완전히 제거되지 않는 한계 속에서 작은 오차가 존재할 수 있다. 이를 정상상태 오차라 한다.

11 다음 중 일반 유도 전동기의 특징으로 적절하지 못한 것은?

① 전원 회로 설치가 용이하다.
② 구조가 간단하다.
③ 품질, 성능이 안정되어 있다.
④ 회전수 조절이 자유롭다.

유도 전동기의 특징
- 부하에 관계없이 일정한 속도로 동작한다.
- 설계가 간단하고, 신뢰성이 높으며, 유지보수가 쉽다.
- 회전자에 전기적 연결이 필요 없다.
- 전자기 유도를 통해 토크가 발생한다.

12 PLC에 관한 설명으로 틀린 것은?

① PLC언어에는 IL과 LD가 있다.
② PLC의 입력부에 AC 220V용 스위치를 연결할 수 있다.
③ PLC의 출력부에 AC 220V의 부하를 연결할 수 없다.
④ PLC의 명령어에는 비트 시프트, 전송, 비교 명령어가 있다.

- IL(Instruction List, 명령어 목록)과 LD(Ladder Diagram, 래더 다이어그램)는 대표적인 PLC 프로그래밍 언어
- PLC 입력모듈은 규격에 따라 AC형(110V, 220V) 또는 DC형(24V 등)으로 나눈다. 따라서 AC 220V 입력 모듈이라면 220V 스위치 연결이 가능하다.
- PLC의 출력부 릴레이 출력, 트랜지스터 출력, 트라이액 출력 등 형태에 따라 다르다. 릴레이 출력이나 트라이액 출력은 AC 220V 부하 연결이 가능하다.
- PLC의 명령어에는 비트 시프트, 전송, 비교 명령어가 있다.

13 속도를 전압으로 변환하는 센서는 어떤 것인가?

① 타코제너레이터 ② 초음파 센서 ③ 광 트랜지스터 ④ 포텐쇼미터

- 타코제너레이터(Tacho-generator): 회전 속도를 전압 신호로 변환하는 센서
- 초음파 센서: 초음파의 반사 시간을 이용해 거리·유무를 검출
- 광 트랜지스터: 빛을 전기 신호(전류)로 변환
- 포텐쇼미터(Potentiometer): 저항값 변화를 이용하여 변위(위치)를 전압으로 변환

14 제어계에서 제어량을 조절하기 위해 제어대상에 가하는 양을 무엇이라 하는가?

① 제어량 ② 기준 입력 ③ 조작량 ④ 동작신호

- 제어량(Controlled Variable): 실제로 제어하려는 대상의 출력값(예: 온도, 속도, 압력)
- 기준 입력(Set Point, Reference Input): 목표값, 원하는 기준 신호
- 조작량(Manipulated Variable): 제어기를 통해 제어대상에 실제로 가하는 입력(에너지, 신호) → 제어량을 원하는 값으로 맞추기 위한 조정 수단
- 동작신호(Actuating Signal): 제어기에서 조작부(구동기)로 보내는 전기적·기계적 신호
  - 제어계에서 제어기의 목적은 제어량(출력)을 목표치(기준 입력)에 맞추는 것이다. 이를 위해 구동기(Actuator)를 거쳐 제어대상에 실제로 가해지는 입력이 조작량이다.

정/답 12 ③ 13 ① 14 ③

15 PLC 제어반 설치 시 고려사항으로 틀린 것은?

① 판넬의 내부 배치 시 고압기기나 발열체, 아크 발생기기 등으로부터 가능한 분리한다.
② 전원회로의 노이즈 대책으로서 전원 측에 차폐변압기나 노이즈 필터를 통하게 한다.
③ 출력신호의 유도부하 개폐 시 서지킬러나 다이오드를 부하의 양단에 접속한다.
④ 입력신호선은 덕트 배선 시 동력회로와 함께 배선한다.

- PLC 설치 시 가장 중요한 고려사항은 노이즈 억제와 발열·전기적 간섭 방지이다.
  - 신호선과 동력선은 반드시 분리 배치
  - 유도성 부하에는 서지 억제 소자 부착
  - 전원에는 차폐변압기·노이즈필터 사용

16 물체의 위치, 방위, 자세 등의 기계적 변위를 제어량으로 하여 목표값의 임의 변화에 추종하도록 구성된 제어계로 다음 중 맞는 것은?

① 프로세스 제어
② 자동 조정
③ 프로그램 제어
④ 서보 기구

- 서보 기구(Servo Mechanism): 위치·자세·속도 등의 기계적 변위를 정밀하게 추종 제어하는 시스템으로, 목표값이 변해도 즉각적으로 따라가도록 설계된다.
  - 추종 제어 = 서보 기구
  - 로봇, CNC, 자동화 장비 등에서 사용
- 프로세스 제어: 온도, 압력, 유량 등 연속 공정 변수 제어
- 자동 조정(Automatic Regulation): 일정한 목표치를 유지하는 제어 → 목표값이 변하지 않을 때 적합
- 프로그램 제어(Program Control): 사전에 정해진 시간·순서대로 동작하도록 하는 제어

17 어떤 제어계에 입력신호를 가한 다음 출력신호가 정상상태에 도달할 때까지를 무엇이라고 하는가?

① 선형 상태
② 무동작 상태
③ 과도 상태
④ 안정 상태

제어계의 응답
- 과도 상태: 목표치에 도달하기 전까지의 구간(제어계가 목표값에 수렴하는 동안의 구간-진동, 오버슈트, 감쇠 발생)
- 정상 상태(안정 상태): 시간이 충분히 지난 뒤 출력이 목표치에 수렴한 구간

정/답 15 ④ 16 ④ 17 ③

18 제어계의 시간영역 동작에서 백분율(%) 최대 오버슈트의 의미로 옳은 것은?

① $\dfrac{\text{최종값}}{\text{최대오버슈트}} \times 100$

② $\dfrac{\text{최대오버슈트}}{\text{제2오버슈트}} \times 100$

③ $\dfrac{\text{최대오버슈트}}{\text{최종값}} \times 100$

④ $\dfrac{\text{제2오버슈트}}{\text{최대오버슈트}} \times 100$

- 최대 오버슈트(Maximum Overshoot)란?
  : 제어계의 과도응답(Transient Response)에서, 출력 신호가 정상상태 값(Steady-state Value)을 처음 도달할 때 일시적으로 초과하는 최대값
- 백분율(%) 최대 오버슈트(Percent Overshoot, %OS): 정상상태 값에 대해 얼마나 초과했는지를 %로 표현한 것
  - 최대값에서 최종 정상값을 빼고, 그 차이를 최종 정상값으로 나눈 뒤 ×100

19 어떤 대상물의 현재 상태를 원하는 상태로 조절하는 것을 무엇이라 하는가?

① 신호(signal) ② 제어(control)
③ 밸브(valve) ④ 명령(instruction)

- 제어란 대상 시스템의 현재 상태를 감지하고, 원하는 목표 상태와 비교하여 차이를 줄이도록 조정하는 행위를 의미한다.
  - "현재 상태를 원하는 상태로 조절" = 제어

20 리셋 신호가 들어오지 않은 상태에서 입력 신호가 몇 번 들어왔는가를 계수하여 설정값이 되면 출력을 내보내는 PLC의 기능으로 옳은 것은?

① 로드 ② 카운터 ③ 함수 ④ 타이머

- 로드(Load): 데이터나 값을 레지스터에 적재하는 동작
- 카운터(Counter): 입력 펄스를 계수하여 설정된 값에 도달하면 출력 발생
  - 리셋 신호가 들어오기 전까지 누적 카운트 유지
- 함수(Function): 산술·논리 연산 등 일반 기능을 의미
- 타이머(Timer): 입력 신호의 시간적 지속을 측정하는 기능

정/답 18 ③ 19 ② 20 ②

제2과목 | 기계요소설계

21 그림은 축과 구멍이 끼워맞춤을 나타낸 도면이다. 다음 중 중간끼워맞춤에 해당하는 것은?

① 축-$\phi 12h5$, 구멍-$\phi 12N6$
② 축-$\phi 12h6$, 구멍-$\phi 12G7$
③ 축-$\phi 12e8$, 구멍-$\phi 12H8$
④ 축-$\phi 12k6$, 구멍-$\phi 12H7$

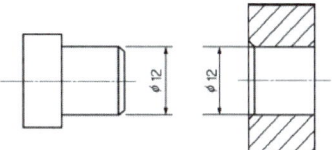

- 구멍 기준식 기호: H7, 중간끼워맞춤: k6
- 중간끼워맞춤 기호: js, k, m

22 다음 도면에 대한 설명으로 옳은 것은?

① 회전도시 단면도를 이용하여 키홈을 표현하였다.
② 대칭되는 도형을 생략하여 도시하였다.
③ 반복되는 형상을 모두 나타냈다.
④ 부분 확대하여 도시하였다.

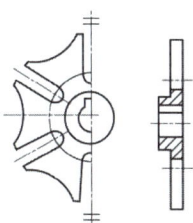

문제의 도면을 보면 좌우대칭도임을 알 수 있다. 대칭기호로 대칭 중심선의 양 끝 부분에 짧은 두 개의 나란한 가는 실선을 그린다.

23 다음 보기의 설명에 적합한 기하공차 기호는?

[보기]
구 형상의 중심은 데이텀 평면 A로부터 30mm, B로부터 25mm 떨어져 있고, 데이텀 C의 중심선 위에 있는 점의 위치를 기준으로 지름 0.3mm 구안에 있어야 한다.

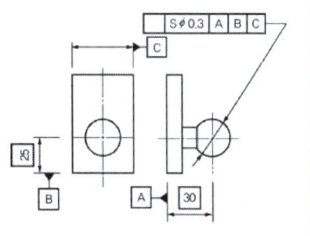

①  ② ∠ ③ ⊥ ④

⊕ : 위치도   ∠ : 경사도   ⊥ : 직각도   ◎ : 동축도(동심도)

24 다음과 같은 척도의 표시 중에서 배척에 해당하는 것은?

① 1 : 1   ② 1 : $\sqrt{2}$ ③ 1 : 5   ④ 2 : 1

- 현척 1:1
- 축척 1: $\sqrt{2}$, 1:5

25 벨트 전동에서 유효장력 P를 나타내는 식으로 옳은 것은? (단, T_t는 긴장측 장력이고 T_s는 이완측 장력을 나타낸다.)

① $P = T_t - T_s$
② $P = T_t \cdot T_s$
③ $P = \dfrac{T_s}{T_t}$
④ $P = \dfrac{T_t - T_s}{2}$

- 벨트에는 긴장측 장력과 이완측 장력이 걸리게 되고 긴장측 장력과 이완측 장력의 차에 의해서 풀리가 회전하게 된다. 이때 걸리는 힘이 회전력이며 유효장력에 해당한다.

26 리벳작업 중 보일러 및 압력용기 등에서 기밀을 유지하기 위하여 하는 작업은?

① 코킹   ② 펀칭   ③ 다듬질   ④ 구멍뚫기

- 코킹 작업 또는 플러링 작업이다. 리벳팅 체결 후 리벳 머리가 강판의 표면에 밀착되도록 하여 기밀성과 수밀성을 갖도록 하는 작업이다.

27 사일런트 체인을 사용하는 주목적으로 적합한 것은?

① 체인 핀 마모 방지
② 자유로운 변속
③ 큰 동력 전달
④ 보다 정숙한 운전

사일런트 체인의 특징
- 소음과 진동이 거의 없다.
- 고속 및 정숙한 운전이 가능하다.
- 무겁고 제작이 어렵다.
- 가격이 고가이다.

정/답   24 ④   25 ①   26 ①   27 ④

28 기어 잇수 $Z_1 = 20$, $Z_2 = 30$, $m = 3$인 한 쌍의 스퍼기어의 중심거리를 구하면 몇 mm인가?

① 105　　　② 75　　　③ 45　　　④ 90

$$C = m\frac{(Z_1 + Z_2)}{2} = 3 \times \frac{20+30}{2} = 75mm$$

29 다음 중 축이음 핀의 빠짐 방지나 볼트, 너트의 풀림방지로 쓰이는 것은?

① 코터　　　② 평행핀　　　③ 테이퍼 핀　　　④ 분할핀

- 코터(Cotter): 부품과 부품을 연결할 때 끼워서 축 방향의 힘을 전달하는 데 사용(예: 코터 이음)
- 평행핀(Parallel Pin): 기계 요소의 위치 결정이나 회전력 전달에 사용
- 테이퍼 핀(Taper Pin): 직경이 한쪽 끝으로 갈수록 가늘어지는 핀으로, 정밀 위치 고정이나 체결용
- 분할핀(Split Pin, Cotter Pin)
  - 볼트 끝이나 핀 구멍에 끼워 양쪽을 벌려 빠짐 방지·풀림 방지 용도로 사용
  - 축이음 핀, 볼트·너트의 풀림 방지에 대표적으로 사용됨

30 직선운동을 회전운동으로 변환하거나 회전운동을 직선운동으로 변화시키는데 사용되는 기어는?

① 랙과 피니언　　　② 헬리컬 기어
③ 베벨 기어　　　　④ 스퍼 기어

- 랙과 피니언(Rack & Pinion): 피니언은 원형 기어, 랙은 직선형 기어이고 피니언의 회전을 랙의 직선운동으로 또는 랙의 직선운동을 피니언의 회전으로 상호 변환이 가능한 기어
  - 자동차 조향장치(핸들 → 바퀴 방향 전환)에 대표적으로 사용

31 나사의 종류를 표시하는 기호 중에서 유니파이 가는나사를 나타내는 것은?

① UNC　　　② Tr　　　③ UNF　　　④ M

- UNC(Unified National Coarse thread): 유니파이 굵은 나사(보통나사)
- Tr(Trapezoidal thread): 사다리꼴 나사, 전동용(리드스크루, 프레스 등)에 사용
- UNF(Unified National Fine thread): 유니파이 가는 나사
- M(Metric thread): 미터 나사, ISO 규격(일반적인 미터식 나사)

정/답　28 ②　29 ④　30 ①　31 ③

32 브레이크의 용량 결정과 거리가 먼 것은?

① 접촉면의 크기
② 브레이크의 중량
③ 마찰계수
④ 발열

- 브레이크 용량(제동력)은 제동 토크와 관련이 있다.
  브레이크 용량 = 제동동력/제동면적 = (제동토크×각속도)/제동면적
  - 접촉면의 크기: 접촉면적이 클수록 단위면적당 열부하가 줄어들어 더 큰 제동용량을 확보할 수 있다. 제동동력은 차량 조건(속도, 질량 등)에 의해 결정되며, 접촉면적과는 무관하다. 그래서 접촉면이 넓으면 열을 넓게 분산시켜 분포하게 하므로 단위 면적당 열부하가 줄어든다.
  - 마찰계수(μ): 마찰계수가 클수록 제동력은 커진다.
  - 발열: 마찰에 따른 온도 상승은 재료 특성과 마찰계수에 영향을 줘 제동용량 설계 시 중요히 고려해야 한다.
- 브레이크 자체의 중량은 제동력 결정과 직접적인 관련이 없다.

33 기어 전동장치에서 두 축이 평행한 기어는?

① 스퍼 기어   ② 스큐 기어   ③ 웜 기어   ④ 베벨 기어

- 스퍼 기어(Spur Gear): 치형이 평행축 방향, 평행한 두 축 사이에서 동력 전달
- 스큐 기어(Skew Gear): 평행하지 않고 교차하지도 않는 엇갈린 축(비평행, 비교차 축) 사이에서 사용
- 웜 기어(Worm Gear): 축이 직각으로 교차하면서 동시에 어긋나 있는 경우에 사용, 큰 감속비 구현 가능
- 베벨 기어(Bevel Gear): 교차축(보통 직각) 사이에서 동력 전달

34 벨트 풀리의 제도법을 설명한 내용 중 틀린 것은?

① 테이퍼 부분의 치수는 치수선을 빗금 방향으로 표시해서는 안 된다.
② 암은 길이 방향으로 절단하지 않는다.
③ 암의 단면형은 도형의 밖이나 도형 내에 표시한다.
④ 벨트 풀리는 대칭형이므로 전부를 표시하지 않고 그 일부만을 표시할 수 있다.

벨트 풀리의 제도 원칙
① 암의 테이퍼 부분의 치수를 기입할 때 치수보조선은 경사선으로 긋는다.
② 암의 단면형은 도형의 안이나 밖에 회전단면을 도시한다. 도형 안에 도시할 때에는 가는 실선으로 도형 밖에 도시할 때는 굵은 실선으로 그린다.
③ 암은 길이 방향으로 절단하여 단면 도시를 하지 않는다.
④ 암과 같은 방사형의 것은 수직 중심선 또는 수평 중심선까지 회전 투상한다.
⑤ 대칭형인 것은 일부분만을 도시한다.
⑥ 벨트풀리는 축직각 방향의 투상을 정면도로 한다.

35 유니파이나사의 나사산 각도는?

① 55° ② 30° ③ 60° ④ 50°

- 55°: 위트워스 나사(Whitworth Thread)의 나사산 각도
- 30°: 사다리꼴 나사(Trapezoidal) 또는 ACME 나사의 나사산 각도
- 60°: 유니파이 나사(UN thread)와 미터 나사(Metric thread)의 나사산 각도

36 볼베어링의 수명 회전수 L_n, 베어링 하중 P, 기본부하용량을 C라 할 경우 다음 중 옳은 것은?

① $L_n = \left(\dfrac{C}{P}\right)^{\frac{10}{3}} \times 10^6 [rev]$
② $L_n = \left(\dfrac{P}{C}\right)^3 \times 10^6 [rev]$
③ $L_n = \left(\dfrac{P}{C}\right)^{\frac{10}{3}} \times 10^6 [rev]$
④ $L_n = \left(\dfrac{C}{P}\right)^3 \times 10^6 [rev]$

볼 베어링: $L_n = \left(\dfrac{C}{P}\right)^3 \times 10^6 [rev]$, 롤러베어링: $L_n = \left(\dfrac{C}{P}\right)^{\frac{10}{3}} \times 10^6 [rev]$

37 코터이음의 자립을 위한 조건은 마찰각을 ρ, 구배를 α라 할 때 어느 것이 맞는가?

① 한쪽구배 α ≥ 2ρ
② 한쪽구배 α ≤ ρ
③ 양쪽구배 α ≥ 2ρ
④ 양쪽구배 α ≤ ρ

코터(cotter) 이음은 축과 축, 또는 축과 부품을 코터(쐐기형 핀)로 연결하는 방식이다. 이때 코터가 자립(Self-locking)하려면, 외력 없이도 코터가 미끄러져 빠지지 않아야 한다.
마찰각: $ρ = \tan^{-1}μ$ (마찰계수 μ와 관련)
구배(테이퍼 각): α
- 한쪽 구배 코터: α ≤ 2ρ
- 양쪽 구배 코터: α ≤ ρ
  양쪽 경사가 있는 경우: 두 경사각의 합이 두 마찰각의 합보다 작아야 자립이 가능하다.

38 다음은 1줄 겹치기 리벳이음에서 강판의 효율을 표시한 식이다. 옳은 것은? (단, P는 리벳의 피치, d는 리벳구멍의 직경이다.)

① η = P - 2d/P ② η = P - 2d/d ③ η = 1 - d/P ④ η = 1 - P/d

1줄 겹치기 리벳이음: 순단면 폭 = (피치 - 구멍직경)
강판 효율 = (순단면 강도 / 원판 강도) = $(P - d)/P = 1 - d/P$

정/답 35 ③ 36 ④ 37 ④ 38 ③

39 기어의 요목표에 없어도 되는 것은?

① 기어의 치형   ② 기어의 재질   ③ 기어의 모듈   ④ 기어의 압력각

스퍼기어 요목표		
기어 치형		표준
공구	모듈	□
	치형	보통이
	압력각	20°
전체 이 높이		□
피지원 지름		□
잇수		□
다듬질 방법		호브절삭
정밀도		KS B ISO 1328-1, 4급

40 구름베어링 6206 P6을 설명한 것 중에서 틀린 것은?

① 6 - 베어링 형식
② 06 - 베어링 안지름 번호
③ 2 - 사용한 윤활유의 점도
④ P6 - 등급번호

6206 P6 베어링 번호 해석
- 6: 베어링 형식-단열 깊은 홈 볼 베어링(Deep Groove Ball Bearing)
- 2: 베어링 폭 시리즈(Width series)
- 0: 외경 시리즈(Outside diameter series)
- 6: 내경 코드(inner diameter code)
    06 = 06×5mm = 30mm (안지름)
- P6: 정밀도 등급(ISO 기준, 일반은 0, P6은 고정밀 등급)

정/답 39 ② 40 ③

제3과목 | 공유압

41 다음 중 유압 회로 중 최고 압력을 제한하여 회로 내의 과부하를 방지하는 유압기기로 맞는 것은?

① 체크밸브   ② 릴리프밸브
③ 디셀러레이션밸브   ④ 셔틀밸브

- 셔틀밸브: 두 개의 입구와 한 개의 출구가 설치되어 있으며, 출구가 최고 압력의 입구를 선택하는 기능을 가진 밸브
- 체크밸브: 유체를 한 방향으로만 흐르게 하는 밸브
- 디셀러레이션밸브: 액추에이터를 감속시키기 위해서 캠 조작 등으로 유량을 서서히 감소시키는 밸브

42 다음 중 비용적형 유압 펌프가 아닌 것은?

① 피스톤펌프   ② 사류펌프   ③ 원심펌프   ④ 축류펌프

- 용적형 펌프: 유체의 비압축성을 이용한 것으로, 실린더 내 체적이 증가할 때 유체를 흡입, 체적이 증가할 때 송출하는 원리에 의해 작동하는 펌프로 토출량이 거의 일정하다.
- 비용적형 펌프: 유체의 운동에 따른 원심력 등을 이용하여 송출하는 펌프로 토출량이 불규칙적이다.
- 용적형 펌프의 종류: 기어 펌프, 나사펌프, 베인 펌프, 회전 피스톤펌프, 왕복동펌프 등
- 비용적형 펌프의 종류: 원심펌프(터빈펌프, 벌류트펌프), 축류펌프, 혼류형 펌프 등

43 다음 중 공압 작업요소의 설명으로 틀린 것은?

① 탠덤 실린더는 2개의 복동 실린더가 1개의 실린더 형태로 된 것이다.
② 다위치 제어 실린더는 2개 또는 그 이상의 복동 실린더로 구성된다.
③ 격판 실린더는 격판에 부착된 피스톤 로드가 미끄럼 실링되어 있다.
④ 회전 실린더는 피니언과 랙 등의 구조를 이용하여 회전 운동을 할 수 있다.

- 격판 실린더: 내장된 격판은 피스톤의 기능을 대신하며 피스톤 로드가 격판의 중앙에 부착되어 있다. 여기서는 미끄럼 밀봉이 필요 없고 단지 재료가 늘어남에 따라 생기는 마찰만 있다.

정/답   41 ②   42 ③   43 ③

44 다음은 오일 탱크에 관한 설명이다. 적절한 설명이 아닌 것은?

① 스트레이너 유량은 펌프 토출량의 2배 이상의 것을 사용한다.
② 오일 탱크의 유면계를 운전할 때 잘 보이는 위치에 설치한다.
③ 에어 블리저 용량은 펌프 토출량의 2배 이상으로 제작한다.
④ 오일 탱크의 크기는 펌프 토출량과 동일하게 제작한다.

- 유압 작동유의 탱크 선정: 오일의 양은 실린더의 직경과 길이를 가지고 산출한다.
  - 사용 오일량(L)=실린더의 단면적(m²)×실린더의 길이(m)÷1000
  - 기본 필요량: 실린더와 펌프가 잠겨 있어야 하는 양
  - 오일 필요량=사용 오일량+기본 필요량
  - 탱크의 크기: 최소 필요량과 기본 필요량을 계산하여 크기를 선정한다.

45 일반적으로 압력계에서 표시하는 압력은?

① 차등 압력   ② 게이지 압력   ③ 압력 강하   ④ 절대 압력

- 압력 강하: 유체 흐름의 경로에서 압력이 감소되는 것
- 절대 압력: 완전 진공상태를 기준으로 하여 측정한 압력
- 차등 압력: 2개의 압력에 대한 차이
- 게이지 압력: 압력계로 측정한 압력으로 대기압의 기준을 0으로 하여 높고 낮음을 나타내는 압력

46 다음 중 공기압 실린더의 설치 형식이 아닌 것은?

① 타이로드 형   ② 트러니언 형   ③ 플랜지 형   ④ 풋 형

- 풋 형: 부하가 단순한 직선운동을 하고 부하가 작을 때 사용한다.
- 플랜지 형: 부하의 운동방향과 축의 중심을 일치시켜 지지할 때에 사용하는 것으로 견고한 지지가 필요하다.
- 타이로드 형: 유압실린더에서 사용하는 실린더의 유형으로 양쪽 커버를 타이로드로 고정한 방식
- 트러니언 형: 포신을 받치는 것처럼 실린더를 직각으로 설치하는 방식
  - 타이로드: 래크 앤드 피니언의 래크와 로크 암 사이

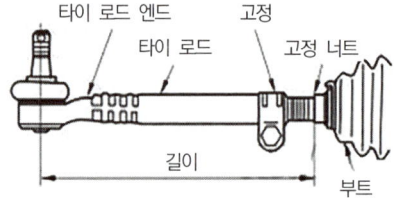

정/답 44 ④ 45 ② 46 ①

47 다음 중 펌프가 소음을 내는 이유로 적절하지 않은 것은?

① 흡입관이 막혀 있는 경우
② 작동유의 점도가 너무 낮은 경우
③ 유중에 기포가 있는 경우
④ 펌프의 회전이 너무 빠른 경우

- 작동유의 점도가 높을 경우에 캐비테이션 현상이 발생하여 소음과 진동이 발생한다.

48 다음 중 밸브 내부에서 연속적인 진동으로 밸브 시트 등을 타격하여 진동과 소음을 발생시키는 현상으로 맞는 것은?

① 맥동현상   ② 공동현상   ③ 점핑현상   ④ 채터링현상

- 공동현상(캐비테이션): 액체 내에 증기 기포가 발생하여 소음과 진동을 발생시키는 현상
- 맥동현상: 압력이 주기적으로 크게 흔들림과 동시에 토출량도 주기적으로 변동하여 소음과 진동을 발생시키는 현상
- 점핑현상: 유량 제어 밸브에서 유체가 흐르기 시작할 때 등, 유량이 과도적으로 설정값을 넘어서는 현상

49 다음은 공기 냉각기(애프터 쿨러)에 관한 설명이다. 적절하지 않은 설명은?

① 압축기에서 나온 뜨거운 압축공기를 냉각함으로써 수중기의 약 60% 정도를 제거한다.
② 공랭식을 사용하면 냉각수를 사용하지 않아도 되므로 보수가 쉽고 유지비가 적게 든다.
③ 공랭식은 냉각효과를 높이기 위해 방열판을 설치하며, 수랭식에 비해 교환 열량이 크다.
④ 공기 압축기 후단, 에어 드라이어 앞단에 설치한다.

- 교환 열량은 공랭식보다 수랭식이 더 크다.

50 다음 중 유압 모터의 종류에 해당하지 않는 것은?

① 스크루 모터   ② 피스톤 모터   ③ 기어 모터   ④ 베인 모터

- 유압모터의 종류: 기어 모터, 베인 모터, 회전 피스톤 모터, 요동 모터 등

정/답 47 ② 48 ④ 49 ③ 50 ①

51 다음 편 로드 실린더에서 F=200N의 힘을 발생시키자면 최소 얼마의 유압이 필요한가? (단, 실린더의 내경의 단면적은 $0.2m^2$이다.)

① 10Pa
② 100Pa
③ 1000Pa
④ 10000Pa

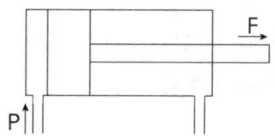

$P = \dfrac{F}{A} = \dfrac{200}{0.2} = 1000 Pa(N/m^2)$

52 실린더 양측의 수압 면적이 같아 전·후진할 때 출력 속도가 동일한 실린더는?

① 양로드 실린더   ② 탠덤 실린더   ③ 다위치 실린더   ④ 단동 실린더

- 양로드 실린더(Double Rod Cylinder): 피스톤 로드가 양쪽에 있어 유효 면적 동일 → 속도 동일
  - 편로드 실린더: 전진속도 ≠ 후진속도(로드 면적 차이 때문에)
- 탠덤 실린더(Tandem Cylinder): 피스톤 2개를 직렬 연결해 힘을 크게 하는 구조
- 다위치 실린더(Multi-position Cylinder): 2개 이상의 피스톤 조합으로 여러 위치 정지 가능
- 단동 실린더(Single Acting Cylinder): 한쪽 방향만 압력으로 동작, 복귀는 스프링/외력 사용

53 게이지 압력을 구하는 식으로 옳은 것은?

① 게이지 압력=절대압력+대기압
② 게이지 압력=절대압력×대기압
③ 게이지 압력=절대압력-대기압
④ 게이지 압력=절대압력÷대기압

- 절대압력: 진공을 기준으로 한 실제 압력
- 게이지 압력: 대기압을 기준으로 한 압력(일반 게이지에서 측정되는 압력)
- 절대압력=대기압+게이지 압력

54 어큐뮬레이터(accumulator)의 용도로 틀린 것은?

① 오일 중 공기나 이물질 분리용
② 펌프 맥동 흡수용
③ 충격 압력의 완충용
④ 에너지 축적용

- 어큐뮬레이터(accumulator)의 주요 용도
  - 에너지 축적용: 압력에너지를 저장 후 필요시 방출
  - 펌프 맥동 흡수용: 유량·압력의 맥동을 흡수하여 안정화
  - 충격 압력 완충용: 수격작용, 급격한 압력변동을 흡수
  - 비상시 보조 유량 공급
- 오일 중 공기나 이물질을 분리하는 기능은 필터나 에어벤트 장치의 역할이다.

55 압축 공기를 생성할 때 필요한 구성요소와 관계없는 것은?

① 공압 필터
② 공압 실린더
③ 공압 탱크
④ 공기 압축기

압축공기 발생장치 기본 구성요소
: 압축 공기를 만들고, 저장하고, 정화하는 장치들이 필요하고 대표 구성 요소는 다음과 같다.
- 공기 압축기(Compressor): 대기 공기를 압축하여 고압의 공기 생성
- 공기 탱크(Air Receiver Tank): 압축공기 저장, 압력 맥동 완화
- 애프터쿨러/드레인/필터(Air Filter): 수분·먼지 제거 → 청정한 공기 공급

56 회전형 공기압축기가 아닌 것은?

① 다이어램프 형
② 스크루 형
③ 스크롤 형
④ 베인 형

- 회전형 압축기: 스크루, 베인, 로터리, 스크롤 등 → 연속 회전으로 압축
- 왕복동형 압축기: 피스톤, 다이어프램 등 → 직선 왕복운동으로 압축

57 3/2-Way 방향제어 밸브에 대한 설명으로 틀린 것은?

① 솔레노이드 작동, 스프링 리셋(복귀)형도 있다.
② 정상상태 열림형도 있다.
③ 정상상태 닫힘형도 있다.
④ 연결구의 수가 2개이다.

3/2-Way 방향제어
- 3/2-Way Valve: 포트가 3개, 위치가 2개
- 위치: 정상상태(복귀 상태), 동작상태
- 포트(연결구): 압력 포트(P), 출력 포트(A), 배기 포트(R)
- 용도: 주로 단동 실린더(스프링 복귀형) 구동

정/답 54 ① 55 ② 56 ① 57 ④

58 다음 중 공기압 서비스 유닛(압축공기 조정 유닛)의 기능으로 적합하지 않은 것은?

① 공압 제어 밸브와 실린더에 공급되는 압축공기의 압력을 조절한다.
② 압축공기 속에 포함된 이물질을 제거한다.
③ 압축공기 속에 윤활유를 섞어서 공급한다.
④ 진공을 발생시킨다.

공기압 서비스 유닛(Service Unit, FRL 유니트)의 기능
: 서비스 유닛은 Filter-Regulator-Lubricator(FRL)로 구성되며 공급 공기를 정화·조절·윤활하는 것이 목적이다.
- Filter: 압축공기 속 이물질·수분 제거
- Regulator: 압력 조절
- Lubricator: 소량의 윤활유 공급

---

59 다음 중 유압의 일반적인 특징이 아닌 것은?

① 유온의 영향을 받지 않아 정확한 속도와 제어가 가능하다.
② 전기·전자의 조합으로 자동제어가 가능하다.
③ 과부하에 대한 안전장치가 간단하고 정확하다.
④ 소형장치로 큰 힘(출력)을 발생시킬 수 있다.

유압장치는 소형으로도 큰 출력을 낼 수 있으며, 과부하 보호가 용이하고 전기·전자와의 결합이 쉬운 장치이다. 그러나 온도 변화에 민감하여 유체의 점도와 윤활성, 제어 정밀도에 영향을 받는다는 단점이 있다.

---

60 다음 그림과 같이 유량제어 밸브를 실린더의 입구 측에 설치하여 실린더의 전진 속도를 제어하는 회로는?

① 감압 회로
② 미터 아웃 회로
③ 미터 인 회로
④ 블리드 오프 회로

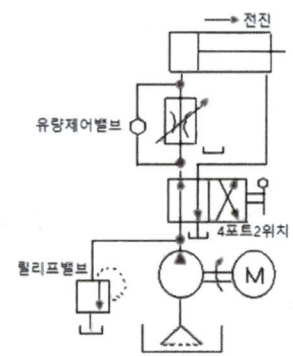

유압 속도/압력 제어 회로 종류
- 감압 회로(Pressure Reducing Circuit) : 감압밸브 이용, 일부 회로의 압력을 설정 압력 이하로 낮추는 회로
- 미터 아웃 회로(Meter-out Circuit) : 실린더 출구측 유량 제어, 부하 변화에도 속도 안정
- 미터 인 회로(Meter-in Circuit) : 실린더 입구측 유량 제어, 간단하나, 부하 영향을 받아 속도 불안정 가능
- 블리드 오프 회로(Bleed-off Circuit) : 펌프 유량 일부를 탱크로 우회 배출, 남은 유량으로 실린더 속도 제어

정/답   58 ④   59 ①   60 ③

CBT 실전모의고사

GENERAL MECHANICAL ENGINEER

제1과목 | 자동제어

01 다음 중 제어량이 온도, 압력, 유량, 액면 등과 같은 일반 공업량일 때 발생하는 신호의 형태에 의한 제어로 맞는 것은?

① 아날로그 제어 ② 2진 제어 ③ 논리 제어 ④ 디지털 제어

- 2진 제어: 하나의 제어변수에 2가지의 가능한 값을 2진 신호를 이용하여 제어하는 시스템
- 논리 제어: 요구되는 입력 조건이 만족되면 그에 상응하는 신호가 출력되는 제어
- 디지털 제어: 정보의 범위를 여러 단계로 등분하여 각각의 단계에 하나의 값을 부여한 디지털제어 신호에 의하여 제어되며, 입력정보는 카운터, 레지스터, 메모리 등이 있다.
- 아날로그 제어: 연속적 물리량의 온도, 속도, 길이, 조도, 질량 등의 정보를 아날로그 신호로 처리하는 제어

02 다음 중 전기회로에서 수동 소자가 아닌 것은?

① OP-AMP ② 저항 ③ 인덕터 ④ 커패시터

수동 소자는 증폭이나 전기 에너지의 변환과 같은 능동적 기능을 갖지 않은 전자 소자이므로, 직류나 그에 가까운 변화를 하는 신호에 대해 증폭하는 장치인 OP-AMP(직류 증폭기)는 수동소자에 속하지 않는다.

03 다음 중 릴레이를 사용한 전기제어 회로에서 릴레이 자신의 접점을 통해 전기신호를 자신의 릴레이 코일에 계속 흐르게 하여 릴레이 코일의 여자 상태를 유지하는 회로로 맞는 것은?

① 동조 회로 ② 비동기 회로 ③ 자기유지 회로 ④ 인터록 회로

- 동조 회로: 외부의 전기 진동과 똑같은 고유 진동수를 가지고 공진하는 전기 회로
- 비동기 회로: 시간과 관계없이 입력 신호의 변화에 의해서만 제어가 행해지는 회로
- 인터록 회로: 한쪽의 회로가 열릴 때 다른 한쪽의 회로가 열리지 않도록 하는 회로

정/답 01 ① 02 ① 03 ③

04 다음 중 피드백 제어계의 시간응답 특성을 설명한 것으로 맞는 것은?

① 응답이 처음으로 희망값에 도달하는 시간은 응답시간이다.
② 응답 중에 생기는 입력과 출력의 최대 편차량은 오버슈트이다.
③ 응답이 정해진 허용범위 이내로 정착되는 시간은 상승시간이다.
④ 응답이 최초로 희망값의 70.7%에 도달하는 데 필요한 시간은 지연시간이다.

- 상승시간: 응답이 처음으로 희망값에 도달하는 시간
- 정착시간: 응답이 정해진 허용범위 이내로 정착되는 시간
- 지연시간: 계단응답이 최종값의 50%까지 도달하는데 필요한 시간

05 전달함수의 일반적인 식을 나타내면?

① 전달함수=(라플라스 변환시킨 출력)/(라플라스 변환시킨 입력)
② 전달함수=(라플라스 변환시킨 입력)/(라플라스 변환시킨 출력)
③ 전달함수=(라플라스 변환시킨 입력)+(라플라스 변환시킨 출력)
④ 전달함수=(라플라스 변환시킨 입력)×(라플라스 변환시킨 출력)

전달함수는 입력의 라플라스 변환에 대한 출력의 라플라스 변환의 비율로 정의한다.
- 시스템의 입력과 출력을 연결해 주는 수학적 함수

06 회전체의 각 변위를 측정하는 센서로 절대각을 측정하는 센서는?

① 앱솔루트인코더 ② 리졸버
③ 포텐쇼미터   ④ 타코미터

- 앱솔루트인코더: 회전각도나 위치 정보를 절대값으로 제공하는 센서
- 리졸버: 회전자의 위치를 측정하기 위한 센서
- 포텐쇼미터: 전기저항을 조절하여 회로의 전압을 조절할 수 있는 장치
- 타코미터: 물체의 회전속도를 측정하는 센서

정/답 04 ② 05 ① 06 ①

07 선형제어계의 안정도를 판별하는 방법과 관계없는 것은?

① 나이퀴스트 판별법　　② 근궤적도
③ 보드 선도　　　　　　④ 과도 응답 판별법

- 나이퀴스트 판별법: 피드백 시스템의 안정도를 판별하기 위한 한 가지 방법
- 근궤적도: 피드백 제어 시스템의 안정성과 과도 응답에 대한 정보를 제공하는 방법
- 보드 선도: 선형제어계의 주파수 응답을 나타내는 그래프
  - 시스템의 안정성을 판별하는 데 사용된다.
- 과도 응답 판별법: 시스템이 안정된 상태로 돌아가기 전에 일시적으로 변화하는 응답
  - 과도 응답이란 출력이 정상상태(steady state)가 되기 전까지 걸리는 시간에 나타나는 응답

08 계자코일을 갖는 직류모터 중 분권형모터에 대한 특징이 아닌 것은?

① 전기자코일과 계자코일이 병렬로 연결되어 있다.
② 기동토크가 높다.
③ 속도조절이 양호한 성능을 갖는다.
④ 무부하 동작에서 속도는 증가한다.

- 분권형 모터: 전기자코일(권선)과 계자코일을 분리하여 접속하는 구조이다.
  - 부하에 따라 속도 조절이 가능하다.
  - 무부하 상태에서의 회전수가 높다.
  - 무부하 동작에서는 일반적으로 속도가 증가한다.
  - 정류자와 브러시가 없어 유지보수가 쉽다.
  - 효율적인 운전이 가능하다.
- 분권형 모터의 기동 토크
  - 모터가 정지 상태에서 움직임을 시작할 때 필요한 최소 토크이다.
  - 분권형 모터의 기동 토크는 모터의 종류와 설계에 따라 다를 수 있다.

정/답　07 ④　08 ②

09 블록선도의 입·출력비(C/R)는?

① $1/(-G_1G_2)$
② $G_1/(-G_2)$
③ $G_1/(1-G_2)$
④ $G_1G_2/(+G_2)$

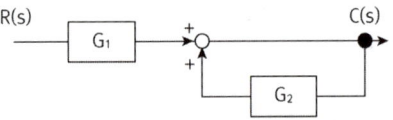

$C(S) = R(S) \cdot G_1 + X$

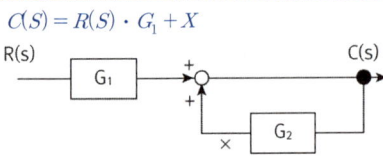

$X = G_2 \cdot [R(S) \cdot G_1 + X], \quad [1-G_2]X = R(S) \cdot G_1 \cdot G_2$

$C(S) = R(S) \cdot G_1 + X = R(S) \cdot G_1 + \dfrac{R(S) \cdot G_1 \cdot G_2}{1-G_2} = R(S) \cdot \dfrac{G_1-(G_1 \cdot G_2)+(G_1 \cdot G_2)}{1-G_2}$

$\dfrac{C(S)}{R(S)} = \dfrac{G_1}{1-G_2}$

---

10 응답이 최초로 목표값의 50%에 도달하는 데 소요되는 시간은?

① 상승시간
② 정정시간
③ 지연시간
④ 응답시간

- 상승시간: 응답이 처음으로 희망값에 도달하는 시간
- 지연시간: 계단응답이 최종값의 50%까지 도달하는 데 필요한 시간

---

11 타이머를 사용하여 어떤 목표 시간에 점등하는 회로의 제어방식으로 적절한 것은?

① 공정 제어
② 되먹임 제어
③ 순차 제어
④ 폐회로 제어

- 타이머를 사용하여 특정 목표 시간에 맞추어 점등시키는 회로는 입력 신호나 외부 환경의 변화와 상관없이 미리 정해진 순서(시퀀스)에 따라 동작하는 순차 제어에 해당한다.
- 공정 제어: 온도, 압력, 유량 등 연속적인 공정을 제어하는 방식이다.
- 되먹임 제어와 폐회로 제어는 출력 결과를 검출하여 다시 입력에 반영하는 제어(Feedback Control)로, 즉 센서 등을 통한 피드백이 필요한 제어에 해당한다.

정/답   09 ③   10 ③   11 ③

12 개회로 제어 시스템(open loop control system)을 적용하기에 적절하지 않은 경우는?

① 외란 변수의 변화가 매우 작은 경우
② 외란 변수에 의한 영향이 무시할 정도로 작은 경우
③ 여러 개의 외란 변수가 존재하는 경우
④ 외란 변수의 특징과 영향을 확실히 알고 있는 경우

> 개회로 제어(Open Loop Control) 시스템은 출력 결과를 다시 입력에 반영하지 않는 제어 방식이다. 따라서 외란(Noise, Disturbance)에 취약하며, 환경 변화에 대한 보상이 불가능하다.

13 PD(비례미분)제어기는 제어계의 과도특성을 개선하기 위하여 쓴다. 이것에 대응하는 보상기는?

① 진상보상기
② 동상보상기
③ 지상보상기
④ 과도보상기

> **PD 제어기(비례·미분 제어기)**
> : 미분 동작을 통해 제어계의 응답 속도를 빠르게 하고, 진동 및 오버슈트를 줄여 과도응답(Transient Response) 특성을 개선할 수 있다. 이때 사용하는 보상기가 바로 위상 선행 보상기(Phase Lead Compensator, 진상보상기)이다.
> - 진상보상기(Phase Lead Compensator): 위상을 앞당겨 주파수 응답을 개선, 과도특성 개선에 효과적이다.
> - 지상보상기(Phase Lag Compensator): 위상을 늦추어 정상상태 오차를 줄이는 데 주로 사용
>   (PI 제어기와 유사한 효과)
> • 동상보상기와 과도보상기는 사용되고 있지 않다.

14 일반적으로 PLC 본체의 구성에 포함되지 않는 것은?

① 프로그램 로더
② 전원부
③ 입·출력부
④ CPU

> **PLC 본체 기본 구성**
> • 전원부: PLC 각 부품(CPU, I/O 등)에 필요한 전원을 공급
> • CPU: 중앙처리장치. 프로그램을 해석하고 제어 명령 실행
> • 입·출력부: 외부 기기(센서, 스위치, 모터, 밸브 등)와 PLC를 연결하는 인터페이스

정/답 12 ③   13 ①   14 ①

15 다음 중 PLC 입·출력 장치의 역할과 거리가 먼 것은?

① 신호 레벨 변환 ② 잡음 제어
③ 절연 결합 ④ 기억 선택

> PLC 입·출력 장치는 외부기기(센서, 스위치, 모터, 밸브 등)와 PLC CPU 사이의 인터페이스 역할을 한다.
> • 주요 기능
>   - 신호 레벨 변환: 외부 기기 신호(DC24V, AC220V 등)와 CPU 내부 신호 레벨(TTL, CMOS 등)을 서로 변환
>   - 잡음 제어: 외부 현장에서 발생하는 전기적 노이즈(서지, 전자파 등)를 제거하여 CPU 보호
>   - 절연 결합: 광절연(Optical Isolation) 등으로 외부 회로와 내부 회로를 분리하여 안전성 확보
> • 기억 선택: 메모리에서 데이터를 선택·저장하는 기능으로, CPU 내부 동작과 관련된 개념이지 I/O 장치의 역할을 하지는 않는다.

16 정보처리 회로에서 서보 기구로 보내는 신호의 형태는?

① 펄스 ② 전류 ③ 전압 ④ 변위

> • 서보 모터(특히 스텝모터, 서보 모터 등)의 제어에는 일반적으로 펄스 신호가 사용된다.
>   - 펄스의 개수: 회전 각도(변위)에 해당
>   - 펄스의 주기(주파수): 회전 속도에 해당
>   - 펄스열의 방향: 회전 방향 제어
> • 전류: 출력단(드라이버)에서 사용되는 제어 방식
> • 전압: 아날로그 서보에서 속도나 토크 제어용
> • 변위: 서보기구의 출력량

17 다음 중 불연속형 조절기는?

① 비례동작 조절기 ② 비례미분동작 조절기
③ 2위치동작 조절기 ④ 비례적분동작 조절기

> 조절기는 출력 신호의 형태에 따라 연속형(Continuous)과 불연속형(Discrete, On-Off)으로 나눈다.
> • 연속형 조절기: 출력이 연속적으로 변함(모두 출력이 아날로그적으로 연속 변화)
>   - 비례동작 조절기(P), 비례미분동작 조절기(PD), 비례적분동작 조절기(PI)
> • 불연속형 조절기: 출력이 두 가지 상태(On/Off)만 가지는 방식
>   - 대표적인 것이 2위치 동작 조절기(On-Off Controller)
>   - 예: 가정용 냉장고 온도 조절, 보일러 온도 조절 등

정/답 15 ④ 16 ① 17 ③

18 목표값 400℃의 전기로에서 열전온도계의 지시에 따라 전압조정기로 전압을 조절하여 온도를 일정하게 유지시키고 있다. 이때 온도는 어느 것에 해당되는가?

① 검출부   ② 조작량   ③ 제어량   ④ 조작부

※ 자동제어계에서 각 용어의 의미
- 검출부: 센서, 변환기 등에 해당, 여기서는 열전온도계가 검출부에 해당한다.
- 조작부: 제어 명령을 받아 실제로 제어대상에 작용하는 장치, 여기서는 전압조정기가 조작부이다.
- 조작량: 조작부가 제어대상에 가하는 입력량, 여기서는 전기로에 가하는 전압이 조작량이다.
- 제어량: 제어 대상에서 실제로 제어하고자 하는 출력량
  - 문제에서 "온도를 일정하게 유지"하려는 것이므로, 온도가 제어량에 해당한다.

19 다음 중 주파수영역에서 자동제어계를 해석할 때 기본 입력으로 많이 사용되는 것은?

① 정현파입력   ② 등속입력   ③ 등가속입력   ④ 계단입력

자동제어계를 해석할 때 시간영역(Time Domain)과 주파수영역(Frequency Domain) 해석 방법이 있다.
- 시간영역 해석: 주로 계단입력(Step Input), 램프입력(Ramp Input: 등속입력), 포물선입력(등가속입력) 등을 사용하여 시스템 응답(과도응답, 정상상태 오차 등)을 파악한다.
- 주파수영역 해석: 신호를 푸리에 해석할 수 있기 때문에, 임의의 입력 신호는 정현파(사인파)들의 중첩으로 표현된다. 따라서 주파수 응답 해석에서는 정현파 입력을 기본 입력으로 사용한다. 이를 통해 보드 선도, 나이퀴스트 선도, 주파수 응답 특성 등을 분석할 수 있다.

20 다음 PLC 프로그래밍 방식 중 문자식 프로그래밍 언어에 해당하는 것은?

① 플로차트 방식   ② 명령어 방식   ③ 논리기호 방식   ④ 레더도 방식

PLC 프로그래밍 방식은 크게 회로도 방식과 문자식(명령어) 방식으로 구분된다.
- 회로도 방식(도식식)
  - 레더도 방식(Ladder Diagram, LD): 릴레이 회로와 유사한 방식
  - 논리기호 방식(Logic Symbol): 논리 게이트 기호로 회로 구성
  - 플로차트 방식(Flow Chart): 단계별 흐름을 블록으로 표현(IEC 표준 언어 아님, 교재 보조 표현)
- 문자식(명령어) 방식
  - 명령어 방식(Instruction List, IL): 어셈블리어와 유사하게 명령어를 나열하는 방식-문자 프로그래밍에 해당

정/답   18 ③   19 ①   20 ②

제2과목 | 기계요소설계

21 그림과 같은 입체도를 화살표 방향에서 본 투상도면으로 가장 적합한 것은?

① 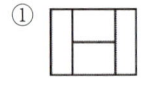   ②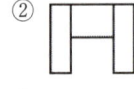

③    ④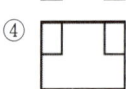

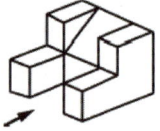

입체도에 대한 정면도, 평면도, 우측면도는 아래와 같다.

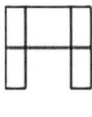 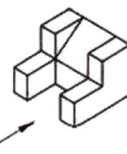

---

22 그림과 같은 표면의 결 도시기호에서 C가 의미하는 것은?

① 가공에 의한 컷의 줄무늬가 투상면에 대해 여러 방향으로 교차
② 가공에 의한 컷의 줄무늬가 투상면의 중심에 대하여 동심원 모양
③ 가공에 의한 컷의 줄무늬가 투상면에 경사지고 두 방향으로 교차
④ 가공에 의한 컷의 줄무늬가 투상면에 평행

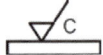

=: 가공에 의한 컷의 줄무늬가 투상면에 평행
X: 가공에 의한 컷의 줄무늬가 투상면에 경사지고 두 방향으로 교차
M: 가공에 의한 컷의 줄무늬가 투상면에 대해 여러 방향으로 교차

정/답   21 ③   22 ②

23 다음 그림에 대한 설명으로 올바른 것은?

① 대상으로 하고 있는 면은 0.1mm만큼 떨어진 두 개의 평행한 평면 사이에 있어야 한다.
② 대상으로 하고 있는 원통의 축선은 0.1mm만큼 떨어진 두 개의 평행한 평면 사이에 있어야 한다.
③ 대상으로 하고 있는 원통의 축선은 φ0.1mm의 원통 안에 있어야 한다.
④ 대상으로 하고 있는 면은 0.1mm만큼 떨어진 두 개의 동축 원통면 사이에 있어야 한다.

 : 원통도 공차

24 φ100e7인 축에서 치수공차가 0.035이고, 위치수허용차가 −0.072라면 최소허용치수는 얼마인가?

① 99.893 ② 99.928 ③ 99.965 ④ 100.035

치수공차 = 최대허용치수 − 최소허용치수
최대허용치수 = 기준치수 + 위치수허용차
$(100-0.072)-x=0.035$, $x=99.893$=최소허용치수

25 축의 동력 전달 방향을 바꾸는 기어가 아닌 것은?

① 웜 기어 ② 스파이럴 베벨 기어
③ 하이포이드 기어 ④ 헬리컬 기어

- 감속기의 종류
  - 평행 축형 감속기: 스퍼기어, 헬리컬 기어, 더블 헬리컬 기어
  - 교쇄 축형 감속기: 직선 베벨 기어, 스파이럴 베벨 기어
  - 이물림 축형 감속기: 웜 기어, 하이포이드 기어
- 헬리컬 기어 감속기는 평행 축형 감속기에 속하므로 축의 동력 전달 방향과 동일한 방향으로 감속이 이루어진다.

26 일반적인 V벨트 전동장치의 특징으로 틀린 것은?

① 설치면적이 넓으므로 축간 거리가 짧은 경우에는 적합하지 않다.
② 지름이 작은 풀리에도 사용할 수 있다.
③ 홈의 양면에 밀착되므로 마찰력이 평벨트보다 크다.
④ 이음매가 없어 운전이 정숙하다.

- V벨트(5m)는 평벨트(10m)에 비해 축간 거리가 짧은 경우에도 사용 가능하다.
- V벨트 전동장치의 특징
  - 장점: 큰 동력 전달, 작은 풀리 사용 가능, 진동·소음 적음, 설치 간단
    단점: 평벨트보다 효율 낮음, 장력 조정 필요, 고속·정밀 전달에는 부적합

---

27 나사 풀림 방지 방법으로 틀린 것은?

① 록(Lock) 너트에 의한 방법
② 홈붙이 너트와 분할핀 고정에 의한 방법
③ 스프링 와셔 또는 고무 와셔에 의한 방법
④ 실 용접에 의한 방법

나사 풀림 방지 방법
- 홈 붙이 너트 분할핀 고정에 의한 방법
- 절삭 너트에 의한 방법
- 로크 너트에 의한 방법
- 특수 너트에 의한 방법
- 와셔에 의한 방법

---

28 볼 베어링에서 베어링 하중을 1/2로 하면 수명은 몇 배인가?

① 10배   ② 8배   ③ 6배   ④ 4배

볼베어링의 수명(회전수)
$L = \left(\dfrac{C}{P}\right)^3 \times 10^6$, C: 동적부하용량, P: 등가하중

정/답   26 ①   27 ④   28 ②

29 감속기에 사용하는 평기어 언더컷을 방지하는 방법으로 옳지 않은 것은?

① 잇수비를 작게 한다.
② 이 높이가 높은 기어로 제작한다.
③ 압력각을 20도 이상으로 증가시킨다.
④ 기어의 잇수를 한계 잇수 이상으로 설정한다.

언더컷 방지대책
- 이의 높이를 줄여서 압력각을 20도 이상으로 증가시킨다.
- 한계 잇수 이상으로 제작하거나 이의 높이가 낮은 것을 사용한다.
- 전위 기어를 만들어 사용한다.

---

30 굵은 1점 쇄선의 용도로 옳은 것은?

① 특수한 가공을 하는 부분 등 특별한 요구사항을 적용할 수 있는 범위를 표시할 때 사용한다.
② 수면, 유면 등의 위치를 표시할 때 사용한다.
③ 대상물의 보이지 않는 부분의 모양을 표시할 때 사용한다.
④ 인접 부분을 참고로 표시할 때 사용한다.

- 굵은 1점 쇄선의 용도: 특수한 가공을 하는 부분 등 특별히 요구사항을 적용할 수 있는 범위를 표시
- 가상선의 용도
  - 인접 부분을 참고로 표시하는데 쓰임
  - 공구, 지그 등의 위치를 참고로 나타낼 때 쓰임
  - 가동 부분을 이동 중의 특정한 위치 또는 이동 한계의 위치로 표시하는 데 사용
  - 가공 전 또는 가공 후의 모양을 표시
  - 되풀이되는 것을 나타내는 데 사용
  - 도시된 단면의 앞쪽에 있는 부분을 표시
- 숨은선: 대상물의 보이지 않는 부분의 모양 표시
- 수준면선: 수면, 유면 등의 위치를 표시

---

31 그림과 같은 리벳이음에서 리벳직경(d)이 25mm, 두 판을 인장하는 힘이 21.56kN이라면, 리벳 단면에서 발생하는 전단응력은 약 몇 MPa인가?

① 40.94   ② 41.84
③ 42.91   ④ 43.94

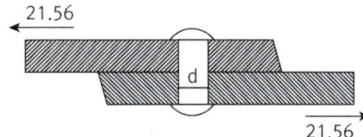

$$\tau = \frac{F}{A} = \frac{4F}{\pi d^2} = \frac{4 \times 21.56 \times 1000}{\pi \times 25^2} = 43.94 MPa$$

32 다음 중 V 벨트 전동장치에서 사용하는 벨트의 단면각은?

① 40°　　　② 36°　　　③ 38°　　　④ 34°

- V-벨트 단면각(Standard Angle): 단면은 등변사다리꼴(trapezoid) 모양
  - 벨트와 풀리 홈 사이의 마찰력을 크게 하기 위해 약 40°의 각도로 표준화되어 있다.
  - 이 각도를 단면각 또는 홈각(groove angle)이라고 한다.

33 길이가 40cm인 스패너에 196N의 힘을 가할 때 발생하는 토크[N·m]는 얼마인가?

① 4.8　　　② 78.4　　　③ 100　　　④ 120

$T = F \cdot L = 196 \times 0.4 = 78.4 N \cdot m$

34 다음 그림(응력-변형률곡선)에서 A점을 비례한도라고 할 때 B점(응력)의 명칭은?

① 하한값
② 탄성한도
③ 극한강도
④ 파괴강도

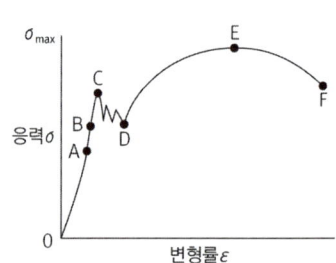

A: 비례한도, B: 탄성한도, C: 상항복강도, D: 하항복강도, E: 극한강도, F: 파괴강도

35 나사 표시 "M15×1.5-6H/6g"에서 6H/6g는?

① 나사의 호칭치수　　　② 나사의 등급
③ 나사부의 길이　　　　④ 나사의 피치

- M15: 나사의 호칭 지름(15mm)
- 1.5: 나사의 피치(1.5mm)
- 6H / 6g: 나사의 등급(공차 등급), 여기서 숫자(6)는 공차 등급 번호, 알파벳(H, g)은 기본편차를 의미
  - 6H: 내부나사(암나사, Nut)의 공차 등급
  - 6g: 외부나사(수나사, Bolt)의 공차 등급

정/답　32 ①　33 ②　34 ②　35 ②

36 가공 방법에 관한 약호에서 스크레이퍼 가공을 의미하는 것은?

① FS   ② FL   ③ FF   ④ FR

- FS(Scraper Finish): 스크레이퍼 가공
- FL(Lapping Finish): 래핑 가공
- FF(Fit Finish or Fine Finish): 정밀 마무리 가공
- FR(Rolled Finish): 압연 가공

37 축의 도시방법에 관한 설명으로 틀린 것은?

① 축의 구석부나 단이 형성되어 있는 부분에 형상에 대한 세부적인 지시가 필요할 경우 부분 확대도로 표시할 수 있다.
② 축은 일반적으로 길이방향으로 단면 도시하여 나타낼 수 있다.
③ 긴축은 단축하여 그릴 수 있으나 길이는 실제 길이를 기입해야 한다.
④ 축의 절단면은 90도 회전하여 회전도시 단면도로 나타낼 수 있다.

축의 도시방법
- 축은 길이 방향으로 도시하지 않는다.
- 긴축은 중간을 파단하여 짧게 그린다. 이때 치수는 실제 길이를 기입한다.
- 축 끝에는 모따기를 하고 모따기 치수를 기입한다.
- 축에 널링을 할 경우, 빗줄 널링의 경우에는 30° 엇갈리게 그린다.
- 축의 가공방향을 고려하여 도시한다.
- 축에 여유 홈을 주는 부분의 치수를 기입한다.

38 기하 공차를 사용하는 이유로 거리가 먼 것은?

① 생산을 높일 수 있는 방향으로 공차를 적용할 수 있다.
② 상호 결합되는 부품의 호환성을 확보한다.
③ 생산 원가를 절감할 수 있는 방향으로 설계할 수 있다.
④ 직각 좌표의 치수방법을 변환시켜 간편하게 표시한다.

기하공차(Geometric Tolerance)는 단순한 치수 허용차만으로는 충분히 보장할 수 없는 형상, 자세, 위치, 흔들림 등에 대한 정확도를 규정하기 위해 사용한다.

기하 공차를 사용하는 이유
- 형상 및 위치 정확성 확보: 단순한 치수만으로는 형상·자세·위치 허용 오차를 규제할 수 없으므로 이를 명확히 정의할 수 있다.
- 호환성과 조립성 보장: 부품 간 조립 시 호환성과 기능적 요구사항을 만족할 수 있도록 보장한다.
- 품질관리 및 오류 방지: 조립 불능, 기능 저하 등의 문제를 줄이고 품질을 안정적으로 확보할 수 있다.
- 공차 지시 효율성: 사이즈 공차와 기하공차를 독립적으로 결합 사용 가능, 설계·검사 효율 향상을 가져올 수 있다.
- 생산성과 설계 일관성 증대: 허용 오차 설계로 불필요한 정밀 과정을 줄이고 생산 비용을 절감, 설계 의도를 명확히 전달 가능하다.

정/답   36 ①   37 ②   38 ④

39 그림과 같은 분할핀의 도시 중 분할핀의 호칭길이는?

① D
② C
③ B
④ A

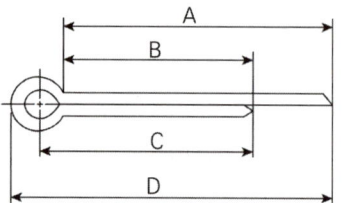

> 호칭길이(l): 핀을 실제로 사용하는 유효 길이로, 머리(Head) 아랫면에서부터 핀 끝까지의 길이를 뜻함
> - 머리 부분 아래부터 짧은 다리 끝까지의 길이를 호칭길이로 정의

40 다음 그림과 같은 용접의 맞대기 이음에서 하중을 P, 용접부의 길이를 l, 판 두께를 t라고 하면 용접부의 인장응력을 구하는 식은?

① $\sigma = P \cdot l \cdot t$
② $\sigma = \dfrac{Pl}{t}$
③ $\sigma = \dfrac{tl}{P}$
④ $\sigma = \dfrac{P}{tl}$

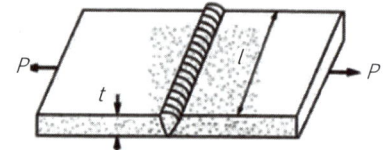

> $\sigma_t = \dfrac{P}{A} = \dfrac{P}{t \cdot l}$

정/답   39 ③   40 ④

제3과목 공유압

41 다음은 압력에 대한 설명이다. 적절한 설명으로 볼 수 없는 것은?

① 사용 압력을 완전히 진공으로 하고 그 상태를 0으로 하여 측정한 압력을 게이지 압력이라 한다.
② 대기 압력보다 낮은 압력을 진공압이라 한다.
③ 게이지 압력에서는 국소대기압보다 높은 압력을 정압이라 한다.
④ 압력을 비중량으로 나누면 길이 단위가 되며 이를 양정 또는 수두라 한다.

> 사용 압력을 완전히 진공으로 하고 그 상태를 0으로 하여 측정한 압력을 절대압력이라 한다.

42 다음 중 요동형 실린더의 종류가 아닌 것은?

① 피스톤형 실린더　　② 베인형 실린더
③ 로킹암형 실린더　　④ 스크루형 실린더

> 로킹암형 실린더: 잠금 실린더라고도 하며, 실린더를 완전히 확장 또는 완전히 수축된 위치에서 기계적으로 잠글 수 있는 기능을 가진 실린더이다.

43 실린더에 인장하중이 걸리는 경우, 피스톤이 끌리게 되는데 이를 방지하기 위해 인장하중이 걸리는 측에 압력 릴리프 밸브를 이용하여 저항을 형성한다. 이러한 목적을 위해 사용되는 밸브로 다음 중 맞는 것은?

① 시퀀스 밸브　　② 카운터 밸런스 밸브
③ 안전 밸브　　　④ 브레이크 밸브

> • 안전 밸브: 과대 압력에 의해 기기 및 배관계의 파괴를 방지하기 위해 사용되는 밸브
> • 브레이크 밸브: 외력에 의해 압력을 발생시켜 정지에 대한 지령을 내리는 감압밸브로서, 외부의 외력이 사려졌을 경우 압력이 급격하게 낮아진다.
> • 시퀀스 밸브: 여러 개의 액추에이터에서 하나의 에이터가 작동을 완료한 후 다음 작동이 이루어지도록 하는 밸브

정/답　41 ①　42 ③　43 ②

44 다음 중 곧고 긴 유압배관 속으로의 유체유동에 의한 압력손실로 인한 손실수두를 구하는 식으로 맞는 것은?

① 달시-바이스바하 방정식
② 연속방정식
③ 블라시우스 방정식
④ 프란틀 방정식

- 연속방정식: 유체의 흐름에서 단위시간당 유체 입자에 유입되는 양과 유출되는 양이 같은 조건을 만족시키는 방정식
- 프란틀식: 운동량의 퍼짐 정도인 점성도와 열확산도의 비를 근사적으로 표현하는 무차원 방정식
- 블라시우스 방정식: 무차원 변수를 이용해 편미분 방정식의 경계층 운동방정식을 3차 비선형 상 미분을 유도한 방정식

45 다음 중 비중에 관한 설명으로 맞는 것은?

① 물의 밀도를 측정하고자 하는 물질의 밀도로 나눈 값이다.
② 표준대기압 0℃ 물의 비중량에 대한 비로 표시한다.
③ 단위는 N/m^3을 사용한다.
④ 비중은 무차원 수이다.

- 비중이란, 물질의 고유 특성으로서 기준이 되는 물질의 밀도에 대한 상대적인 비를 나타낸다.
  - 일반적으로 액체의 경우 1atm 하에서 4℃의 물을 기준으로 하고, 기체의 경우에는 20℃ 공기를 기준
- 상대적인 비를 나타내기 때문에 비중은 단위가 없다.
- 물질의 단위용적 무게와 어떤 표준물질의 비를 말한다.
- 비열: 어떤 물질 1g의 온도를 1도만큼 올리는 데 필요한 열량

46 유공압기기에 관한 설명이다. 다음 중 적절한 표현이 아닌 것은?

① 시퀀스밸브: 액추에이터의 동작을 정해진 순서에 따라 작동시킨다.
② 감압밸브: 2차측의 압력을 일정하게 한다.
③ 셔틀밸브: 안전장치, 검사기능, 연동제어 등에 사용된다.
④ 압력스위치: 공기 압력신호를 전기신호로 변환한다.

- 감압밸브: 1차측 고압을 받아서 2차측에는 일정 압력을 유지시켜 준다.
- 압력스위치: 설정 압력 이상/이하일 때 전기 ON·OFF 신호를 출력하는 장치이다.
- 셔틀밸브(shuttle valve)는 흔히 OR 밸브라고도 하며, 두 개의 입력 중 어느 한쪽에서라도 압력이 들어오면 출구로 보내는 기능을 갖고 있다. 즉 안전장치나 검사기능보다는 대체공급, 선택제어 등에 사용된다.
- 시퀀스밸브: 설정 압력에 도달해야만 다음 회로에 압력이 공급되어 액추에이터가 순차적으로 작동하게 한다.

정/답 44 ① 45 ④ 46 ③

47 다음 중 변압기유의 요구사항으로 올바른 표현은?

① 인화점과 응고점이 낮을 것
② 점도가 낮고 비열이 클 것
③ 산화가 잘될 것
④ 절연 내력이 작을 것

변압기유의 요구사항
- 절연 내력이 클 것
- 응고점이 낮을 것
- 절연재료와 접촉 시 산화하지 않을 것
- 침전물이 생기지 않을 것
- 인화점이 높을 것
- 고온에서 화학적으로 안정할 것
- 점도가 낮고 냉각 효과가 클 것

48 다음 중 유공압 장치의 전기 시퀀스 제어회로를 설계할 때 고려사항으로 맞지 않는 것은?

① 설계 전 충분히 대상시스템을 파악해야 한다.
② 설계 절차에 따라 순차적으로 진행되어야 한다.
③ 비용, 설비 관리자의 수준이 고려되어야 한다.
④ 대상시스템의 동작 순서는 고려하지 않는다.

시퀀스 제어회로 미리 정해진 순서에 따라 제어의 각 단계를 차례로 진행하는 것을 말하므로, 대상시스템의 동작 순서는 고려되어야 한다.

49 다음 중 용적형 유압 펌프가 아닌 것은?

① 왕복동펌프   ② 터빈펌프   ③ 기어펌프   ④ 베인펌프

- 용적형 펌프: 기어 펌프, 나사펌프, 베인 펌프, 회전 피스톤 펌프, 왕복동 펌프
- 비용적형 펌프: 원심펌프(터빈펌프, 벌류트펌프), 축류펌프, 혼류형 펌프

50 다음 보기의 설명에 해당되는 법칙은?

[보기]
굵기가 다른 관에 유체를 통과시킬 때, 넓은 관보다 좁은 관에서 유체의 속도가 빨라지는 대신에 압력은 낮아지게 되는 현상의 법칙

① 베르누이 법칙   ② 벤투리관의 법칙   ③ 연속의 법칙   ④ 파스칼의 법칙

- 연속의 법칙: 관속을 가득 흐르고 있는 유체에 대해서 모든 단면을 통과하는 중량 및 유량은 일정하다는 법칙
- 베르누이 법칙: 유체가 흐르는 속도와 압력, 높이의 관계를 수량적으로 나타낸 법칙
- 파스칼의 법칙: 밀폐된 용기 속에서 유체에 가한 압력은 모든 방향으로 동일하게 전달된다.

정/답   47 ②   48 ④   49 ②   50 ②

51 1atm, 4℃의 순수한 물의 비중량을 SI단위로 바르게 표현한 것은?

① 971N/m³　　② 981N/m³　　③ 9710N/m³　　④ 9810N/m³

> 비중량=밀도×표준중력가속도
> $\gamma = \rho \cdot g = 1000 \times 9.81 = 9810 N/m^3$

52 유체의 성질에 관한 설명으로 옳지 않은 것은?

① 밀도는 단위 체적당 유체의 질량이다.
② 비체적은 단위 체적당 유체의 질량이다.
③ 비중량은 단위 체적당 유체의 질량이다.
④ 비중은 4℃의 물과 같은 체적을 갖는 다른 물질과의 비중량 또는 밀도와의 비이다.

> 비체적: 단위 질량당 유체가 점유하고 있는 체적(m³/kg)

53 냉동식 오일 쿨러의 특징으로 틀린 것은?

① 운반이 용이한 편이며 대기 온도나 물의 온도 이하의 냉각이 용이하다.
② 냉각수가 필요하지 않다.
③ 자동 유온 조정이 적합하다.
④ 환기설비가 필요하다.

> ① 운반이 용이한 편이며 대기/물 온도 이하 냉각이 용이하다.
> 　- 냉동식 오일 쿨러는 복잡하고 무거워 이동성은 좋지 않지만, 대기 온도 이하 냉각은 가능하다.
> ② 냉각수가 필요하지 않다.
> 　- 냉동기 사용으로 냉각수 없이 냉각이 가능하다.
> ③ 자동 유온 조정이 적합하다.
> 　- 온도 제어가 가능한 냉동식 시스템에는 자동 유온 제어가 용이하다.
> ④ 환기설비가 필요하다.
> 　- 공냉식 쿨러는 환기 필요하지만, 냉동식 오일 쿨러에 일반적으로 적용되는 특성은 아니다.

정/답　51 ④　52 ②　53 ④

54 위치제어 서보유압시스템에서 명령 신호와 피드백 신호의 오차를 증폭하여 서보밸브의 스풀을 구동하는 역할을 하는 구성 요소는 무엇인가?

① 플래퍼　　② 토크모터　　③ 서보앰프　　④ 피드백 신호 발생기

- 서보앰프(Servo Amplifier): 명령 신호와 피드백 신호의 오차를 증폭하여 서보밸브의 스풀을 구동하는 전기 신호로 변환시키는 장치
- 토크모터(Torque Motor): 증폭된 전기 신호를 기계적 움직임으로 변환하여 플래퍼를 작동시키는 장치
- 플래퍼(Flapper): 유압 흐름을 조절해 스풀 이동을 유도하는 장치
- 피드백 발생기: 현재 위치를 감지해 전기 신호로 출력, 오차 연산에 사용하는 장치

55 직경이 52cm일 관속에 흐르는 물의 평균속도가 5m/s일 때 유량은 약 몇 m³/s인가?

① 0.16　　② 10.6　　③ 1.06　　④ 15.6

$$Q = AV = \frac{\pi \times 0.52^2}{4} \times 5 = 1.061\, m^3/s$$

56 유압 회로에서 유압 실린더나 액추에이터로 공급하는 유체 흐름의 양을 제어하는 밸브는?

① 유량제어 밸브　　② 압력 변환기　　③ 방향제어 밸브　　④ 체크 밸브

- 압력 변환기(Pressure transducer): 전기 신호로 압력을 변환하는 센서 장치
- 방향제어 밸브: 유체의 흐름 방향을 전환하여 실린더를 전진·후진시키거나 정지시키는 역할
- 체크 밸브: 유체가 한쪽 방향으로만 흐르도록 하는 밸브

57 유체 연속의 법칙에 대한 설명 중 틀린 것은? (단, 유체의 밀도는 변하지 않는다.)

① 정상흐름 상태에서 임의의 단면을 통과하는 유량은 일정하다.
② 유체가 흐르는 단면적이 작아지면 속도는 빨라진다.
③ 유체가 흐르는 단면적이 커지면 유체의 속도가 느려진다.
④ 유량은 단면적의 크기에 따라서 변한다.

- 유체 연속의 법칙(Continuity equation)은 비압축성 유체(밀도 일정)에서 다음과 같이 표현된다.
  Q=A·V=일정
  Q (유량): 단위 시간당 흐르는 유체의 양
  A (단면적): 유체가 흐르는 단면의 넓이
  V (유속): 단면을 지나는 유체의 속도

정/답　54 ③　55 ③　56 ①　57 ④

58 바닷물의 압력(수압)은 10m마다 1atm씩 증가한다. 30m 깊이에 있는 물체가 받는 절대압력은 얼마인가? (단, 대기압은 1atm이다.)

① 1atm ② 4atm ③ 3atm ④ 5atm

$P_a = P_o + P_g = 1 + 3 = 4atm$

59 다음 중 공압 장치의 구성기기로 거리가 먼 것은?

① 윤활기(lubricator) ② 공기 압축기(compressor)
③ 축압기(accumulator) ④ 애프터 쿨러(after cooler)

공압장치의 기본 구성 기기
- 공기 공급장치
  - 공기 압축기(Compressor)
  - 애프터 쿨러(After cooler): 압축 과정에서 발생한 열을 식혀줌
  - 공기 저장탱크(Receiver tank)
- 공기 조정장치(서비스 유닛)
  - 필터(Filter): 이물질·수분 제거
  - 레귤레이터(Regulator): 압력 조정
  - 루브리케이터(Lubricator): 윤활유 공급
- 제어기기 및 작동기기
  - 방향제어 밸브, 유량제어 밸브
  - 실린더, 공압모터 등

60 공기압 발생장치에서 보내온 공기 중에는 먼지 및 이물질 등이 포함되어 있다. 이러한 것을 막아 공압기기를 보호하기 위해 설치하는 것은?

① 압축공기 드라이어 ② 압축공기 조절기
③ 압축공기 증폭기 ④ 압축공기 필터

- 압축공기 드라이어(Air dryer): 압축공기 속의 수분(습기)을 제거하는 장치(냉동식, 흡착식 등)
- 압축공기 조절기(Air regulator): 압력을 일정하게 유지하는 장치
- 압축공기 증폭기(Air booster): 압력을 상승시켜 주는 장치

정/답 58 ② 59 ③ 60 ④

CBT 실전모의고사

GENERAL MECHANICAL ENGINEER

제1과목 | 자동제어

01 다음 중 폐회로 제어에 대한 설명으로 옳은 것은?

① 실제값과 기준값의 비교 기능이 있다.
② 피드백 신호가 없다.
③ 2진 신호를 사용한다.
④ 외란변수의 변화가 작을 때 사용한다.

> 폐회로 제어: 피드백에 의하여 제어량과 목표값을 비교하고 그들이 일치되도록 정정 동작을 하는 제어

02 다음 중 3상 전동기의 과열 원인으로 적절하지 않은 것은?

① 단상 운전
② 공진 현상 발생
③ 과부하 운전
④ 코일의 단락 또는 군의 단락

> 공진현상은 특정 진동수를 가진 물체가 같은 진동수의 힘이 외부에서 가해질 때 진폭이 커지면서 에너지가 증가하는 현상으로 전동기의 과열원인이 아닌 전동기의 진동원인이다.

03 다음 중 제어계의 성능으로서 3가지 중요한 특성값이 아닌 것은?

① 정상편차 ② 속응성 ③ 결합계수 ④ 안정도

> 제어계의 성능을 결정하는 중요한 세 가지 요소는 안정성(Stability), 정확성(Accuracy), 그리고 속도(Response Time)이고, 이와 같은 요소들이 제어 시스템을 얼마나 잘 작동하게 하는가를 결정한다.

정/답 01 ① 02 ② 03 ③

04 다음 중 피드백 제어계의 특징이 아닌 것은?

① 품질이 향상된다.
② 생산 속도를 상승시킨다.
③ 연료, 원료 및 동력을 절감할 수 있다.
④ 운전 및 수리에 고도의 지식이 필요 없다.

피드백 제어계의 특징
- 제어량을 목표값과 비교하였을 때 정확하다는 이점이 있다.
- 정확하고 대역폭이 증가하지만 구조가 복잡하고 비용이 많이 든다.
- 제어 부품의 성능에 큰 영향을 받지 않는다.
- 계의 특성 변화에 대한 입력 대 출력비의 감도가 줄어든다.
- 외부 조건의 변화에 대한 영향을 감소시킬 수 있다.

---

05 다음 블록 선도의 전달함수의 값은?

① $1 + 1/G$
② $G/(1 - G)$
③ $G/(1 + G)$
④ $2G$

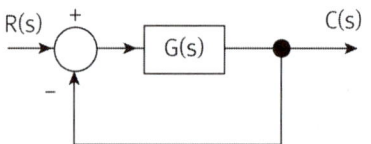

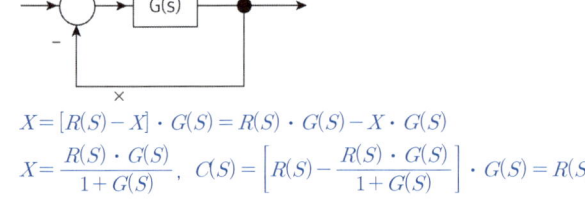

$C(S) = [R(S) - X] \cdot G(S)$

$X = [R(S) - X] \cdot G(S) = R(S) \cdot G(S) - X \cdot G(S)$

$X = \dfrac{R(S) \cdot G(S)}{1 + G(S)}$, $C(S) = \left[R(S) - \dfrac{R(S) \cdot G(S)}{1 + G(S)} \right] \cdot G(S) = R(S) \cdot \dfrac{G(S)}{1 + G(S)}$

$\dfrac{C(S)}{R(S)} = \dfrac{G(S)}{1 + G(S)}$

정/답   04 ④   05 ③

06 다음중 주파수 영역에서 속응성 및 안정도를 표시하기 위한 양이 아닌 것은?

① 위상여유 ② 대역폭 ③ 게인여유 ④ 피크시간

- 속응성: 자동 조정 체계가 설정값의 변동에 신속히 응답하는 성질
- 주파수 안정도: 발전력과 부하 사이의 상당한 불균형을 경험한 이후에 안정한 주파수를 유지할 수 있는 능력
- 주파수 위상: 반복되는 파형의 한 주기에서 첫 시작점의 각도 혹은 어느 한 순간의 위치
- 대역폭: 데이터 전송 속도
- 주파수 영역에서 시스템의 속응성과 안정도를 표시하기 위한 양
  - 이득 마진(Gain Margin): 시스템이 불안정해지기 전에 이득을 얼마나 더 증가시킬 수 있는지를 나타내는 것
  - 위상 마진(Phase Margin): 시스템이 불안정해지기 전에 위상을 얼마나 더 변화시킬 수 있는지를 나타내는 것

07 1차 요소 $G(s) = \dfrac{1}{1+Ts}$ 인 제어계의 절점 주파수에서의 이득[dB]으로 맞는 것은?

① -3 ② -4 ③ -5 ④ -6

절점 주파수
- 주파수 전달함수의 실수부=허수부를 만족하는 주파수 ω를 절점 주파수라 한다.
- 보드선도에서는 굴곡점에 해당한다.
- 이득은 -3dB이다.

08 $V(t) = Ri(t) + L\dfrac{d}{dt}i(t) + \dfrac{1}{C}\int i(t)dt$ 를 S함수로 표시하면 어떻게 나타내는가?

① $V(s) = RI(s) + SLI(s) + \dfrac{1}{SC}I(s)$
② $V(s) = RI(s) + \dfrac{1}{SL}I(s) + SCI(s)$
③ $V(s) = \dfrac{1}{R}(s) + SLI(s) + \dfrac{1}{SC}(s)$
④ $V(s) = \dfrac{1}{R}I(s) + \dfrac{1}{SL}I(s) + SCI(s)$

$V(t) = Ri(t) + L\dfrac{d}{dt}i(t) + \dfrac{1}{C}\int i(t)dt$

$i(t) = I(s),\ \dfrac{d}{dt}i(t) = SI(s),\ \int i(t)dt = \dfrac{1}{S}I(s)$

$V(s) = RI(s) + LSI(s) + \dfrac{1}{CS}I(s)$

정/답 06 ④ 07 ① 08 ①

09 제어계를 동작시키는 기준으로서 직접 제어계에 가해지는 신호는?

① 동작신호 ② 기준입력신호 ③ 조작량 ④ 궤환신호

- 기준입력: 제어계를 동작시키는 기준으로서 직접 폐회로에 가해지는 입력
- 동작신호: 기준입력과 제어량의 차이로 제어동작을 일으키는 신호로 편차라고도 함
- 조작량: 제어량을 조정하기 위하여 제어장치가 제어대상에 주는 양
- 궤환신호: 주피드백 신호

10 개루프 시스템과 비교하여 폐루프 시스템의 장점이 아닌 것은?

① 기준입력과 출력 사이의 오차 보정 ② 성능 향상
③ 설치비용의 절감 ④ 외란 제거

- 폐루프 시스템(Closed Loop System)의 단점
  - 복잡해지고 값이 고가이다.
  - 제어계 전체가 불안정해질 가능성이 있다.
- 개루프 시스템(Open Loop System)의 장점
  - 시스템을 설계하는데 있어 복잡하지 않다.
  - 시스템이 단순한 편이고 제어계가 불안정하지 않다.
  - 제품의 단가를 줄일 수 있다.
- 개루프 시스템(Open Loop System)의 단점
  - 외부 조건(외란)의 변화에 대처가 가능하다.
  - 목표값과 오차가 클 수 있다.

11 무접점 시퀀스와 비교한 유접점 시퀀스의 특징으로 틀린 것은?

① 동작속도가 느리다. ② 접점 등의 마모가 발생한다.
③ 소비전력이 비교적 작다. ④ 기계적 진동, 충격에 약하다.

- 시퀀스 제어에는 크게 유접점 시퀀스(릴레이 시퀀스)와 무접점 시퀀스(PLC 등 반도체 논리회로)가 있다.
- **유접점 시퀀스의 특징**
  - 동작 속도 느림: 기계적 접점의 개폐 시간이 필요
  - 접점 마모 발생: 기계적 접점이므로 사용 횟수에 따라 수명 단축
  - 소비전력 큼: 코일 여자에 전력이 필요하고 열 발생
  - 진동·충격에 약함: 접점이 흔들리거나 오동작 가능
- **무접점 시퀀스(PLC 등)의 특징**
  - 동작 속도 빠름
  - 접점 없음: 마모 없음
  - 소비전력 작음
  - 진동·충격에 강함
  - 회로 변경·수정이 용이

정/답 09 ② 10 ③ 11 ③

12 유도기형 서보 전동기의 특징으로 틀린 것은?

① 브러시가 없어서 보수가 용이하다.
② 고속 이용이 가능하다.
③ 고 토크 이용이 가능하다.
④ 정류에 한계가 있다.

- 정류(Commutation) 문제는 브러시와 정류자가 필요한 직류 서보 모터(DC Servo Motor)에 해당하는 단점이다.
  - 유도형 서보 모터는 교류 구동 방식이므로 정류 한계와 무관하다.
- 유도기형 서보 전동기(Induction-type servo motor)의 특징
  - 서보 모터의 일종으로, 구조가 단순하고 내구성이 좋아 산업 현장에서 널리 사용된다.
  - 브러시가 없어 보수가 용이
  - 직류 서보 모터와 달리 브러시·정류자가 없으므로 마모가 적고 유지보수가 편리하다.
  - 고속 운전 가능
  - 회전자에 기계적 정류자가 없으므로 고속 회전에 적합하다.
  - 고 토크 가능
  - 기동 토크가 크고 부하 변동에도 안정된 특성을 가진다.

13 PLC에서 스캔 타임(scan time)의 의미로 옳은 것은?

① PLC에 입력되는 프로그램을 1회 연산하는 시간
② PLC 출력 모듈에서 1개 신호가 입력되는 시간
③ PLC에 의해 제어되는 시스템의 1회 실행시간
④ PLC 입력 모듈에서 1개 신호가 입력되는 시간

PLC의 스캔 타임(scan time)은 PLC가 입력 → 연산(프로그램 처리) → 출력의 과정을 한 번 수행하는 데 걸리는 시간 즉, PLC 내부의 제어 프로그램을 1주기(1 cycle) 실행하는 데 필요한 시간으로 정의한다.

정/답 12 ④ 13 ①

14 센서의 검출 면에 전자유도 작용으로 금속체의 유·무를 판별하는 비접촉식 검출 센서는?

① 유도형 근접센서　　　② 리밋 스위치
③ 용량형 근접센서　　　④ 포토센서

유도형 근접센서(Inductive Proximity Sensor)
- 전자기 유도 원리 이용
- 센서 코일에서 발생한 교류 자기장에 금속체가 접근하면 와전류가 발생 → 센서 임피던스 변화
  → 금속의 존재 유무 검출

리밋 스위치(Limit Switch)
- 기계적인 접촉식 검출 방식
- 물체가 스위치를 직접 밀어서 접점을 전환

용량형 근접센서(Capacitive Proximity Sensor)
- 정전용량 변화 이용
- 금속뿐 아니라 유리, 플라스틱, 액체 등 비금속도 검출 가능

포토센서(Photo Sensor)
- 빛(광선)을 이용하여 물체의 유·무를 검출

15 AC 서보 모터의 특징으로 옳은 것은?

① 정류에 한계가 있다.
② 회전 검출기가 필요하다.
③ 브러시의 유지보수가 필요하다.
④ 고정자가 권선으로 방열이 쉽다.

AC 서보 모터(교류 서보 모터)는 유도형 또는 동기형으로 구분되며, 직류 서보 모터와 비교했을 때 다음과 같은 특징을 갖고 있다.
- AC 서보 모터의 특징
  - 고정자에 권선이 있어 발열이 외부로 쉽게 방출되어 방열이 용이하다.
  - 브러시와 정류자가 없어 보수가 편리하고 고속 운전에 적합하다.
  - 응답성이 DC 서보 모터보다 다소 낮지만, 내구성과 안정성이 높다.
  - 정밀한 속도·위치 제어를 위해 엔코더나 리졸버와 같은 검출기를 많이 사용한다.

정/답　14 ①　15 ④

16 PLC의 IEC 표준 언어인 문자식 언어에 포함되지 않는 것은?

① IL(Instruction List)
② FBD(Function Block Diagram)
③ ST(Structured Text)
④ SFC(Sequential Function Chart)

> IEC 61131-3에서 규정하는 PLC 표준 프로그래밍 언어는 크게 문자식(Textual)과 도식식(Graphical)으로 나뉜다.
> **문자식 언어(Textual languages)**
> • IL(Instruction List): 어셈블리어와 유사한 명령어 나열식 언어
> • ST(Structured Text): 파스칼과 유사한 고급 언어
> **도식식 언어(Graphical languages)**
> • LD(Ladder Diagram): 릴레이 회로와 유사
> • FBD(Function Block Diagram): 블록 연결 방식
> • SFC(Sequential Function Chart): 순차적 동작을 단계(step)와 천이(transition)로 표현하는 방식
> ※ FBD와 SFC 두 개 중 더 전형적으로 도식식으로 분류되는 FBD를 답으로 선택한다.

17 저장에 비례하여 기전력이 발생하는 물리적 현상을 응용한 것으로 자계의 방향이나 감도를 측정할 수 있는 자기센서는?

① 리졸버(resolver)
② 홀 센서(hall sensor)
③ 서모파일(thermopile)
④ 타코 제너레이터(tacho generator)

> 홀 효과: 전류가 흐르는 도체(또는 반도체)에 수직으로 자기장을 가하면, 전자의 이동이 로렌츠 힘을 받아 한쪽으로 치우치고, 이에 따라 도체의 양 끝단에 전위차(홀 전압, Hall voltage)가 발생하는 현상이다. 이 원리를 응용한 것이 홀 센서(Hall sensor)이다.
> • 리졸버(resolver): 회전각을 검출하는 변압기식 위치 센서
> • 홀 센서(Hall sensor): 홀 효과 응용, 자계의 세기, 방향, 극성 등을 검출
> • 서모파일(thermopile): 열전대 여러 개를 직렬 연결하여 미약한 복사 에너지를 검출하는 센서
>   - 온도·복사 에너지 측정
> • 타코 제너레이터(tacho generator): 회전속도를 검출하는 속도 센서

18 엔코더를 이용해서 검출하기 어려운 것은?

① 기계장치의 이송거리 검출
② 모터의 회전방향 검출
③ 모터의 회전속도 검출
④ 모터의 토크 검출

> 엔코더(Encoder)는 보통 축에 부착하여 회전 각도나 회전수(펄스 수)를 전기 신호로 변환하는 센서이다.
> **엔코더로 가능한 검출**
> • 회전량(펄스 수)을 직선 변위로 환산하여 기계장치의 이송거리를 검출할 수 있다.
> • 위상차가 있는 2상 펄스를 이용하여 모터의 회전방향을 검출할 수 있다.
> • 단위 시간당 펄스 수를 계산하여 모터의 회전속도를 검출할 수 있다.

정/답 16 ② 17 ② 18 ④

19 다음 중 정상상태 오차를 최소화할 수 있는 제어방식은?

① 미분　　② 적분　　③ 비례　　④ 비례미분

> 정상상태 오차(steady-state error)는 시스템이 정상적으로 동작을 계속할 때 입력값과 출력값 사이에 남아 있는 차이를 의미한다.
> - 제어 방식별 특징
>   - 비례 제어(P): 오차가 클수록 제어 입력을 크게 하여 빠른 응답을 얻을 수 있다.
>   - 적분 제어(I): 오차를 시간에 따라 누적하여 조금의 오차라도 계속 제어 입력을 가해 정상상태 오차를 0으로 최소화할 수 있다.
>   - 미분 제어(D): 오차의 변화율에 비례하여 제어 → 응답 속도를 개선, 오버슈트 억제
>   - 비례-미분 제어(PD): 정상상태 오차는 남음(P의 특성), 대신 과도응답 개선, 안정도 향상 가능

20 무접점 시퀀스회로 구성에서 검출기로부터 신호를 받아서 제어대상에 어떠한 조작을 가할 것인가라는 것을 판단하고 조작기기에 명령을 내리는 회로는?

① 출력회로　　② 입력회로　　③ 제어회로　　④ 논리회로

> - 무접점 시퀀스회로는 보통 입력회로 → 논리회로 → 출력회로로 구성된다.
>   - 입력회로: 센서, 스위치 등 검출기로부터 신호를 받아들이는 부분
>   - 논리회로: 입력 신호를 해석하고, 어떤 동작을 할지 판단하는 부분
>   예: AND, OR, NOT, RS 플립플롭 등의 논리 연산을 통해 조작 여부를 결정하는 부분
>   - 출력회로: 논리회로의 판단 결과에 따라 실제 조작기기(계전기, 솔레노이드 밸브, 모터 등)를 동작시키는 부분
> - 제어회로: 일반적으로 입력·논리·출력 전체를 포함하는 개념

정/답　19 ②　20 ④

제2과목 기계요소설계

21 다음의 기하공차 도시법에 대한 설명 중 틀린 것은?

① 지정길이 50mm에 대하여 원통도 공차값 0.01mm이다.
② 진원도 공차값 0.01mm이다.
③ 지정길이 50mm에 대하여 평행도 공차값 0.09mm이다.
④ A는 데이텀을 지시한다.

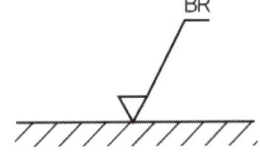

> 위의 기호는 평행도와 진원도를 표현하고 있다.

22 다음 그림이 나타내는 가공방법은?

① 대상 면의 브로칭 가공
② 대상 면의 드릴링 가공
③ 대상 면의 밀링 가공
④ 대상 면의 선삭 가공

> BR: 브로칭, D: 드릴링, M: 밀링, L: 선반

23 구멍의 치수가 $\varnothing 50^{+0.005}_{-0.004}$이고, 축의 치수가 $\varnothing 50^{+0.005}_{-0.004}$일 때 최대틈새는?

① 0.004 ② 0.005 ③ 0.008 ④ 0.009

> 최대틈새=구멍의 최대허용치수-축의 최소허용치수
> 50.005-49.996=0.009

24 다음 도면에서 대상물의 형상과 비교하여 치수 기입이 틀린 것은?

① 7
② ø9
③ ø14
④ ø30

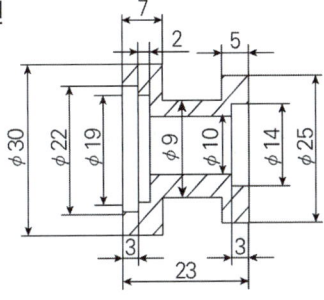

> 문제의 도면 치수에서 ø9의 위치에서는 ø14보다 크고 ø19보다는 작아야 한다.

정/답   21 ①   22 ①   23 ④   24 ②

25 관용나사의 특징으로 틀린 것은?

① 보통나사에 비하여 피치 및 나사산의 높이가 낮다.
② 관용테이퍼 나사는 축심에 대해 1/16의 테이퍼를 가진다.
③ 관용테이퍼 나사는 평행나사에 비해 기밀성이 우수하다.
④ 나사산의 각도가 75도이며 주로 미터나사이다.

> 관용나사의 각도는 규격에 따라 55도 혹은 60도이며, 종류는 형상에 따라 평행나사 혹은 테이퍼 나사를 사용한다.

26 베어링의 안지름 기호가 08일 때 이 베어링의 안지름은?

① 8mm ② 16mm ③ 32mm ④ 40mm

> **베어링의 안지름**
> • 00 = 10mm
> • 02 = 15mm
> • 01 = 12mm
> • 03 = 17mm
> • 04 이후부터는 해당 숫자의 × 5: 8×5=40mm

27 일반적인 핀의 호칭법에 대한 설명으로 틀린 것은?

① 분할 핀의 호칭 길이는 긴 쪽 길이로 표시한다.
② 테이퍼 핀의 호칭 지름은 작은 쪽의 지름으로 표시한다.
③ 평행 핀의 길이는 양 끝의 라운드 부분을 제외한 길이를 말한다.
④ 분할 핀의 호칭 지름은 핀이 끼워지는 구멍의 지름으로 표시한다.

> 분할 핀의 호칭 길이는 짧은 쪽 길이로 표시한다.

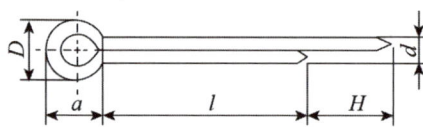

28 오프셋 링크에서 링크판과 부시를 일체화시킨 것으로, 오프셋 링크와 이음 핀으로 연결되어 있으며, 저속 중용량의 컨베이어, 엘리베이터용으로 사용되는 체인은?

① 롤러 체인 ② 부시 체인
③ 핀틀 체인 ④ 블록 체인

> • 롤러 체인: 강판으로 만든 롤러 링크와 서로 핀으로 연결한 체인
> • 부시 체인: 롤러 체인에서 롤러를 없앤 형태의 체인으로서 저속용으로 사용하는 체인
> • 블록 체인: 병렬로 된 2장의 링크 판 사이에 블록을 삽입하고 이들을 핀으로 연결하여 긴 체인

정/답 25 ④ 26 ④ 27 ① 28 ③

29 기어 제도의 도시 방법 중 선의 사용 방법이 틀린 것은?

① 잇줄 방향은 통상 3개의 가는 실선으로 표시한다.
② 이골원은 가는 실선으로 표시한다.
③ 이봉우리원은 굵은 실선으로 표시한다.
④ 피치원은 가는 실선으로 표시한다.

기어 제도
- 이끝원은 굵은 실선으로 그린다.
- 피치원은 가는 1점쇄선으로 그린다.
- 이뿌리원은 가는 실선으로 그린다. 단, 정면도를 단면으로 도시할 때는 굵은 실선으로 그린다.
- 이뿌리원은 측면도에서 생략해도 좋다.
- 스퍼기어의 표준 압력각은 20°로 규정하고 있다.
- 맞물리는 한 쌍의 스퍼기어를 그릴 때에는 측면도의 이끝원은 항상 굵은 실선으로 그린다.

30 다음 중 일반적인 조임과 풀림의 목적으로 사용되는 체결용 나사로 가장 적절한 것은?

① 볼 나사
② 삼각 나사
③ 사각 나사
④ 사다리꼴 나사

체결용 나사는 주로 조임과 풀림(fastening & loosening)을 목적으로 하며, 가장 널리 사용되는 나사 형태는 삼각 나사(ISO Metric, Unified Thread 등)이다.

볼 나사(Ball screw thread)
- 볼을 전동체로 사용하여 마찰을 줄인 구조
- 주로 정밀 이송·위치제어(공작기계, CNC 등)에 사용

사각 나사(Square thread): 동력 전달 효율이 높음
- 주로 바이스, 잭, 리드스크루 등 동력 전달용으로 사용

사다리꼴 나사(Trapezoidal thread, Acme thread)
- 사각 나사의 단점을 보완, 절삭 가공과 강도가 우수
- 동력 전달용(프레스, 인장기, 리프트 등)에 주로 사용됨

정/답 29 ④ 30 ②

31 스프링의 기능이 아닌 것은?

① 에너지의 축적   ② 하중의 측정 및 조정
③ 응력집중 완화   ④ 진동 완화와 충격에너지 흡수

> 스프링은 구조물 내에서 응력 집중을 완화하는 역할을 하지 않는다. 응력 집중 완화는 보통 재료 설계나 형상 변경(필렛, 곡면 처리 등)으로 해결하는 문제이다.
> **스프링의 기능**
> - 에너지의 축적 및 방출: 외부 하중을 받으면 변형되면서 탄성에너지 저장, 하중이 제거되면 원래 상태로 복원되며 저장된 에너지 방출
> - 하중의 측정 및 조정: 스프링 저울, 압력계, 밸브 등에서 하중(힘)을 측정하거나 조정하는 데 사용
> - 진동 완화 및 충격 흡수: 자동차 서스펜션, 기계장치 완충장치 등에서 충격에너지를 흡수하고 진동을 줄임
> - 위치 규정 및 복귀 작용: 기계 부품을 일정한 위치로 유지하거나, 작동 후 원위치로 되놀려 놓는 역할
> - 연속적인 힘 전달: 클러치, 브레이크 등에서 일정한 힘을 지속적으로 전달

32 2개의 입체가 서로 만날 때 두 입체 표면에 만나는 선이 생기는데 이 선을 무엇이라고 하는가?

① 상관선   ② 입체선   ③ 직립선   ④ 분할선

> - 상관선: 두 입체가 서로 관통·교차할 때 생기는 교차선
> - 직립선: 투상도에서 직립 투영된 선을 의미
> - 분할선: 도면에서 절단, 분할된 부분을 표시할 때 사용하는 선

33 선의 종류와 용도에 대한 내용으로 틀린 것은?

① 굵은 실선: 대상물이 보이는 부분의 모양을 표시하는 데 사용된다.
② 가는 2점 쇄선: 얇은 두께를 가진 부분을 나타내는 데 사용된다.
③ 가는 1점 쇄선: 중심이 이동한 중심궤적을 표시하는데 사용된다.
④ 굵은 1점 쇄선: 특수한 가공을 하는 부분 등 특별한 요구사항을 적용할 수 있는 범위를 표시하는 데 사용된다.

> - 가는 2점 쇄선: 대칭선, 중심선, 피치선 등을 나타낼 때 사용
> - 얇은 두께를 가진 부분을 표시하는 데 사용하는 선은 가장 일반적으로 단면 해칭선이나 얇은 실선임

정/답   31 ③   32 ①   33 ②

34 핸들이나 바퀴 암 리브, 훅, 축 등의 절단면을 나타내는 도시법으로 가장 적합한 것은?

① 회전도시 단면도
② 부분 단면도
③ 한쪽 단면도
④ 계단 단면도

- 부분 단면도: 도형의 일부만 절단하여 단면을 나타낸 것
- 한쪽 단면도: 대칭물에서 절반은 외형선, 나머지 절반은 단면으로 표시
- 계단 단면도: 절단선이 꺾여 여러 단면을 하나의 단면도로 표시하는 것

35 위치수 허용차와 아래치수 허용차와의 차이를 무엇이라고 하는가?

① 실 치수
② 치수 공차
③ 기준 치수
④ 치수

- 위치수 허용차(상한 치수): 기준치수보다 크게 허용되는 한계치
- 아래치수 허용차(하한 치수): 기준치수보다 작게 허용되는 한계치
- 상한치수 허용차 - 하한치수 허용차 = 치수 공차(Dimensional Tolerance)

36 가상선의 용도에 대한 설명으로 틀린 것은?

① 가공면이 평면임을 나타내는 선
② 공구, 지그 등의 위치를 참고로 표시하는 선
③ 가동 부분의 이동한계 위치를 표시하는 선
④ 인접 부분을 참고로 표시하는 선

가상선의 용도
- 인접하는 부분 또는 공구, 지그 등을 참고로 표시하는 선
- 가공 부분을 이동 중의 특정 위치 또는 이동한계의 위치를 나타내는 선
- 가공 전 또는 가공 후의 모양을 표시하는 데 사용한다.
- 되풀이 하는 것을 나타내는 데 사용한다.
- 도시된 단면의 앞쪽에 있는 부분을 표시하는 데 사용한다.
※ 가상선은 가는 2점 쇄선으로 그린다.

정/답 34 ① 35 ② 36 ①

37 평행 핀에 대한 호칭 방법을 옳게 나타낸 것은? (단, 오스테나이트계 스테인리스강 A1 등급이고, 호칭 지름 5mm, 공차 h7, 호칭 길이 25mm이다.)

① 평행 핀 - h7 5× 25 - A1
② 평행 핀 - 5 h7 ×25 - A1
③ 5 h7×25 - A1 - 평행 핀
④ 5 h7×25 - 평행 핀 - A1

> **평행 핀의 호칭 방법의 순서**
> • 핀의 명칭: 평행 핀
> • 호칭 지름 + 공차 등급: 5 h7
> • 호칭 길이: 25
> • 재질 기호: A1 (오스테나이트계 스테인리스강 등급)
> **표기: 평행 핀 - 5 h7 × 25 - A1**

38 제1각법에 관한 설명으로 옳은 것은?

① 정면도 위에 평면도가 배치된다.
② 정면도 아래에 저면도가 배치된다.
③ 평면도 아래에 저면도가 배치된다.
④ 정면도 우측에 좌측면도가 배치된다.

> **제1각법: 물체를 제1사분면(관찰자와 투상면 사이)에 두고 투상**
> • 평면도는 정면도의 위쪽에 배치
> • 저면도는 정면도의 아래쪽에 배치
> • 좌측면도는 정면도의 오른쪽에 배치
> • 우측면도는 정면도의 왼쪽에 배치
> **제3각법: 물체를 제3사분면(투상면과 관찰자 사이)에 두고 투상**
> • 제1각법과는 상하·좌우 관계가 반대

39 도면에서 다음 종류의 선이 같은 장소에 겹치게 될 경우 가장 우선순위가 높은 것은?

① 중심선
② 절단선
③ 무게 중심선
④ 치수 보조선

> 선의 우선순위: 외형선→숨은선→절단선→중심선→무게 중심선→치수 보조선

정/답 37 ② 38 ④ 39 ②

40 두 축의 중심선을 일치시키기 어렵거나, 전달토크의 변동으로 충격을 받거나, 고속회전으로 진동을 일으키는 경우에 충격파 진동을 완화시켜 주기 위하여 사용하는 커플링은?

① 머프 커플링　　　② 플렉시블 커플링　　③ 클램프 커플링　　④ 마찰 원통 커플링

- 커플링(Coupling)은 두 축을 연결하여 동력을 전달하는 장치이다.
  - 머프 커플링(Muff Coupling): 단순히 슬리브로 두 축을 연결하는 강체 커플링, 축 정렬이 정확해야 한다.
  - 클램프 커플링(Clamp Coupling): 두 축을 반할(half) 슬리브로 감싸서 클램프 볼트로 체결
  - 마찰 원통 커플링(Friction Coupling): 마찰력으로 동력을 전달하는 방식, 과부하 시 안전장치 역할(슬립 가능).

정/답　40 ②

제3과목 | 공유압

41 기체의 온도를 일정하게 유지하면서 압력 및 체적이 변화할 때, 압력과 체적은 서로 반비례한다는 법칙은?

① 베르누이 법칙　② 보일의 법칙　③ 보일-샤를의 법칙　④ 샤를의 법칙

- 샤를의 법칙: 기체의 부피는 1도 올라갈 때마다 0도일 때 부피의 1/273씩 증가한다는 법칙
- 베르누이 법칙: 유체가 흐르는 속도와 압력, 높이의 관계를 수량적으로 나타낸 법칙
- 보일-샤를의 법칙: 양이 일정할 때, 이상 기체의 부피,압력,온도의 관계를 나타내는 법칙

42 미리 정해진 순서에 따라 동일한 유압원을 이용하여 여러 가지 기계 조작을 순차적으로 수행하는 회로를 무슨 회로라 하는가?

① 시퀀스 회로　② 언로드 회로　③ 증압 회로　④ 카운터 밸런스 회로

- 카운터밸런스 회로: 중력에 의한 낙하를 방지하기 위해 배압을 유지하는 압력 제어 회로
- 언로드 회로: 펌프에서 송출되는 유체를 기름탱크로 되돌려 펌프를 무부하 상태로 만들어 수명을 늘리는 회로
- 증압 회로: 일부에서 짧은 행정 또는 순간적으로 고압을 필요로 할 경우 활용하는 회로

43 다음 중 공압 작동기(Actuator)의 종류가 아닌 것은?

① 공압 모터　② 요동 액추에이터　③ 공기 압축기　④ 공압 실린더

액추에이터란, 유체에너지를 운동에너지로 변환시키는 장치이므로, 공기 압축기처럼 유체에너지를 생성시키는 장치로 작동기로 분류되지 않는다.

44 다음 중 유압 작동유의 구비조건이 아닌 것은?

① 윤활성이 좋을 것　② 적당한 점도가 유지될 것
③ 화학적으로 반응이 좋을 것　④ 비압축성일 것

유압 작동유의 구비조건
- 인화점과 발화점이 높아야 한다.
- 강한 유막을 형성해야 한다.
- 물, 먼지 등의 불순물과 분리가 잘 되어야 한다.
- 장시간 사용하여도 화학적 변화가 없어야 한다.
- 화학적으로 안정적이어야 한다(사용시간에 따라 화학적 변화가 일어나면 안 된다).
- 윤활성이 크고 비압축성이어야 한다.
- 적당한 점도와 유동성이 있어야 한다.
- 녹과 부식 방지 효과가 있어야 한다.
- 거품이 적고 비중이 적당해야 한다.

정/답　41 ②　42 ①　43 ③　44 ③

45 다음 중 공유압 변환기의 사용 시 주의점으로 맞는 것은?

① 액추에이터 및 배관 내의 공기를 충분히 뺀다.
② 수평 방향으로 설치한다.
③ 발열장치 가까이 설치한다.
④ 반드시 액추에이터보다 낮게 설치한다.

> 공유압 변환기는 공기의 유입이 있을 경우 결로에 의한 응축수, 기포 발생으로 인한 정밀도 저하 등의 영향이 발생할 수 있기 때문에 공기를 충분히 빼야 한다.

46 다음 중 공압 센서의 특징으로 맞지 않는 것은?

① 물체의 재질이나 색에 영향을 받지 않고 검출할 수 있다.
② 폭발 방지를 필요로 하는 장소에서도 사용된다.
③ 자장의 영향에 둔감하다.
④ 높은 작동 힘이 요구되는 곳에 사용된다.

> 높은 작동 힘이 요구되는 곳에 사용되는 것은 유압 센서이다.

47 다음 보기의 설명에 해당되는 특성은?

[보기]
압력제어 밸브의 조정 핸들을 조작하여 압력을 설정한 후 압력을 변화시켰다가 다시 핸들을 조작하여 원래의 설정값에 복귀시켰을 때 최초의 압력값과는 오차가 발생한다.

① 릴리프 특성
② 히스테리시스 특성
③ 압력 조절 특성
④ 유량 특성

> • 유량 특성: 제어 밸브 전후의 차압을 일정하게 했을 때 밸브의 양정과 밸브를 통과하는 유량의 관계를 백분율로 표시한 것
> • 릴리프 특성: 2차측 공기의 압력을 외부에서 상승시켰을 때 릴리프 구멍에서 배기되는 고압의 압력특성
> • 압력조절 특성: 압력 제어 밸브의 핸들을 돌렸을 때 회전각에 따라 압력이 원활하게 변화하는 특성

정/답 45 ① 46 ④ 47 ②

48 다음 중 200bar 이상의 고압에 주로 이용되는 유압 펌프는?

① 나사펌프   ② 기어 펌프   ③ 베인 펌프   ④ 피스톤펌프

> 기어, 나사, 베인 펌프는 회전펌프에 속하는 펌프로서 회전식 펌프의 특징은 구조가 간단하고 취급이 용이하며, 고압을 얻기가 비교적 쉽지만, 피스톤펌프처럼 왕복동형보다는 높은 압력을 생성할 수 없으며, 펌프 중 가장 높은 고압을 발생시키는 펌프는 왕복동형 펌프이다.

49 다음 중 어큐뮬레이터 취급 시 주의사항으로 틀린 것은?

① 어큐뮬레이터에 부속쇠 등을 용접하거나 가공, 구멍 뚫기 등을 하지 않는다.
② 펌프와 어큐뮬레이터 사이에 유압유가 펌프로 역류하지 않도록 체크 밸브를 설치한다.
③ 봉입 가스는 불활성 가스 또는 공기압을 사용한다.
④ 충격 환충용은 가급적 충격이 발생하는 곳에서 멀리 설치한다.

> **어큐뮬레이터 취급 시 주의사항**
> • 축압기에 부속쇠 등을 용접하거나 가공, 구멍뚫기 등을 해서는 안 된다.
> • 펌프와 축압기 사이에는 체크밸브를 설치하여 유압유가 펌프에 역류하지 않도록 한다.
> • 축압기와 관로와의 사이에 스톱밸브를 넣어 토출압력이 봉입가스의 압력보다 낮을 때는 차단한 후 가스를 넣어야 한다.
> • 봉입 가스압은 6개월마다 점검하고, 항상 소정의 압력을 예압시킨다.
> • 가스봉입 형식인 것은 미리 소량의 작동유를 넣은 다음 가스를 소정의 압력으로 봉입한다.
> • 봉입 가스는 질소가스 등의 불활성가스 또는 공기압을 사용할 것이며, 산소 등의 폭발성 기체를 사용해서는 안된다.
> • 충격 완충용에는 가급적 충격이 발생하는 곳에 가까이 설치한다.

50 압축 공기가 2개의 입구에 모두 작용할 때만 출구에 압축 공기가 나오는 동작을 하는 밸브는?

① 감압 밸브   ② 분류 밸브   ③ 2압 밸브   ④ OR 밸브

> • OR 밸브: 두 개의 개별 유체 입력을 단일 출력으로 흐르게 하는 밸브
> • 감압 밸브: 밸브로 유입된 유체의 압력을 낮춰 토출하는 밸브
> • 분류 밸브: 압력이 다른 2개의 유압 관로에 각각의 관로의 압력에는 관계없이 항상 일정한 관계를 가진 유량으로 분할하는 밸브

정/답 48 ④ 49 ④ 50 ③

51 공유압 밸브 연결구 표시법의 명칭과 기호가 잘못 짝지어진 것은?

① 압축 공기 공급라인 – P
② 작업라인 – A, B, C
③ 제어라인 – Z, Y, X
④ 배기구 – I, J, K

공유압 라인별 기호

	ISO-1219	ISO-5599/ II
작업라인	A, B, C, ⋯	2, 4, ⋯
공급라인	P	1
배기라인	R, S, T(유압), ⋯	3, 5, ⋯
제어라인	Z, Y, X, ⋯	10, 12, 14, ⋯

52 그림에서 2개의 피스톤 ㉠, ㉡의 단면적 A_1, A_2를 각각 $2m^2$, $10m^2$일 때 F_1으로 1N의 힘으로 가하면 F_2에서 생성되는 힘[N]은?

① 5
② 10
③ 20
④ 25

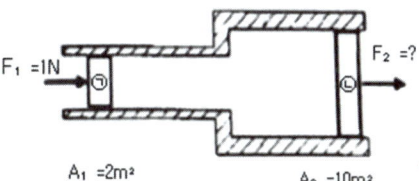

$$P_1 = P_2, \; F_2 = F_1 \times \frac{A_2}{A_1} = 1 \times \frac{10}{2} = 5N$$

53 유압 · 공기압 도면 기호에서 그림의 기호 명칭으로 옳은 것은?

① 복동 가변식 전자 액추에이터
② 복동 솔레노이드
③ 단동 가변식 전자 액추에이터
④ 단동 솔레노이드

솔레노이드(Solenoid): 전자기력을 이용하여 직선 운동을 발생시키는 장치
• 단동형: 스프링 복귀, 전류 공급 시 한쪽 방향으로만 이동
• 복동형: 전류 방향 전환에 따라 양방향 동작

전자(電磁)방식 단일 코일형	
복수 코일형	

정/답 51 ④ 52 ① 53 ④

전자 액추에이터(Electric Actuator)
- 전자 신호(전압, 전류)를 받아 밸브 개도율 등 출력 위치를 연속적으로 제어하는 장치
- 가변식: 입력 신호(4~20mA 등)에 따라 출력 위치가 연속적으로 변함
- 비가변식(ON/OFF형): 단순히 열림·닫힘만 제어
- 단동형: 전원 차단 시 스프링으로 원위치 복귀
- 복동형: 양쪽 방향 모두 전기 신호로 제어

54 압력제어 밸브 중 주로 안전밸브로 사용되고 시스템 내의 압력이 최대 허용 압력을 초과하는 것을 방지해 주는 밸브는?

① 체크 밸브
② 무부하 밸브
③ 릴리프 밸브
④ 시퀀스 밸브

- 체크 밸브: 유체의 역류 방지용
- 무부하 밸브: 펌프 토출유를 저압 탱크로 직접 우회시켜 무부하 운전이 가능하게 하는 밸브
- 릴리프 밸브: 시스템 내 압력이 설정값(최대 허용 압력)을 초과하면 개방되어 압유를 탱크로 되돌려줌
  - 안전밸브 역할을 하며, 시스템의 과압으로 인한 손상 방지
- 시퀀스 밸브: 특정 액추에이터가 동작을 완료한 후 다른 액추에이터가 순차적으로 동작하도록 제어하는 밸브

55 베인 펌프의 특징을 설명한 것으로 틀린 것은?

① 베인의 마모에 의한 압력 저하가 발생되지 않는다.
② 펌프 출력에 비해 형상 치수가 작다.
③ 비교적 고장이 적고 수리 및 관리가 용이하다.
④ 구조가 복잡하고 대형이다.

베인 펌프(Vane Pump)의 특징
- 베인은 원심력이나 스프링에 의해 항상 캠링에 밀착되므로, 약간의 마모가 있어도 밀폐성이 유지되어 큰 압력 저하가 발생하지 않는다.
- 체적 효율이 높아 출력 대비 크기가 작다.
- 구조가 단순하고 부품 교환이 쉬워 유지보수가 용이하다.
- 구조가 단순하고 소형·경량화가 가능하다.

정/답 54 ③ 55 ④

56 유압시스템에서 사용하는 유량제어 밸브에 해당되지 않는 것은?

① 온도 보상형 유량조절 밸브 ② 교축 밸브
③ 압력 보상형 유량조절 밸브 ④ 감압 밸브

유량제어 밸브의 종류
- 조절형 유량제어 밸브(Adjustable Flow Control Valve): 니들 밸브(Needle Valve) 형태
- 고정식 오리피스 밸브(Fixed Orifice Valve): 오리피스 크기가 일정
- 압력 보상형 유량제어 밸브(Pressure Compensated Flow Control Valve)
- 온도 보상형 유량제어 밸브(Temperature Compensated Flow Valve)
- 체크밸브 부착형 유량제어 밸브(Flow Control Valve with Check Valve)
- 우선 유량밸브(Priority Flow Control Valve)

---

57 4/3-way 밸브의 중립 위치 형식 중에서 A 포트가 막히고 다른 포트들은 서로 통하게 되어있는 형식은?

① 실린더 클로즈드 센터형 ② 탱크 클로즈드 센터형
③ 펌프 클로즈드 센터형 ④ 클로즈드 센터형

- 실린더 클로즈드 센터형: A, B 포트(실린더 포트): 막힘, P(펌프 포트), T(탱크 포트): 서로 연결
  - 실린더는 고정(클로즈드), 펌프 유량은 탱크로 우회
- 탱크 클로즈드 센터형: T 포트(탱크): 막힘, P, A, B 포트: 서로 연결
- 펌프 클로즈드 센터형: P 포트(펌프): 막힘, A, B, T 포트: 서로 연결
- 클로즈드 센터형: P, A, B, T 모든 포트: 막힘, 모든 유로가 차단되는 형식

---

58 SI(International System of Unit) 단위계에서 압력의 기본 단위는?

① kgf/cm^2 ② bar   ③ psi   ④ Pa

SI 단위계(국제단위계)에서 압력(Pressure)의 기본 단위는 파스칼(Pa)이다.
Pa 정의: 1 Pa = 1 N/m^2
즉, 단위 면적(1㎡)에 1 N의 힘이 작용하는 압력

59 전기동력장치에 비교한 유압동력장치의 특징이 아닌 것은?

① 힘의 증폭이 용이하다.
② 고속회전운동을 얻기는 어렵다.
③ 안정적으로 큰 힘을 얻을 수 있다.
④ 과부하가 걸릴 경우 불안정적이다.

전기동력장치와 비교한 유압동력장치의 특징
- 작은 입력으로도 높은 압력을 발생시켜 큰 힘을 쉽게 얻을 수 있다.
- 유압은 선형 운동(실린더)이나 저속·고토크 회전에 적합하지만, 전동기처럼 고속 회전에는 불리하다.
- 부드럽고 일정한 힘을 발생시켜 기계 가공, 성형, 중량물 이동 등에 적합하다.
- 유압장치는 릴리프 밸브 등 안전장치로 과부하 시 자동으로 입력을 방출하여 시스템을 보호할 수 있어 오히려 안전성이 높다.

60 유공압 제어요소와 일의 성격과의 짝으로 맞지 않는 것은?

① 유압작동기: 일의 세기 제어
② 유량제어 밸브: 일의 빠르기 제어
③ 방향제어 밸브: 일의 방향 제어
④ 압력제어 밸브: 일의 크기 제어

유압·공압 작동기(Actuator): 입력된 유량과 압력을 실제 기계적 일로 변환하는 장치
- 일을 발생시키는 요소

유량제어 밸브(Flow Control Valve): 유량을 제어하여 액추에이터의 속도를 조절
- 일의 빠르기 제어

방향제어 밸브(Directional Control Valve): 유체의 흐름 방향을 바꾸어 액추에이터의 동작 방향을 결정
- 일의 방향 제어

압력제어 밸브(Pressure Control Valve): 유압/공압 시스템의 압력을 조절
- 작용하는 힘(=일의 크기)을 제어, 즉, 일의 크기 제어

정/답   59 ④   60 ①

CBT 실전모의고사

GENERAL MECHANICAL ENGINEER

제1과목 | 자동제어

01 회전수 계측 센서 중 광학식 엔코더의 특징이 아닌 것은?

① 처리회로가 간단하다.
② 진동 및 충격에 약하다.
③ 고분해능화가 용이하다.
④ 디지털 신호이므로 노이즈 마진이 작다.

- 광학식 엔코더: 광학식 로터리 엔코더는 엔코더 중에서도 가장 널리 쓰이는 형태로, 패턴이 지정된 엔코더 휠 또는 디스크를 통해 빛이 통과될 때 센서를 이용하여 위치 변화를 식별하는 방식의 엔코더이다.
- 광학식 엔코더 특징
  - 먼지, 액체, 온도 등 여러 외부 요인에 의한 영향을 받는다.
  - 다양한 액체에 직접 노출되며, 주변 온도의 변화에 큰 영향을 받는다.
  - 실링이 제대로 이루어지지 않을 경우 모래, 염분, 먼지 등에 취약하다.
  - 고분해능 및 고정밀 측정이 가능하다.
  - 고정밀 로봇 및 공작기계에 사용된다.
  - 강한 자기장의 영향을 받는 환경에서 사용하기에 적합하다.
  - 디지털 신호이므로 노이즈 마진이 크다.
- 노이즈 마진: 디지털 신호가 여러 스테이지의 논리회로소자를 거치면서 목적지로 가는 동안 이 신호에 노이즈가 들어와도 원래의 값을 유지하여 목적지까지 도착할 수 있는지에 대한 의미

02 폐회로 제어계에서 설정값과 피드백 변수의 비교 연산 결과 발생하는 값은?

① 외란 ② 기준값 ③ 목표값 ④ 제어편차

- 외란: 제어 대상이 되는 온도, 압력, 수위 등에 대해 직접적으로 변화를 초래하는 원인
- 기준값: 제어계를 동작시키는 기준으로서 직접 폐루프에 가해지는 값이며, 목표치와 비례
- 목표값: 외부에서 주어지며 피드백 제어계에 속하지 않는 신호로 설정값이라고도 한다.

정/답 01 ④ 02 ④

03 다음 제어 방식 중 의미가 다른 하나는?

① 귀환제어 ② 개루프제어 ③ 폐루프제어 ④ 피드백제어

- 귀환제어: 제어계의 출력 신호의 일부를 입력부로 되돌리는 회로, 입출력 신호 사이의 관계를 유지하는 데 사용하는 제어
- 개루프제어: 시스템 내의 하나 또는 여러 개의 입력 변수가 약속된 법칙에 의하여 출력 변수에 영향을 미치는 제어
- 폐루프제어: 제어하고자 하는 하나의 변수가 계속 측정되어서 다른 변수, 즉 지령치와 비교되면 그 결과가 첫 번째의 변수를 지령치에 맞추도록 수정을 가하는 제어
- 피드백제어: 피드백에 의하여 제어량과 목표값을 비교하고 그들이 일치되도록 정정 동작을 하는 제어

04 3상 유도 전동기가 원래의 속도보다 저속으로 회전할 경우 원인으로 적절하지 않은 것은?

① 과부하 ② 퓨즈 단락 ③ 베어링 불량 ④ 축받이의 불량

퓨즈 단락은 전동기의 과열 원인에 속한다.

05 질량 M인 물체에 힘 f를 가하여 거리 x만큼 이동한 물리계의 전달함수는? (단, 초기조건은 0이다.)

① Ms ② $1/Ms$ ③ Ms^2 ④ $1/Ms^2$

2차 지연요소: 전달함수 특성방정식의 최고 차수가 2인 시스템

$f = Ma, \ a = \dfrac{f(t)}{M} = \dfrac{d^2 x(t)}{dt^2}$

$\dfrac{F(s)}{M} = s^2 X(s), \ G(s) = \dfrac{X(s)}{F(s)} = \dfrac{1}{Ms^2}$

초기조건이 0이므로, 이 전달함수는 시스템의 동적인 반응을 나타낸다.

06 되먹임 제어계에 해당되지 않는 것은?

① 공정제어 ② 수동조정 ③ 서보기구 ④ 자동조정

- 공정제어, 서보기구, 자동조정 등은 되먹임 제어계(Feedback Control Systems)에 해당한다. 자동 조정이 어려운 경우 수동조정을 하게 되는데, 수동조정은 제어 시스템에서 매개변수를 수동으로 조정하여 시스템의 성능을 최적화하는 과정이라 할 수 있다. 이러한 수동조정도 자동조정 대신에 이루어지는 것이라면 되먹임 제어계라 할 수 있는 부분도 있다.
- 공정제어는 시스템의 출력이 원하는 결과를 얻기 위해 입력을 조정하는 방식으로 작동한다. 이는 되먹임 루프를 통해 시스템의 현재 상태를 지속적으로 모니터링하고, 필요한 경우 조정을 통해 목표 상태를 유지하는 것을 포함한 제어 형태이다.
- 서보기구는 시스템의 출력이 원하는 결과를 얻기 위해 입력 신호에 따라 조정되는 되먹임 제어 시스템의 한 예이다. 속도 및 위치 제어에 있어 유용한 시스템이다.
- 자동조정은 시스템이 원하는 성능을 유지하도록 도와주는 방법 중 하나로, 시스템의 출력을 측정하고 입력을 조정하여 목표값에 도달하도록 하는 제어이다.

정/답 03 ② 04 ② 05 ④ 06 ②

07 제어계에서 가장 많이 이용되는 전자요소는?

① 변복조기　　② 가감산기　　③ 증폭기　　④ 주파수 변환기

> 제어계에서 사용되는 증폭기는 신호의 크기를 증가시켜 센서에서 오는 약한 신호를 처리하거나, 구동기를 제어하는 데 사용된다.

08 다음과 같은 블록선도의 등가 합성 전달 함수는?

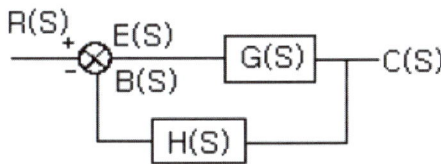

① $G(s) / 1-G(s)H(s)$
② $H(s) / 1-G(s)H(s)$
③ $G(s) / 1+G(s)H(s)$
④ $H(s) / 1+G(s)H(s)$

> $C(s) = E(s) \cdot G(s),\ B(s) = E(s) \cdot G(s) \cdot H(s)$
> $E(s) = R(s) - B(s) = R(s) - E(s) \cdot G(s) \cdot H(s)$
> $E(s) \cdot [1 + G(s) \cdot H(s)] = R(s)$
> $C(s) = \dfrac{R(s)}{1 + G(s) \cdot H(s)} \cdot G(s)$
> $\dfrac{C(s)}{R(s)} = \dfrac{G(s)}{1 + G(s) \cdot H(s)}$

09 라플라스 변환의 특징이 아닌 것은?

① 주파수 영역에 대한 해석을 쉽게 한다.
② 미분방정식을 선형 방정식화 한다.
③ 위상(Phase)과 밀접한 관계가 있다.
④ 초기값을 무시할 수 있다.

> **라플라스 변환의 특징**
> • 시간 영역의 함수를 복소수 주파수 영역의 함수로 변환하는 수학적 기법이다.
> • 라플라스 변환은 선형 연산자이다.
> • 미분과 적분 연산을 간단한 곱셈과 나눗셈으로 변환할 수 있다.
> • 시스템의 초기 및 최종 상태를 쉽게 구할 수 있다.
> • 각 함수에 대해 유일한 라플라스 변환이 존재한다.
> • 모든 복소수에서 수렴하진 않는다.
> • 라플라스 변환의 식이 같아도 수렴하는 복소수가 달라진다.
> • 서로 다른 신호에서 같은 식의 라플라스 변환이 만들어질 수 있다.

정/답　07 ③　08 ③　09 ④

10 순차 제어와 되먹임 제어의 차이점은?

① 조절부　　　② 조작부　　　③ 출력부　　　④ 비교부

> 순차 제어는 정해진 순서대로 작업을 수행하는 반면, 되먹임 제어는 실시간으로 공정을 조정하여 목표를 달성해 가는 제어이다. 즉, 되먹임 제어는 시스템의 출력과 기준 입력을 비교하고, 그 차이(오차)를 감소시켜 가며 목표를 달성하는 피드백 제어이다.

11 PLC 출력부에 부착하여 사용할 수 없는 것은?

① 전자 밸브　　　② 리밋 스위치　　　③ 전자 클러치　　　④ 파일럿 램프

> - 사용 가능한 출력측 부하: 전자밸브, 전자클러치, 파일럿램프, 모터 등
> - 리밋 스위치는 입력장치(Input Device)로, 기계의 위치나 동작을 감지하여 PLC 입력단자로 신호를 보내는 역할을 한다.

12 PLC 입력부에 사용되는 기기가 아닌 것은?

① 엔코더　　　② 근접센서　　　③ 전자밸브　　　④ 리밋 스위치

> 외부 신호를 PLC로 입력하는 기기: 리밋 스위치, 근접센서, 엔코더, 포토센서 등

13 공정 제어의 제어량(온도, 압력)으로 하는 제어로 목표값이 일정한 제어방식은?

① 자동조건　　　② 서보 제어　　　③ 프로그램 제어　　　④ 프로세스 제어

> - 자동조건: 특정 조건에서 자동 동작하는 단순 자동제어
> - 서보 제어: 목표값이 시간에 따라 변하는 제어(위치·속도 제어 등)
> - 프로그램 제어: 사전에 정해진 순서나 시간표에 따라 제어

14 보드선도에서 -3dB 점이란 기준 크기의 얼마인가?

① $\dfrac{1}{2}$　　　② $\dfrac{1}{\sqrt{2}}$　　　③ $\dfrac{1}{3}$　　　④ $\dfrac{1}{\sqrt{3}}$

> - 보드선도(Bode Diagram)에서 -3dB 점은 시스템의 이득(Gain)이 최대값의 3dB 감소한 지점이다.
> - 데시벨(dB)은 전압비를 로그로 표시한 값: $-3\text{dB} = 20\log_{10}(V/V_0)$
>
> $\dfrac{V}{V_0} = 0.707 \approx \dfrac{1}{\sqrt{2}}$

정/답　10 ④　11 ②　12 ③　13 ④　14 ②

15 서보기구에서 제어량에 속하는 것은?

① 수위, PH　　② 온도, 압력　　③ 위치, 각도　　④ 속도, 전기량

> 서보기구(Servo Mechanism)는 외부에서 주어진 목표값(명령량)을 따라가도록 위치(Position), 속도(Speed), 각도(Angle) 등을 정밀하게 제어하는 장치이다.

16 시퀀스제어의 구성에서 검출부에 해당되지 않은 것은?

① 타이머　　② 리밋스위치　　③ 압력스위치　　④ 온도스위치

> - 시퀀스 제어(Sequence Control)는 입력신호의 순서와 조건에 따라 출력 동작이 순차적으로 이루어지도록 하는 제어이다. 일반적으로 다음의 3부분으로 구성된다.
>   - 검출부(Detection Unit): 외부의 상태를 감지하여 신호를 보내는 부분으로 리밋 스위치, 압력 스위치, 온도 스위치, 근접 센서 등이 해당한다.
>   - 제어부(Control Unit): 입력 신호를 논리적으로 판단하여 출력을 제어하는 부분으로 릴레이, PLC, 타이머, 카운터 등이 해당한다.
>   - 조작부(Operation Unit): 제어신호를 받아 실제로 동작하는 부분이고 솔레노이드 밸브, 모터, 램프 등이 해당한다.

17 제어 시스템을 해석하기 위해서는 시스템에 여러 종류의 시험 신호(test signal)를 사용하게 된다. 만일, 시스템에 갑작스런 외란이 들어왔을 때 유지되게 하려면 어떤 시험 신호(test signal)를 사용해야 하는가?

① 계단함수　　② 램프함수　　③ 사인함수　　④ 포물선함수

> - 임펄스 함수: 순간적인 충격 입력에 의한 것으로 시스템의 임펄스 응답용이고 초기 응답 특성 확인에 유용하다.
> - 계단 함수: 갑작스런 변화 입력 형태이고 시스템의 안정성·정상상태 응답 확인용으로 적당하고 외란(갑작스런 변화)에 대한 안정성 평가에 유용한 특징이 있다.
> - 램프 함수: 일정 속도로 증가하는 형태이고 속도형 시스템 응답 분석용으로 적당하며 추종성 분석에 유용하다.
> - 포물선 함수: 가속도 형태 증가형이며, 위치 오차 및 고차 시스템 분석용으로 이용된다.
> - 사인 함수: 주기적 입력 형태로 주파수 응답 분석용으로 이용된다.

정/답　15 ③　16 ①　17 ①

18 스테핑 모터에 대한 설명으로 틀린 것은?

① 고속 운전 시에 탈조하기 쉽다.
② 회전각 검출을 위한 피드백이 필요 없다.
③ 스테핑 모터의 총 회전각은 입력 펄스의 총수에 비례한다.
④ 1스텝당 각도 오차가 작고 회전각 오차는 스텝마다 누적된다.

스테핑 모터(Stepping Motor)는 입력되는 펄스 신호의 수와 주파수에 따라 회전각과 속도가 결정되는 개폐형(디지털형) 구동 모터이다.
- 탈조(step-out): 입력된 펄스 신호에 모터의 회전이 맞춰서 따라가지 못하는 현상
- "1펄스 → 1스텝(일정 각도 회전)" 이런 식으로 한 펄스당 한 번씩 정확히 회전해야 함

---

19 PLC(Programmable Logic Controller)의 주요 구성요소로만 짝지어진 것은?

① CPU, 기억장치, 하드웨어, 통신 네트워크
② CPU, 기억장치, 입·출력장치, bus 커넥터
③ CPU, Power Supply, 기억장치, 입·출력장치
④ CPU, Power Supply, 하드웨어, 입·출력장치

- PLC의 기본 구성요소는 크게 4가지
  - 전원부(Power Supply): 전체 모듈에 전원 공급
  - 중앙처리장치(CPU): 제어의 핵심, 연산 및 판단 수행
  - 기억장치(Memory): 프로그램 및 데이터 저장
  - 입·출력장치(I/O Unit): 외부와의 신호 교환

---

20 전압, 주파수를 제어량으로 하고 목표값을 장시간 일정하게 유지하도록 하는 제어는?

① 비율제어   ② 서보기구   ③ 자동조정   ④ 추종제어

- 비율제어(Ratio Control): 두 변수의 비율이 일정하도록 제어
- 서보기구(Servo Control): 목표값이 시간에 따라 변하는 제어
- 자동조정(Automatic Regulation): 목표값이 일정하고, 외란에도 일정값 유지
- 추종제어(Follow-up Control): 목표값의 변화를 실시간으로 따라가는 제어

정/답   18 ④   19 ③   20 ③

제2과목 | 기계요소설계

21 기하공차를 나타내는데 있어서 대상면의 표면은 0.1mm만큼 떨어진 두 개의 평행한 평면 사이에 있어야 한다는 것을 나타낸 것은?

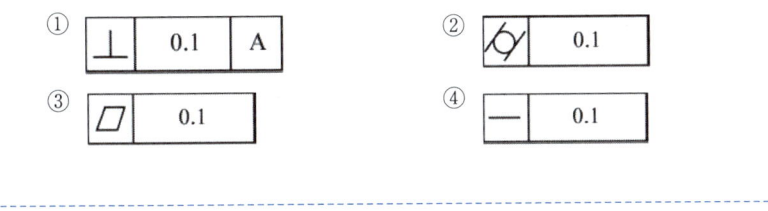

― : 진직도   ⊥ : 직각도   ▱ : 평면도   ⌭ : 원통도

22 기계제도의 투상법의 설명으로 맞는 것은?

① 동일한 부품을 각각 제1각법과 제3각법으로 도면을 작성할 경우 배면도의 투상도는 다르다.
② 제3각법은 평면도가 정면도 위에 우측면도는 정면도 오른쪽에 있다.
③ 제1각법은 물체와 눈 사이에 투상면이 있는 것이다.
④ KS규격은 제3각법만을 사용한다.

정투상법에는 제1각법과 제3각법이 있다. 제1각법은 물체를 보는 위치에서 물체 뒷면의 투상면에 비춰 투상하는 방법이고 제3각법은 물체를 보는 위치에서 물체 앞면의 투상면에 반사되도록 하여 투상하는 방법이다.

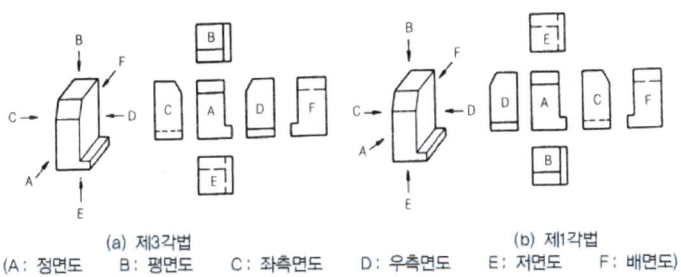

(a) 제3각법   (b) 제1각법
(A: 정면도   B: 평면도   C: 좌측면도   D: 우측면도   E: 저면도   F: 배면도)

정/답   21 ③   22 ②

23 그림과 같은 정면도와 우측면도에 가장 적합한 평면도는?

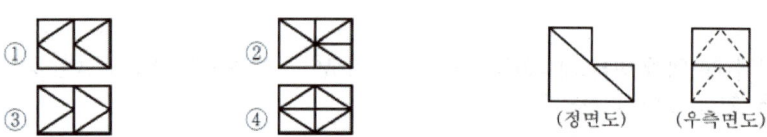

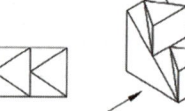

평면도와 입체도는 다음과 같다.
- 정면도와 우측면도로부터 평면도는 3각형의 꼭지점이 왼쪽에 위치해야 한다.
- 우측면도로부터 평면도는 실선으로 표기되어야 함을 할 수 있다.

24 다음 보기는 V벨트 제품의 호칭을 나타낸 것이다. '2032'가 의미하는 것은?

[보기]	일반용 V벨트 A 80 또는 2032

① 명칭   ② 종류   ③ 호칭번호   ④ V벨트의 길이

- A: V 벨트 규격, 80 또는 2032: V 벨트 길이(인치)

25 와셔를 굽히거나 구멍을 만들어 그곳에 끼운 후 볼트, 너트의 풀림을 방지하는 와셔는?

① 폴 와셔   ② 고무 와셔   ③ 스프링 와셔   ④ 락 플레이트 와셔

- 폴 와셔: 너트의 이완을 방지하는 와셔
- 고무 와셔: 너트의 누수, 누유를 방지하는 와셔
- 스프링 와셔: 너트로 전달되는 진동을 방지하는 와셔
- 락 플레이트 와셔: 너트가 진동과 충격에 의해 풀림을 방지하는 와셔

정/답   23 ①   24 ④   25 ①

26 다음 중 운동체와 정지체의 기계적 접촉에 의해 운동체를 감속 또는 정지시키고, 정지 상태를 유지하는 기능을 가진 요소로 맞는 것은?

① 클러치 ② 감속기 ③ 래칫 휠 ④ 브레이크

- 클러치: 한 축에서 다른 축으로 동력을 끊었다 이었다 하는 장치
- 감속기: 한 축에서 다른 축으로 동력을 전달할 때, 회전 속도를 줄이는 장치
- 래칫 휠: 휠의 주위에 특별한 형태의 이를 갖고 이것에 스토퍼를 물려, 축의 역회전을 막기도 하고, 간헐적으로 축을 회전시키기도 하는 톱니바퀴

27 일반 구조용 압연 강제의 재료기호가 SS 235일 경우 "235"의 의미로 옳은 것은?

① 연신율이 23.5% 이상이다.
② 최저항복강도가 235N/mm²
③ 평균 탄소함유량은 2.35%이다.
④ 최저탄성한도가 235N/mm²

- SS: Structural Steel(구조용 압연강재)
- 235: 재료의 최소 항복강도(N/mm² = MPa)

28 볼트 부품을 제도할 때 수나사의 완전 나사부와 불완전 나사부의 경계선을 나타내는 선은?

① 가는 실선 ② 가는 1점 쇄선 ③ 굵은 실선 ④ 굵은 1점 쇄선

나사의 제도법
- 수나사의 바깥 지름과 암나사의 안 지름을 나타내는 선은 굵은 실선으로 그린다.
- 수나사와 암나사의 골을 표시하는 선은 가는 실선으로 그린다.
- 완전 나사부와 불완전 나사부의 경계선은 굵은 실선으로 그린다.
- 암나사 탭 구멍의 드릴 자리는 120°의 굵은 실선으로 그린다.
- 가려서 보이지 않는 부분의 나사부는 파선으로 그린다.
- 보통 골 밑을 나타내는 선은 산봉우리보다 가는 선으로 한다.
- 수나사와 암나사가 끼워져 있음을 나타내는 단면은 수나사 쪽을 주로 하여 그린다.
- 수나사와 암나사의 측면 도시에는 각각의 골지름은 가는 실선으로 약 3/4 원으로 그린다.

29 전동기의 출력이 300kW이고 회전수가 1,500rpm인 경우에 전동기의 토크[N·m]는 약 얼마인가?

① 1910 ② 3000 ③ 3900 ④ 5000

$$T = \frac{H}{\omega} = \frac{60H}{2\pi N} = \frac{60 \times 300 \times 10^3}{2 \times \pi \times 1500} = 1909.86 N \cdot m$$

정/답 26 ④ 27 ② 28 ③ 29 ①

30 풀리(pulley)나 기어(gear) 등이 장착되어 회전하는 축에서 발생되는 모멘트의 설명으로 옳은 것은?

① 굽힘 모멘트만 발생한다.
② 굽힘 모멘트와 비틀림 모멘트가 동시에 발생한다.
③ 비틀림 모멘트만 발생한다.
④ 굽힘 모멘트와 비틀림 모멘트가 전혀 발생하지 않는다.

- 풀리(Pulley)나 기어(Gear)는 축에 장착되어 회전하면서 회전력(토크)을 전달한다.
  - 전동력 전달에 의한 토크 : 축에 비틀림 모멘트 발생
  - 풀리 또는 기어가 받는 하중(벨트 장력, 치압력 등): 축에 굽힘 모멘트 발생
  - 기어의 경우 치합력(압력각 방향의 힘)이 축을 휘게 하고, 동시에 동력을 전달하기 위해 회전 토크가 걸리므로 굽힘 모멘트와 비틀림 모멘트가 함께 발생하게 된다.

31 구름 베어링 호칭번호 '7310 C DB'에 대한 설명으로 틀린 것은?

① DB: 보조 기호로 양쪽 내부 틈새를 나타낸다.
② 10: 안지름 번호로 베어링 안지름 치수는 50mm이다.
③ C: 접촉각 기호로 호칭 접촉각이 10° 초과 22° 이하이다.
④ 73: 베어링 계열 기호로서 단열 앵귤러볼 베어링을 나타낸다.

호칭번호 7310 C DB의 각 부분 의미
- 73: 베어링 계열 기호, 단열 앵귤러 콘택트 볼 베어링(Angular Contact Ball Bearing)
- 10: 안지름 번호, 내경 10 × 5 = 50mm
- C: 접촉각 기호, C는 15° 접촉각을 의미(호칭 접촉각이 10° 초과 22° 이하)
- DB: 배열기호, Back-to-Back(등뒤배열) 배치를 의미
 ; 주로 2개의 앵귤러 볼 베어링을 마주 보게 조립하여 축방향 하중에 대한 강성을 높이고, 모멘트 하중에도 견딜 수 있도록 한 배열 방식이다.

32 회전 모멘트에 대한 설명이 틀린 것은?

① 힘이 가해지는 곳까지의 선분과 힘이 이루는 각이 180°일 때 회전 모멘트는 크다.
② 회전 모멘트의 단위는 힘과 거리 단위의 곱이다.
③ 회전 중심에서 힘이 가해지는 곳까지의 선분 길이가 길면 회전 모멘트는 크다.
④ 물체에 가하는 힘이 크면 회전 모멘트는 크다.

회전 모멘트(Torque, 비틀림 모멘트)는 다음과 같이 공식으로 표현된다.
$M = F \cdot d \cdot \sin\theta$
F: 가해진 힘
d: 회전 중심에서 힘 작용점까지의 거리
θ: 힘과 레버 암이 이루는 각

정/답 30 ② 31 ① 32 ①

33 그림과 같이 물체의 구멍이나 홈 등 일부분의 특정 부분만 그려서 나타낸 것은?

① 국부 투상도
② 부분 투상도
③ 회전 투상도
④ 보조 투상도

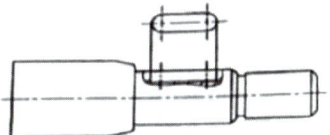

| 부분 투상도 | 회전 투상도 | 보조 투상도 |

34 가공 방법의 약호 중 FR이 뜻하는 것은?

① 리밍가공   ② 호닝가공   ③ 줄 다듬질   ④ 브로칭가공

가공방법에 따른 기호

가공 방법	약호		가공 방법	약호	
선반가공	L	선반	호닝가공	GH	호닝
드릴가공	D	드릴	액체 호닝가공	SPL	액체 호닝
보링머신가공	B	보링	배럴 연마가공	SPBR	배럴
밀링가공	M	밀링	버프 다듬질	FB	버프
평삭반가공	P	평삭	블라스트 다듬질	SB	블라스트
형삭반가공	SH	형삭	래핑 다듬질	FL	래핑
브로치가공	BR	브로치	줄 다듬질	FF	줄
리머가공	FR	리머	스크레이퍼 다듬질	FS	스크레이퍼
연삭가공	G	연삭	페이퍼 다듬질	FCA	페이퍼
벨트샌딩가공	GB	포연	주조	C	주조

정/답 33 ① 34 ①

35 나사의 종류를 표시하는 기호가 잘못 연결된 것은?

① 미터 가는 나사: M
② 유니파이 보통 나사: UNC
③ 유니파이 가는 나사: UNF
④ 30도 사다리꼴 나사: TW

나사의 종류별 표시 기호

구분	나사의 종류		표시 기호	표시 예
일반용	ISO 규격에 있음	미터 보통나사	M	M8
		미터 가는나사		M8×1
		미니어처나사	S	S0.5
		유니파이 보통나사	UNC	3/8-16UNC
		유니파이 가는나사	UNF	No.8-36UNF
		미터 사다리꼴나사	Tr	Tr10×2
		관용 테이퍼나사 — 테이퍼 수나사	R	R3/4
		관용 테이퍼나사 — 테이퍼 암나사	Rc	Rc3/4
		관용 테이퍼나사 — 평행 암나사	Rp	Rp3/4
	ISO 규격에 없음	관용 평행나사	G	G1/2
		30° 사다리꼴나사	TM	TM18
		29° 사다리꼴나사	TW	TW20
		관용 테이퍼나사 — 테이퍼나사	PT	PT7
		관용 테이퍼나사 — 평행 암나사	PS	PS7
		관용 평행나사	PF	PF7

36 942kN-m의 토크를 전달하는 지름 50mm인 축에 사용할 묻힘키(폭×높이=12mm×8mm)의 길이는 최소 몇 mm 이상이어야 하는가?(단, 키의 전단응력은 7848N/mm²이다.)

① 60   ② 50   ③ 40   ④ 30

$\tau = \dfrac{2T}{bld}$, $78.48 = \dfrac{2 \times 942 \times 10^3}{12 \times l \times 50}$, $l = 40mm$

정/답   35 ④   36 ③

37 판 스프링(leaf Spring)의 특징에 관한 설명으로 거리가 먼 것은?

① 판 사이의 마찰작용으로 인해 미소 진동의 흡수에 유리하다.
② 트럭 및 철도차량의 현가장치로 주로 이용된다.
③ 내구성이 좋고 유지보수가 용이하다.
④ 판 사이의 마찰에 의해 진동을 감쇠한다.

- 판 스프링(Leaf Spring)은 여러 장의 판(steel plate)을 겹쳐 만든 스프링이다. 주로 자동차(특히 트럭, 버스 등 상용차) 및 철도차량의 현가장치(suspension system)에 사용되고 있다.
- 판 스프링은 마찰에 의한 감쇠(damping) 기능이 있긴 하나, 이 마찰이 제어되지 않고 불규칙한(stiction) 상태가 되어 승차감과 조작성에 부정적 영향을 줄 수 있다.

38 너클 핀 이음에서 인장력이 50kN인 핀의 허용전단응력을 50MPa이라고 할 때, 핀의 지름 d는 몇 mm인가?

① 35.7   ② 28.2   ③ 25.2   ④ 22.8

$\tau = \dfrac{W}{2\dfrac{\pi d^2}{4}}$, $50 = \dfrac{2 \times 50 \times 10^3}{\pi \times d^2}$, $d = 25.23 mm$

39 어떤 축이 굽힘모멘트 M과 비틀림모멘트 T를 동시에 받고 있을 때, 최대 주응력설에 의한 상당 굽힘모멘트 M_e는?

① $M_e = \dfrac{1}{2}(M^2 + \sqrt{M^2 + T^2})$
② $M_e = \dfrac{1}{2}(M + \sqrt{M^2 + T^2})$
③ $M_e = \dfrac{1}{2}(M^2 + \sqrt{M + T})$
④ $M_e = \dfrac{1}{2}(M + \sqrt{M + T})$

상당 굽힘모멘트 $M_e = \dfrac{1}{2}(M + \sqrt{M^2 + T^2})$

상당 비틀림모멘트 $T_e = \sqrt{M^2 + T^2}$

정/답 37 ③   38 ③   39 ②

40 도면(위치도)에 치수가 다음과 같이 표시되어 있는 경우 치수의 외곽에 표시된 직사각형은 무엇을 뜻하는가?

① 참고치수
② 이론적으로 정확한 치수
③ 완성치수
④ 다듬질 전 소재 가공치수

$\boxed{30}$

- 참고치수: ( ) 괄호 안에 표시[예: (40)]
- 이론적으로 정확한 치수: □ 사각형 안에 표시
- 완성치수: 도면 일반 치수 그대로 표시, 별도 표시 없음
- 다듬질 전 소재 가공치수: 원주(○) 또는 별도의 지시문으로 표시

정/답 40 ②

제3과목 | 공유압

41 다음은 압력에 관한 설명이다. 적절한 설명에 해당하지 않는 것은?

① 절대압력=계기압력+표준대기압
② 대기압보다 높으면 정압, 낮으면 부압이라 한다.
③ 진공도는 항상 절대압력으로 나타낸다.
④ 절대진공도=표준대기압+진공계압력

- 게이지상의 진공도는 대기압을 0으로 놓고 완전진공을 760mmHg로 표시하는 것
- 절대 진공도는 대기압(760mmHg)에서 게이지상의 진공도를 뺀 값으로 나타낸다.

42 다음 중 방향제어 밸브의 조작 방식 기호 중 기계적 방식이 아닌 것은?

플런저 방식(기계조작)	직동형(전자조작)
롤러(기계조작)	스프링

43 다음 중 유압 작동유의 점도가 너무 높을 경우에 대한 설명으로 적절하지 않은 것은?

① 동력 손실의 증대
② 기계 마찰 부분의 마모 증대
③ 내부 마찰의 증대와 온도 상승
④ 작동유의 비활성

유압 작동유의 점도가 높을 경우
- 유동 저항이 증가하여 압력손실이 커진다.
- 마찰이 증가한다.
- 동력손실이 증가한다.
- 캐비테이션이 발생한다.

유압 작동유의 점도가 낮을 경우
- 누설 가능성이 커진다.
- 압력을 유지하기 힘들다.
- 용적효율이 떨어진다.
- 윤활유로서의 역할이 힘들어진다.

정/답 41 ④ 42 ③ 43 ②

44 리드 스위치의 일반적인 특성으로 적당하지 않은 것은?

① 회로 구성이 복잡하다.   ② 소형, 경량이다.
③ 반복 정밀도가 높다.   ④ 스위칭 시간이 짧다.

> 리드스위치란, 두 개의 끝단에 강한 자성체의 성격을 가진 금속 리드 소자를 아주 미세한 간격으로 겹치게 한 후, 유리관에 넣고 밀봉한 형태로서 구성이 간단하다.

45 다음 중 일반적인 단동실린더의 속도제어에 적합한 방법으로 맞는 것은?

① 블리드 오프 제어   ② 미터 아웃 제어
③ 미터 인 제어   ④ 재생 제어

> 단동실린더는 실린더 내부 스프링에 의해 후진하고, 전진 시에만 유체의 압력을 공급하여 전진하는 실린더이다. 여기서, 미터 인 제어의 경우 실린더로 공급되는 유체의 양을 조절하는 방식이며, 미터 아웃 제어의 경우 실린더에서 배출되는 유체의 양을 조절하는 방식이므로 전진 시에는 미터 인 방식으로 속도제어가 되지만, 미터 아웃 방식을 사용할 때는 스프링 때문에 정확한 속도제어가 불가능하다.

46 다음 중 일반적인 공압 발생장치를 구성하는 기기의 배치 순서로 맞는 것은?

① 공기 압축기→공압 조정 유닛→에어드라이어→저장탱크→후부 냉각기→배관
② 공기 압축기→냉각기→저장탱크→에어드라이어→공압 조정 유닛
③ 공기 압축기→저장탱크→에어드라이어→후부 냉각기→배관 및 공압 조정 유닛
④ 공기 압축기→에어드라이어→저장탱크→후부 냉각기→배관 및 공압 조정 유닛

> • 공기 압축기: 외부의 공기를 흡입하여 압축기에 의해 공압을 발생시키는 장치
> • 냉각기: 생성된 공압은 높은 열을 가지고 있으므로 냉각기를 통해 온도를 낮추어 시스템에 공급해야 열화가 발생하지 않는다.
> • 저장탱크: 생성된 공압을 저장하는 장치
> • 에어드라이어: 생성된 공압에 있는 수분을 제거하는 장치로 수분이 함유된 공압이 밸브나 실린더로 전달될 경우 녹과 같은 열화가 발생한다.
> • 공압 조정 유닛: 보통 서비스유닛이라 부르며, 시스템으로 공급되기 전 필터, 압력조절밸브, 윤활기를 통해 사용자가 원하는 압력으로 시스템에 공급하도록 해주는 장치

47 공유압의 동력은 다음의 무엇을 나타내는가?

① 에너지   ② 일량   ③ 거리   ④ 일률

> 일률: 단위시간 동안에 이루어지는 일의 양

정/답   44 ①   45 ③   46 ②   47 ④

48 다음 중 유압모터의 관성력으로 인한 펌프작용을 방지하기 위해 필요한 보상회로의 명칭은?

① 일정 토크 구동 회로
② 유압모터 직렬 회로
③ 브레이크 회로
④ 유압모터 병렬 회로

- 브레이크 회로: 시동시의 서지압력 방지나, 정지시키고자 할 경우에 유압적으로 제동을 부여하는 회로로서 카운터밸런스 밸브 혹은 압력릴리프밸브가 사용된다.
- 유압모터 병렬 회로: 병렬배치 미터 인 회로와 병렬배치 미터 아웃 회로가 있다. 미터 인 회로는 유압모터를 독립적으로 구동, 정지, 속도제어가 되는 이점이 있다. 미터 아웃 회로는 각 유압모터의 속도를 제어하고, 유압 모터의 부하 변동에 따라, 다른 유압모터의 회전속도에 영향을 주기 쉽다.
- 유압모터 직렬 회로: 유압모터를 직렬로 배치하면 펌프의 용량을 작게 할 수 있고, 또 유량분배장치도 생략 가능하다. 회로의 일부 관지름은 병렬배치의 경우보다 작아지고, 압력관과 귀환관은 각 한 개의 관으로 충분하며 펌프 송출압력은 각 유압모터의 압력강하의 합으로 인해 증가한다.
- 일정 토크 구동 회로: 유압모터축의 최대토크를 전속도 범위에 걸쳐 일정히 할 수 있으므로 인쇄기계, 제지기계, 고무나 직물기계 등의 구동에 적합하다.

49 다음 중 방향제어 밸브의 구조 중 스풀 방식의 밸브에 대한 설명으로 맞지 않는 것은?

① 밸브 습동 부분에서의 내부 누설이 없고 조작이 확실하다.
② 다양한 조작방식을 쉽게 적용할 수 있다.
③ 다양한 유압 흐름의 형식을 쉽게 설계할 수 있다.
④ 전환밸브에서 가장 널리 사용되는 형식이다.

포펫밸브의 특징
- 디지털 제어에 적합
- 밀봉성이 우수
- 작동유의 오염에 강함
- 큰 조작력이 필요
- 시트 표면 마모가 쉽게 일어남
- 압력제어밸브로 많이 사용됨

스풀밸브의 특징
- 포트부의 개구면적을 연속적으로 변화 가능함
- 높은 가공 정밀도 요구됨
- 작동유 오염에 취약
- 스풀과 슬리브 사이의 틈새에 누설 가능함
- 방향제어밸브로 주로 사용됨

50 SI 단위계에서 힘을 표시하는 단위는?

① 뉴턴(N)
② 파스칼(Pa)
③ 와트(W)
④ 바(bar)

- 바(bar): 압력의 단위이지만 SI단위에는 해당하지 않고 피트-파운드 단위계이다.
- 뉴턴(N): 힘의 단위
- 와트(W): 일률, 전력의 단위

정/답 48 ③ 49 ① 50 ①

51 다음 중 터보형 압축기의 종류에 해당하는 것은?

① 나사식 압축기　② 축류식 압축기　③ 왕복식 압축기　④ 회전식 압축기

- 왕복식 압축기: 실린더 내를 피스톤이 왕복 운동을 함으로써 공기를 압축하는 방식이며, 밸브 개폐에 시간이 걸리기 때문에 피스톤의 이동속도를 낮게 해야 하며, 진동이 발생하기 쉽다.
- 터보형 압축기: 모터나 다른 동력원으로부터 구동력을 가하여 익을 회전시켜, 회전하는 익(Vane) 사이를 공기가 통과하는 사이에 발생하는 익의 양력에 의하여 일을 얻어 공기를 압축하는 형식
- 나사식 압축기: 기체를 나사부의 공간에 압입하고 압축하여 압력을 높이는 장치로서, 나사부 및 기관 내에서 윤활유를 사용하지 않는 것으로 청정한 압축공기를 얻을 수 있고 고속회전하며 소형, 경량이다.
- 축류식 압축기: 동일한 중심을 가진 일련의 회전하는 회전자와 고정자를 축 방향으로 흐르게 하고, 단면적이 점점 줄어들어 공기를 단계적으로 압축하는 압축기이다.
- 회전식 압축기: 회전운동을 하는 로터에 의해 가스를 흡입 또는 배출하는 방식의 압축기

52 유압 작동유가 구비하여야 할 조건 중 틀린 것은?

① 장시간 사용하여도 화학적으로 안전되어야 한다.
② 열을 방출시킬 수 있어야 한다.
③ 적절한 점도가 유지되어야 한다.
④ 압축성이어야 한다.

유압 작동유가 갖추어야 할 기본 조건
- 화학적 안정성: 장시간 사용하여도 산화나 열화가 적어야 한다.
- 냉각성(열 방출성): 마찰이나 압축에 의해 발생한 열을 흡수·방출할 수 있어야 한다.
- 점도: 너무 묽거나(누유·마찰 증가) 너무 끈적이지 않아야 하며, 사용 온도 범위에서 점도 변화가 적어야 한다.
- 비압축성: 유압의 가장 중요한 특성은 액체의 압축성이 매우 작아 힘 전달이 신속하고 정확해야 한다는 점이다.

53 관성으로 인한 충격으로 실린더가 손상되는 것을 방지하기 위해 쿠션장치가 내장된 공기압 실린더에 부착하여 함께 사용하면 쿠션 효과가 감소되는 것은?

① 파일럿 체크 밸브　② 압력 조절 밸브
③ 교축 릴리프 밸브　④ 급속 배기 밸브

공기압 실린더의 쿠션 장치(cushion device)는 피스톤이 종단 위치에 도달할 때의 관성 충격을 완화하기 위해, 배기 공기의 흐름을 일시적으로 조절·제한하여 속도를 줄여주는 장치이다.
- 실린더에 급속 배기 밸브(Quick Exhaust Valve)를 부착했을 때 발생하는 현상
  - 쿠션 장치는 배기구 쪽으로 흐르는 공기를 제한하여 감속 효과를 내는데, 급속 배기 밸브는 배기 공기를 실린더 포트 바로 근처에서 빠르게 외부로 배출시킨다. 결과적으로 쿠션 효과가 사라지거나 크게 감소하게 된다.

정/답　51 ②　52 ④　53 ④

54 유압 시스템의 특징으로 옳은 것은?

① 고압에서도 누유의 위험이 없다.
② 원격조작이 불가능하다.
③ 온도의 변화에 둔감하다.
④ 무단 변속이 가능하다.

유압 시스템의 특징(장점 및 단점)
- 큰 출력을 작고 가벼운 장치로 얻을 수 있다.
- 무단 변속(연속적인 속도 제어)이 가능하여 밸브 제어로 속도를 자유롭게 조절이 가능하다.
- 정역 회전 및 원격 조작이 용이하다.
- 과부하 시 안전밸브 작동으로 장치 보호가 가능하다.
- 누유의 위험이 있다(특히 고압일수록 더 심각).
- 온도 변화에 따라 점도 변화가 발생하여 동작 특성에 영향을 준다.
- 장치가 복잡하고 가격이 고가이다.

---

55 공기압의 특징으로 옳지 않은 것은?

① 폭발 및 화재의 위험이 적다.
② 에너지로서 저장성이 있다.
③ 균일한 속도를 얻기 힘들다.
④ 비압축성이다.

공기압의 주요 특징
- 안전성: 공기는 불연성이라서 폭발 및 화재 위험이 적다.
- 저장성: 압축 공기를 탱크에 저장해 두고 필요할 때 사용할 수 있다.
- 제어 특성: 압축성 때문에 균일한 속도를 얻기 어렵고 충격적인 동작이 발생할 수 있다.
- 압축성: 공기는 액체와 달리 잘 압축되므로 충격 흡수나 완충 효과는 있으나, 힘의 전달이 일정하지 않아 정밀 제어에는 불리하다.

---

56 축압기의 사용 목적이 아닌 것은?

① 유압에너지 축적
② 맥동흡수
③ 압력보상
④ 누유방지

- 축압기(Accumulator)는 유압 시스템에서 유압 에너지 저장 및 보조 역할을 하는 장치이다.
  - 유압에너지 축적: 펌프가 공급한 압력유를 고압 상태로 저장, 필요시 방출하여 순간적인 대유량 공급 가능
  - 맥동 흡수: 펌프 토출 압력의 맥동(pulsation)이나 충격 압력(spike)을 흡수하여 회로 안정화
  - 압력 보상: 유량 변화나 온도 변화에 따른 압력 변동을 흡수하여 시스템 압력 안정화
  - 부가적 기능: 비상 시 유압 공급원으로 사용 가능, 펌프 고장이나 정전 시 제한적인 동작 가능
- 실링 장치: 누유 방지(유압유가 외부로 새는 것 방지), 외부 오염물 침투 차단, 압력 유지
  - 유압 실링 장치 종류: 오일실, O-링, 패킹류 등

정/답   54 ④   55 ④   56 ④

57 압축공기 저장탱크의 구성요소가 아닌 것은?

① 배수기　　② 유량계　　③ 압력계　　④ 압력 안전밸브

- 압축공기 저장탱크(에어 리시버, Air Receiver Tank)의 주요 구성 요소
  - 압력계(Pressure Gauge): 탱크 내부 압력을 확인
  - 압력 안전밸브(Safety Valve): 설정 압력 이상 시 자동 개방하여 폭발 방지
  - 배수기(Drain Valve): 압축공기 중 응축수(수분, 오일 등)를 제거
- 유량계: 배관에서 압축공기 사용량 모니터링, 공정 관리, 에너지 절약 목적으로 별도 설치할 수 있다.

58 공유압 장치의 주요 점검요소가 아닌 것은?

① 누유　　② 노이즈　　③ 계기류　　④ 부하 상태

- 공유압 장치의 점검은 주로 작동유 상태, 기계적 누유·누기, 계기류 상태, 부하 조건 등을 확인하는 것이 핵심이다.
- 노이즈: 이상소음 발생 시 원인 진단 항목은 될 수 있으나, 정기 점검 핵심 요소는 아니다.

59 실린더를 선정할 때 주요 고려 사항이 아닌 것은?

① 스트로크　　　　　　　　② 실린더의 작동속도
③ 유압 펌프의 종류　　　　④ 부하의 크기와 그것을 움직이는 데 필요한 힘

실린더를 선정할 때는 실린더 자체의 조건과 부하 조건이 가장 중요하고 그 외의 고려 사항
- 스트로크(Stroke): 실린더가 왕복할 거리, 작업 범위와 기계 구조에 맞추어 선정해야 한다.
- 실린더의 작동 속도: 생산성, 응답성에 직접적인 영향, 유량, 배관 크기 등과 함께 고려되어야 한다.
- 부하의 크기와 필요한 힘: 실린더 보어(내경) 크기와 직결된다.
- 기타 고려 요소: 설치 공간, 작동 압력 범위, 환경(온도, 오염, 습기) 등

60 오일 탱크에 관한 설명으로 틀린 것은?

① 오일 탱크의 유면계를 운전할 때 잘 보이는 위치에 설치한다.
② 에어 블리저 용량은 펌프 토출량의 2배 이상으로 제작한다.
③ 스트레이너 유량은 펌프 토출량의 2배 이상의 것을 사용한다.
④ 오일 탱크의 크기는 펌프 토출량과 동일하게 제작한다.

유압 시스템에서 오일 탱크(유압 탱크, Hydraulic Reservoir)는 단순히 오일을 저장하는 용기 이상의 역할을 한다. 냉각, 이물질 침전, 탈기(air separation), 유량 안정화 등을 위해 펌프 토출량보다 훨씬 큰 용량으로 설계되고 있다.

정/답　57 ②　58 ②　59 ③　60 ④

CBT 실전모의고사

GENERAL MECHANICAL ENGINEER

제1과목 | 자동제어

01 실제의 시간과 관계된 신호에 의하여 제어가 이루어지는 것은?

① 논리제어계   ② 동기제어계   ③ 메모리제어계   ④ 파일럿제어계

- 논리제어계: 요구되는 입력 조건이 만족되면 그에 상응하는 신호가 출력되는 제어계
- 메모리제어계: 어떤 신호가 입력되어 출력 신호가 발생한 후에는 입력신호가 없어져도 그때의 출력 상태를 유지하는 제어계
- 파일럿제어계: 요구되는 입력 조건이 만족되면 그에 상응하는 출력 신호가 발생되는 형태를 요구하는 제어계

02 자동제어에 해당하는 작업은?

① 실린더 전·후진 위치에 리밋 스위치를 설치하여 반복 작업을 한다.
② 아크 용접 로봇이 서보 모터를 이용하여 입력된 경로대로 용접 작업을 수행한다.
③ 요동형 액추에이터에 센서를 설치하여 제한된 각도에서 반복적으로 회전운동을 한다.
④ 캠이 회전운동을 하면서 리밋 스위치를 작동시키면 그 신호를 받아 실린더가 동작한다.

- 자동제어(폐회로 제어 시스템): 제어하고자 하는 하나의 변수가 계속 측정되어서 다른 변수, 즉 지령치와 비교되면 그 결과가 첫 번째의 변수를 지령치에 맞추도록 수정을 가하는 제어
  - 여러 개의 외란 변수가 존재할 때
  - 외란 변수들의 특징과 값이 변화할 때
- 제어(개회로 제어 시스템): 시스템 내의 하나 또는 여러 개의 입력 변수가 약속된 법칙에 의하여 출력 변수에 영향을 미치는 공정
  - 외란 변수에 의한 영향이 무시할 정도로 작을 때
  - 특징과 영향을 확실히 알고 있는 하나의 외란 변수만 존재할 때
  - 외란 변수의 변화가 아주 작을 때
- 용접 로봇은 위치가 변화함에 따라 계속해서 외란이 발생하기 때문에 폐회로 제어 시스템을 사용해야 하지만, 문제의 보기 ①, ③, ④는 정해진 루틴에 의한 동작이므로 외란발생이 적어 개회로 시스템으로 제어한다.

정/답   01 ②   02 ②

03 어떤 목적에 적합하도록 되어 있는 대상에 필요한 조작을 가하는 것을 무엇이라 하는가?

① 제어   ② 시스템   ③ 자동화   ④ 신호처리

- 시스템: 일정한 목적을 달성하기 위해서 질서가 잡힌 요소의 모임으로 합리적으로 연계 동작해 문제 처리를 실행하는 수단과 규칙
- 자동화: 여러 가지 신호들을 처리하기 위한 시스템 제어에 있어 그 판단이나 조작을 기계가 사람을 대신하여 작업의 일부나 전부를 수행하는 것
- 신호처리: 다양한 신호를 원하는 목적에 맞도록 수학적으로 가공, 변환, 교환, 전송, 저장하는 기술

04 유도전동기의 특성에 대한 설명으로 옳은 것은?

① 회전수는 주파수에 반비례한다.
② 무부하 상태에서 슬립은 1% 이하이다.
③ 동기속도로 회전할 때 슬립 S는 1%이다.
④ 슬립은 회전자 속도가 동기속도에 비해 얼마나 빠른가를 나타낸다.

- 유도전동기의 특징
  - 유도전동기의 회전수와 역률은 주파수에 비례하고, 유기기전력, 온도변화, 최대토크는 주파수에 반비례한다.
- 슬립은 손실 속도를 정상속도로 나눈 값이며 동기 속도 기준 손실률을 나타낸다.
- 동기 속도로 회전하는 모터의 슬립은 0%이다. 슬립은 모터의 동기 속도와 실제 회전 속도 사이의 차이를 나타내는데, 동기 속도에서는 이 차이가 없기 때문에 슬립이 발생하지 않는다.

05 다음 중 전압을 변위로 변환하는 장치는?

① 벨로즈   ② 전자석   ③ 전위차계   ④ 스프링

- 탄성변형을 이용한 변환기(기계적 변환): 스프링, 벨로즈, 다이어프램, 부르동관 등
- 전위차계: 전기 회로에 사용되는 부품으로 가변 저항 역할을 하는 기기로 전위차(전압)를 측정할 수 있다.

06 그림과 같은 기계시스템에서 f(t)를 입력으로 하고 x(t)를 출력으로 하였을 때의 전달함수는?

① ms^2+bs+k
② $1 / ms^2+bs+k$
③ s / ms^2+bs+k
④ k / ms^2+bs+k

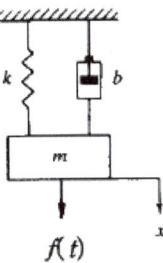

$\Sigma F = ma, \ m\dfrac{d^2}{dt^2}x(t)+b\dfrac{d}{dt}x(t)+kx(t)=f(t)$

$(ms^2+bs+k)X(s)=F(s)$

$\dfrac{X(s)}{F(s)}=\dfrac{1}{ms^2+bs+k}$

07 자동제어계의 주파수 영역 내에서의 성능을 설명해 주는 정수가 아닌 것은?

① 공진주파수(Resonance Frequency)
② 분리도(Cut Off Rate)
③ 대역폭(band Width)
④ 계단응답(Step Response)

• 제어 시스템에서 주파수 영역 내의 성능은 보드 진폭과 위상 플롯으로 나타낸다.
• 계단 응답은 시스템의 신호처리에서 단위 계단 입력에 대해 어떻게 반응하는지를 나타내는 것으로 단위 계단 입력은 갑자기 0에서 1로 전환되는 신호이다. 이러한 것은 시스템의 동적 특성을 이해하는 데 활용된다.

08 그림과 같은 블록선도의 전달 함수는?

① $G_1 + G_2 + 1$
② $1 + G_2 + G_1G_2$
③ $G_1 + G_2 + G_1G_2$
④ $G_1G_{2/1} - G_1G_2$

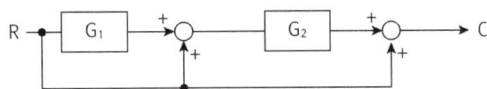

$(R \cdot G_1 + R) \cdot G_2 + R = C$

$\dfrac{C}{R} = 1 + G_2 + G_1 \cdot G_2$

정/답 06 ② 07 ④ 08 ②

09 시퀀스 제어계에서 제어대상을 조작하기 위해 제어대상에 가하는 신호를 무엇이라고 하는가?

① 제어명령 ② 조작신호
③ 검출신호 ④ 기준신호

- 제어명령은 컴퓨터, 기계, 시스템 등을 제어하기 위해 사용되는 지시나 명령어이다.
- 조작신호는 시스템이나 장치가 특정 작업을 수행하도록 지시하는 전기적, 기계적, 또는 디지털 신호이다.
- 기준신호는 제어 시스템에서 달성하고자 원하는 출력이라 할 수 있다.

10 목표값이 미리 정해진 시간적 변화를 추종시키기 위한 제어로 다음 중 맞는 것은?

① 프로세스 제어 ② 자동제어
③ 서보 기구 ④ 정치 제어

- 자동제어는 시스템이나 장치가 인간의 직접적인 개입 없이도 원하는 성능이나 동작을 유지하도록 하는 기술
- 서보 기구는 물체의 기계적 변위를 제어량으로 읽어 제어하는 시스템으로, 전기식, 유압식, 공압식 등의 종류가 있다. 서보모터의 속도값과 위치값을 측정하여 피드백시키는 시스템이다.
- 프로세스 제어: 온도, 유량, 압력 등을 제어량으로 하는 제어계로서 프로세스에 가해지는 외란의 억제를 주목적으로 하는 제어이다.

11 다음 중 PLC의 CPU부 구성에 포함되지 않는 것은?

① 연산부 ② 래더 다이어그램부
③ 데이터 메모리부 ④ 프로그램 메모리부

- PLC의 CPU부(Central Processing Unit)는 제어의 핵심 부분 구성은 다음과 같다.
  - 연산부(Arithmetic & Logic Unit, ALU): 입력된 신호와 프로그램을 해석·처리하여 논리 연산, 산술 연산 수행
  - 데이터 메모리부(Data Memory): 프로그램 실행 중 필요한 임시 데이터, 상태 플래그, I/O 상태 등을 저장
  - 프로그램 메모리부(Program Memory): 사용자 프로그램(예: 래더 다이어그램으로 작성된 제어 논리)을 저장

정/답 09 ② 10 ④ 11 ②

12 조절부의 전달특성에 비례적인 특성을 가진 제어 시스템으로 잔류편차가 발생되는 제어는?

① 비례적분미분제어   ② 비례미분제어   ③ 비례적분제어   ④ 비례제어

제어기의 전달특성에 따른 오차 특성
- 비례제어(P 제어): 제어 출력이 오차에 비례
  → 응답 속도는 빠르지만 잔류편차(steady-state error, 정상상태 오차)가 남는다.
  → 오차가 0이 되면 제어 출력도 0이 되므로, 외란이나 부하 변화에 대해 완전히 보상 불가
- 비례적분제어(PI 제어): 비례 + 적분 동작
  → 적분 동작이 잔류편차를 제거하므로 정상상태 오차가 사라진다.
- 비례미분제어(PD 제어): 비례 + 미분 동작
  → 과도 응답 개선, 안정화 효과는 있으나 잔류편차는 여전히 존재한다.
- 비례적분미분제어(PID 제어): 비례 + 적분 + 미분 동작
  → 정상상태 오차 제거 + 응답 속도 개선 + 과도 응답 안정화 가능

---

13 PLC의 접지방법으로 적절한 것은?

① 접지거리는 최대한 길게 접지한다.
② 접지는 제3종 접지의 전용 접지를 사용한다.
③ 접지선은 $1mm^2$ 이하의 전선을 사용한다.
④ PLC 내부 접지가 되어 있어 접지를 하지 않아도 된다.

- PLC는 전자회로 기반의 제어장치이므로 노이즈 제거와 감전 방지, 설비 보호를 위해 반드시 접지가 필요하다.

올바른 PLC 접지 방법
- 제3종 접지(100Ω 이하)를 사용하는 것이 일반적이다.
- 반드시 전용 접지(독립 접지)를 해야 하며, 다른 전력 설비와 공용 접지를 하지 않는 것이 바람직하다.
- 접지선은 굵기가 충분한 전선($2mm^2$ 이상 권장)을 사용해야 한다.
- 접지선은 가급적 짧고 직선으로 설치하여 임피던스를 최소화해야 한다.

---

14 유접점 논리회로와 비교한 무접점 논리회로의 특징이 아닌 것은?

① 전자석의 동작으로 부착회로를 빈번하게 개폐할 수 있다.
② 기계적인 기동부가 없기 때문에 수명이 길다.
③ 논리회로가 소형화되어 복잡한 회로의 대치가 가능하다.
④ 유접점에 비하여 응답속도가 빠르다.

무접점 논리회로의 특징
- 기계적 접점(기동부)이 없어 마모가 없고, 수명이 길다.
- 전자 신호 전달이므로 접점 개폐에 따른 기계적 지연이 없어 응답 속도가 빠르다.
- 소형화 및 집적화 가능 즉, 집적회로(IC) 등으로 복잡한 논리회로도 간단히 대체 가능하다.
- 전자석이나 기계적 개폐 동작이 없다.
- 전자석의 동작으로 부착회로를 빈번하게 개폐할 수 있다는 유접점 논리회로의 특징이다.

정/답   12 ④   13 ②   14 ①

15 근궤적의 대칭에 대한 설명으로 옳은 것은?

① 대칭성이 없다.
② 실수축과 대칭이다.
③ 원점과 대칭이다.
④ 허수축과 대칭이다.

> 근궤적(Root Locus)은 제어 시스템의 전달함수를 분석할 때 사용되는 기법으로, 제어 이득 변화에 따라 시스템의 안정성과 응답 특성이 어떻게 변하는지를 복소평면 상의 극점 이동으로 나타내는 방법이다.
> • 근궤적의 기본 성질은, 특성방정식의 계수가 실수일 경우 근궤적이 실수축(Real Axis)을 기준으로 대칭을 이룬다는 것이다.
> (실수 계수 → 켤레복소근 → 실수축 대칭)

16 다음 중 서보 모터에 사용되고 있는 회전 속도 검출기로 적합하지 않는 것은?

① 리졸버
② 리밋 스위치
③ 엔코더
④ 타코 제너레이터

> • 서보 모터(Servo Motor) 제어에는 반드시 회전 속도와 위치를 검출하는 센서가 필요하다.
> • 서보 모터에 사용되는 회전 속도 검출기
>   – 리졸버(Resolver): 아날로그식 위치/속도 검출기, 정현파·여현파 신호를 발생시켜 고정밀 피드백 가능한 센서
>   – 엔코더(Encoder): 펄스를 발생시켜 위치, 회전각, 회전 속도를 검출, 서보 모터에서 가장 널리 사용되고 있다.
>   – 타코 제너레이터(Tacho Generator): 회전 속도에 비례한 전압을 발생시켜 속도 검출
> • 리밋 스위치(Limit Switch): 기계 장치의 위치 제한(스트로크 한계) 검출용으로 사용되며 특정 위치 이상 움직이지 않도록 신호를 주는 역할을 하는 기기이다.

17 제어계의 과도 응답을 조사하는 데 사용되는 입력은?

① 단위 계단 함수
② 사인 함수
③ 포물선 함수
④ 램프 함수

> **제어계의 응답 분석**
> • 과도 응답(Transient Response): 제어계가 입력을 받았을 때 처음부터 정상상태에 도달하기까지의 과정
>   – 가장 널리 쓰이는 입력이 단위 계단 함수(Unit Step Input)이다.
> • 표준 시험 입력
>   – 단위 계단 함수(Unit Step): 과도 응답, 정상상태 오차 분석에 가장 기본적으로 사용된다.
>   – 단위 램프 함수(Unit Ramp): 추종 제어 성능(속도 오차) 평가에 사용된다.
>   – 단위 포물선 함수(Unit Parabolic): 위치, 가속도 제어 성능 평가에 사용된다.
>   – 사인 함수(Sine): 주파수 응답 해석에 사용된다.

정/답 15 ② 16 ② 17 ①

18 다음 중 개루프(open loop) 제어계의 응용으로 볼 수 없는 것은?

① NC 선반의 위치제어　　　　② 스테핑 모터 시스템
③ 물류공장의 컨베이어　　　　④ 교통 신호 장치

- 개루프(Open Loop) 제어계: 출력 결과를 다시 검출하여 입력과 비교하는 피드백(feedback) 과정이 없는 제어방식이다. 즉, "명령한 대로만" 동작하며 실제 출력값이 제대로 되었는지 확인하지 않는 시스템이다.
  - 스테핑 모터 시스템: 입력 펄스 수에 따라 회전각이 결정되므로, 보통 별도의 위치 검출 없이 사용 가능
  - 물류공장의 컨베이어: 단순히 일정 속도 또는 정해진 시간만 구동하는 경우가 많아, 출력 피드백 없이 사용 가능
  - 교통 신호장치: 미리 설정된 시간표에 따라 신호를 바꾸므로, 출력 상태를 검출하지 않고도 제어 가능
- 폐루프(Closed Loop) 제어계: 출력값을 센서로 검출하고, 목표값과 비교하여 오차를 줄이는 방향으로 다시 제어 입력을 보정하는 방식이다.
  - NC 선반의 위치제어: 공작기계의 위치는 고정밀도가 요구되므로, 피드백 센서를 사용하여 실제 위치를 검출하고 목표와 비교 가능한 시스템

19 PLC의 DIO(Digital Input Output) 장치에 인터페이스 하기 적절치 못한 소자는?

① 근접 센서　　② 광전 스위치　　③ 포텐쇼미터　　④ 토글 스위치

- PLC의 DIO(Digital Input/Output) 장치는 디지털 신호(ON/OFF)를 입·출력하는 모듈이다. 즉, 입력 신호는 0(OFF) 또는 1(ON)로만 인식할 수 있고, 출력도 릴레이·트랜지스터·트라이액 등으로 단순 스위칭 제어를 한다.
  - 근접 센서: 대상물 유무를 ON/OFF로 검출
  - 광전 스위치: 물체 유무나 차단 상태를 ON/OFF로 검출
  - 토글 스위치: ON/OFF 동작
- 포텐쇼미터(가변저항기): 위치·각도·변위를 연속적인 전압값(아날로그 신호)으로 출력
  → AIO(Analog Input/Output) 모듈에 연결해야 한다.

20 제어요소의 입·출력 변수의 관계를 수식적으로 표현한 전달함수의 특성으로 틀린 것은?

① 제어계의 입력과는 관계없다.
② 임펄스 응답의 라플라스 변환으로 정의된다.
③ 비선형 제어계에서만 정의된다.
④ 제어계 입·출력 함수의 라플라스 변환에 대한 비가 된다.

- 전달함수(Transfer Function)는 제어요소의 입·출력 관계를 라플라스 변환으로 표현한 수학적 모델이다.
- 전달함수는 시스템 자체의 특성(미분방정식 계수)에 의해 정의되며, 특정 입력 형태에 의존하지 않는다.
- 시간영역에서 임펄스 응답 $h(t)$를 라플라스 변환하면 $H(s)$가 되고, 이것이 전달함수 정의와 일치한다.
- 전달함수는 선형·시불변(Linear Time-Invariant, LTI) 시스템에서만 정의되고 비선형 제어계에서는 일반적인 전달함수를 정의할 수 없다.
  - 제어계 입·출력 함수의 라플라스 변환에 대한 비, $H(s) = Y(s) / X(s)$(단, 초기조건은 0)으로 정의된다.

정/답　18 ①　19 ③　20 ③

제2과목 | 기계요소설계

21 헐거운 끼워맞춤에 대한 설명으로 틀린 것은?

① 구멍의 최소 치수에서 축의 최대 치수를 뺀 값이 최소 틈새이다.
② 축의 최대 치수에서 구멍의 최대 치수를 뺀 값이 최대 죔새이다.
③ 구멍의 최대 치수에서 축의 최소 치수를 뺀 값이 최대 틈새이다.
④ 항상 틈새가 발생한다.

- 최대 죔새: 축의 최대 치수에서 구멍에 최소 치수를 뺀 값이다
- 최소 죔새: 축의 최소 치수에서 구멍에 최대 치수를 뺀 값이다.
- 죔새만 발생하면 억지 끼워 맞춤이다.

22 그림과 같은 원형축 형상에서 기호표시란 (Y)에 들어갈 수 있는 기하 공차로 가장 적합한 것은?

① ○ ② ∠
③ ↗ ④ ⚌

- 진원도, 경사도, 원주 흔들림, 대칭도 공차 중 Y에 적합한 것은 원주 흔들림 공차이다.
- 원주 흔들림 공차: 어떤 직선을 회전축으로 하고 대상 물체(부품)를 회전시켜 대상 물체 형체의 흔들림 변동값을 규제하는 기하공차이다.

23 대상 물체에서 단면이 필요한 일부분만 절단하여 나타내는 단면도는 무엇인가?

① 전단면도   ② 회전단면도   ③ 반단면도   ④ 부분단면도

- 회전단면도: 핸들이나 바퀴의 암, 리브, 훅 등은 축에 수직한 단면으로 절단하여 그 축에 90도로 회전을 시켜 단면처리 하는 방법
- 전(온)단면도: 대상 물체를 반으로 절단하여 단면도 표시
- 반(한쪽)단면도: 대상 물체를 1/4만 절단하여 단면도 표시
- 부분단면도: 대상 물체에서 단면이 필요한 일부분만 절단하여 단면도 표시

정/답 21 ② 22 ③ 23 ④

24 나사의 표시방법 중 유니파이 보통 나사를 나타내는 기호는?

① UNF ② UNC ③ CTC ④ CTG

- UNF: 유니파이 가는 나사
- UNC: 유니파이 보통 나사
- CTC: 박강 전선관 나사
- CTG: 후강 전선관 나사

25 톱니바퀴, 벨트, 핸들 따위의 보스를 축에 간단히 고정하는 테이퍼가 붙은 핀은 어느 것인가?

① 코터 ② 평행핀 ③ 분할핀 ④ 테이퍼핀

- 코터: 축과 축 등을 결합시키는 데 사용하는 쐐기
- 평행핀: 캠축에 캠축 스프로킷을 고정할 때 안내 위치를 결정하는 핀
- 분할핀: 축이음 핀의 빠짐 방지나 볼트, 너트의 풀림방지에 사용되는 핀

26 기준 치수에 대한 구멍공차가 $50^{+0.025}_{-0.013}$일 때 치수공차의 값은?

① 0.038 ② 0.013 ③ 0.025 ④ 0.012

치수공차 $= 0.025 - (-0.013) = 0.038$

27 냉간 성형된 압축 코일 스프링을 제도할 경우 일반적으로 요목표에 표시하지 않는 것은?

① 총 감김수 ② 스프링 상수
③ 초기 장력 ④ 코일 평균 지름

- 냉간 성형된 압축 코일 스프링의 요목표에 표시되는 일반적 항목들
  - 총 감김수(Total number of coils), 코일 평균지름(Mean coil diameter), 재료, 선경, 자유길이, 하중조건 등
- 스프링 상수(k, spring constant)와 초기 장력은 압축 코일 스프링의 요목표에는 보통 직접 기재하지 않는다.
  - 스프링 상수(k): 주로 설계 계산에서 사용되며, 제도 시 요목표에는 생략하는 경우가 일반적이다.
  - 초기 장력: 인장 스프링(tension spring)에 해당되는 항목으로, 압축 스프링에는 필요하지 않다.

정/답 24 ② 25 ④ 26 ① 27 ③

28 다음 그림은 가공에 의한 커터의 줄무늬 기호 그림이다. (　　)안에 들어갈 기호는?

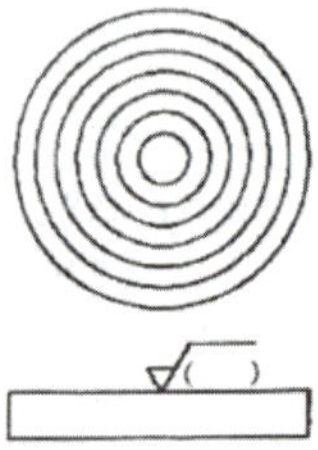

① C
② F
③ R
④ M

가공에 의한 커터의 줄무늬 방향 기호

M	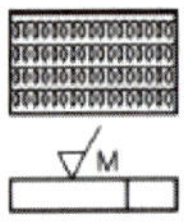	가공으로 생긴 선이 여러 방면으로 교차 또는 방향이 없음	래핑 다듬질면 슈퍼 피니싱 가로이송을 준정면밀링 또는 엔드밀 절삭면
C	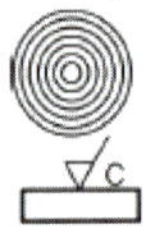	가공으로 생긴 선이 거의 동심원	끝면 절삭면(선반)
R	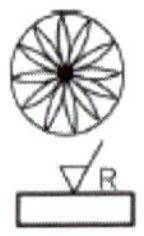	가공으로 생긴 선이 거의 방사선	밀링

29 KS 기하공차 도시방법 중 ⓟ로 표시되는 기호가 의미하는 것은?

① 공차붙이 형체를 직접 도시하는 경우 사용하는 기호
② 비례하지 않는 치수를 표시하는 기호
③ 데이텀을 직접 도시하는 경우 사용하는 기호
④ 돌출 공차역을 표시하는 기호

KS(한국산업표준)의 기하공차 부가기호를 정리한 자료에 따르면, ⓟ는 Projected Tolerance Zone, 즉 돌출 공차역(projected tolerance zone)에 대한 표시 기호이다. 이 기호는 형체가 돌출된 부위에 적용되는 공차 조건을 지정할 때 사용된다.

돌출 공차역	돌출된 부분까지 포함하는 공차 표시	Ⓟ
최대 실체 공차 방식	최대질량의 실체를 갖는 조건	Ⓜ
형체 치수 무관계	규제기호로 표시되지 않음	Ⓢ

정/답　28 ①　29 ④

30 그림과 같이 개개의 치수공차에 대해 다른 치수의 공차에 영향을 주지 않기 위해 사용하는 치수 기입법은 무엇인가?

① 직렬 치수 기입법
② 누진 치수 기입법
③ 병렬 치수 기입법
④ 좌표 치수 기입법

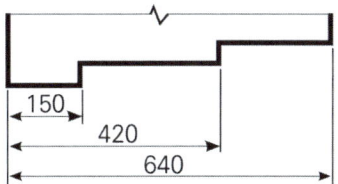

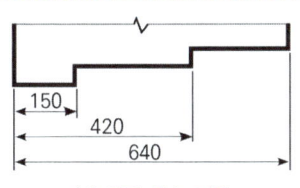

(a) 병렬 치수 기입

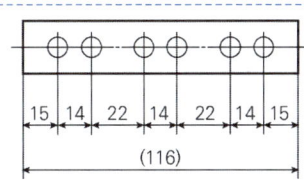

(b) 직렬 치수 기입

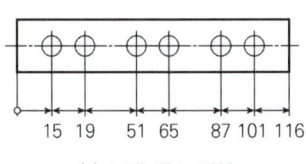

(c) 누진 치수 기입

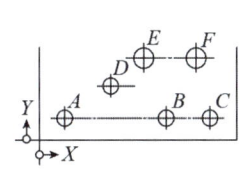

(d) 좌표 치수 기입

31 다음 용접 기본 기호 중 플러그 용접 기호는?

①  ②   ③   ④

필렛	플러그, 슬롯	비드, 표면처리	점, 프로젝션, 심

정/답 30 ③ 31 ②

32 두 축의 중심선이 어느 각도로 교차되고 그 사이의 각도가 운전 중 다소 변하여도 자유로이 운동을 전달할 수 있는 축이음은?

① 유니버설 커플링(universal coupling)
② 올덤 커플링(oldham coupling)
③ 클램프 커플링(clamp coupling)
④ 머프 커플링(muff coupling)

- 올덤 커플링(Oldham Coupling): 평행한 두 축의 중심선이 일치하지 않고 약간 어긋나 있는 경우(평행 오프셋)에도 동력을 전달할 수 있는 커플링이다.
- 클램프 커플링(Clamp Coupling): 두 축의 끝단을 맞대어 놓고, 이를 분할형 슬리브(Clamp)로 감싸서 볼트로 조여 결합하는 단순한 강체 커플링이다. 구조가 간단하고 제작이 용이하며, 축과 축 사이의 동력을 직접적으로 전달한다.
- 머프 커플링(Muff Coupling): 소켓형(머프형) 슬리브를 이용해 두 축의 끝단을 삽입·결합하는 단순한 강체 커플링이다. 강체 결합 방식으로 축의 중심선 불일치나 각도 변화는 전혀 허용되지 않는다.

33 스퍼기어의 원주피치 p, 모듈 m, 피치원 지름 D, 지름피치 D_p, 바깥지름 D_o, 잇수 Z라 할 때 서로 관계식이 맞지 않은 것은?

① m = D / Z
② D_p = Z / D
③ p = Z / AD
④ D_o = m(Z+2)

모듈 $m = \dfrac{D}{Z}$, 지름 피치 $D_p = \dfrac{Z}{D}$, 원주피치 $p = \dfrac{\pi D}{Z}$, 바깥지름 $D_o = m(Z+2)$

34 일반적인 구름베어링의 기본 구성요소가 아닌 것은?

① 내륜
② 오일링
③ 외륜
④ 리테이너

- 오일링: 축과 함께 회전하면서 오일을 끌어올려 베어링 표면에 자동으로 공급하는 링 형식의 윤활장치
- 구름베어링의 기본 구조

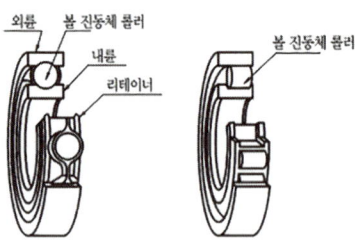

정/답 32 ① 33 ③ 34 ②

35 다음은 키의 종류이다. 축에 홈을 파지 않는 키는?

① 새들키　　② 반달키　　③ 성크키　　④ 페더

- 새들키(Saddle Key): 축에 홈을 파지 않고 축의 표면 위에 얹혀서 허브의 키홈에만 끼워 사용한다.
- 반달키(Feather key, Woodruff key): 축에 반달 모양 홈을 가공하여 삽입, 축과 허브 모두에 홈을 파야 한다.
- 성크키(Sunk Key): 가장 일반적인 키, 축과 허브 모두에 홈을 파서 조립하는 방식으로 전동기, 기어, 풀리 등에 널리 사용하고 있다.
- 페더키(Feather Key): 축 방향으로 미끄러질 수 있게 가공하여 클러치 기능 가능, 축과 허브에 홈을 파서 삽입하는 방식이나.

36 도면 부품란의 재료기호에 기입된 'SPS6'은 어떤 재료를 의미하는가?

① 기계구조용 탄소 강재　　② 스테인리스 압연 강재
③ 냉간압연 강판　　　　　 ④ 스프링 강재

- SPS6는 KS에 규정된 '스프링 강재(Spring steels)' 등급 중 하나이다.
  해당 스프링 강재는 주로 냉간 성형(cold forming) 스프링 용도에 사용되는 등급이다.

37 그림과 같이 하나의 그림으로 정육면체의 세 면 중의 한 면만을 중점적으로 정확하게 표현하는 것으로 캐비닛도가 있다. 이에 해당하는 투상법은 무엇인가?

① 투시도법
② 등각투상법
③ 정투상법
④ 사투상법

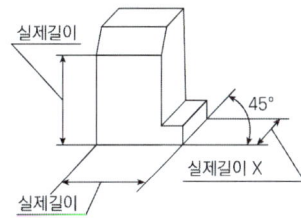

- 캐비닛도(Cabinet drawing)는 사투상법(斜投像法, Oblique Projection)의 일종이다.
- 사투상법은 물체의 정면을 실제 모양 그대로 그리고, 깊이 방향은 일정한 축척(보통 1/2로 단축)으로 그려 입체감을 표현한 투상법이다.

정/답　35 ①　36 ④　37 ④

38 다음 중 표면의 결을 도시할 때 제거가공을 허용하지 않는다는 것을 지시한 것은?

① 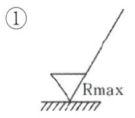   ② ...   ③ ...   ④ ...

대상면을 지시하는 기호
- 절삭 등 제거가공의 필요 여부를 문제 삼지 않는 경우(a)
- 제거가공을 필요로 한다는 것을 지시할 때(b)
- 제거가공해서는 안 된다는 것을 지시할 때(c)

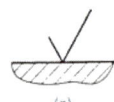 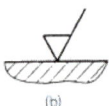 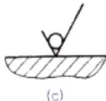

---

39 3,800rpm으로 122.5N·m의 토크를 갖는 자동차 엔진의 동력은 약 몇 kW인가?

① 0.485kW   ② 4.87kW
③ 48.7kW   ④ 4897.3kW

$$H = T \cdot \omega = T \cdot \frac{2\pi N}{60} = 122.5 \times \frac{2 \times \pi \times 3800}{60 \times 1000} = 48.72 kW$$

---

40 힘을 전달하기 위한 기계요소가 아닌 것은?

① 키   ② 기어
③ 베어링   ④ V 벨트

- 키(Key): 축과 허브 사이에 끼워 회전력(토크)을 전달하는 기계요소
- 기어(Gear): 맞물려 회전운동·동력 전달
- 베어링(Bearing): 축을 지지하고 마찰을 줄이는 지지·안내 요소
- V벨트(V-belt): 벨트 풀리와 함께 동력을 전달하는 요소

정/답 38 ② 39 ③ 40 ③

제3과목 | 공유압

41 다음 진리표에 대한 논리를 만족하는 밸브로 옳은 것은? (단, a와 b는 입력, y는 출력이다.)

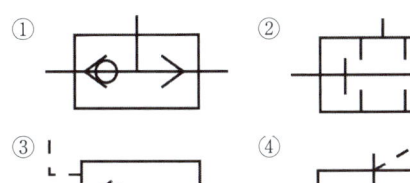

[진 리 표]

a	b	y
0	0	0
1	0	1
0	1	1
1	1	1

- 문제의 진료표는 OR조건을 나타내고 있다.

	AND밸브: 2개의 입력이 모두 ON되었을 때 출력을 내보냄
	간접 작동형 체크밸브: 제어포트가 ON이 되어야만 유체가 흐름
	급속배기밸브: 실린더에서 배출되는 유체를 넓은 면적의 출구로 유체를 내보냄
	OR밸브: 2개의 입력 중 1개라도 ON되면 출력을 내보냄

42 전효율 80%, 토출 압력이 60bar, 토출 유량이 100L/min인 경우 펌프의 필요(소요) 출력은 몇 kW인가?

① 10   ② 12.5   ③ 17.5   ④ 20

$\eta = \dfrac{PQ}{L_s}$

$L_s = \dfrac{60 \times 10^5 \times 100 \times 10^{-3}}{60 \times 0.8} \times 10^{-3} = 12.5 kW$

정/답   41 ①   42 ②

43 다음은 유압 텔레스코프형 다단 실린더의 설명으로 옳지 않은 것은?

① 정확한 위치제어를 행하는 경우에 사용한다.
② 유압유가 유입되면 순차적으로 실린더가 동작한다.
③ 긴 행정거리가 요구되는 경우에 사용한다.
④ 유압 실린더 내부에 다시 별개의 실린더를 내장한 구조이다.

- 텔레스코프형 다단 실린더는 긴 행정거리 확보가 주 목적이지, 정밀한 위치제어에는 적합하지 않다.
- 위치 정밀도는 서보 실린더나 피스톤형 단동 실린더가 더 적합하다.

44 다음 중 공기압 모터의 특징으로 적절하지 않은 것은?

① 회전 방향을 쉽게 바꿀 수 있다.
② 폭발 및 과부하에 안전하다.
③ 구동 초기에 최고 회전 속도를 얻을 수 있다.
④ 속도를 무단으로 조절할 수 있다.

공기압 모터의 특징
- 전동기에 비하여 관성과 출력의 비가 결정가보다 작으므로 시동과 정지가 쇼트 발생 없이 자연스럽게 행할 수 있다.
- 폭발의 위험성이 있는 환경에서도 안전하며 주위 온도, 습도 등의 영향이 다른 원동기에 비하여 적은 편이다.
- 가격이 저렴한 제어 밸브만으로 회전수, 토크를 자유롭게 조절할 수 있다.
- 속도 제어 및 역 회전 기구가 간단한 편이다.
- 모터 자체의 발열이 적어 섭동부의 마찰열은 압축 공기의 단열 팽창으로 냉각된다.
- 에너지의 축적이 행해져 정전 시의 비상용 동력원으로 유효하다.
- 부하에 의한 회전수 변동이 크고, 일정 회전수를 고정으로 유지하는 것이 어렵다.
- 에너지 변화 효율이 낮으며 공기의 압축성에 의해 제어성이 좋지 않은 편이다.
- 회전 날개형 공기압 모터 등은 배기 소음이 크다.

45 다음 공기압 서비스 유닛에서 기기 순서가 바르게 나열한 것은?

① 압력조절기 → 필터 → 윤활장치
② 윤활장치 → 압력조절기 → 필터
③ 윤활장치 → 필터 → 압력조절기
④ 필터 → 압력조절기 → 윤활장치

- 서비스 유닛: 필터, 압력조절밸브, 윤활기로 구성되어 공기탱크를 통해 공급된 공압을 필터를 거쳐 압력조절밸브로 사용자가 원하는 압력으로 조절하고, 조절된 공압에 윤활기를 통해서 미세한 윤활유를 공급하여 시스템에 공압을 공급하는 장치

정/답 43 ① 44 ③ 45 ④

46 다음 중 축압기의 기능이 아닌 것은?

① 압력에너지 저장 ② 회로압의 증대
③ 서지압의 흡수 ④ 맥동압의 제거

- 축압기의 기능: 유압 에너지 축적, 사이클 시간 단축, 에너지 보조, 압력 보상, 서지압력 방지, 충격압력 흡수, 유체의 맥동현상 흡수, 2차 & 3차 유압회로 구동, 펌프 대용, 안전장치 역할 등

47 다음 중 펌프 장치에서 발생하는 현상이 아닌 것은?

① 공동 현상(cavitation) ② 채터링 현상(chattering)
③ 수격 현상(water hammering) ④ 맥동 현상(surging)

- 공동 현상(Cavitation): 펌프의 흡입 압력이 국부적으로 낮아져 유체의 압력이 증기압 이하로 떨어질 때 액체가 증발하여 기포가 발생하는 현상을 말한다. 이렇게 형성된 기포가 고압 영역으로 이동하면서 급격히 붕괴·충격을 일으키며, 임펠러 표면의 부식·침식(피팅), 소음 및 진동 증가, 성능 저하를 유발한다. 따라서 공동 현상은 펌프의 대표적인 이상 현상으로, NPSH(Net Positive Suction Head) 부족, 흡입 배관 설계 불량, 과도한 유량 조건 등이 주요 원인이다.
- 채터링 현상(Chattering): 안전밸브, 감압밸브, 유량제어 밸브 등에서 밸브 디스크가 설정압 근처에서 불안정하게 열리고 닫히기를 반복하는 자려진동(self-excited vibration) 현상을 말한다. 이 현상은 유체의 압력·유량 변화가 밸브의 개폐 응답 속도와 맞물려 발생하며, 결과적으로 밸브 시트 손상, 소음 및 진동 발생, 압력 제어 불안정을 초래한다.
- 수격 현상(Water Hammering): 배관 내 유체의 유속이 갑작스럽게 변할 때(예: 밸브 급폐쇄, 펌프의 급정지·급기동 등) 발생하는 압력 파동 현상이다. 관 내 흐르던 유체가 순간적으로 멈추거나 방향을 바꾸면서, 관로를 따라 고압 충격파가 전파되고 이로 인해 배관·밸브·펌프 등의 손상, 심한 진동과 소음이 발생할 수 있다.
- 맥동 현상(Surging): 펌프나 압축기 등 유체기계에서 토출 유량과 압력이 주기적으로 크게 변동하는 현상을 말한다. 주로 펌프의 토출측에서 발생하며, 유량이 많아졌다가 줄어드는 과정이 반복되면서 진동, 소음, 압력 불안정을 유발한다. 특히 왕복동 펌프, 송풍기, 압축기 등에서 뚜렷하게 나타나며, 시스템의 공진 조건과 겹칠 경우 심각한 배관 손상이나 기계적 불안정으로 이어질 수 있다.

48 다음 밸브의 제어라인에 부여하는 숫자로 옳은 것은?

① 13 ② 10
③ 2 ④ 1

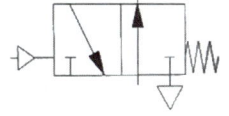

공유압 라인별 기호

	ISO-1219	ISO-5599/ II
작업라인	A, B, C, …	2, 4, …
공급라인	P	1
배기라인	R, S, T(유압), …	3, 5, …
제어라인	Z, Y, X, …	10, 12, 14, …

정/답 46 ② 47 ② 48 ②

49 다음 중 밸브의 오버랩에 대한 설명으로 맞는 것은?

① 포지티브 오버랩에서 밸브의 전환시 액추에이터는 부하에 종속된 움직임을 갖는다.
② 밸브의 전환 시 모든 연결구가 순간적으로 연결되는 형태가 제로 오버랩이다.
③ 방향제어 밸브는 일반적으로 제로 오버랩을 갖는다.
④ 밸브의 작동 시 포지티브 오버랩 밸브는 서지압력이 발생할 수 있다.

- 오버랩의 종류: 포지티브 오버랩, 네거티브 오버랩, 제로 오버랩
- 포지티브 오버랩
  - 밸브 전환 시, 잠시 동안 밸브의 연결구가 모두 차단
  - 압력이 떨어지지 않음
  - 잠시 동안 펌프로부터 토출된 유압유가 갈 곳이 없음
  - 압력 릴리프 밸브를 동작시키는데 필요한 시간보다 적은 경우 사용으로 서지압력 발생
- 네거티브 오버랩
  - 밸브 전환시, 잠시동안 밸브의 연결구가 모두 차단 연결
  - 펌프로부터 토출된 유량을 A 혹은 T포트로 연결하여 최소한의 저항 통로를 형성
  - 유량이 차단되지 않아 서지압력이 없고, 부드럽고 조용한 밸브 전환이 가능
  - 서지 압력으로 인한 유압시스템과 유압 부품의 손상을 방지함
  - 잠시동안 압력이 붕괴되어 액추에이터가 표류될 수 있음
- 제로 오버랩
  - 밸브 전환시 포지티브 오버랩과 네거티브 오버랩 사이에 존재하는 경계 영역
  - 펌프로부터 토출된 유압유 연결구 B포트로 흘러, 밸브의 전환과 동시에 A포트로 흐름
  - 오버랩을 구현하기 위해 높은 정도의 가공이 필요하며, 가공비가 매우 비쌈
  - 주로 서보밸브를 사용하여 유량이 개폐되는 정도를 동일하게 해줌

50 그림과 같은 유압회로의 명칭으로 옳은 것은?

① 임의 위치 로크 회로
② 최대압력 제한 회로
③ 압력 설정 회로
④ 브레이크 회로

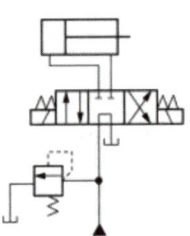

- 로크 회로: 실린더 행정을 임의 위치에서 고정시킬 필요가 있을 때 이동을 방지하는 회로, 즉 고정시켜 놓은 실린더를 움직이지 못하도록 하는 방향제어 회로이다.

정/답 49 ④ 50 ①

51 다음 중 왕복 압축기와 비교한 원심식 압축기의 단점으로 맞는 것은?

① 윤활이 어렵다.
② 설치 면적이 넓다.
③ 맥동 압력이 있다.
④ 고압 발생이 어렵다.

원심식 압축기의 단점
- 소용량 압축기는 효율이 감소하여 비경제적이다.
- 부하가 감소하면 서징이 발생한다.
- 냉매 회수 장치가 필요하다.
- 흡입관 및 배출관이 직접 팽창식에서는 커지므로 브라인식이 필요하다.
- 압축 압력을 크게 하지 못한다.

52 공압에서 드레인이 발생하는 이유로 가장 적당한 것은?

① 압축기의 누설
② 수증기의 응축
③ 밸브의 가공 공차
④ 조작 오류

- 압축기의 누설: 공기 손실의 원인
- 수증기의 응축: 압축기에서 공기를 압축하면 공기 온도가 상승했다가 배관을 따라 식으면서 수증기가 응축되어 물이 발생한다. 드레인의 발생 원인이 된다.
- 밸브의 가공 공차: 누설, 제어 불량의 원인이 될 수 있다.
- 조작 오류: 회로 동작 불량 원인일 수 있다.

53 유압 장치의 동력 전달 순서로 맞는 것은?

① 유압 펌프 → 유압제어 밸브 → 유압액추에이터 → 축압기 → 일
② 전동기 → 유압제어 밸브 → 유압 펌프 → 유압 액츄에이터 → 일
③ 유압 펌프 → 가열기 → 유압제어 밸브 → 유압액추에이터 → 일
④ 전동기 → 유압 펌프 → 유압제어 밸브 → 유압 액츄에이터 → 일

유압회로의 구성을 블록선도라 표현

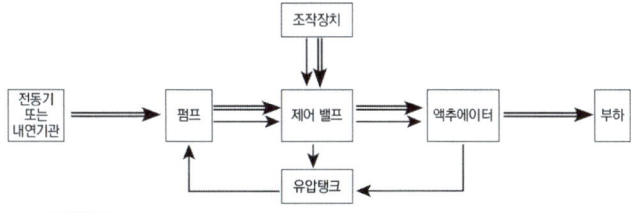

정/답 51 ④ 52 ② 53 ④

54 유압 모터 중 구조면에서 가장 간단하며 출력 토크가 일정하고 정·역회전이 가능하고 토크 효율이 약 75~85%, 최저 회전수는 150rpm 정도이며, 정밀 서보 기구에는 부적합한 모터는 어느 것인가?

① 베인 모터(vane motor)
② 액시얼 피스톤 모터(axial piston motor)
③ 기어 모터(gear motor)
④ 레디얼 피스톤 모터(radial piston motor)

- 기어 모터는 구조가 가장 간단하고, 토크 효율은 75~85%, 최저 회전수는 150rpm 정도이며, 정밀 서보 기구에는 적합하지 않다.
- 베인 모터는 토크가 일정하고 정·역회전이 가능하며, 효율은 80~90%, 최저 회전수는 50~100rpm 수준으로 기어 모터보다 정밀하고 안정적이지만, 정밀 서보 기구용으로는 부적합하다.
- 액셜 피스톤 모터는 고효율(85~95%), 고출력·고정밀 제어 가능, 최저 회전수 수 rpm 수준까지 가능하여 정밀 서보 기구에도 적합하지만, 구조가 복잡하고 고가라는 단점이 있다.
- 레디얼 피스톤 모터는 피스톤이 방사형으로 배치된 구조로, 초저속에서 대토크를 발생하며, 효율(85~95%)과 제어 정밀도가 높아 서보 시스템에 적합하다. 단, 구조가 복잡하고 가격이 비싸며, 고속에는 부적합하다.]

55 O링의 구비조건으로 틀린 것은?

① 압축 영구 변형이 많을 것
② 내마모성이 좋을 것
③ 사용 온도 범위가 넓을 것
④ 내유성이 좋을 것

- O-링은 압축 후 원래 형태로 복귀해야 밀봉력이 유지된다. 따라서 압축 영구 변형이 적어야 한다.

56 대기압보다 낮은 압력을 이용하여 부품을 흡착하여 이동시키는 데 사용하는 공기압 기구는?

① 공기 배리어기
② 액추에이터
③ 배압 감지기
④ 진공 패드

- 공기 배리어기(Air barrier): 공기층을 만들어 이물질 유입 방지 등에 사용한다.
- 액추에이터(Actuator): 실린더, 모터 등 공기를 힘·운동으로 변환하는 구동기구이다.
- 배압 감지기(Back pressure sensor): 배압을 감지하여 신호를 주는 장치이다.
- 진공 패드(Vacuum pad, 흡착 패드): 진공 발생기를 통해 대기압 차를 이용, 부품을 흡착·고정·이송하는 공압 기구이다.

정/답 54 ③ 55 ① 56 ④

57 감압밸브와 릴리프밸브에 대한 설명으로 틀린 것은?

① 감압밸브는 평상 시 열려 있고, 릴리프밸브는 평상 시 닫혀 있다.
② 릴리프밸브는 출구측에서 입구측으로의 역방향 흐름이 가능하고, 감압밸브는 불가능하다.
③ 감압밸브는 출구측 압력에 의해 제어되고, 릴르프밸브는 입구측 압력에 의해 제어된다.
④ 릴리프밸브는 압력계가 입구측에 설치되어 있고, 감압밸브는 압력계가 출구측에 설치되어 있다.

> 릴리프밸브는 입구측 압력이 높아졌을 때 출구로 배출되는 구조이지, 출구에서 입구로 역류시키는 밸브는 아니다. 역류가 가능한 것은 보통 체크밸브이다.

58 공압에서 압력제어 밸브의 종류와 용도가 잘못 짝지어진 것은?

① 감압밸브 – 압력을 일정하게 유지
② 시퀀스밸브 – 작동순서에 따른 액추에이터의 동작
③ 압력스위치 – 압력상태를 연속적으로 지시
④ 릴리프밸브 – 시스템의 최대 허용압력 초과방지

> 압력스위치는 설정된 압력 이상/이하일 때 전기 ON·OFF 신호를 주는 장치이다. 연속적으로 지시하는 것은 압력계(Pressure Gauge)이다.

59 실린더에 인장하중이 걸리는 경우, 피스톤이 끌리게 되는데 이를 방지하기 위해 인장하중이 걸리는 측에 압력 릴리프 밸브를 이용하여 저항을 형성한다. 이러한 목적을 위해 사용되는 밸브는?

① 카운터 밸런스 밸브(counter balance valve)
② 브레이크 밸브(brake valve)
③ 시퀀스 밸브(sequence valve)
④ 안전 밸브(sagety valve)

> • 카운터 밸런스 밸브: 중력 하중으로 실린더가 끌려 내려가는 것을 방지하기 위해 역압을 형성하여 부하를 지지하는 밸브로, 승강 장치·크레인·리프트 등에 사용된다.
> • 브레이크 밸브: 유압 모터 회전 속도를 제어하거나 관성 하중 제어 시 사용한다.
> • 시퀀스 밸브: 설정 압력에 도달했을 때 다음 액추에이터로 압력을 전달하여 순차 동작을 제어하는 밸브이다.
> • 안전 밸브: 시스템 압력이 설정 한계를 초과할 경우 자동으로 개방되어 과압을 방지하는 밸브이다.

정/답 57 ② 58 ③ 59 ①

60 릴리프 밸브나 안전 밸브에서 설정 압력(Set pressure)에 도달했을 때 처음으로 밸브가 열리기 시작하는 현상을 무엇이라 하는가?

① 공동 현상
② 맥동 현상
③ 채터링 현상
④ 크래킹 현상

- 공동 현상(Cavitation): 압력 저하로 유체가 기화되어 기포가 발생한 뒤 붕괴하면서 임펠러 손상과 소음·진동을 일으키는 현상이다.
- 맥동 현상(Surging, Pulsation): 유량과 압력이 주기적으로 변동하여 시스템 불안정, 진동 및 소음을 일으키는 현상이다.
- 채터링 현상(Chattering): 밸브 내부에서 밸브 디스크가 연속적으로 열리고 닫히면서 시트를 타격하여 진동과 소음을 발생시키는 현상이다.
- 크래킹 현상(Cracking): 릴리프 밸브나 안전 밸브가 설정 압력에 도달했을 때 처음으로 열리며 유체가 누설되기 시작하는 현상이다. 이때의 압력을 크래킹 압력(Cracking pressure)이라 한다.

정/답   60 ④

자동화설비 산업기사 필기

초판 인쇄 | 2026년 1월 10일
초판 발행 | 2026년 1월 20일

저　　자 | 김영기
발 행 인 | 조규백
발 행 처 | 도서출판 구민사
(07293) 서울특별시 영등포구 문래북로 116, 604호(문래동 3가 46, 트리플렉스)
전　　화 | (02) 701-7421
팩　　스 | (02) 3273-9642
홈 페 이 지 | www.kuhminsa.co.kr

신고번호 | 제2012-000055호 (1980년 2월 4일)
I S B N | 979-11-6875-641-0 (13500)

값 | 35,000원

※ 낙장 및 파본은 구입하신 서점에서 바꿔드립니다.
※ 본서를 허락없이 부분 또는 전부를 무단복제 게재행위는 저작권법에 저촉됩니다.